# GAOZHI GAOZHUAN

YUANYI ZHUANYE XILIE GUIHUA JIAOCAI 高职高专园艺专业系列规划教材

# 园艺学概论

（第2版）

YUANYIXUE GAILUN

主　编　何志华

副主编　张　琰　杨亚云

U0216083

重庆大学出版社

# 内 容 提 要

本书是高职高专园艺专业系列规划教材,全书共 11 个项目,包括绪论、园艺植物分类、园艺植物生物学特性、园艺植物的繁殖、种植园的建设与管理、园艺植物的调控、园艺设施及应用、园艺植物保护、园艺植物品种改良、园艺产品的采收与处理、园艺产业现代化。

本书是为学习以种植业为主的专业(包括园艺、农学、植物保护、茶叶、农业资源与环境等)和相关专业(包括经贸、土管、食品等)的学生设计的专业基础课程教材。

本书也可供非农学专业学生以及从事园艺教学、科技推广和管理的工作人员使用。

**图书在版编目(CIP)数据**

园艺学概论/何志华主编. --2 版.--重庆:重庆大学出版社,2019.7(2022.8 重印)
高职高专园艺专业系列规划教材
ISBN 978-7-5624-7617-7

Ⅰ.①园… Ⅱ.①何… Ⅲ.①园艺—概论—高等职业教育—教材 Ⅳ.①S6-0

中国版本图书馆 CIP 数据核字(2019)第 133760 号

高职高专园艺专业系列规划教材

## 园艺学概论
### (第 2 版)

何志华 主 编
策划编辑:屈腾龙

责任编辑:文 鹏 邹 忌 版式设计:屈腾龙
责任校对:邬小梅 责任印制:赵 晟

\*

重庆大学出版社出版发行
出版人:饶帮华
社址:重庆市沙坪坝区大学城西路 21 号
邮编:401331
电话:(023) 88617190 88617185(中小学)
传真:(023) 88617186 88617166
网址:http://www.cqup.com.cn
邮箱:fxk@ cqup.com.cn(营销中心)
全国新华书店经销
重庆巍承印务有限公司印刷

\*

开本:787mm×1092mm 1/16 印张:18 字数:449 千
2019 年 7 月第 2 版 2022 年 8 月第 3 次印刷
印数:4 501—6 000
ISBN 978-7-5624-7617-7 定价:43.00 元

# GAOZHIGAOZHUAN
## YUANYI ZHUANYE XILIE GUIHUA JIAOCAI

高职高专园艺专业系列规划教材
## 编委会
（排名不分先后）

前言
Premise

　　园艺是我国农业优势主导产业的经济增长点,园艺产品是人民生活的必需品,也是农民增加收入的重要来源。园艺植物的生产、保鲜、加工、销售是农业生产的重要组成部分,在国民经济建设中占有重要的地位。了解和研究园艺植物的理论、知识、技能对生产、利用和改造园艺植物具有极其重要的意义。

　　《园艺学概论》是高职高专园艺专业系列规划教材之一,是为学习种植业为主的专业(包括园艺、农学、植物保护、茶叶、农业资源与环境等)和相关专业(包括经贸、土管、食品等)的学生设计的专业基础课程教材。本书也可供非农学专业学生以及从事园艺教学、科技推广和管理的工作人员使用。

　　本书按新的教学体系模式编写,打破了园艺课程的分割体系,以基础理论、基本知识、基本技能作为编写教材的出发点,纳入了新理论、新知识、新技术,并实事求是地对待不同的学术观念,尽量做到内容丰富,可读性强。在编写过程中,编者注重园艺学科的完整性,将果树、蔬菜、观赏植物有机地融为一体;注重教材结构的完整性,图文并茂,易读易懂,不但是非园艺专业学生学习园艺科学的入门书,而且也是农业战线各级领导和管理人员学习和了解园艺生产的指导书和科普读物。

　　本书采用工学结合模式进行编写,采用七级标题进行编排,增加了项目描述、学习目标、技能目标、案例导入、正方知识链接、正方案例、项目小结、案例分析与讨论等,可读性强。

　　本书的编写分工如下:项目1、项目2由何志华(毕节职业技术学院)编写;项目3、项目4由张琰(信阳农林学院)编写;项目5、项目6由杨亚云(毕节职业技术学院)编写;项目7、项目8由刘文华(山西晋中职业技术学院)编写;项目9、项目10由王尚堃(周口职业技术学院)编写;项目11由王惠利(山西运城农业职业技术学院)编写。

　　本书在编写过程中得到毕节职业技术学院、信阳农林学院、山西晋中职业技术学院、周口职业技术学院、山西运城农业职业技术学院等院校的大力支持,在此表示衷心的感谢。

　　由于编者水平有限,编写时间仓促,缺点和错误在所难免,恳请各位专家、学者、读者提出宝贵意见。

编　者<br>2019年5月

# 项目1 绪论

**项目描述**

　　本项目主要介绍园艺、园艺学、园艺业的相关概念,园艺业的发展史、现状、发展趋势以及在国民经济中的作用。通过学习,同学们初步了解《园艺学概论》的基本知识、园艺植物与人民生活的关系、园艺植物包含的具体内容,要对本门课程有个基本的了解,更好地学习园艺学概论。

 **学习目标**

- 了解园艺、园艺学、园艺业的相关概念。
- 了解园艺业的发展史。

 **能力目标**

- 能够区分无公害食品、绿色食品和有机食品,提高对食品的识别能力,更好地指导人们的生活。
- 掌握中国园艺的现状,园艺业的发展趋势,更好地指导园艺生产。

# 任务 1.1  园艺、园艺学与园艺业

### 1.1.1  园艺

园艺,即园地栽培,是指对果树、蔬菜和观赏植物的栽培。可相应地分为果树园艺、蔬菜园艺和观赏园艺。园艺一词,原指在围篱保护的园内进行的植物栽培。现代园艺虽早已打破了这种局限,渗透到城镇、街道、社区、居民院落,但仍是比其他作物种植更为集约的栽培经营方式。园艺既是一门生产技术,又是一门形象艺术。从字面上来看,园艺一词是"园"和"艺"的组合,"园"字是指种植果树、蔬菜、观赏植物的地方,"艺"字则是指技能、技术。"艺"字作为动词时,本义是"种植"的意思。在《辞源》中称"植蔬果花木之地,而有藩者"为园;《论语》中则称"学问技术皆谓之艺"。因此,种植蔬果花木的技艺就是园艺。

### 1.1.2  园艺学

园艺学,是研究园艺植物生长发育规律、遗传规律以及栽培管理技术的科学。随着科学技术的发展,园艺学的研究内容和分工也更加具体。园艺学概论是初级园艺学,主要内容有园艺植物资源和园艺植物分类;园艺植物生长发育规律以及园艺植物与环境条件的关系;园艺植物调控和园艺植物病虫害防治;园艺植物品种改良和繁育;园艺产品的采收和采后处理;园艺产业的可持续发展等。园艺学科属于应用基础和应用型研究学科,以农业生物学为主要理论基础,是园艺业发展的基础。通过对本课程的学习,掌握园艺学的基本理论、基本知识和基本技能,基本能够进行园艺植物种子的采收、贮藏保管,苗圃地的规划,各种园艺植物苗木的繁育,植物园的建设与管理,对园艺植物进行调控,进行相应的设施栽培,对园艺植物病虫害进行防治,对园艺植物品种进行改良,对园艺产品进行采收和简单的贮藏加工,为进一步学习园艺专业的相关课程打下基础。

### 1.1.3  园艺业

园艺业,即园艺生产,是农业种植业生产中的一个重要组成部分,是农业生产的继续和发展,但又不同于以生产粮油为主的作物种植业,也不同于以生产林木产品为主的林业。园艺业是与庭院栽培或园田栽培有关的集约种植的园艺植物及其栽培管理、繁育、加工技术,是从事果树、蔬菜、观赏植物的生产管理,是植物园的规划设计、营建和养护管理的行业。园艺业对于丰富人类物质文化生活、绿化美化环境和改造人类生活环境具有重要意义。

## 任务 1.2  园艺业的发展史、现状及发展趋势

### 1.2.1  中国园艺业发展史

中国园艺业的发展有着悠久的历史,在新石器时期(公元前5000年)的西安半坡原始村落遗址中发现了菜籽,距今7 000多年。考古还证明7 000多年前,我们的祖先在蔬菜种植上已经使用了工具。公元前11世纪—公元前6世纪的《诗经》中记载了桃、李、杏、梅等园艺植物,园艺技术已相当普及。春秋战国时期(公元前770年—公元前221年)园艺业进步很快,已有大面积梨、橘、枣、姜、韭菜等植物的栽培。大约在2 000年前,在果树上已采用嫁接技术且已应用温室。到唐朝时代(公元6世纪—公元9世纪),园艺业已有很高的水平,而且已有造诣很深的理论著作描述园林植物,如《本草拾遗》中记载了692种药物,分为石、草、木、兽禽、果菜、米等部,各药内容分药名、性味、毒性、药效、主治、产地、药物形态、采制等项。宋代的《梅谱》记载了许多梅的品种和嫁接方法。《洛阳牡丹说》中记载了24个牡丹品种及养花、医花方法。《花镜》是我国较早的园艺学专著,阐述了花卉栽培及园林动物养殖的知识,对花木栽培作了系统的总结,共描述了352个种的园林植物形态特征、生长习性和用途。《芍药谱》书中所记扬州芍药有31种,评为7等。每品均略叙花之形、色。此外还有《荔枝谱》《群芳谱》《橘录》等均是世界园艺史上极其辉煌的篇章,充分证明了我国园艺业历史的悠久。

中国享有世界"园艺大国"和"园林之母"的美称,不仅有丰富的园艺植物资源,而且有着悠久的园艺史,中国园艺业和园艺学的发展比印度、埃及、巴比伦以及古罗马都早,比欧美各国早600~800年。

中国同西方国家的园艺植物和技艺的交流,最早是在汉武帝时期(公元前141年—公元前87年),张骞出使西域,经丝绸之路将中国的桃、梅、杏、茶、芥菜、萝卜、甜瓜、白菜等带往欧洲,丰富了欧洲的园艺植物种植资源,带回了葡萄、无花果、苹果、西瓜、芹菜、石榴等,也丰富了我国的园艺植物种植资源。

### 1.2.2  中国园艺业的现状

中国园艺业的现代发展主要是在20世纪的后20年间。在这20年间,中国农业中的各业以园艺业的发展速度为最快。2006年我国蔬菜种植总面积为1 767万 $hm^2$,总产量达6亿t,居世界首位;2006年中国果树种植总面积为1 004万 $hm^2$,总产量达8 836万t,也是世界第一;2006年全国花卉种植总面积为73万 $hm^2$。园艺业已发展成为中国当代农业的支柱产业。

### 1）园艺业现状

**（1）园艺栽培的良种**

园艺栽培的良种比例不断提高，品种结构不断改善。红富士、元帅短枝型苹果品种种植面积，在苹果种植总面积中的比例达42%和33%，脐橙的种植面积占柑橘总面积的20%，良种柚的种植面积占柑橘总面积的12%。蔬菜中的果菜类比例逐年提高，出口蔬菜石刁柏、白皮大蒜、黄皮洋葱、美国防风等已成批量生产规模。洋兰、鹤望兰、红掌、百合等小型、轻型、高档、优质花卉的栽培面积正逐年增加，观叶植物也越来越受到青睐。

**（2）野生植物资源**

野生植物资源的保护性开发利用也取得了可喜的成绩，银杉、金花茶、红花油茶、深山含笑等都是近年来新开发出的名贵品种。

**（3）设施栽培**

设施栽培面积逐年扩大，其中日光温室和塑料大棚的栽培面积已经占总面积的20%以上，智能温室也在快速发展。据了解，山东省设施栽培的面积居全国首位，特别是山东寿光在蔬菜的设施栽培上应用较普及，其次是花卉和果树。在冬季光照充足，气温较低的地区，园艺设施的发展具有较大的空间。

### 2）园艺业存在的问题

**（1）抵御市场风险的能力弱**

我国的园艺生产多为个体分散型生产，抵御市场风险的能力弱，小生产与大市场、大流通的矛盾十分突出。由于土地分散，生产组织化程度低，加上政府宏观调控职能很难控制园艺产品的种植面积，园艺产品的种植计划性不强，面积变动大，从而造成价格波动大，过剩"难卖"问题十分突出。

**（2）园艺产品损失率高**

园艺产品利用形态多为鲜活状态，含水量较高，特别是蔬菜和水果的含水量高达90%，加上园艺产品产后处理相对滞后，园艺产品的加工程度不高，产后处理链尚未形成或不规范，造成运输途中损失严重，据统计，我国蔬菜每年在地里和流通过程中的损失率高达25%。

**（3）品牌化率低**

虽然我国是果品、蔬菜、花卉生产大国，苹果、梨的产量居世界首位，柑橘产量仅次于巴西和美国，但我国的园艺产品大多以原料或半成品的形式出口，品牌化率低，没有高附加值或精深加工的产品。我国的园艺产业在国际竞争中只能赚取廉价的劳务费，随着劳动力成本的增加，过去园艺生产中的成本优势已不存在。

**（4）设施栽培简陋**

设施生产发展虽然很快，但是绝大多数设施比较简陋，环境可调控能力非常有限，抵御极端天气和灾害性气候的能力弱，容易受灾。与发达国家相比，园艺基础研究薄弱，应用技术和设施设备不配套。

**（5）园艺产品的安全生产重视不够**

一方面是人们对食品安全的高度敏感，另一方面是对生产环节的控制监管很难到位，由于化肥、农药残留超标，很难参与国际竞争。

### 1.2.3 中国园艺业的发展趋势

#### 1) 由全面发展转向适生区发展

由于园艺生产的效益高,见效快,中国园艺生产的发展也快,就带来了全面发展诸多问题。而在适宜生长区域发展园艺生产,是生产高质量园艺产品、降低生产成本的重要手段。因此,研究各种园艺植物生产发育以及其产量和品质形成的适宜生态条件,进一步规划和调整布局,选择适地种植,既可以提高园艺产品的质量,又能降低生产成本,真正提高园艺生产的效益。

#### 2) 由单一生产向多元化生产发展

由于不同的消费习惯和消费水平,人们对园艺产品的需求是多种多样的,园艺生产也是向着种类和品种的多元化发展的。比如大种类果树中的苹果、梨、柑橘等与小杂果桃、李、杏、樱桃等的协调发展,蔬菜中的大宗菜与稀特菜、果菜与根茎叶菜的协调发展,果蔬中的鲜品与加工品的协调发展,园艺植物的露地栽培与设施栽培的协调发展。

#### 3) 由分散的个体经营向产业化经营发展

由于分散的个体经营方式难以适应大市场的产业环境,难以保证稳定的经济效益,因此中国的园艺业正向专业化和产业化方向发展。通过"公司+农户""专业合作社+社员"的方式,或通过合理的土地流转,把分散经营的农户组织起来,由合作社或公司统一制订产品标尺,农户或社员卡尺生产。公司或合作社负责创品牌,开发市场和产品销售,生产者则专门从事园艺产品生产。生产者再分工,育苗的专门负责苗木生产,根据市场需求,按标准生产各种规格的苗木;园艺产品生产者则专门负责生产,每一个农户或社员或村则专门从事一种园艺产品的生产,实现一村一品。农户与公司之间、社员与合作社之间按合同或产品订单进行生产和销售。这样就把分散的个体生产者组织起来,形成规模化、专业化、产业化的大产业,创造更好的经济效益。

#### 4) 由无公害产品向绿色产品和有机产品发展

随着社会的发展和人们生活水平的提高,人类生活已经从解决温饱过渡到健康进食,健康越来越受到人们的关注,园艺产品中的水果蔬菜与人们的一日三餐紧密相连,人们期望更加安全优质的园艺产品。因此,控制产品污染已经是生产者的自觉行为,无公害产品已经是最低要求,绿色产品和有机产品已成为人们的追求目标,成为参与国际竞争的必然。

#### 5) 由常规园艺向生态园艺和观光园艺发展

建立以休闲娱乐、观光旅游为主的生态园艺和观光园艺,是现代园艺的一个发展趋势。随着城镇化发展进程的加快,城镇居民的生活节奏越来越快,工作压力也越来越大,越来越多的城镇居民希望在紧张繁忙的城市生活之余,到空气清新、环境优美的地方去放松,消除工作的疲劳和压力。生态园艺和观光园艺正好为城镇居民提供去处,让他们亲近大自然,在优美的环境中享受天然美食,享受自耕、自种、自收的喜悦。

# 任务 1.3  园艺业在国民经济中的作用

园艺业是农业的重要组成部分,是农业中的大产业。随着社会的发展和人们生活水平的提高,园艺产品的生产变得越来越重要,发展园艺生产,对调整农业产业结构、振兴农村经济、增加农民收入、繁荣市场、发展外贸和提高人们生活水平具有重要意义。

## 1.3.1  发展园艺生产,为人们提供食品和营养品

随着社会的发展和人们生活水平的提高,人们生活已经从解决温饱过渡到健康进食,人们的饮食已经不仅仅是吃饭问题,而是考虑营养、保健和健康,蔬菜和果品因其营养作用、保健作用和健康作用而在食品中的比重越来越大。果品和蔬菜含有多种维生素、矿物质和纤维素,是其他食品无法代替的;果品和蔬菜中的碱性物质对维持人体的酸碱平衡非常重要,据医学专家分析,婴幼儿的体质呈碱性,青壮年的体质呈中性,中老年的体质呈酸性,说明碱性食物对人体健康的重要。从表 1.1 可以看出:蔬菜和果品中的碱性物质含量高,而肉类和淀粉类食物的酸性物质含量高。可见,身体要健康,饮食要合理,碱性食物不能少,也就是果品蔬菜不能少。

表 1.1  各种食品中碱性和酸性无机化合物百分比/%

| 无机化合物 | 瘦肉 | 面包 | 牛奶 | 苹果 | 柠檬 | 马铃薯 | 胡萝卜 | 番茄 | 大葱 | 圆白菜 | 菠菜 | 草药 | 黄瓜 |
|---|---|---|---|---|---|---|---|---|---|---|---|---|---|
| 酸性化合物 | 71 | 54~72 | 47 | 27 | 20 | 37 | 29 | 38 | 35 | 42 | 40 | 37 | 25 |
| 碱性化合物 | 29 | 28~46 | 53 | 73 | 80 | 63 | 71 | 62 | 65 | 58 | 60 | 63 | 75 |

蔬菜和瓜果不仅营养丰富,而且多是低热量食品,其医疗和保健作用较大,经常食用蔬菜和果品的人精力充沛、皮肤细嫩,同时还能预防高血压、动脉硬化,减少肥胖和癌症病变等,营养学家建议,把蔬菜和瓜果当"主食",粮食和肉类当"副食",合理的膳食结构是:年人均蔬菜 120~180 kg,果品 75~80 kg,粮食 60 kg,肉类 45~60 kg。

## 1.3.2  发展园艺生产,为工业生产提供原料

园艺产品不仅以鲜活品供应市场,还是食品工业、饮料与酿造业、医药工业以及许多化工和轻工业的重要原料。干鲜果品和蔬菜加工后便于贮运,能延长供应时期,减少损失,而且还能增值。园艺产品经运销到消费者手中,再到餐桌,其损失是惊人的,据有关部门的统计,叶菜类蔬菜和夏季被称为"热货"的桃、杏、西瓜等,其损失率为 20%~35%,如果遇到滞销,这种损失更大。而在产地及时加工就可以减少这种损失,甚至避免这种损失。利用果品和蔬菜加工的产品较多,如果汁、菜汁、果脯、脱水菜、速冻菜、果酒、果醋、果冻、果菜粉、果茶、水果蔬菜罐头、果酱等,利用园艺产品可以提取食用色素、果胶、医药成分、化妆品成

分等,还可以利用园艺产品加工副产品作饮料添加剂等。

### 1.3.3 发展园艺生产,绿化美化环境

园艺植物花卉、林木、草坪、果树和蔬菜等,都能增加地面覆盖,保持水土,绿化和美化环境。园艺植物都是绿色植物,它们可以消纳污浊空气、噪声、粉尘,补充大气氧气,为人类创造清新、清洁的空气和安静、舒适的生活环境。各种观赏草木可以美化居室和庭院,为人类创造赏心悦目的生活环境。

园艺植物,特别是花卉和茶,蕴含着丰富的文化。自古以来,文人墨客写花、写草、写木、写景,留下了不少美言绝句、花诗、花经,让人在赏花赏景中学习文化,在文化交流中了解园艺。参与一定的家庭园艺活动,如播种育苗、移栽换盆、中耕除草、栽植管理、浇水施肥、整形修剪、嫁接换苗等,既可以活动筋骨,锻炼身体,又可以修身养性,陶冶情操,学习园艺知识,丰富精神文化生活。

**项目小结** )))

园艺是园艺植物生产的技能和艺术,园艺植物主要包括果树、蔬菜、观赏植物等。园艺业,即园艺生产,是农业种植业生产中的一个重要组成部分,是农业生产的继续和发展。园艺学,是研究园艺植物生长发育规律和遗传规律以及栽培管理技术的科学。园艺产品或食用、或饮用、或观赏,如蔬菜果品营养丰富,是主要的副食品,观赏植物使人赏心悦目,因此园艺在人们的日常生活中发挥着极其重要的作用。中国是园艺大国,园艺业历史悠久,被誉为"园林之母"。中国园艺正向适生区、多元化、集约化、有机方向发展,在国际上的竞争能力将越来越强。

**复习思考题** )))

1.为什么说中国是世界"园艺大国""园林之母"?
2.中国园艺业的现状怎样,存在哪些问题?
3.中国园艺业的发展趋势是什么?
4.为什么要把蔬菜和瓜果当"主食",粮食和肉类当"副食"?

# 园艺植物分类

**项目2**

**项目描述**

　　园艺植物泛指果树、蔬菜、观赏植物、芳香植物和药用植物,既有乔木、灌木、藤本,也有一、二年生及多年生草本植物,还有许多真菌和藻类植物,资源丰富,种类繁多。从狭义上讲,园艺植物是指果树、蔬菜和观赏植物。据统计,目前全世界果树植物约有 60 科、2 800 种,普遍栽培的有 70 多种;蔬菜植物约 60 科、1 000 种,普遍栽培的有 50 多种;观赏植物种类更多,全球 50 多万种植物中,有 8 万多种植物具有观赏价值,普遍栽培的有 8 000 多种。为了便于了解、研究、利用这些园艺植物,通常将其按植物学和园艺学分类方法进行分类。

 **学习目标**

- 了解园艺植物的分类方法。
- 掌握园艺植物的园艺学分类。

 **能力目标**

- 能够根据植物学分类区分园艺植物。
- 能够按照园艺学分类知识识别园艺植物。

**案例导入**

你知道按植物学对园艺植物是怎样分类的吗？

园艺植物按植物学分类可分为两大类，即孢子植物和种子植物，孢子植物包括真菌和蕨类植物，种子植物包括裸子植物和被子植物，被子植物又分为单子叶植物和双子叶植物。

## 任务 2.1　植物学分类

植物学分类属于自然分类系统范畴，是按照植物在形态、结构、生理上的相似程度，判断其亲缘关系的远近和进化过程进行分类的。植物分类的等级是界、门、纲、目、科、属、种，其中种是植物分类的基本单位，在种以下还可以分为亚种、变种和品种。种是指生殖上相互隔离的繁殖群体，即异种之间不能杂交，或杂交后代不具有正常的生殖能力，物种间的生殖隔离，使得彼此之间的基因不能交流，从而保证了物种的稳定性。

全世界的植物有 50 多万种，其中高等植物 30 多万种，归属 300 多个科。我国有高等植物 3 万多种，200 多科。绝大部分科中包含园艺植物。下面按照植物分类法介绍比较重要的园艺植物。

### 2.1.1　孢子植物

**1）真菌门**

（1）木耳科（Auriculariaceae）

蔬菜植物：木耳、银耳。

（2）蘑菇科（Agaricaceae）

蔬菜植物：蘑菇、香菇、平菇、草菇。

**2）蕨类植物门**

（1）卷柏科（Selaginellaceae）

观赏植物：卷柏、翠云草等。

（2）莲座蕨科（Angiopteridaceae）

观赏植物：观音莲座蕨。

（3）蚌壳蕨科（Dicksoniaceae）

观赏植物：金毛狗蕨等。

（4）桫椤科（Cyatheaceae）

观赏植物：桫椤、白桫椤等。

（5）铁线蕨科（Adinataceae）

观赏植物：铁线蕨、尾状铁线蕨、楔状铁线蕨等。

（6）铁角蕨科（Aspleniaceae）

观赏植物：铁角蕨、鸟巢蕨等。

（7）肾蕨科（Nephrolepidaceae）

观赏植物：肾蕨、长叶蜈蚣草等。

（8）槲蕨科（Drynariaceae）

观赏植物：崖姜蕨等。

（9）鹿角蕨科（Platyceriaceae）

观赏植物：蝙蝠蕨、三角鹿蕨等。

## 2.1.2 种子植物

### 1）裸子植物门

（1）苏铁科（Cycadaceae）

观赏植物：苏铁等。

（2）银杏科（Ginkgoaceae）

观赏、果树植物：银杏等。

（3）松科（Pinaceae）

观赏植物：雪松、油松、华山松、冷杉、铁杉、云杉等。

（4）杉科（Taxodiaceae）

观赏植物：水杉、柳杉等。

（5）柏科（Cupressaceae）

观赏植物：侧柏、桧柏、刺柏等。

（6）紫杉科（Taxaceae）

观赏植物：紫杉、红豆杉等。

果树植物：香榧等。

### 2）被子植物门——双子叶植物

（1）杨柳科（Salicaceae）

观赏植物：杨柳、垂柳、小叶杨、毛白杨、加拿大杨等。

（2）杨梅科（Myricaceae）

果树植物：杨梅、矮杨梅、细叶杨梅等。

（3）核桃科（Juglandaceae）

果树植物：核桃、核桃楸、野核桃、麻核桃、铁核桃、山核桃、长山核桃等。

观赏植物：枫杨等。

（4）桦木科（Betulaceae）

果树植物：榛子、欧洲榛、华榛等。

观赏植物：白桦等。

（5）山毛榉科（Fagaceae）

果树植物：板栗、茅栗、锥栗等。

（6）桑科（Moraceae）

果树植物：无花果、树菠萝、面包果、果桑等。

观赏植物：橡皮树、菩提树、柘树等。

（7）龙眼科（Proteaceae）

果树植物：澳洲坚果、粗壳澳洲坚果等。

（8）蓼科（Polygonaceae）

蔬菜植物：荞麦（芽菜用）、酸模、食用大黄等。

（9）藜科（Chenopodiaceae）

蔬菜植物：菠菜、地肤、甜菜、碱蓬等。

观赏植物：地肤、红头菜等。

（10）苋科（Amaranthaceae）

蔬菜植物：苋菜、千穗谷等。

观赏植物：鸡冠花、青箱、千日红、锦绣苋、三色苋等。

（11）番杏科（Aizoaceae）

蔬菜植物：番杏等。

观赏植物：生石花、佛手掌等。

（12）石竹科（Caryophyllaceae）

观赏植物：香石竹（康乃馨）、高雪轮、大蔓樱草、五彩石竹、霞草等。

（13）睡莲科（Nymphaeaceae）

蔬菜植物：莲藕、莼菜、芡实等。

观赏植物：荷花、玉莲、睡莲、萍蓬莲、芡实等。

（14）毛茛科（Ranunculaceae）

观赏植物：牡丹、芍药、飞燕草、唐松草、白头翁、转子莲、花毛痕、铁线莲等。

（15）小檗科（Berberidaceae）

观赏植物：小檗、十大功劳、南天竹等。

（16）木兰科（Magnoliaceae）

观赏植物：玉兰（白玉兰）、木兰（紫玉兰）、天女花、含笑花、白兰花、黄玉兰、鹅掌楸等。

（17）蜡梅科（Calycanthaceae）

观赏植物：蜡梅等。

（18）番茄枝科（Annonaceae）

果树植物：番茄枝、毛叶番茄枝、异叶番茄枝、刺番荔枝等。

（19）樟科（Lauraceae）

果树植物：油梨等。

观赏植物：樟树、南木、月桂等。

（20）十字花科（Cruciferae）

蔬菜植物：萝卜、结球甘蓝、花椰菜、青花菜、球茎甘蓝、抱子甘蓝、羽衣甘蓝、大白菜、芥菜（雪地蕻、榨菜）、芜菁、油菜、瓢儿菜、荠菜、辣根等。

观赏植物：紫罗兰、羽衣甘蓝、香雪球、桂竹香、二月兰等。

（21）景天科（Crassulaceae）

观赏植物：燕子掌、燕子海棠（红花落地生根）、伽蓝菜、落地生根、瓦松、垂盆草、红景天、景天、树莲花、荷花掌、翠花掌、青锁龙、玉米石、松鼠尾等。

（22）虎耳草科（Saxifragaceae）

果树植物：刺梨、穗醋栗、醋栗等。

观赏植物：山梅花、太平花、虎耳草、八仙花、岩白菜等。

（23）蔷薇科（Rosaceae）

果树植物：苹果、梨、李、桃、扁桃、杏、山楂、樱桃、草莓、枇杷、木瓜、榅桲、沙果、树莓、悬钩子等。

观赏植物：月季花、西府海棠、贴梗海棠、垂丝海棠、日本樱花、梅、玫瑰、珍珠梅、榆叶梅、木香花、多花蔷薇、碧桃、紫叶李等。

（24）金缕梅科（Hamamelidaceae）

观赏植物：枫香、金缕梅、蜡瓣花等。

（25）豆科（Leguminosae）

蔬菜植物：菜豆、豇豆、大豆、绿豆、蚕豆、豌豆、豆薯、苜蓿菜等。

观赏植物：合欢、紫荆、香豌豆、含羞草、龙芽花、白三叶、国槐、龙爪槐、凤凰木、紫藤等。

（26）酢浆草科（Oxalidceae）

果树植物：杨桃、多叶酸杨桃等。

（27）芸香科（Rutaceae）

果树植物：宽皮柑橘、甜橙、柚、葡萄柚、柠檬、金豆、金弹、黄皮等。

观赏植物：金豆、金枣、香橼、佛手等。

（28）橄榄科（Burseraceae）

果树植物：橄榄、方榄、乌榄等。

（29）楝科（Meliaceae）

果树植物：兰撒、山陀等。

蔬菜植物：香椿等。

（30）大戟科（Euphorbiaceae）

果树植物：余甘等。

观赏植物：一品红、变叶木、龙凤木、重阳木等。

（31）漆树科（Anacardiaceae）

果树植物：芒果、腰果、阿月浑子、仁面、南酸枣、金酸枣、红酸枣等。

观赏植物：火炬树、黄连木、黄栌等。

（32）无患子科（Sapindaceae）

果树植物：荔枝、龙眼、韶子等。

观赏植物：文冠果、风船葛、栾树等。

（33）姆、鼠李科（Rhamnaceae）

果树植物：枣、酸枣、毛叶枣、拐枣等。

（34）葡萄科（Vitaceae）

果树植物：美洲葡萄、欧洲葡萄、山葡萄等。

观赏植物：爬山虎（地锦）、青龙藤等。

（35）锦葵科（Malvaceae）

果树植物：玫瑰茄等。

蔬菜植物:黄秋葵、冬寒菜等。

观赏植物:锦葵、蜀葵、木槿、朱槿(扶桑)、木芙蓉、吊灯花等。

(36)木棉科(Bomacaceae)

果树植物:榴莲、马拉巴栗等。

观赏植物:木棉等。

(37)猕猴桃科(Actinidiaceae)

果树植物:中华猕猴桃、美味猕猴桃、毛花猕猴桃、狗枣猕猴桃、花蕊猕猴桃等。

(38)山茶科(Theaceae)

观赏植物:木荷、山茶、茶、茶梅等。

(39)藤黄科(Guttiferae)

果树植物:山竹子等。

观赏植物:金丝桃、金丝梅等。

(40)堇菜科(Violaceae)

观赏植物:三色堇、香堇等。

(41)西番莲科(Passifloraceae)

果树植物:西番莲、大果西番莲等。

(42)番木瓜科(Caricaceae)

果树植物:番木瓜等。

(43)秋海棠科(Begoniaceae)

观赏植物:四季秋海棠、球根秋海棠等。

(44)仙人掌科(Cactaceae)

蔬菜植物:食用仙人掌等。

观赏植物:仙人掌、仙人球、仙人指、珊瑚树、仙人镜、蟹爪兰、昙花、令箭荷花、三菱箭、鹿角柱、仙人鞭、山影掌(仙人山)、八卦掌等。

(45)胡颓子科(Elaeagnaceae)

果树植物:沙棘、沙枣等。

(46)千屈菜科(Lythraceae)

观赏植物:千屈菜、紫薇等。

(47)石榴科(Punicaceae)

果树植物:石榴等。

观赏植物:石榴等。

(48)桃金娘科(Myrtaceae)

果树植物:番石榴、蒲桃、莲雾、桃金娘、费约果、红果子、树葡萄等。

(49)柳叶菜科(Onagraceae)

观赏植物:送春花、月见草、倒挂金钟等。

(50)伞形科(Umbelliferae)

蔬菜植物:胡萝卜、茴香、芹菜、芫荽、莳萝等。

(51)杜鹃花科(Ericaceae)

果树植物:越橘、蔓越橘、笃斯越橘等。

观赏植物:杜鹃、吊钟花等。

（52）报春花科（Primulaceae）

观赏植物:仙客来、胭脂花、藏报春、四季报春、报春花、多花报春、樱草等。

（53）山榄科（Sapotaceae）

果树植物:人心果、神秘果、蛋黄果等。

（54）柿树科（Ebenaceae）

果树植物:柿、油柿、君迁子等。

（55）木樨科（Oleaceae）

果树植物:油橄榄等。

观赏植物:连翘、丁香、桂花、茉莉、探春、迎春花、女桢、金钟花、小蜡、水蜡树、雪柳、白蜡、流苏树等。

（56）夹竹桃科（Apocynaceae）

果树植物:假虎刺等。

观赏植物:夹竹桃、络石、黄蝉、鸡蛋花、盆架树等。

（57）旋花科（Convolvulaceae）

蔬菜植物:雍菜（空心菜）、甘薯等。

观赏植物:茑萝、大花牵牛、缠枝牡丹、月光花、田旋花等。

（58）马鞭草科（Verbenaceae）

观赏植物:美女樱、宝塔花等。

（59）唇形科（Labiatae）

蔬菜植物:紫苏、银苗、草石蚕等。

观赏植物:一串红、朱唇、彩叶草洋薄荷、留兰香、一串兰、百里香、随意草等。

（60）茄科（Solanaceae）

果树植物:灯笼果、树番茄等。

蔬菜植物:番香、辣椒、茄子、马铃薯等。

观赏植物:碧冬茄、夜丁香、朝天椒、栅瑚樱、珊瑚豆等。

（61）玄参科（Scrophulariaceae）

观赏植物:金鱼草、蒲包花、猴面花、毛地黄等。

（62）紫葳科（Bignoniaceae）

观赏植物:炮仗花、凌霄、蓝花楹、楸树等。

（63）忍冬科（Caprifoliaceae）

观赏植物:猬实、糯米条、金银花、香探春、木本绣球、天目琼花等。

（64）菊科（Compositae）

蔬菜植物:茼蒿、莴苣（莴笋）、菊芋（洋姜）、牛蒡、朝鲜蓟（菜蓟）、苣荬菜、婆罗门参、甜菊、茵陈蒿、菊花脑等。

观赏植物:菊花、万寿菊、雏菊、翠菊、瓜叶菊、波斯菊、金盏菊、大丽花、百日草、熊耳草、紫苑、狗哇花、向日葵、孔雀草等。

（65）葫芦科（Cucurbitaceae）

蔬菜植物:黄瓜、南瓜、西葫芦、冬瓜、苦瓜、丝瓜、佛手瓜、蛇瓜、笋瓜、西瓜、甜瓜等。

观赏植物:葫芦、金瓜等。

**3)被子植物门——单子叶植物**

(1)泽泻科(Alismataceae)

蔬菜植物:慈姑等。

观赏植物:泽泻等。

(2)禾本科(Gramineae)

蔬菜植物:茭白、竹笋、甜玉米等。

观赏植物:观赏竹类、早熟禾、梯牧草、狗尾草、紫羊茅、结缕草、黑麦草、燕麦草、野牛草、芦苇、红顶草、地毯草、冰草等。

(3)沙草科(Cyperaceae)

蔬菜植物:荸荠等。

观赏植物:胡子草、黑穗草、扁穗莎草、伞莎草等。

(4)棕榈科(Palmaceae)

果树植物:椰子、海枣等。

观赏植物:棕竹、蒲葵、棕榈、凤尾棕、鱼尾葵等。

(5)天南星科(Araceae)

蔬菜植物:芋(芋头)、魔芋等。

观赏植物:菖蒲、花烛、龟背竹、广东万年青、马蹄莲、天南星、独角莲等。

(6)凤梨科(Bromeliaceae)

果树植物:凤梨(菠萝)等。

观赏植物:水塔花、羞凤梨等。

(7)鸭跖草科(Commelinaceae)

观赏植物:吊竹梅、白花紫露出草等。

(8)百合科(Liliaceae)

蔬菜植物:石刁柏、金针菜(黄花菜)、韭菜、洋葱、葱、大蒜、南欧蒜、薤、百合等。

观赏植物:文竹、萱草、玉簪、风信子、郁金香、万年青、朱蕉、百合、虎尾兰、丝兰、铃兰、吉祥草、吊兰、芦荟、火炬花、百莲子、风尾兰等。

(9)石蒜科(Dioscireaceae)

观赏植物:君子兰、晚香玉、水仙、龙舌兰、朱顶红、韭菜莲(风雨花)、石蒜、雪钟花、蜘蛛兰等。

(10)薯蓣科(Dioscoreaceae)

蔬菜植物:薯蓣、大薯等。

(11)鸢尾科(Iridaceae)

观赏植物:小苍兰(香雪兰)、射干、唐菖蒲、鸢尾、蝴蝶花、番红花等。

(12)兰科(Orchidaceae)

观赏植物:兔耳兰、春兰、蕙兰、建兰、墨兰、多花兰、寒兰、独占兰、美花兰、虎头兰、黄蝉兰、西蝉兰、兜兰、蝴蝶兰、石斛、白芨、鹤顶兰等。

(13)芭蕉科(Musaceae)

果树植物:香蕉、芭蕉等。

观赏植物:鹤望兰等。

**案例导入**

你知道按园艺学对园艺植物是怎样分类的吗?

园艺植物泛指果树、蔬菜、观赏植物、芳香植物和药用植物,既有乔木、灌木、藤本,也有一、二年生及多年生草本植物,还有许多真菌和藻类植物。从狭义上讲,园艺植物是指果树、蔬菜和观赏植物。因此,园艺学分类主要是指狭义上的园艺植物分类,就是按果树、蔬菜和观赏植物将园艺植物分为三大类。

## 任务 2.2 园艺学分类

### 2.2.1 果树的分类

果树主要是指能生产供人们食用果实的多年生植物。果树多是木本,也有少数是草本,如香蕉、菠萝、草莓等。后者在栽培方法和果实用途等方面与一般木本果树有许多相同之处,因此也归于果树范畴。果树的分类是按果树的生态分布、生活习性和果实构造特点来进行分类的。下面介绍 3 种常用的园艺学分类方法。

**1)按生态学分类**

(1)寒带果树(cold area fruit tree)

一般能耐-40 ℃以下低温,可在高寒地区栽培,如楱、醋栗、穗醋栗、山葡萄、果松和越橘等。

(2)温带果树(temperate zone fruit tree)

温带果树多是落叶果树,适宜在温带地区栽培,休眠期需要一定的低温,如苹果、梨、桃、杏、枣、核桃和樱桃等。

(3)亚热带果树(subtropical fruit tree)

亚热带果树既有常绿果树,又有落叶果树。通常需要短时间的冷凉气候(10~13 ℃)促进开花结果。常绿果树如柑橘、荔枝、龙眼、枇杷、橄榄、杨梅、杨桃等。落叶果树如扁桃、石榴、无花果、猕猴桃等。温带果树中,有的品种也可在亚热带地区栽培,如枣、梨、李、柿等。

(4)热带果树(tropical fruit tree)

热带果树是适宜在热带地区栽培的常绿果树,较耐高温、高湿,如香蕉、菠萝、榴莲、槟榔、椰子等。

**2)按生长习性分类**

(1)乔木果树(arbor fruit tree)

乔木果树有明显的主干,树体高大或较高大,如苹果、梨、李、杏、核桃、椰子、柿、枣、银杏、枇杷、樱桃等。

（2）灌木果树（bush fruit tree）

灌木果树树冠低矮，无明显主干，从地面分枝呈丛生状，如石榴、醒栗、无花果、番荔枝等。

（3）藤本果树（liana fruit tree）

藤本果树茎细长，蔓生不能直立，依靠缠绕或攀缘在支持物上生长，如葡萄、猕猴桃、罗汉果等。

（4）草本果树（herbaceous fruit plant）

草本果树具有草质茎，多年生，如草莓、菠萝、香蕉等。

**3）按农业生物学分类**

（1）落叶果树

①仁果类果树（pomaceous fruit trees）　其果实由子房及花托膨大形成，是假果，食用部分主要由肉质花托发育而成，果心有数粒小型种子，如苹果、梨、山楂等。

②核果类果树（stone fruit trees）　其果实由子房发育而成，是真果。果实有明显的内、中、外三层果皮，外果皮薄，中果皮肉质，是食用部分，内果皮木质化成为坚硬的核，如桃、李、梅、樱桃等。

③坚果类果树（nut trees）　其果实或种子外部有坚硬的外壳，可食用部分是种子的子叶或胚乳，如核桃、板栗、银杏、榛子等。

④浆果类果树（berry trees）　其果实多浆（汁），多为小粒果，如葡萄、草莓、猕猴桃等。

⑤柿枣类果树（persimmon and Chinese trees）　这类果树包括柿、君迁子（黑枣）、枣、酸枣等。也有学者将柿、黑枣等归属在浆果类果树中，而将枣和酸枣归属于核果类果树。

（2）常绿果树

①柑果类果树（hesperidium fruit trees）　其果实由子房发育而成，外果皮含有色素和很多油胞，中果皮白色呈海绵状，内果皮形成囊瓣，内含柔软多汁的纺锤状小砂囊，是食用部分，如柑橘、甜橙、柚、柠檬、黄皮等。

②浆果类果树（berry trees）　其果实多汁，如杨桃、蒲桃、人心果、番木瓜、连雾、番石榴、费约果等。

③荔枝类果树（lychee trees）　其果实外有果壳，食用部分为白色的假种皮，如荔枝、龙眼、红毛丹韶子等。

④核果类果树　包括橄榄、油橄榄、芒果、杨梅、椰枣、余甘子等。

⑤坚果类果树　包括椰子、腰果、巴西坚果、香榧、山竹子（莽吉柿）、榴莲等。

⑥荚果类果树（legume fruit trees）　其果实为荚果，食用部分为肉质的中果皮，如苹婆、酸豆、角豆树、四棱豆等。

⑦聚复果类果树（aggregate fruit trees）　其果实是多果聚合或心皮合成的复果，如木菠萝、面包果、番荔枝、刺番荔枝等。

⑧草本类果树（herbaceous fruit plant）　这类果树具有草质的茎，多年生，如香蕉、菠萝等。

⑨藤本类果树（liana fruit trees）　这类果树的枝干称藤或蔓，树不能直立，依靠缠绕或攀缘在支持物上生长，如西番莲、南胡颓子等。

### 2.2.2 蔬菜的分类

蔬菜是指能够生产肉质、多汁产品器官的一、二年生及多年生草本植物。此外,蔬菜还包括一些木本植物、真菌和藻类植物。据不完全统计,蔬菜类植物有30多个科,800余种,我国栽培的蔬菜有100多种。下面介绍两种主要的分类方法。

**1)按食用部分分类**

根据蔬菜植物产品的器官可分为根、茎、叶、花、果五大类。

(1)根菜类蔬菜(root vegetable)

①肉质根菜类(fleshy tap root vegetable)  如萝卜、胡萝卜、芜菁、芜菁甘蓝、根用芥菜、根用甜菜等。

②块根菜类(tuberous root vegetable)  如牛蒡、豆薯、葛等。

(2)茎菜类蔬菜(stem vegetable)

①地上茎菜类(aerial stem vegetable)  如竹笋、茭白、石刁柏、莴笋、榨菜、球茎甘蓝等。

②地下茎菜类(subterranean stem vegetable)  如马铃薯、莲藕、菊芋、荸荠、姜、芋头、慈姑等。

(3)叶菜类蔬菜(leaf vegetable)

这类蔬菜的食用部分是普通叶片、叶球、叶丛、变态叶等。

①普通叶菜类(common leaf vegetable)  如小白菜、芥菜、菠菜、芹菜、苋菜等。

②结球叶菜类(corm leaf vegetable)  如结球甘蓝、大白菜、结球莴苣、包心芥菜等。

③辛香叶菜类(aromatic and pungent leaf vegetable)  如葱、韭菜、芫荽、茴香等。

④鳞茎菜类(bulbous vegetable)  如洋葱、大蒜、百合等。

(4)花菜类蔬菜(blower vegetable)

这类蔬菜的食用部分是花、肥大的花茎或花球,如金针菜、青花菜、花椰菜、紫菜薹、朝鲜蓟、芥蓝等。

(5)果菜类蔬菜(fruit vegetable)

这类蔬菜的食用部分是嫩果实或成熟果实。

①茄果类蔬菜(solanaceous vegetable)  如番茄、辣椒、茄子等。

②荚果类蔬菜(legume vegetable)  主要是豆类蔬菜,如菜豆、豇豆、刀豆、毛豆、豌豆、蚕豆、四棱豆、扁豆等。

③瓠果类蔬菜(pope fruit vegetable )  主要是瓜类蔬菜,如黄瓜、南瓜、冬瓜、丝瓜、瓠瓜、菜瓜、蛇瓜、葫芦、甜瓜、西瓜等鲜食瓜类。

**2)按农业生物学分类**

这种分类方法是将蔬菜植物的生物学特性和栽培技术特点结合起来作为分类依据,分类较多,但很实用。

(1)白菜类(chinese cabbage vegetable)

这类蔬菜都是十字花科植物,多为二年生,第一年形成产品器官,第二年开花结籽,如大白菜、小白菜、叶用芥菜、菜薹、圆白菜(结球甘蓝)、球茎甘蓝、花椰菜等。

（2）直根类（straight root vegetable）

这类蔬菜都是以肥大的肉质直根为食用部分，与白菜类一样，多为二年生植物，如萝卜、胡萝卜、芜菁、根用芥菜、根用甜菜等。

（3）茄果类（solanaceous vegetable）

这类蔬菜是以果实为产品的一类蔬菜，主要有番茄、辣椒、茄子等一年生蔬菜。

（4）瓜类（cucurbita vegetable）

这类蔬菜主要有黄瓜、南瓜、冬瓜、丝瓜、瓠瓜、菜瓜、蛇瓜、葫芦、甜瓜、西瓜等。

（5）豆类（legume vegetable）

豆科植物的蔬菜，以嫩荚或籽粒为食用部分，如菜豆、豇豆、刀豆、毛豆、豌豆、蚕豆、眉豆等。

（6）葱蒜类（bulb vegetable）

这类蔬菜都是百合科植物，二年生，具有辛辣味，如大葱、洋葱、蒜、韭菜等，采用种子繁殖或无性繁殖。

（7）绿叶菜类（green leaf vegetable）

这类蔬菜以细嫩叶片、叶柄或嫩茎为食用部分，如芹菜、茼蒿、莴苣、苋菜、落葵、蕹菜、冬寒菜、菠菜等。

（8）薯芋类（tuber vegetable）

这是一类富含淀粉的块茎或根茎类蔬菜，如马铃薯、芋头、山药、姜等。

（9）水生蔬菜（aquatic vegetable）

这类蔬菜适于在池塘或沼泽地栽培，如藕、茭白、慈姑、荸荠、菱角、芡实等。

（10）多年生蔬菜（perennial vegetable）

这类蔬菜是多年生植物，产品可以连续多年收获，如金针菜、石刁柏、百合、竹笋、香椿等。

（11）芽菜类（bud vegetable）

这是一类用蔬菜种子或粮食作物种子发芽作为产品的蔬菜，如绿豆芽、黄豆芽、豌豆芽、乔麦芽、香椿芽等。也有把香椿和枸杞嫩梢列为黄芽菜的。

（12）野生蔬菜（wild vegetable）

野生蔬菜种类很多，现在大量采集的有蕨菜、发菜、木耳、蘑菇、荠菜、茵陈等，有的野生蔬菜已逐渐栽培化，如苋菜、地肤（竹帚菜）等。

（13）食用菌类（edible fungus）

食用菌类包括蘑菇、香菇、草菇、木耳、银耳、猴头菌、竹荪等。

## 2.2.3  观赏园艺植物的分类

观赏园艺植物的种类比果树和蔬菜的种类要多，而且还在不断从野生植物中开发出新的种类。从植物色泽的观赏性以及植物的生态效益看，几乎所有植物都可以列为观赏植物。据粗略统计，全世界栽培的观赏植物有 3 000 多种，我国栽培的有几百种，作为商品栽培的也有 200 种左右。下面介绍 4 种常用的按生长习性分类的方法。

**1）草本观赏植物（herb ornamental plants）**

草本观赏植物的种类很多，依其生物学特性可分为6类。

（1）一、二年生花卉（annuals and biennials）

一年生花卉是指在一年内完成生活史的花卉。通常春季播种，夏秋季开花结实。这类花卉耐寒性差，耐高温能力强，夏季生长良好，而冬季来临时遇霜则枯死，大多原产于热带或亚热带，一般属于短日照花卉，常见的有凤仙花、鸡冠花、一串红、半支莲、万寿菊、孔雀草等。二年生花卉是指需要跨越两个年度才能完成生活史的花卉。这类花卉耐寒性较强，耐高温能力差。一般秋季播种，以小苗越冬，翌年春夏开花结实，遇高温枯死，其实际生活时间不足一年，但跨越两个年头，故称为二年生花卉。二年生花卉多原产于温带、寒温带及寒带地区，多属于长日照花卉，常见的有三色堇、金盏菊、石竹、金鱼草、虞美人、雏菊、桂香竹等。

（2）宿根花卉（perennial herb flowers）

宿根花卉是指个体寿命超过两年，能连续生长，多次开花结实，且地下根或茎形态正常，不发生变态的一类多年生草本花卉。依其地上部茎叶冬季是否枯死，宿根花卉又分为落叶类和常绿类，落叶类的有菊花、芍药、蜀葵、漏斗菜、铃兰、荷兰菊等，常绿类的有万年青、君子兰、非洲菊、铁线蕨等。

（3）球根花卉（bulbous flowers）

球根花卉均为多年生草本植物，其特点是具有地下茎或根变态形成的膨大部分（贮藏营养的器官），用以度过寒冷的冬季或干旱炎热的夏季（呈休眠状态），待环境适宜时，再生长，并再度产生新的地下膨大部分或增生子球进行繁殖。根据其地下变态部分的形态结构不同，球根类花卉又分为块根类、球茎类、块茎类、根茎类和鳞茎类。

①块根类（tuberous roots）　块根是由不定根或侧根膨大形成的，如大丽花、花毛茛等。

②球茎类（corms）　球茎是由地下茎变态肥大为球形而成的。有明显的节和节间，有发达的顶芽和侧芽。常见的有唐菖蒲、小苍兰、番红花、秋水仙等。

③块茎类（tubers）　块茎是由地下茎顶端膨大而成的。其上茎节不明显，且不能直接生根，顶芽发达，如仙客来、马蹄莲、彩叶芋等。

④根茎类（rhizomes）　根茎是横卧地下、节间伸长、外形似根的变态茎。形态上与根有明显的区别，其上有明显的节、节间、芽和叶痕。常见的有美人蕉、荷花、睡莲等。

⑤鳞茎类（bulbs）　鳞茎实际上是由叶片基部肥厚变态形成的变态体，因形态与球茎、块茎相似，故称鳞茎。球根花卉中鳞茎占的比例最大。其真正的茎肉质扁平短缩，位于鳞茎的基部，称为鳞茎或鳞茎盘。中央有顶芽，被一至多枚肉质的鳞叶包围。根据其外部有无膜质鳞片包被又分为有皮鳞茎和无皮鳞茎两种，有皮鳞茎外被干膜状鳞叶，肉质鳞叶状着生，横切面呈同心圆排列，如水仙、郁金香、朱顶红、风信子等。无皮鳞茎外表则无干膜质鳞叶，肉质鳞叶呈鳞片状，旋生于鳞茎盘上，如百合、贝母等。

（4）兰科花卉（orchids flowers）

兰科花卉是指兰科中具有较高观赏价值的植物。兰科种类很多，因其具有相同的形态、生态和生理特点，习性相近，故独立成一类。兰科花卉都是多年生植物，通常又分为中国兰花和热带兰花两大类。中国兰花主要指兰科兰属的植物，大多数为地生，花小、色淡、具香味，如春兰、蕙兰、建兰、墨兰、寒兰；热带兰多数为附生，花大、色艳、香味淡或不具香味,如卡特兰、万带兰、蝴蝶兰、文心兰、石斛兰等。

（5）水生花卉（aquatic flowers）

水生花卉包括水生及湿生的观赏植物,生长在池塘或沼泽地,如挺水植物荷花、香蒲、鸭舌草、慈姑、菖蒲等;浮水植物睡莲、萍蓬莲、莼菜等;漂浮植物凤眼莲、浮萍、王莲等;沉水植物苦草、金鱼藻等。

（6）蕨类植物（pteridophyte）

蕨类植物是高等植物中比较低级而又不开花的一个类群,是观叶植物,如铁线蕨、肾蕨、蝙蝠蕨、长叶蜈蚣草、观音莲座蕨、树蕨、金毛狗、巢蕨等。

**2）木本观赏植物（woody ornamental plants）**

（1）落叶木本植物（deciduous woody plants）

如月季、玫瑰、牡丹、樱花、紫叶李、榆叶梅、蜡梅、银杏、木兰、夹竹桃、合欢、重阳木、柳树、木棉、爬山虎等。

（2）常绿木本植物（evergreen woody plants）

如雪松、苏铁、雪杉、罗汉松、变叶木要、常春藤、女贞、黄杨、棕榈等。

（3）竹类（bamboo）

如南天竹、桂竹、佛肚竹、凤尾竹、箭竹等。

**3）地被观赏植物（groundcover plants）**

地被植物是指覆盖在裸露地面上的低矮植物群体。它们的特点是繁殖栽培容易,养护管理粗放,适应能力较强。植物体形成的枝叶层紧密地与地面相接,像被子一样覆盖在地表面,对地面起良好的保护和装饰作用。

（1）草坪草（turf grasses,lawn plants）

草坪草是城市、城镇绿化的重要组成部分,用于覆盖除广场、道路之外的较平整或稍有起伏的地面,属于地被植物的一部分,以禾本科草和莎草科草为主,也有豆科或其他科的植物。适宜温暖地区的草坪草有结缕草、沟叶结缕草、中华结缕草、狗牙草、双穗雀麦、地毯草、竹节草、黑麦草、早熟禾等。适宜寒冷地区的草坪草有剪股颖、红草、细叶早熟禾、白三叶、苜蓿、偃麦草等。

（2）地被观赏植物（groundcover plants）

地被植物包括草本、蕨类植物,也包括小灌木和藤本植物。草本地被植物中,一、二年生的有紫茉莉、二月兰鸡眼草等;多年生的地被植物有白三叶、多变小冠花、紫花苜蓿、直立黄芪、百脉根、吉祥草珍珠菜等;蕨类地被植物有铁线蕨、凤尾蕨、贯众等;木本地被植物中,灌木类有铺地柏、鹿角柏、百里香、紫金牛等;藤本类有爬山虎、凌霄、紫藤、葛藤、金银花等。

**4）多浆及仙人掌类植物（succulents and cacti）**

多浆植物原多数产于热带、亚热带干旱地区或森林中,植株的茎、叶特别肥厚,肉质多浆,具有发达的贮水组织,通常包括仙人掌科以及景天科、番杏科、萝摩科、菊科、百合科等植物,其中以仙人掌科的种类最多,因此常常独立于多浆植物之外,另将仙人掌科植物单列一类。

（1）仙人掌类

如仙人掌、仙人球、令箭荷花、昙花、三棱箭、仙人指等。

（2）多浆类植物

如芦荟、龙舌兰、玉树、玉海棠、生石花等。

**项目小结** 》》》

园艺植物资源丰富，种类繁多，形态各异，为了方便识别、生产、管护和研究，需要进行分类。植物学分类是依据植物的形态特征，按照界、门、纲、目、科、属、种的分类体系进行分类的，反映了植物间的亲缘关系和植物由低级到高级的演化关系。园艺植物有孢子植物和种子植物，但以种子植物为主。在种子植物中，有裸子植物和被子植物，有单子叶植物和双子叶植物。园艺学分类主要根据园艺植物的用途按果树、蔬菜和观赏植物来分类。

果树分为落叶果树和常绿果树两大类；蔬菜分为白菜类、直根类、茄果类、瓜类、豆类、葱蒜类、绿叶菜类、薯芋类、水生蔬菜、多年生蔬菜、芽菜类、野生蔬菜和食用菌等。观赏植物则是按生长习性分为草本观赏植物、木本观赏植物、地被植物、仙人掌及多浆类植物四类。

**复习思考题** 》》》

1.园艺植物常用的分类方法有哪些？园艺植物分类有什么意义？
2.园艺植物分类的依据是什么？是按什么体系进行分类的？
3.果树按生态学、生长习性、农业生物学分类方法可分成哪几类？
4.蔬菜按食用部分和农业生物学分可分为哪几类？
5.园艺植物按生长习性分可分为哪几类？

# 项目3 园艺植物的生物学特性

项目描述

本项目主要介绍园艺植物的生物学特性。园艺植物具有根、茎、叶、花、果实和种子6大器官,各器官具有不同的组成、结构和形态变化。园艺植物通过不断进行光合作用、蒸腾作用、呼吸作用等生理活动,制造营养物质以满足自身的生长发育。其生产发育过程中具有年周期和生命周期的规律性变化。园艺植物营养器官根、茎、叶的生长与生殖器官花、果实、种子的发育,一方面取决于植物本身的遗传特性;另一方面取决于外界环境条件。了解和掌握园艺植物的生物学特性和生长发育规律,对于人类更好地利用植物资源和保护生态环境具有重要的意义。

 学习目标

- 了解园艺植物的器官形成规律及其生理作用。
- 掌握园艺植物的生长发育规律及光照、温度、水分、土壤等环境条件对其生长发育的影响。

 能力目标

- 能够根据园艺植物的生长发育规律和与环境的关系指导园艺生产活动。
- 具有调控园艺植物花芽分化和花期的能力。

**案例导入**

园艺植物有哪些器官？

园艺植物与人们的日常生活关系密切,以地面为界,地下部分为根系,地上部分为枝系;根据生理功能不同分为营养器官和生殖器官两大类,根、茎、叶为园艺植物的营养器官,花、果实和种子是园艺植物的生殖器官。各个器官都有不同的形态特征,作为一个整体,各个器官不是孤立的,而是相互联系、相互影响、相互依存的,具有彼此的相关性。

## 任务 3.1　园艺植物的组织和器官

### 3.1.1　园艺植物的根系

根系是园艺植物的重要器官,起着固定植株、吸收、合成与转化、运输、贮存和繁殖的功能;生产上通过土壤管理、灌水和施肥等田间管理,创造有利于根系生长发育的良好条件,促进根系代谢活力,调节植株上下部平衡、协调生长,实现优质、高效的生产目的。

**1)根的种类**

(1)主根

种子萌发时,胚根首先突破种皮,向下生长形成的根称为主根,又叫初生根。主根生长很快,一般垂直插入土壤,成为早期吸收水肥和固定植株的器官。

(2)侧根

当主根继续生长,达到一定长度后,在一定部位上侧向地从根内部生出的许多支根称为侧根。侧根与主根共同承担着吸收及贮藏功能,统称骨干根。主、侧根生长过程中,侧根上又会产生次级侧根,其与主根一起形成庞大的根系。

(3)须根

侧根上形成的细小根称为须根,须根及其根毛是吸收水分和养分的主要器官。

(4)不定根

主根和侧根都来源于胚根,都有一定的发生位置,称为定根。而有些园艺植物可以从茎、叶或胚轴等部位产生根,这种不是从胚根发生,其发生位置是不一定的根,称为不定根。不定根具有与定根一样的构造和生理功能,同样能产生侧根。很多园艺植物具有产生不定根的潜在性能,生产上利用此特点通过扦插快速繁育苗木,如葡萄、月季、菊花等枝(茎)条扦插繁殖,落叶生根、虎尾兰等叶扦插繁殖在园艺生产上被广泛应用。

**2)根系及其来源**

一株植物上所含有的根的总和称为根系。根据根系的发育来源和形态的不同,可以分为3种。

（1）实生根系

由种子胚根发育而来的根,称为实生根系。实生根系分直根系和须根系。

①直根系　主根比较长而粗,侧根比较短而细,主根与侧根有明显的区别,双子叶植物的根系都是直根系,如黄瓜、苹果、梨等的根系。

②须根系　一些园艺植物主根伸出不久即停止生长,或主根存活时间很短,而自茎基的数节上生长出长短相近、粗细相似的须根,这种主根生长较弱,主要根群为须根的根系称为须根系。单子叶植物的根系都是须根系,如大葱、韭菜等的根系。

（2）茎源根系

利用植物营养器官具有的再生能力,采用枝条扦插或压条繁殖,使茎上产生不定根,发育成的根系称为茎源根系。茎源根系无主根,生活力相对较弱,常为浅根,如葡萄、石榴、月季、红叶石楠等扦插繁殖的植物的根系。

（3）根蘖根系

一些果树如枣、山楂等和部分宿根花卉的根系,通过产生不定芽可以形成苗木,其根系称根蘖根系。

### 3）根的变态

园艺植物的根系除了有起固定植株、吸收水肥、合成与运输等功能外,还可以形成不同形态,起贮藏营养与繁殖作用的变态根。根的变态主要有以下3类:

（1）肉质直根

由主根和胚轴发育而成的根叫肉质直根,如萝卜、胡萝卜和甜菜的根。一株植物上仅有一个肥大的直根,其具有侧根的部分即为主根,不产生侧根的上部相当于胚轴的膨大,细胞内贮存了大量的养料,可供植物越冬后发育之用,也是人类食用的部分。

（2）块根

块根是由植物侧根或不定根膨大而形成的肉质根,可作繁殖用。如大丽花的块根是由茎基部原基发生的不定根肥大而成,根茎部分可发生新芽,由此可发育成新的个体。

（3）气生根

根系不向土壤中下扎,而伸向空气中,这类根系称为气生根。气生根因植物种类与功能不同,又分为3种。

①支柱根　有辅助支撑固定植物的功能,类似支柱作用的气生根,如菜玉米。

②攀缘根　起攀缘作用的气生根,如常春藤。

③呼吸根　根系伸向空中,吸收氧气,以防止地下根系缺氧导致生长不良。呼吸根常发生于生长在水塘边、沼泽地及土壤积水、排水不畅的田块的一些观赏树木上,如榕树、水杉等。

### 4）根际与根系的分布

（1）根际

根际是指受植物根系活动的影响,在物理、化学和生物学性质上不同于土体的那部分微域土区。根际的范围很小,一般指离根轴表面数毫米之内。其中存在于根际中的土壤微生物的活动通过影响养分的有效性、养分的吸收和利用以及调节物质的平衡,而构成了根际效应的重要组成成分。有些土壤中微生物还能进入到根的组织中,与根共生,这种共生

现象又有菌根和根瘤两种类型。

①菌根　同真菌共生的根称为菌根,按真菌侵入细胞程度进行分类。若菌丝不侵入细胞内,只在皮层细胞间隙中的菌根为外生菌根;菌丝侵入细胞内部的菌根为内生菌根,介于两者之间的菌根为内外兼生菌根。如苹果、葡萄、柑橘、李、核桃等大多数果树,杜鹃、鸢尾、大葱等多为内生菌根,而草莓则为内外兼生菌根。由于菌根的形成,扩大了园艺植物根系的吸收范围,增强了根系吸收养分的能力,从而促进了地上部光合产物的提高和生理生化代谢的进行。

②根瘤　它是由于细菌侵入根部组织所致,这种细菌称根瘤菌。菜豆、豇豆、豌豆、扁豆、蚕豆等各种豆类植物的根系均与根瘤菌共生,从而形成豆科植物的一个显著特点。豆类植物与根瘤菌共同生活,一方面根瘤菌从植物体内获得能量进行生长发育;另一方面根瘤菌所固定的氮素又为植物所利用,因此,创造根瘤菌所需生活条件,促进根瘤菌活动对豆类植物生长发育具有重要作用。除豆科植物外,绿肥作物三叶草及菜用苜蓿等均有根瘤菌与之共生;果树中杨梅属、观赏树木中的桤木属、胡颓子属的树木根系也有根瘤。

(2)根系的分布

各种园艺植物根系的水平分布和垂直分布是不同的,园艺植物根系的垂直分布与根系类型及气候、土壤、地下水位、栽培技术及繁殖移栽等因素有关;根系分布深度受土壤因素的影响更大,一般土层厚、地下水位低、质地疏松和贫瘠的土壤根系分布深,反之分布则浅。因土壤条件的变化,根系的分布有明显的层次性和集中分布的特点,表层土壤早春土温升高快,发新根早;而夏季表层高温,主要根的生长区在表土下环境条件适宜的稳定层,果树一般在 20~40 cm,根量集中,占的比例大,是根系主要功能区,也是生产中土壤管理的主要层次。

根系的水平分布与植物种类及栽培条件密切相关。果树的水平根分布范围总是大于树冠,一般为树冠冠幅的 1~3 倍,有些甚至达到 4~6 倍。根系的分布深度和范围在园艺植物的栽培中对营养的吸收和适应性具有重要影响,生产中可以通过土壤耕作和施肥,改善土壤条件,促进根系发育,提高产量。

### 3.1.2　园艺植物的茎

园艺植物的茎起着支撑、运输、合成与转化及繁殖功能;茎上着生芽,芽萌发后可形成地上部的树干、叶、花、枝、树冠,甚至一棵新植株。

#### 1)茎的类型

(1)按形状分类

有圆柱形(菊花)、三棱形(莎草)、四棱形(一串红)、多棱形(芹菜)等多种形状。

(2)按质地分类

有木质(木本植物)和草质(草本植物)。

(3)按生长习性分类

有直立茎(观赏树木、木本果树)、半直立茎(番茄)、攀缘茎(黄瓜、葡萄、爬山虎)、缠绕茎(豇豆、紫藤)、匍匐茎(草莓、结缕草)、短缩茎(白菜、甘蓝)等多种类型。

（4）按生长势及功能分类

按生长年限、生长势及功能等不同又分为若干类型。一般幼芽萌发当年形成的有叶长枝叫新梢。新梢按季节发育不同又分为春梢、夏梢和秋梢，大多数阔叶观赏树木及落叶果树以春梢为主，常绿树木冬季还能形成冬梢。新梢成长后依次成为一年生枝、二年生枝、多年生枝。

### 2）茎的分枝方式

园艺植物的顶芽和侧芽存在着一定的生长相关性。当顶芽活跃生长时，侧芽的生长则受到一定的抑制，如果顶芽摘除或因某些原因而停止生长时，侧芽就会迅速生长。

（1）单轴分枝（总状分枝）

单轴分枝是指从幼苗开始，主茎的顶芽活动始终占优势，形成一个直立的主轴，而侧枝则较不发达，其侧枝也以同样的方式形成次级分枝的分枝方式。栽培这类植物时要注意保护顶芽，以提高其品质。

（2）合轴分枝

合轴分枝是指植株的顶芽活动到一定时间后死亡、或分化为花芽、或发生变态，而靠近顶芽的一个腋芽迅速发展为新枝，代替主茎生长一定时间后，其顶芽又同样被其下方的侧芽替代生长的分枝方式。合轴分枝的主轴除了很短的主茎外，其余均由各级侧枝分段连接而成，因此，茎干弯曲、节间很短，而花芽较多。合轴分枝在园艺植物中普遍存在，如番茄、马铃薯、柑橘类、葡萄、枣、李等。

（3）假二叉分枝

假二叉分枝是指某些具有对生叶序的植物，如丁香、石竹等，其主茎和分枝的顶芽生长形成一段枝条后停止发育，由顶端下方对生的两个侧芽同时发育为新枝，且新枝的顶芽与侧芽生长规律与母枝一样，如此继续发育形成的分枝方式。

（4）分蘖

分蘖是指植株的分枝主要集中于主茎的基部的一种分枝方式。其特点是主茎基部的节较密集，节上生出许多不定根，分枝的长短和粗细相近，呈丛生状态，如韭菜、大葱等。

### 3）茎的变态

茎的变态分为地上茎的变态和地下茎的变态。

（1）地上茎变态

有肉质茎（莴苣、仙人掌）、茎卷须（黄瓜、南瓜）、枝刺（皂角、月季、茄子、枣树）、皮刺（悬钩子）、叶状茎（竹节蓼、天门冬）等。

（2）地下茎变态

有块茎（马铃薯）、根茎（莲藕、生姜、萱草、玉竹、竹）、球茎（慈姑、荸荠）、鳞茎（洋葱）等，见图3.1。

### 4）芽及其特性

芽是茎或枝的雏形，在园艺植物生长发育中起着重要作用。

（1）芽的类型

①单芽和复芽　枝条1个节上着生1个芽为单芽，它可能是花芽也可能是叶芽；1个节上着生2个以上的芽称为复芽（包括双芽、三芽和四芽等）。

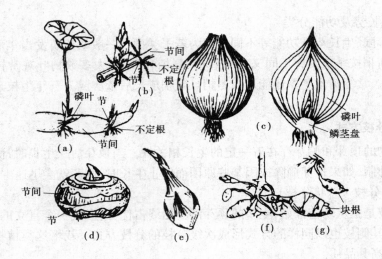

图3.1 地下茎的变态
(a)、(b)根状茎[(a)莲,(b)竹子] (c)鳞茎(洋葱)
(d)、(e)球茎[(d)荸荠,(e)慈姑] (f)、(g)块茎[(f)菊芋,(g)甘露子]

②顶芽、侧芽及不定芽 着生在枝或茎顶端的芽称为顶芽;着生在叶腋处的芽叫侧芽或腋芽;顶芽和侧芽均着生在枝或茎的一定位置上,统称为定芽;从枝的节间、愈伤组织或从根以及叶上发生的芽为不定芽。

③叶芽、花芽和混合芽 萌发后只长枝和叶的芽,称为叶芽;萌发后形成花或花序的芽,叫花芽;萌芽后既开花又长枝和叶的芽为混合芽。

④主芽和副芽 复芽中着生于叶腋中间的芽为主芽。着生于主芽两侧的芽为副芽。

⑤体眠芽和活动芽 芽形成后,不萌发的为休眠芽;芽形成后,随即萌发的即为活动芽。

(2)芽的特性

①芽的早熟性和晚熟性 一些果树新梢上的芽当年即可萌发,称为芽的早熟性,如桃、葡萄、枣、杏等。一些果树新梢上的芽当年形成以后不萌发,要到第二年才能萌发,称为芽的晚熟性,如苹果、梨等。

②芽的异质性 枝条或茎上不同部位生长的芽由于形成时期、环境因子及营养状况等不同,造成芽的生长势及其他特性上存在差异,称为芽的异质性。一般枝条中上部多形成饱满芽,其具有萌发早和萌发势强的潜力,是良好的营养繁殖材料。而枝条基部的芽发育程度低,质量差,多为瘪芽。一年中新梢生长旺盛期形成的芽质量较好,而生长低峰期形成的芽多为质量差的芽。

③萌芽力和成枝力 园艺植物茎或枝条上芽的萌发能力称为萌芽力。萌芽力高低一般用茎或枝条上萌发的芽数占总芽数的百分率表示。多年生树木,芽萌发后,有长成长枝的能力,称成枝力,用萌芽中抽生长枝的比例表示。

④潜伏力 潜伏力包含两层意思,其一是潜伏芽的寿命长短;其二是潜伏芽的萌芽力与成枝力强弱。一般潜伏芽寿命长的园艺植物,寿命长,植株易更新复壮;相反,萌芽力强、潜伏芽少且寿命短的植株易衰老;改善植物营养状况,调节新陈代谢水平;采取配套技术措施,能延长潜伏芽寿命,提高潜伏芽萌芽力和成枝力。

### 3.1.3　园艺植物的叶

**1）叶的组成**

完全叶由叶片、叶柄和托叶三部分组成。

**2）叶的类型**

（1）子叶和营养叶

子叶为原来胚中的子叶，早期有贮藏养分的作用，胚芽出土后形成的叶为营养叶，营养叶主要行使光合作用。

（2）完全叶和不完全叶

由叶片、叶柄和托叶组成的叶为完全叶；缺少任一部分的叶为不完全叶。

（3）单叶和复叶

每个叶柄上只有1个叶片的称单叶，如苹果、葡萄、桃、茄子、黄瓜、菊花等；复叶是指每个叶柄上有2个以上的小叶片，如番茄、马铃薯、枣、核桃、草莓、月季、南天竹、含羞草等。

**3）叶的形态及叶序**

（1）叶的形态

叶的形态主要是指叶的形状、大小、叶色等。

①叶的形态　叶的形状主要有线形（韭菜、萱草）、披针形（兰花）、卵圆形（苹果、月季、茄子）、倒卵圆形（李）、椭圆形（樟树）等。叶尖的形态主要有长尖、短尖、圆钝、截状、急尖等。叶缘的形态主要有全缘、锯齿、波纹、深裂等。

②叶脉分布　叶脉分布也是园艺植物叶片的特征之一。叶脉在叶片上分布的样式称为脉序，分为分叉状脉、平行脉和网状脉三大类。

（2）叶序

叶序是指叶在茎上的着生次序。园艺植物的叶序有互生叶序、对生叶序和轮生叶序。

①互生叶序，每节上只长1片叶，叶在茎轴上呈螺旋排列，1个螺旋周上，不同种类的园艺植物，叶片数目不同，因而相邻两叶的间隔夹角也不同，如2/5叶序表示1个完整的螺旋周排列中，含有5片叶，也就是在茎上经历两圈，共有5叶，自任何1片叶开始，其第6叶与第1叶同位于1条垂直的线上。

②对生叶序是指每个茎节上有两片叶相互对生，相邻两节的对生叶相互垂直，互不遮光，如丁香、薄荷、石榴等。

③轮生叶序，每个茎节上着生3片或3片以上叶，如夹竹桃、银杏、栀子等。

**4）叶的变态和异形叶片**

（1）叶的变态

植物的叶片由于适应环境的变化，常发生变态或组织特化，主要有叶球、鳞叶、苞叶、卷须、针刺等。

（2）异形叶片

异形叶片常指植株先后发生的叶有各种不同形态或因生态条件变化造成叶片异形现象。大白菜的叶即为典型的器官异形现象。

### 3.1.4 园艺植物的花

**1) 花的形态**

一朵完整的花由花柄、花托、花萼、花冠、雌蕊和雄蕊几部分组成。

（1）花柄

花柄又称花梗，为花的支撑部分，自茎或花轴长出，上端与花托相连。其上着生的叶片，称为苞叶、小苞叶或小苞片。

（2）花托

花托为花柄上端着生花萼、花冠、雄蕊、雌蕊的膨大部分。其下面着生的叶片称为付萼。

（3）花萼

花萼为花朵最外层着生的片状物，通常为绿色，每个片状物称为萼片，它们分离或联合。

（4）花冠

花冠为紧靠花萼内侧着生的片状物，每个片状物称为花瓣。

（5）雄蕊

雄蕊由花丝和花药两部分组成，其下部称为花丝，花丝上部两侧有花药，花药中有花粉囊，花粉囊中贮有花粉粒，而两侧花药间的药丝延伸部分则称为药隔，一朵花中的全部雄蕊总称为雄蕊群。

（6）雌蕊

雌蕊位于花的中央，由柱头、花柱和子房3部分组成。

雌蕊为花最中心部分的瓶状物，相当于瓶体的下部为子房，瓶颈部为花柱，瓶口部为柱头，而组成雌蕊的片状物称为心皮。

**2) 花序及其类型**

园艺植物的花，有的是一朵着生在茎枝顶端或叶腋内，称为单花，但大多数园艺植物的花，密集或稀疏地按一定排列顺序，着生在特殊的总花柄上。花在总花柄上有规律的排列方式称为花序。花序的总花柄或主轴称花轴，也称花序轴。

花序根据小花的开放顺序可分为无限花序和有限花序两大类。

（1）无限花序

无限花序也称总状花序，它的特点是花序的主轴在开花期间，可以继续生长，向上伸长，不断产生苞片和花芽，犹如单轴分枝，因此也称单轴花序。各花的开放顺序是花轴基部的花先开，然后向上方顺序推进，依次开放。如果花序轴缩短，各花密集呈一平面或球面时，开花顺序是先从边缘开始，然后向中央依次开放。无限花序可以分为总状花序（白菜、萝卜）、穗状花序（苋菜）、柔荑花序（板栗）、伞房花序（苹果）、头状花序（菊花）、隐头花序（无花果）、伞形花序（葱）、肉穗花序（马蹄莲）等（见图3.2）。上述各种花序的花轴都不分枝，因此都是简单花序。

另有一些无限花序的花轴有分枝，每一分枝上又呈现上述的一种花序，这类花序称复合花序。常见的有圆锥花序（南天竹）、复伞形花序（泽芹）、复伞房花序（石楠）、复穗状花

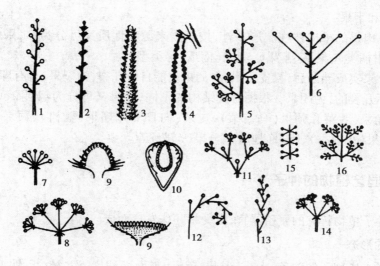

图 3.2　花序的类型

1—总状花序；2—穗状花序；3—肉穗花序；4—柔荑花序；5—圆锥花序；6—伞房花序；7—伞形花序；
8—复伞形花序；9—头状花序；10—隐头花序；11—二岐聚伞花序；12—螺旋状单岐聚伞花序；
13—蝎尾状单岐聚伞花序；14—多岐聚伞花序；15—轮伞花序；16—混合花序

序(小麦)等。

（2）有限花序

有限花序也称聚伞类花序，它的特点和无限花序相反，花轴顶端或最中心的花先开，因此主轴的生长受到限制，而由侧轴继续生长，但侧轴上也是顶花先开放，故其开花的顺序为由上而下或由内向外。可以分为单岐聚伞花序(唐菖蒲)、二歧聚伞花序(石竹)、多歧聚伞花序(大戟)等。

### 3.1.5　园艺植物的果实

#### 1)果实的结构

果实是由子房发育而来的，也可以由花的其他部分如花托、花萼等参与组成。组成果实外部的组织称为果皮，通常可分为三层结构，最外层是外果皮，中层是中果皮，内层是内果皮。

#### 2)果实的类型

（1）真果和假果

多数被子植物的果实是直接由子房发育而来的，叫做真果，如桃、豇豆的果实；也有些植物的果实，除子房外，尚有其他部分参加，最普通的是子房和花被或花托一起形成果实，这样的果实，叫做假果，如苹果、梨、向日葵及瓜类的果实。

（2）单果和复果

多数植物一朵花中只有一个雌蕊，形成的果实叫做单果。也有些植物，一朵花中有许多离生雌蕊聚生在花托上，以后每一雌蕊形成一个小果，许多小果聚生在花托上，叫做聚合果，如草莓。还有些植物的果实，是由一个花序发育而成的，叫做聚花果，如桑、凤梨和无花果。

（3）肉果和干果

①肉果　肉果的果皮往往肥厚多汁，按果皮来源和性质又可分为：浆果（葡萄）、核果（桃）、柑果（柑橘类）、梨果（苹果）、瓠果（南瓜）等类型。

②干果　果实成熟以后，果皮干燥，有的果皮能自行开裂，为裂果；也有即使果实成熟，果实仍闭合不开裂的，为闭果。根据心皮结构的不同，干果又可分为：荚果（豇豆）、长角果（萝卜）和短角果（荠菜）、蒴果（马齿菜）、瘦果（向日葵）、翅果（榆树）、颖果（小麦）、坚果（板栗）、双悬果（小茴香）、胞果（地肤）、分果（蜀葵）等。

### 3.1.6　园艺植物的种子

种子是种子植物特有的繁殖器官，由受精胚珠发育而成。

**1）种子的形态**

种子的形态指种子的颜色、大小、形状、色泽、表面光洁度、沟、棱、毛刺、网纹、蜡质、突起物等，园艺植物种类繁多，所产生的种子形态各异。

种子形状有圆（球）、椭圆、肾、纺锤、三棱、卵、扁卵、盾、螺旋等，种子颜色因存在不同的色素而异，园艺植物不同，种子颜色不同，同一植物不同品种，种子颜色不同，不同生态区，种子颜色也不同。种子表面有的光滑发亮，也有的暗淡或粗糙，造成种子粗糙的原因是由于种子表面有沟、棱、毛刺、网纹、条纹、蜡质、突起等，有些种子成熟后还可以看到自珠柄上脱落留下的斑痕种脐和珠孔，有的种子还有刺、冠毛、翅、芒和毛等附属物。

**2）种子的结构**

种子一般由胚、胚乳和种皮3部分构成。

（1）胚

胚是由受精的合子发育而来，是植物的原始体，由胚芽、胚根、胚轴、子叶4部分组成。

（2）胚乳

胚乳是极核受精后发育而成的，它可为胚的发育提供养分。有些植物种子的胚乳在形成过程中就被胚吸收了，因此没有胚乳。但其一般都有肥大的子叶，为胚的发育和以后种子的萌发提供营养，如豆类的种子。

（3）种皮

种皮是由珠被发育而成的，主要起保护作用，不同植物的种皮有厚有薄，种皮薄的种子吸水快、发芽快，种皮厚的种子吸水慢、发芽也慢。

**案例导入**

园艺植物生理作用的意义

园艺植物不断生长发育，体积不断增加，并不断开花结实，为人类提供大量的营养产品，其生长发育所需要的能量和物质是从哪里获得的，又是如何产生的，这些都与园艺植物的生理活动有关。园艺植物通过自身的结构和功能调节，不断利用太阳能和空气制造有机物质，从土壤中吸收水分和无机盐等，同时把有机物分解为简单的物质和能量，供自身的生长发育需要，形成园艺植物的各个器官，为人类提供丰富的园艺产品。

## 任务 3.2 园艺植物的生理作用

### 3.2.1 蒸腾作用

蒸腾作用是水分从活的植物体表面以水蒸气状态散失到大气中的过程。

**1)蒸腾作用的方式及生理意义**

(1)蒸腾作用的方式

叶片蒸腾有两种方式:一是通过角质层的蒸腾,叫作角质蒸腾;二是通过气孔的蒸腾,叫作气孔蒸腾,气孔蒸腾是植物蒸腾作用的最主要方式。

(2)蒸腾作用的生理意义

①蒸腾作用产生的蒸腾拉力是植物对水分的吸收和运输的一个主要动力,特别是高大的植物,如果没有蒸腾作用,由蒸腾拉力引起的吸水过程便不能产生,植株较高部分也无法获得水分。

②蒸腾作用促进木质部汁液中的物质运输,由于矿质盐类要溶于水中才能被植物吸收和在体内运转,矿物质随水分的吸收和流动而被吸入和分布到植物体各部分中去。

③蒸腾作用能够降低叶片的温度。

**2)蒸腾作用的生理指标**

(1)蒸腾速率

蒸腾速率又称蒸腾强度或蒸腾率,是指植物在单位时间、单位叶面积通过蒸腾作用散失的水量。

(2)蒸腾效率

蒸腾效率是指植物每蒸腾 1 kg 水所形成的干物质的克数。一般植物的蒸腾效率为1~8 g/kg。

(3)蒸腾系数

蒸腾系数又称需水量,是指植物每制造 1 g 干物质所消耗水分的克数,是蒸腾效率的倒数。木本植物的蒸腾系数比较低,草本植物的蒸腾系数较高,蒸腾系数越低,则表示植物利用水的效率越高。

**3)影响蒸腾作用的因素**

(1)内因

主要有气孔频度(每平方毫米叶片上的气孔数),气孔频度大有利于蒸腾的进行;气孔大小,气孔直径大,蒸腾快;气孔下腔,气孔下腔容积大,叶内外蒸气压差大,蒸腾快;气孔开度,气孔开度大,蒸腾快,反之,则慢。

（2）外因

蒸腾速率取决于叶内外蒸气压差和扩散阻力的大小,凡是影响叶内外蒸气压差和扩散阻力的外部因素(光照、温度、湿度、风速)等都会影响蒸腾速率。

### 3.2.2 光合作用

光合作用是指绿色植物通过叶绿体,利用光能,把 $CO_2$ 和 $H_2O$ 转化成储存能量的有机物,并且释放出氧的过程。

**1)光合作用的重要意义**

光合作用为包括人类在内的几乎所有生物的生存提供了物质来源和能量来源。

（1）制造有机物

绿色植物通过光合作用制造有机物的数量是非常巨大的。据估计,地球上的绿色植物每年大约制造四五千亿吨有机物,这远远超过了地球上每年工业产品的总产量。人类和动物的食物直接或间接地来自光合作用制造的有机物。

（2）转化并储存太阳能

绿色植物通过光合作用将太阳能转化成化学能,并储存在光合作用制造的有机物中。地球上几乎所有的生物,都直接或间接地利用这些能量作为生命活动的能源。

**2)光合作用的生理指标**

（1）光合速率

光合速率是指单位时间,单位叶面积吸收 $CO_2$ 的量或放出 $O_2$ 的量。

（2）光合生产率

光合生产率又称净同化率,指植物在较长时间(一昼夜或一周)内,单位叶面积生产的干物质量。光合生产率比光合速率低,因为已去掉呼吸等消耗。

**3)影响光合作用的因素**

（1）内因

①叶龄  叶片的光合速率与叶龄密切相关,幼叶净光合速率低,需要功能叶片输入同化物;叶片全展后,光合速率达到最大值;叶片衰老后,光合速率下降。

②同化物输出与累积的影响  同化产物输出快,促进叶片的光合速率;反之,同化产物的累积则抑制光合速率。

（2）外因

①光照  影响光合作用的光因素主要是光照强度和光质,随着光照强度的增高,光合速率相应提高。当叶片的光合速率与呼吸速率相等(净光合速率为零)时的光照强度,称为光补偿点。在一定范围内,光合速率随着光强的增加而呈直线增加;但超过一定光强后,光合速率增加转慢,在一定条件下,使光合速率达到最大值时的光照强度,称为光饱和点,这种现象称为光饱和现象。

②$CO_2$  $CO_2$ 是绿色植物光合作用的原料,它的浓度高低影响了光合作用暗反应的进行。当光合速率与呼吸速率相等时,外界环境中的 $CO_2$ 浓度即为 $CO_2$ 补偿点,当光合速率

开始达到最大值时的 $CO_2$ 浓度被称为 $CO_2$ 饱和点。在一定范围内提高 $CO_2$ 的浓度能提高光合作用的速率,$CO_2$ 浓度达到一定值之后光合作用速率不再增加,这是由于光反应的产物有限。

③温度　当温度高于光合作用的最适温度时,光合速率明显地表现出随温度上升而下降,这是由于高温引起催化暗反应的有关酶钝化、变性甚至遭到破坏,同时高温还会导致叶绿体结构发生变化和受损;高温加剧植物的呼吸作用,而且使 $CO_2$ 溶解度的下降超过 $O_2$ 溶解度的下降,结果利于光呼吸而不利于光合作用;在高温下,叶子的蒸腾速率增高,叶子失水严重,造成气孔关闭,使 $CO_2$ 供应不足,这些因素的共同作用,必然导致光合速率急剧下降。

④矿质元素　矿质元素直接或间接影响光合作用。例如,N 是构成叶绿素、酶、ATP 的化合物的元素,P 是构成 ATP 的元素,Mg 是构成叶绿素的元素。

⑤水分　水分既是光合作用的原料之一,又可影响叶片气孔的开闭,间接影响 $CO_2$ 的吸收。缺乏水时会使光合速率下降。

### 3.2.3　呼吸作用

生物体内的有机物在细胞内经过一系列的氧化分解,最终生成 $CO_2$ 或其他产物,并且释放出能量的总过程,叫做呼吸作用。

**1)呼吸作用的类型及重要意义**

（1）呼吸作用的类型

①有氧呼吸　有氧呼吸是指细胞在 $O_2$ 的参与下,通过酶的催化作用,把糖类等有机物彻底氧化分解,产生出 $CO_2$ 和 $H_2O$,同时释放出大量能量的过程。有氧呼吸是高等动物和植物进行呼吸作用的主要形式。

②无氧呼吸　无氧呼吸一般是指细胞在无氧条件下,通过酶的催化作用,把葡萄糖等有机物质分解成不彻底的氧化产物,同时释放出少量能量的过程。

（2）呼吸作用的生理意义

呼吸作用能为生物体的生命活动提供能量。呼吸作用释放出来的能量,一部分转变为热能而散失,另一部分储存在 ATP（三磷酸腺苷）中。呼吸过程能为体内其他化合物的合成提供原料。在呼吸过程中所产生的一些中间产物,可以成为合成体内一些重要化合物的原料,这些化合物包括脂肪、蛋白质、叶绿素和核酸等。

**2)影响呼吸作用的因素**

（1）内因

不同种类的园艺植物的呼吸强度有很大的差别,这是由遗传因素决定的;同一种类园艺植物,不同品种之间的呼吸强度也有很大的差异;同一植物的不同器官具有不同的呼吸速率;同一器官的不同组织呼吸速率不同;同一器官的不同生长过程呼吸速率亦有极大变化。

（2）外因

①温度　在一定的温度范围内,呼吸强度随着温度的升高而增强。

②$O_2$ 浓度与 $CO_2$ 浓度　$O_2$ 是植物正常呼吸的重要因子,$O_2$ 不足直接影响呼吸速度,也影响到呼吸的性质。$CO_2$ 是呼吸终产物,空气中的 $CO_2$ 只有 0.03%,当 $CO_2$ 上升到1%～10%时,呼吸作用明显被抑制。

③水分　叶片或其他器官,由于失水过多处于萎蔫状,呼吸会上升。因为此时细胞质中淀粉转变为糖,增加了呼吸底物;长期处于萎蔫状态,呼吸速率下降,气孔关闭,不利于气体交换。

④机械损伤　机械损伤会显著增加呼吸速率,机械损伤后打破了间隔,使酶与底物容易接触;机械损伤使某些细胞变为分生组织,形成愈伤组织去修补伤处,生长旺盛的细胞呼吸速率快;开放的伤口与外界氧气接触,有氧呼吸加强。

**案例导入**

### 对园艺植物生长影响较大的环境因素

在园艺植物的生长过程中,植物通过光合作用,把太阳能转化为生物能和热能,通过土壤吸收水分和无机盐,输送到各个部位,形成园艺植物的各个器官并不断增大,构成园艺产品。因此,在园艺植物生长过程中,对园艺植物生长影响较大的环境因素有光照、温度、水分、土壤及空气质量等。

## 任务 3.3　园艺植物的生长与环境条件

### 3.3.1　光照条件对园艺植物生长的影响

园艺植物生长过程中,通过光合作用把太阳能转化为生物能和热能,光照是光合作用的基础,对园艺植物的生长影响巨大,光照对园艺植物生长的影响可以从光照强度、光质和光周期 3 个方面认识。

**1)光照强度对园艺植物生长的影响**

不同园艺植物对光照强度的要求不同,根据园艺植物对光照强度的要求大致可分为阳性园艺植物（又称喜光园艺植物）、阴性园艺植物和中性园艺植物 3 种类型。

**（1）阳性园艺植物**

这类园艺植物必须在完全的光照下生长,不能忍受长期荫蔽环境,一般原产于热带或高原阳面。如多数一、二年生花卉、宿根花卉、球根花卉、木本花卉及仙人掌类植物等;蔬菜中的西瓜、甜瓜、番茄、茄子等都要求较强的光照,才能很好地生长,光照不足会严重影响产量和品质,特别是西瓜、甜瓜,含糖量会大大降低;大多数果树如葡萄、桃、樱桃、苹果等都是喜光园艺植物。

（2）阴性园艺植物

这类园艺植物不耐较强的光照,遮阴下方能生长良好,不能忍受强烈的直射光线。它们多产于热带雨林或阴坡。如花卉中的兰科植物、观叶类植物、凤梨科、姜科植物、天南星科及秋海棠科植物;蔬菜中多数绿叶菜和葱蒜类比较耐弱光。

（3）中性园艺植物

这类园艺植物对光照强度的要求介于上述两者之间。一般喜欢阳光充足,但在微阴下生长也较好,如花卉中的萱草、楼斗菜、麦冬、玉竹等;果树中的李、草莓等;中光型的蔬菜有黄瓜、甜椒、甘蓝、白菜、萝卜等。

### 2）光质对园艺植物生长的影响

光质又称光的组成,是指具有不同波长的太阳光谱成分,其中波长为 $380 \sim 760$ nm 的光（即红、橙、黄、绿、蓝、紫）是太阳辐射光谱中具有生理活性的波段,称为光合有效辐射。而在此范围内的光对植物生长发育的作用也不尽相同,植物同化作用吸收最多的是红光,其次为黄光,蓝紫光的同化效率仅为红光的 14%;红光不仅有利于植物碳水化合物的合成,还能加速长日植物的发育;相反蓝紫光则加速短日植物发育,并促进蛋白质和有机酸的合成;而短波的蓝紫光和紫外线能抑制茎节间伸长,促进多发侧枝和芽的分化,且有助于花色素和维生素的合成。因此,高山及高海拔地区因紫外线较多,所以高山花卉色彩更加浓艳,果色更加艳丽,品质更佳。

### 3）光周期对园艺植物生长的影响

光周期是指昼夜周期中光照期和暗期长短的交替变化。光周期现象是生物对昼夜光暗循环格局的反应。根据园艺植物对光周期的反应可分为:

（1）长日照园艺植物

长日照园艺植物是指在昼夜周期中,日照长度长于一定时数（一般在 $12 \sim 14$ h）才能成花的植物。对这些植物延长光照时间可促进或提早其开花,相反,如延长黑暗时间则推迟开花或不能成花。属于长日植物的有:油菜、萝卜、白菜、甘蓝、山茶、杜鹃等。

（2）短日照园艺植物

短日照园艺植物是指在昼夜周期中,日照长度短于一定时数（一般在 $12 \sim 14$ h）才能成花的植物。对这些植物适当延长黑暗时间或缩短光照时间可促进或提早其开花,相反,如延长日照时间则会推迟开花或不能成花。属于短日照植物的有:菊花、秋海棠、蜡梅等。如菊花须满足少于10 h的日照才能开花。

（3）中日照园艺植物

这类植物的成花对日照长度不敏感,只要其他条件满足,在任何长度的日照下均能开花。如月季、黄瓜、茄子、番茄、辣椒、菜豆、君子兰、向日葵、蒲公英等。

## 3.3.2　温度条件对园艺植物生长的影响

### 1）园艺植物对温度的要求

各种园艺植物的生长、发育都要求有一定的温度条件,都有各自温度要求的"三基点",即最低温度、最适温度和最高温度。植物的生长和繁殖要在一定的温度范围内进行,在此温度范围的两端是最低和最高温度,低于最低温度或高于最高温度都会引起植物体死亡,最低与最高温度之间有一个最适温度,在最适温度范围内植物生长繁殖得最好。根据对温度要求的不同,园艺植物可分为耐寒性、半耐寒性和喜温性、耐热性4类。

(1)耐寒性园艺植物

抗寒力强,生育适温15~20 ℃。这类植物的二年生种类不耐高温,炎夏到来时生长不良或提前完成生殖生长阶段而枯死,多年生种类地上部枯死,宿根越冬,或以植物体越冬,如三色堇、金鱼草、蜀葵、大葱、葡萄、桃、李等。

(2)半耐寒性园艺植物

这类植物抗霜,但不耐长期0 ℃以下的低温,其同化作用的最适温度为18~25 ℃;超过25 ℃则生长不良,同化机能减弱;超过30 ℃时,几乎不能积累同化产物,如金盏菊、萝卜、芹菜、白菜类、甘蓝类、豆和蚕豆等。

(3)喜温性园艺植物

该类植物生育最适温度为20~30 ℃,超过40 ℃,生长几乎停止;低于10 ℃,生长不良,如热带睡莲、黄瓜、番茄、茄子、甜椒、菜豆等均属此类。

(4)耐热性园艺植物

耐热性植物在30 ℃时生长最好,40 ℃高温下仍能正常生长,如冬瓜、丝瓜、甜瓜、豇豆和刀豆等。

**2)园艺植物不同生长发育时期对温度的要求**

同一种园艺植物在其不同的生长发育阶段,要求不同的温度。在种子发芽时,都要求较高的温度,一般喜温的园艺植物,种子的发芽温度以25~30 ℃为最适;而耐寒园艺植物的种子,发芽温度可在10~15 ℃,或更低时就开始。幼苗期最适宜的生长温度,比种子发芽时要低些。

**3)温周期现象与春化作用**

在自然条件下气温是呈周期性变化的,许多植物适应温度的某种节律性变化,并通过遗传成为其生物学特性,这一现象称为温周期现象。周期分为温度日周期和年周期两个方面。

日温周期表现为昼夜温差变化,在适温范围内的日温周期常对园艺植物生长有利,大部分园艺植物的正常生长发育,都要求昼夜有温度变化的环境。在园艺植物生长的适宜温度下,温差越大,对植物的生长发育越有利。白天的温度高,有利于光合作用,夜晚的温度低就减少了呼吸作用对养分的消耗,净积累较多。

年范围的温周期对园艺植物开花的影响比较明显。有些园艺植物需要低温条件,才能促进花芽形成和花器发育,这一过程叫做春化阶段,而使园艺植物通过春化阶段的这种低温刺激和处理过程则叫做春化作用。如白菜、萝卜等蔬菜当年秋季形成营养器官,经过冬季的低温刺激后,第二年春季才能开花结实,牡丹的种子春季播种,当年只生根不萌芽,秋季播种则第二年春天发芽。

## 有效积温和需冷量

每一种植物都需要温度达到一定值时才能够开始生长和发育,这个温度在生态学中称为发育阈温度或生态学零度,但仅仅温度达到所需还不足以完成生长和发育,因为还需要一定的时间,即需要一定的总热量,称为总积温或者有效积温。

需冷量是指满足落叶果树自然休眠所需的有效低温时数,通常用进入休眠后所需0~7.2 ℃(不包括0 ℃)累积低温时数来表示。如果低温没有满足,即使给果树适于发芽开花的温湿条件,也不能正常发芽,表现为枯芽、开花不整齐(持续时间长)、坐果率低等,进而影响产量。

### 3.3.3　水分条件对园艺植物生长的影响

水是园艺植物进行光合作用的原料,也是养分进入植物的外部介质或载体,同时也是维持植株体内物质分配、代谢和运输的重要因素。

**1)园艺植物的需水特性**

不同园艺植物对水分的亏缺反应不同,即对干旱的忍耐能力或适应性有差异。园艺植物的需水特性主要受遗传性决定;由吸收水分的能力和对水分消耗量的多少来衡量。根据需水特性通常可将园艺植物分为以下3类:

(1)旱生园艺植物

这类植物抗旱性强,能忍受较低的空气湿度和干燥的土壤。其耐旱性表现在,一方面具有旱生形态结构,如叶片小或叶片退化变成刺毛状、针状,表皮层角质层加厚,气孔下陷,气孔少;叶片具厚茸毛等;以减少植物体水分蒸腾。石榴、沙枣、仙人掌、大葱、洋葱、大蒜等均属此类。另一方面则是具有强大的根系,吸水能力强,耐旱力强,如葡萄、杏、南瓜、西瓜、甜瓜等。

(2)湿生园艺植物

该类植物耐旱性弱,需要较高的空气湿度和土壤含水量,才能正常生长发育;其形态特征为:叶面积较大,组织柔嫩,消耗水分较多,而根系入土不深,吸水能力不强,如黄瓜、白菜、甘蓝、芹菜、菠菜及一些热带兰类、蕨类和凤梨科植物等。此外,藕、茭白、荷花、睡莲、玉莲等水生植物属于典型的湿生园艺植物类。

(3)中生园艺植物

此类植物对水分的需求介于上述两者之间。一些种类的生态习性偏于旱生植物特征;另一些则偏向湿生植物的特征。茄子、甜椒、菜豆、萝卜、苹果、梨、柿、李、梅、樱桃及大多数露地花卉均属此类。

**2)园艺植物不同生育期对水分的需求**

在园艺植物的生长发育过程中,一方面,任何时期缺水都会造成生理障碍,严重时可导

致植株死亡;另一方面,如果连续一段时间水分过多,超过植物所能忍受的极限,也会造成植物的死亡。

园艺植物在不同的生长发育阶段和不同的物候期对水分的需求量不同。种子萌发时需要充足的水分供应,以利胚根伸出;落叶果树在休眠期代谢活动微弱,需水量也小。园艺植物对水分供应不足最为敏感、最易受到伤害的时期,称水分临界期。一般园艺植物在新枝生长期及果实膨大期为园艺植物水分临界期。

园艺植物在长期的系统发育过程中,形成了对水分要求不同的生态类型,在其栽培过程中表现出适应一定的水分条件并要求不同的供水量。如多数园艺植物在花芽分化期和果实成熟期不宜灌水,以免影响花芽分化、降低果实品质或引起裂果;在新梢迅速生长和果实膨大期,果树生理机能旺盛,是需水量最多的时期,必须保证水分供应充足,以利生长与结果;而在生长季的后期则要控制水分,保证及时停止生长,使果树适时进入休眠期。

**3) 干旱和水涝对园艺植物的不利影响**

**(1) 旱害对园艺植物的不利影响**

旱害是指土壤缺乏水分或者大气相对湿度过低对植物造成的危害。干旱对植物的损害是由于干旱时土壤有效水分亏缺,植物失水超过了根系吸水量,叶片蒸腾的失水得不到补偿,细胞原生质脱水,破坏了植物体内的水分平衡,随着细胞水势的降低,膨压降低而出现叶片萎蔫现象。萎蔫是指植物受到干旱胁迫,细胞失去紧张度,叶片和幼茎下垂的现象。萎蔫分为暂时萎蔫和永久萎蔫两种类型。

暂时萎蔫是指夏季炎热中午,蒸腾强烈,水分暂时供应不足,叶片与嫩茎萎蔫,到夜晚蒸腾减弱,根系又继续吸水,萎蔫消失,植株恢复挺立状态的现象,暂时萎蔫是植物经常发生的适应现象,是植物对水分亏缺的一种适应调节反应,对植物是有利的。暂时萎蔫只是叶肉细胞临时水分失调,并未造成原生质严重脱水,对植物不产生破坏性影响。

永久萎蔫是指土壤无水分供应植物,引起植株整体缺水,根毛损伤甚至死亡,即使经过夜晚水分充足供应,也不会恢复挺立状态的现象。

**(2) 涝害对园艺植物的不利影响**

水分过多对植物的影响称为涝害,一般指土壤的含水量达到了田间的最大持水量,土壤水分处于饱和状态,土壤气相完全被液相所取代,根系完全生长在沼泽化的泥浆中或水分不仅充满了土壤,而且田间地面积水,淹没了植物的局部或整株两种情况。

涝害对植物影响的核心是由于土壤的气相完全被液相所取代,使植物生长在缺氧的环境中,对植物产生了一系列不利的影响,受涝的植物生长矮小,叶黄化,根尖变黑,叶柄偏向上生长,种子的萌发受到抑制;涝害使植物的有氧呼吸受到抑制,促进了植物的无氧呼吸;涝害还使得根际的 $CO_2$ 浓度和还原性有毒物质浓度升高,对根系造成伤害。

### 3.3.4 空气条件对园艺植物生长的影响

**1) $CO_2$ 对园艺植物生长的影响**

$CO_2$ 是园艺植物光合作用的重要物质,其含量的高低对园艺植物光合作用产生重大影响,在露地生产中,空气中 $CO_2$ 含量一般为 0.03%,而大多数园艺植物光合效能达到最大需

要 $CO_2$ 含量在 1%~4%,供需相差几十倍甚至百倍之多,是造成园艺生产中的落花落果、大小年、早衰、果实畸形等现象的根本原因。在设施栽培中,提高 $CO_2$ 的供应,对提高光合效能,促进园艺植物的营养生长和提高产量和品质具有重要意义。

**2)空气中有毒、有害气体对园艺植物生长的影响**

由于工业废气排放、交通尾气和农业生产中农药、化肥、农膜的广泛使用,大量有毒、有害气体释放到空气中,造成空气污染。大气污染对园艺植物生产造成很大危害,一是空气污染造成酸雨频繁出现,酸雨可以直接影响园艺植物的正常生长,又可以通过渗入土壤及进入水体,引起土壤和水体酸化、有毒成分溶出,从而对园艺植物产生毒害;二是有毒有害气体积聚,造成对园艺植物生长的危害,特别是在设施栽培中频繁发生,对园艺植物生长危害较大的有毒、有害气体有农膜污染释放的二异丁酯、乙烯、氯气及施肥不当产生的氨气、亚硝酸气、二氧化硫等,这些对园艺植物生长都会造成不同程度的伤害。

### 3.3.5　土壤条件对园艺植物生长的影响

**1)土壤性状与园艺植物的关系**

不同类型的土壤特性不同,对水肥的供应情况不同,沙质土和砾质土,渗水速度快,保水性能差,通气性能好;黏质土渗水速度慢,保水性能好,通气性能差;壤质土介于沙土和黏土之间,在性质上兼有沙土和黏土的优点,质地均匀,松黏适中,既具有一定数量的非毛管孔隙,又有适量的毛管孔隙,是园艺植物生产较为理想的土壤类型。沙质土常作为扦插用土及西瓜、甜瓜、桃、枣等实现早熟丰产优质理想用土;黏质土、砾质土等,适当进行土壤改良后栽种较宜。

土层厚度对园艺植物生长影响较大,园艺植物要求土层深厚,果树和观赏树木要求 80~120 cm 以上的深厚土层,蔬菜和一年生花卉要求 20~40 cm,而且地下水位不能太高。

**2)园艺植物对土壤环境的要求**

(1)园艺植物要求土壤水肥充足

园艺植物栽培要获得高产、优质,必须要有充足的水肥保证,通常将土壤中有机质及矿质营养元素的高低作为表示土壤肥力的主要内容。土壤有机质含量应在 2% 以上才能满足园艺植物高产优质生产所需,化肥用量过多,土壤肥力下降,有机质含量多在 0.5%~1%。因此,大力推广生态农业,改善矿质营养水平,提高土壤环境中有机质含量,是实现园艺产品高效、优质、丰产的重要措施。

(2)不同园艺作物对土壤的酸碱度的适应性不同

土壤酸碱度影响植物养分的有效性及影响植株生理代谢水平。不同园艺植物有其不同的适宜土壤酸碱度范围,大多数园艺植物喜中性偏酸性(pH 为 6.5~7.0)土壤。

(3)土壤盐分浓度影响园艺植物的生长

土壤盐分浓度过高,影响园艺植物的生长发育,会使植株矮小,叶缘干枯,生长不良,根系变褐甚至枯死。蔬菜对土壤盐分浓度比较敏感,浓度值过高易产生蔬菜生育障碍。

**3)土壤营养与园艺植物生长**

园艺植物与其他植物一样,最重要的营养元素为氮、磷、钾,其次是钙、镁。微量元素虽

需要量较小,但也为植物所必需。园艺植物种类繁多,对营养元素需求也存在一定差异。而且即使同一种类、同一品种,也因生育期不同,对营养条件要求也各异。因此,了解各种园艺植物生理特性,采取相应的措施是栽培成功与否的关键。

**案例导入**

### 什么是园艺植物的生长和发育?

在园艺植物一生中,有两种基本的生命现象,即生长和发育。生长是指园艺植物细胞、组织、各器官在体积、重量和数量上的变化,是量的改变;发育是指园艺植物细胞、组织和器官在形态、结构和功能上的变化,是质的改变。两者密切相关,生长是发育的物质基础,而发育成熟状况又反映在生长的量的变化上。

# 任务 3.4　木本园艺植物的生长发育特点

## 3.4.1　木本园艺植物器官的生长发育特点

### 1)根系的生长

(1)根系的生长规律

根系的生长包括根的初生生长和次生生长。

根的初生生长主要是加长生长,是由根尖的顶端分生组织,经过分裂、生长、分化而形成成熟根的过程。大多数双子叶植物的根在完成初生生长形成初生结构后,开始出现次生分生组织:维管形成层和木栓形成层,进而产生次生组织,使根增粗。

木本园艺植物定植后在 2～3 年内垂直生长旺盛,此后以水平伸展为主,同时在水平骨干根上再发生垂直根和斜生根,形成庞大的根系。同时,随着根系的不断扩大,吸收根不断进行更新,根系有着极其明显的趋水性、向肥性和疏松性。

(2)根的再生

断根后长出新根的能力就称为根的再生能力。根的再生力强弱,首先与园艺植物种类有关,如板栗、核桃等断根后再生能力差。其次,不同季节,不同生态条件,同种园艺植物根的再生能力差异也很大。一般春季发生的新根数目多,而在秋季新根生长能力强,根系生长量大,因此春、秋季节适宜果树、花卉苗木出圃和定植。生态条件中以土壤质地及土壤通透性对根再生能力影响最大,土壤孔隙度在 40% 时根再生力最强。此外,植株生育状态对根再生力也有很大影响。顶芽饱满、生长健壮的枝条对根的再生有显著的促进作用。

### 2)茎的生长

(1)木本园艺植物茎的加长生长和加粗生长

木本园艺植物的加长生长通过顶端分生组织分裂和节间细胞的伸长实现,在生长季节,顶端分生组织细胞不断进行分裂、伸长生长和分化,使茎的节数增加,节间伸长,同时产生新的叶原基和腋芽原基。

木本园艺植物茎的加粗生长为形成层细胞分裂、分化和增大的结果。

（2）木本园艺植物茎的生长特性

①顶端优势　是指活跃的顶端分生组织抑制下部侧芽萌发的现象。顶端优势的形成与植物体内生长素的含量有关，顶端生长素含量高的植物顶端优势一般比较强。这种现象在植物界普遍存在，而以乔木树种表现最为明显，这类植物才一直往高长。

②垂直优势　枝条和芽的着生方位不同，生长势表现出很大差异。直立生长的枝条，生长势旺，枝条长；接近水平或下垂的枝条，则生长得短而弱。

③干性与层性　树木中心干的强弱和维持时间的长短，称为"树木的干性"，简称"干性"。顶端优势明显的树种，中心干强而持久。干性有强有弱，如银杏、板栗等树种干性较强，而桃、李、杏以及灌木树种则干性较弱。

由于顶端优势和芽的异质性的共同作用，树干上有些芽萌发为强壮的枝，有些芽萌发的枝则较短，有些还不萌发，强壮的一年生枝产生部位比较集中。这种现象在树木幼年期比较明显，使主枝在中心干上的分布或二级枝在主枝上的分布，形成明显的层次，这种现象称为层性，如枇杷、核桃、山核桃等树种。

### 3）叶的生长

（1）叶的生长

叶的生长首先是纵向生长，其次是横向扩展。幼叶顶端分生组织的细胞分裂和体积增大促使叶片增加长度。其后，幼叶的边缘分生组织的细胞分裂分化和体积增大扩大叶面积和增加厚度。当叶充分展开成熟后，不再扩大生长，但在相当长一段时间仍维持正常的生理功能。

叶幕就是树冠内集中分布并形成一定形状和体积的叶群体。叶幕是树冠叶面积总量的反映，园艺植物的叶幕，随树龄、整形、栽培的目的与方式不同，其叶幕形成和体积也不相同。

（2）叶面积指数

叶幕的厚薄一般用叶面积指数来表示，是指单位土地面积上植物叶片总面积占土地面积的倍数。即：叶面积指数＝叶片总面积/土地面积。

一般果树的叶面积指数在3～5比较合适，小于3时说明生长势弱，叶量较少，光合能力不足，不能充分供应果实生长所需的养分；大于5时说明叶幕过厚，田间郁闭，光照不足，营养生长过旺，树体本身消耗的养分较多，也没有足够的养分供应果实的生长发育。蔬菜中的果菜类要求与果树大致相当，叶菜类的叶面积指数可大一些，即密度可以大一些，一般以8左右较为适宜，叶面积指数再大时，生长拥挤、植株瘦弱，也不能获得高的产量和好的质量。

### 4）花与果实的发育

（1）花芽分化

花芽分化是指植物茎生长点由分生出叶片、腋芽转变为分化出花序或花朵的过程。花芽分化是由营养生长向生殖生长转变的生理和形态标志。这一全过程由花芽分化前的诱导阶段及之后的花序与花分化的具体进程所组成。一般花芽分化可分为生理分化和形态

分化两个阶段。芽内生长点在生理状态上向花芽转化的过程,称为生理分化。此后,便开始花芽发育的形态变化过程,称为形态分化。关于花芽分化的机制目前仍没有定论,有几种假说,如碳氮比学说、内源激素平衡说、能量物质说、核酸的作用说等。

影响花芽分化的环境因素包括:光照增加光合产物,利于成花;紫外光钝化和分解生长素,诱导乙烯生成,利于成花;适温利于分化,适度缺水利于花芽分化。

（2）开花与授粉

雄蕊中的花粉粒和雌蕊中的胚囊成熟,花萼和花冠即行开放,露出雄蕊或雌蕊的现象叫做开花。从第一朵花开放到最后一朵花开放完毕所经历的时间,称为开花期。开花后,花粉从花药散落到柱头上的过程,称为授粉。根据植物的授粉对象不同,可分为自花授粉和异花授粉两类。自花授粉是植物成熟的花粉粒传到同一朵花的柱头上,并能正常地受精结实的过程。生产上常把同株异花间和同品种异株间的传粉也认为是自花传粉。

一般情况下,即使是两性花,同一朵花的雌雄蕊也不会一起成熟,因而,一般花的雌蕊接受的花粉是另一朵花的花粉,这就是异花传粉。当然,雌雄异株植物,雌雄同株中开单性花的,就只有进行异花传粉了,生产上把不同品种间的授粉称为异花授粉。有些异花授粉的果树,像苹果、梨,由于它们不能自交结实,在建园时就必须配置相应的授粉树。

（3）受精与坐果

精核与卵核的融合过程称为受精。经授粉受精后,子房受到刺激不断吸收外来同化产物,进行蛋白质的合成,加速细胞分裂,形成的幼果能正常生长发育而不脱落的现象称为坐果。

部分园艺植物品种的花,可以不经授粉受精直接坐果,而形成不含种子的果实的现象称为单性结实。单性结实可分为天然的单性结实和人工诱导的单性结实两种类型。天然的单性结实如香蕉、脐橙、柿子、凤梨、温州蜜橘及葡萄的某些品种。人工诱导的单性结实的因素较多,例如低温、激素等均能导致单性结实现象发生。

（4）果实发育

①影响果实增长的因素　果实体积的增大,取决于细胞数目、细胞体积和细胞间隙的增大;果实细胞分裂主要是原生质增长过程,需要有氮、磷和碳水化合物的供应。特别是果实发育中后期,即果肉细胞体积增大期,除水分绝对量大大增加外,碳水化合物的绝对量也直线上升,果实增重主要在此期,要有适宜的叶果比和保证叶片光合作用。矿质元素在果实中主要影响有机物质的运转和代谢;缺磷果肉细胞数减少;钾对果实的增大和果肉干重的增加有明显促进作用,钾提高原生质活性,促进糖的运转流入,增加干重,钾水合作用,钾多,果实鲜重中水分百分比增加;钙与果实细胞膜结构的稳定性和降低呼吸强度有关;果实内80%～90%为水分,水分供应对果实增长影响很大。

幼果期温度为限制因子,因主要利用于贮藏营养,后期光照为限制因子。果实生长主要在夜间,温度影响光合作用和呼吸作用,影响碳水化合物的积累,因此昼夜温差对果实发育影响较大。

②果实的色泽发育　决定果实色泽发育的色素主要有叶绿素、胡萝卜素、花青素及黄酮素等。果实红色发育主要是花青素在起作用,与糖、温度和光照有关。苹果红色发育在戊糖呼吸旺盛时才能增强,糖是花青素原的前体。夜温低有利于糖的积累。紫外光易促进着色,一般干燥地着色好。缺水地,灌水由于加强了光合作用,有利着色。

（5）落花落果

从花蕾出现到果实成熟的过程中,都会出现落花落果现象,落花是指未授粉受精的子房脱落,落果是指授粉受精后,果实发育停止发生脱落的现象。生产上,坐果数比开放的花朵数少得多,能真正成熟的果则更少,如枣的坐果率仅占花朵的 0.5%～20%。

落花落果受其遗传特性、花芽发育状况、植株生长状况、授粉受精条件及花期气候条件等因素的影响,分为生理性落花落果和外力因素引起的落花落果。有些由于果实大,结得多,而果柄短,常因互挤发生采前落果,夏秋暴风雨也常引起落果。

（6）果实成熟

成熟是果实生长发育中的一个重要阶段,是果实生长后期充分发育的过程。不同园艺植物果实成熟的特征与表现不同,采收标准也不一。但采收的依据均以果实成熟度为基准,其又分生理成熟度和园艺成熟度。生理成熟的果实脱离母株仍可继续进行并完成其个体发育。园艺成熟度则是将果实作为商品,为达到其不同用途而划分的标准,主要可分为3种:其一,可采成熟度,果实已完成生理成熟过程,但其应有的外观品质和风味品质尚未充分表现出来,需贮运及加工的果实应在此范围内采收;其二,食用成熟度,果实达到完熟,充分表现出其应有的色香味品质和营养品质,此时采收的果实品质最佳;其三,衰老成熟度,既过熟,果实又过了完熟期,呈衰老趋势,果肉质地松绵,风味淡薄,不宜食用,但核桃、板栗等坚果类这一时期种子充分发育,粒大饱满,品质最佳。

**5）种子的形成**

被子植物受精过程中,其中一个精细胞与卵细胞融合,另外一个精细胞与中央细胞的两个极核融合,这种受精的现象称双受精。在这个过程中,一个精子与卵细胞融合,形成受精卵即合子最后发育形成胚,另一个精子与中央细胞的两个极核融合最后发育形成胚囊。卵细胞受精后,合子经过一定的时间的休眠后开始发育,经过一系列复杂的分裂、分化阶段,最后形成种子。

**6）园艺植物各器官的相关**

（1）地上部与地下部的生长相关

地上部是靠根吸收矿质营养和水分而生长的,而根的生长则依靠叶生产的同化物质。从这个意义上说,地上部与地下部的生长有相互促进的一面,但是它们又有相互抑制的关系。一般来说,根系对地上部影响较大,如嫁接时,同一品种,用乔化砧嫁接,其根系强大,那么地上部便长成高大的乔木;用矮化砧嫁接,根系生长较弱,那么地上部树冠就长得矮小,形成矮化树。在果树生产上就可以利用这种关系控制树体的大小和高度,进行矮化密植栽培。

（2）营养生长与生殖生长的相关

营养生长与生殖生长是一对矛盾的统一体。一方面,生殖生长以营养生长为先导,营养器官为生殖器官的生长提供必要的碳水化合物、矿质营养和水分等,这是两者协调统一的一面;但更多的时候是制约和竞争的关系,营养器官与生殖器官、花芽分化与营养生长及结果之间、乃至幼果与成熟果之间存在着营养竞争的问题。

①营养生长对生殖生长的影响  营养旺盛,叶面积大,制造的养分多,果实才能发育得好;营养生长不良,养分不足,则开花少,坐果也少,果实小,品质差;营养生长过于旺盛,过

旺的营养生长会消耗较多的养分,也会影响开花结实。

②生殖生长对营养生长的影响　主要表现在抑制作用。过早进入生殖生长,就会抑制营养生长;受抑制的营养生长,反过来又制约生殖生长。因此,留果过多,营养生长差,制造的养分少,也往往使果实产量低、质量差。

### 3.4.2　木本园艺植物的生命周期

植物的生长发育存在着明显的周期现象,一生所经历的萌芽、生长、结实、衰老、死亡的生长发育过程,称为生命周期。

**1) 有性繁殖木本园艺植物的生命周期**

有性繁殖的木本园艺植物的生命周期分为童年期、成年期和衰老期三个阶段。

**(1) 童年期**

童年期是指种子播种后从萌发开始,到实生苗具有稳定开花结实能力为止所经历的时期,也就是从种子萌发到第一次结果之前这一段时间。在这段时期,植株只有营养生长而不开花结果,在实生苗的童年期中,任何措施均不能使其开花,童年期的结束一般以开花作为标志。

童年期在园艺生产上是一个比较重要的时期,童年期的长短关系到坐果的早晚。各种果树童年期长短不同,如早实核桃 1~2 y,晚实核桃 8~10 y,目前的园艺生产一般周期较短,因此强调早结果,就应尽量采取一些措施缩短童年期,如加强肥水管理、矮化密植、适当修剪、使用抑制生长的植物生长调节剂等。

**(2) 成年期**

实生果树进入成年期后,在适宜的外界条件下可随时开花结果,这个阶段称为成年期。根据结果的数量和状况可分为结果初期、结果盛期和结果后期三个阶段。

①结果初期　标志为部分枝条先端开始形成少量花芽,花芽质量较差,部分花芽发育不全,坐果率低,果实品质差。结果初期根系和树冠的离心生长加速,可能达到或接近最大的营养面积。枝类比发生变化,长枝比例减少,中短枝比例增加。随结果量的增加,树冠逐渐开张。花芽形成容易,产量逐渐上升,果实逐渐表现出固有品质。

②结果盛期　标志为花芽多,质量好,果实品质佳。离心生长逐渐减弱直至停止,树冠达到最大体积;新梢生长缓和,全树形成大量花芽;短果枝和中果枝比例大,长枝量少;产量高,质量好;骨干枝开张角度大,下垂枝多,同时背上直立枝增多;由于树冠内膛光照不良,致使枝条枯死,引起光秃,造成结果部位外移;随着枝组的衰老死亡,内膛光秃。

③结果后期　特征是大小年现象明显,果实小,品质差,树势逐渐衰退,先端枝条及根系开始回枯,出现自然向心更新并逐年增强。从高产稳产开始出现大小年直至产量明显下降,主枝、根开始衰枯并相继死亡,新梢生长量小,果实小、品质差。

**(3) 衰老期**

衰老期从产量明显降低到植株生命终结为止。生长表现为新梢生长量极小,几乎不发生健壮营养枝;落花落果严重,产量急剧下降;主枝末端和小侧枝开始枯死,枯死范围越来越大,最后部分侧枝和主枝开始枯死;主枝上出现大更新枝。

**2) 营养繁殖木本园艺植物的生命周期**

营养繁殖的木本园艺植物生命周期分为营养生长期、成年期和衰老期三个阶段。后两个时期与有性繁殖的相同,不同点就在于第一时期。无性繁殖的叫营养生长期,一般比童年期持续的时间短,如桃、杏有性繁殖时要 3~4 y,采用扦插或嫁接等无性繁殖方法只要2~3 y。

营养繁殖的园艺植物,已经渡过了童年期,随时可以开花结果,但在生产实践中,幼树营养生长旺盛,甚至在某些形态特征上与实生树的幼年阶段相似,如枝条徒长,叶片薄、小等,但并不意味着营养繁殖树也具有童年期和需要渡过幼年阶段。

**3) 木本园艺植物根系的生命周期**

根系的生命周期变化与地上部有相似的特点,经历着发生、发展、衰老、更新与死亡的过程。木本园艺植物定植后在伤口和根茎以下的粗根上首先发生新根,2~3 y内垂直生长旺盛,开始结果后即可达到最大深度。此后以水平伸展为主,同时在水平骨干根上再发生垂直根和斜生根,根系占有空间呈波浪式扩大,在结果盛期根系占有空间达到最大。吸收根的死亡与更新在生命的初始阶段就已发生,随之须根和低级次骨干根也发生更新现象。进入结果后期或衰老期,高级次骨干根也会进行更新。随着年龄的增长,根系更新呈向心方向进行,根系占有的空间也呈波浪式缩小,直至大量骨干根死亡。木本园艺植物衰亡之前,可能出现大量根蘖。

不同种类木本园艺植物的根系更新能力并不一样。苹果断根后 4 周内再生能力最强,梨断根后不易愈合,但伤口以上仍可发生新根。葡萄、桃的根系愈合和再生能力很强。了解果树根系的更新能力后,可以进行根系修剪,达到控制生长、提早结果的目的。

### 3.4.3 木本园艺植物的年生长周期

**1) 物候及物候期**

（1）物候期

植物在一年的生长中,随着气候的季节性变化而发生萌芽、抽枝、展叶、开花、结果及落叶、休眠等规律性变化的现象,称为物候或物候现象;与之相适应的树木器官的动态时期称为生物气候学时期,简称为物候期。

木本园艺植物一年中可以分为以下几个物候期:根系生长期、萌芽展叶期、新梢生长期、开花期、果实生长期、花芽分化期、落叶休眠期等。

（2）影响物候期进程的因子

①树种、品种特性 树种、品种不同,物候期进程不同,如开花物候期,苹果、梨、桃在春季,而枇杷则在冬季开花,金柑在夏秋季多次开花;果实成熟,苹果在秋季,而樱桃则在初夏;同一树种,品种不同也不同,如苹果,红富士苹果在 10 月下旬 11 月初成熟,而嘎啦则在 8 月初成熟。

②气候条件 气候条件改变影响物候期进程,如早春低温,延迟开花,花期干燥高温,开花物候期进程快,干旱影响枝条生长和果实生长等。

③立地条件 影响气候而影响物候期。纬度每向北推进一度,温度降低一度左右,物

候期晚几天;海拔每升高100 m,温度降低一度左右,物候期晚几天。

④生物影响　包括栽培技术措施等,如喷施生长调节剂、设施栽培、病虫危害等。

物候特性产生的原因是在原产地长期生长发育过程中所产生的适应性,因此,在引种时必须掌握各品种原产地的土壤气候条件、物候特性以及引种地的气候土壤状况等资料。

**2)木本园艺植物的年生长周期**

随一年中气候而变化的生命活动过程称为年生长周期。落叶木本园艺植物春季随着气温升高,萌芽展叶,开花坐果,随着秋季的到来,叶片逐渐老化,进入冬季低温期落叶休眠,从而完成一个年生长周期;常绿木本园艺植物,冬季不落叶,没有明显的休眠期,但会因冬季的干旱及低温而减弱或停止营养生长,一般认为这属于相对休眠性质。因此,年生长周期明显可分为生长期和休眠期。

（1）生长期

生长期是园艺植物各器官表现其形态特征和生理功能的时期,落叶园艺植物的生长期从萌芽开始、落叶结束,木本园艺植物生长期内出现萌芽、开花、果实发育、新梢生长、花芽分化等物候期。不同园艺植物生长期内物候期出现的顺序和时期不同,有些植物春季先开花、后展叶,如桃树、白玉兰等;多数植物是先展叶、后开花。同一种园艺植物在不同区域,其物候期出现的早晚有差异,在同一地区,由于温度的变化,物候期有差异,果实发育期也有差异,生产上需要对当地物候进行观察,掌握园艺植物的物候期,指导生产活动。

（2）休眠期及其调控

园艺植物的休眠是指园艺植物的生长发育暂时停顿的状态,它是为适应不良环境如低温、高温、干旱等所表现出的一种特性。

落叶是落叶园艺植物进入休眠的标志。休眠期内,从树体的外部形态看,叶片脱落,枝条变色成熟,冬芽形成老化,没有任何生长发育的表现;地下部根系在适宜的条件下可以维持微弱的生长。但是在休眠期树体内部仍进行着一系列的生理活动,如呼吸、蒸腾、营养物质的转换等,这些外部形态的变化和内部生理活动,使园艺植物顺利越冬。

园艺植物的休眠分为自然休眠和被迫休眠两种。自然休眠是指即使温度和水分条件适合园艺植物生长,但地上部也不生长的时期。自然休眠是由园艺植物器官本身的特性所决定的,也是园艺植物长期适应外界条件的结果。解除自然休眠需要园艺植物在一定的低温条件下度过一定的时间,即需冷量,一般以小时表示。园艺植物种类不同,要求的低温量不同,一般在0~7.2 ℃条件下,200~1 500 h可通过休眠,如苹果需要1 200~1 500 h,桃需要500~1 200 h。

自然休眠期的长短与树种、品种、树势、树龄等有关。扁桃休眠期短,11月中下旬就结束,而桃、柿、梨等则较长,核桃、枣、葡萄最长;同一树种不同品种也有差异,幼树、旺树进入休眠期较长,解除休眠较迟。

同一株树上不同组织或器官进入、解除休眠也不一样。根茎部进入休眠最晚,解除早,易受冻害;形成层进入休眠迟于皮层和木质部,故初冬易遭受冻害,但进入休眠后,形成层又比皮部和木质部耐寒。

被迫休眠是指由于外在条件不适宜,芽不能萌发的现象。园艺植物进入被迫休眠中通常是遇到回暖天气,致使园艺植物开始活动,但又出现寒流,使园艺植物遭受早春冻害或晚霜危害,如桃、李、杏等冻花芽现象,苹果幼树遭受低温、干旱、冻害而发生的抽条现象等,因此在某些地区应采取延迟萌芽的措施,如树干涂白、灌水等使树体避免增温过快,减轻或避免危害。

生产上根据需要通过生长后期限制灌水,少施氮肥,疏除徒长枝、过密枝,喷洒生长延缓剂或抑制剂,如 $PP_{333}$、抑芽丹等,促进休眠可提高其抗寒力,减少初冬的危害;通过夏季重修剪、多施氮肥、灌水等措施推迟进入休眠,可延迟次年萌芽,减少早春的危害;通过树干涂白、早春灌水,秋季使用青鲜素、多效唑、早春喷 NAA、2,4-D 可延迟休眠,延长休眠期,减少早春危害;通过高温处理,温汤处理及乙烯、赤霉素处理等措施可以打破百合、郁金香、唐菖蒲等球根花卉种球休眠,满足周年生产需要。

**3) 根系的年周期变化**

根系没有自然休眠期,但由于地上部的影响、环境条件的变化以及种类、品种、树龄差异,在一年中根系生长表现出周期性的变化。

在年周期中,根系生长动态取决于外因(土壤温度、肥水、通气等)及内因(树种、砧穗组合、当年生长结果状况等)。但在某一时期有不同的限制因子,如高温、干旱、低温、有机营养供应情况、内源激素变化等。在年周期中其生长高峰总是与地上部器官相互交错,发根的高潮多在枝梢缓慢生长、叶片大量形成后,此系树体内部营养物质调节的结果;也与果实生长高峰期交错发生,因此当年结果量也会明显影响根系生长。多数果树(梨、桃、苹果等)有 2~3 次高峰生长期。在年周期中,在不同深度的土层中根系生长也有交替现象,春季土壤表层升温快、根系活动早;夏季表层土温过高、根系生长缓慢或停止,而中下层土温达到最适,进入旺盛生长;进入秋季表层根系生长又加强。

**案例导入**

草本园艺植物的生长发育特点与木本园艺植物有何不同?

草本园艺植物根据其生命周期长短可以分为一年生草本园艺植物、二年生草本园艺植物和多年生草本园艺植物,其生长发育特点和木本园艺植物比较,最主要的区别在营养贮藏器官的形成及生命周期两方面。

## 任务 3.5　草本园艺植物的生长发育特点

### 3.5.1　草本园艺植物营养贮藏器官的形成和发育

**1) 地下营养贮藏器官的形成和发育**

**(1) 直根类贮藏器官的形成与发育**

直根类贮藏器官如胡萝卜、萝卜等,此类地下贮藏器官在地上幼苗具有 5~6 片真叶时,肉质根开始伸长、加粗。由于次生生长,根的中柱开始膨大,向外增加压力,其初生的皮层和表皮不能相应地生长和膨大,从下胚轴部位破裂,称为"破肚";经历肉质根生长前期,

从"破肚"到"露肩",此时叶片数不断增加,叶面积迅速增大,根系吸收能力加强,生长量加大,肉质根延长,根头部开始膨大变宽,称为"蹲肩";最后是肉质根生长盛期,从"露肩"到收获,是肉质根生长最迅速的时期,为50~60 d。此期叶片的生长逐渐减慢,达到稳定状态,大量的同化物质输送到肉质根内贮藏,肉质根迅速膨大,其生长速度超过地上部分。

（2）块根贮藏器官的形成与发育

块根是由侧根或不定根的局部膨大而形成,因而在一棵植株上,可以在多条侧根中或多条不定根上形成多个块根,如甘薯、何首乌、大丽花。

常见的发育过程如甘薯,在正常位置的根部形成层外,维管形成层可以在各个导管群或导管周围的薄壁组织中发育,向着导管的方向形成几个管状分子,背向导管的方向形成几个筛管和乳汁管,同时在这两个方向上还有大量的贮藏组织薄壁细胞产生。

一般在栽苗发根后,初生形成层开始分化,形成一个形成层环,形成层环不断分裂新细胞,分化产生次生组织,同时薄壁细胞内开始积累淀粉。从初生形成层到形成层环完成,是决定块根形成的时期;除形成层继续分裂外,又在原生木质部导管内侧发生次生形成层细胞,次生形成层分裂能力很强,分裂出大量薄壁细胞,薯块明显膨大,其后因温度、水分、光照、空气状况等生态环境条件的促进,更迅速地增长和膨大,并积累以淀粉为主的光合产物;次生形成层活动最旺盛的时期也是块根膨大最快的时期。块根膨大主要依靠次生形成层增加薄壁细胞的数目,而细胞分裂是以简单的无丝分裂方式进行的,这种分裂方式,增加细胞数目速度快,消耗能量少,因此块根膨大较快。

（3）块茎类贮藏器官的形成与发育

块茎如马铃薯的形成包括匍匐茎形成和匍匐茎顶端膨大两个过程,匍匐茎是马铃薯基部地下茎节发生的侧枝,具有伸长的节间,着生螺旋分布的鳞片叶,匍匐茎顶端具有一个较长的高密度细胞分生组织圆柱,其分生细胞的数量远多于普通侧枝顶端的分生细胞,匍匐茎的数量、位置、发生时间及生长状况将决定随后的块茎生长和发育,块茎的膨大是髓区、环髓区和皮层的细胞分裂和膨大的结果。

（4）球茎的形成与发育

球茎如芋头等,生长发育过程可分为幼苗期、换头期、球茎膨大期及球茎成熟期。

①幼苗期 当日均温在15 ℃以上时,芋头顶芽开始萌动,向上形成叶片,向下分化成原形成层,进行初生生长,形成球茎,同时分生组织区发生不定根。

②换头期 新球茎形成后,继续利用母体营养使子体根、茎、叶生长,最后母体营养耗尽而干缩,脱离子体,完成"换头"。在栽种后90~120 d内完成由依赖母体营养到自体营养的转变。

③球茎膨大期 子球茎换头后,球茎迅速膨大,约持续45 d。此期形成球茎重量的80%。根状茎同时迅速膨大。

④球茎成熟期 8月底以后,球茎增重速度减小,趋向成熟。

**2）地上营养贮藏器官的形成和发育**

（1）叶球的形成与发育

以甘蓝为例,当植株长到一定大小时,叶的尖端向内侧卷拢,叶柄缩短,叶身下部加厚,初步形成不饱满的叶球。以后叶球内部的叶逐渐长大,形成充实饱满的叶球。

光照或温度等环境条件对叶球的形成和发育影响较大,叶球的形成对光照强度有一定要求。较强的光照,使外叶开展,不至于过早地包心;进入结球期,则要求较弱的光照,才能使叶片趋于直立生长,进入结球状态。较高的温度,叶片直立得快,有利于结球,但叶球的膨大与充实却要求较低的温度,特别是较低的夜温利于养分的积累。因此,大白菜在10月份以后,生长速度非常快,这时候如果有充足的肥水供应,叶球就会发育得很充实。

(2)肉质茎的形成与发育

芥菜肉质茎的大小与播种期关系较大,在四川,9月份播种的,10月下旬茎便开始膨大,到第二年春采收,膨大期可持续110 d;如果播种过晚,只能以幼苗越冬,第二年2月才开始膨大,这样采收时膨大期只有30 d,单株产量较低。

(3)菜苔的形成与发育

菜苔的形成属于生殖生长阶段。作为二年生植物需要完成春化作用。但是,如果过早地通过春化作用,发育过早,那么营养生长弱,抽出的菜苔也较细,产量低,质量差;相反,如发育过迟,菜苔纤维增加,也影响品质。

### 3.5.2　草本园艺植物的生命周期

#### 1)一年生园艺植物的生命周期

一年生园艺植物,在播种的当年形成产品器官,并开花结实完成生命活动周期。其整个生长发育过程可分为以下4个阶段:

(1)种子萌发期

从种子萌动至子叶充分展开、真叶露心为种子萌发期,栽培上应选择发芽能力强而饱满的种子,保证最合适的发芽条件,促进种子萌发。种子萌发的条件有水分、温度和氧气。在适宜的温度下,种子吸水,营养物质开始分解和转化,胚生长突破种皮,开始出苗。不同种子对温度的要求不同,一般耐寒植物是15~20 ℃、喜温植物是25~30 ℃。

(2)幼苗期

种子发芽后,即进入幼苗期。幼苗的生长,在真叶形成前靠胚乳或子叶贮藏养分,为异养阶段;真叶形成后,主要靠真叶的光合作用来制造养分,为自养阶段。园艺植物幼苗生长的好坏,对以后的生长发育有很大影响,茄果类、豆类苗期也进行花芽分化,瓜类则主要节位性型基本确立。因此,应尽量创造适宜的环境条件,培育适龄壮苗。

(3)发棵期或抽蔓期

此期根、茎、叶各器官加速生长,为以后开花结实奠定营养基础,不同种类及同一种类的不同品种其营养生长期长短有较大差异,生产上应保持健壮而旺盛的营养生长,有针对性地防止植株徒长或营养不良,抑制植株生长现象,及时进入下一时期。

(4)开花结果期

从植株现蕾,开花结果到生长结束,这一时期根、茎、叶等营养器官继续迅速生长,同时不断开花结果。因此,存在着营养生长和生殖生长的矛盾,特别像瓜类、茄果类、豆类植物,多次结果多次采收,更要精细管理,以保证营养生长与生殖生长协调平衡发展。

在这四个时期中,应特别注意的是幼苗期,一方面这一时期的生长为以后各阶段的生

长打基础;另一方面,对于发育较早已开始进行花芽分化的茄果类、瓜类等,要特别注意环境的调控。如对于番茄来说,温度过高,苗生长瘦弱,花芽分化会推迟,分化的花芽质量差;如温度过低,又易产生畸形花。因此,在番茄幼苗2片真叶以后,保持白天20~25 ℃、夜间15 ℃以上的温度最适宜。发棵期或抽蔓期继续进行着花芽分化,仍然要注意温度问题。

**2) 二年生园艺植物的生命周期**

二年生园艺植物一般是播种当年为营养生长,越冬后翌年春夏季抽苔、开花、结实,其生命周期可以分为营养生长和生殖生长两个阶段。

**(1)营养生长阶段**

营养生长阶段也分为发芽期、幼苗期、叶簇生长期和产品器官形成期。

幼苗期、叶簇生长期是纯粹的营养生长,不断分化叶片增加叶数,扩大叶面积,为产品器官形成和生长奠定基础,进入产品器官形成期,虽然仍是营养生长,但营养物质大量向产品器官转移,使之膨大充实,形成叶球(白菜与甘蓝)、肉质根(萝卜、胡萝卜等)、鳞茎(葱蒜类)等产品器官。二年生园艺植物器官采收后,一些种类存在不同程度的休眠期,如马铃薯的块茎、洋葱的鳞茎等,但大多数种类无生理休眠期,只是由于环境条件不适宜,处于被动休眠状态。

**(2)生殖生长阶段**

在生殖生长阶段的初期要完成从营养生长向生殖生长的转化,这就是花芽分化期,在这一时期,多数二年生植物要求一定的低温通过春化作用才能分化花芽,如大白菜、甘蓝。花芽分化后,随着高温长日照的来临,然后抽苔、现蕾、开花、结实。在温室中栽培的甘蓝,由于没有通过春化作用的低温,一直没有进行花芽分化,可以长成一棵甘蓝树。

**3) 多年生草本的植物生命周期**

多年生草本植物是指一次播种或栽植以后,可以采收多年,不须每年繁殖,如草莓、香蕉、韭菜、黄花菜、石刁柏、菊花、芍药和草坪植物等。它们播种或栽植后一般当年即可开花、结果或形成产品,当冬季来临时,地上部枯死。完成一个生长周期。这一点与一年生植物相似,但由于其地下部能以休眠形式越冬,次年春暖时重新发芽生长,进行下一个周期的生命活动,这样不断重复,年复一年,类似多年生木本植物。

**项目小结** 》》》

园艺植物生物学特性包括:园艺植物器官的生长、发育、生理功能、生长周期及与环境的关系等方面,本项目介绍了园艺植物的营养器官根、茎、叶和繁殖器官花、果实、种子的形态特征和光合作用、蒸腾作用、呼吸作用等生理作用,以及园艺植物的生长与环境条件的关系,重点介绍了园艺植物年生长周期和生命周期等节律性的生长发育规律,掌握园艺植物的生物学特性,对更好地利用和开发园艺植物资源,为人类提供更多优质的园艺产品具有重要的意义,为实现园艺植物的优质、高效栽培打下了基础。

**复习思考题** 》》》

1. 园艺植物根系分布有何特点?
2. 园艺植物的生理作用有哪些?有何意义?

3.试述园艺植物的叶片形成与生长发育规律。

4.园艺植物花芽分化的特点是什么？如何调控？

5.园艺植物花的结构特点是什么？

6.试述园艺植物的落花落果原因与调控途径。

7.试述园艺植物的果实形成与生育规律。

8.园艺植物高温、低温障碍的产生原因是什么？怎样克服？

9.园艺植物器官生长之间有哪些相关性？各有何特点？生产上应如何应用？

10.木本园艺植物生长发育周期包括哪些主要内容？各有何特点？

# 项目4 园艺植物的繁殖

**项目描述**

本项目主要介绍园艺植物的繁殖技术。园艺植物的繁殖包括有性繁殖和无性繁殖,有性繁殖和无性繁殖在生产上都有不同的应用。种苗繁殖需要育苗苗圃地,本项目从苗圃地的规划和管理开始,逐步介绍园艺植物的有性繁殖技术和无性繁殖技术,包括育苗特点和应用,育苗的方法和主要技术要求等;重点介绍无性繁殖中的嫁接育苗和扦插育苗,同时,介绍育苗新技术的应用如全光雾扦插育苗,种子包衣、丸粒化技术,组织培养技术,无病毒苗培育技术及轻基质无纺布容器育苗技术等;最后介绍种苗的出圃管理技术,本项目内容涵盖了生产上常用的种苗繁育技术。

 **学习目标**

- 了解园艺植物的繁殖方法及其特性。
- 掌握种子生产、采集、贮藏、检验及播种育苗等相关技术。
- 了解和掌握扦插、压条、分株、嫁接、组织培养等育苗方法及技术;掌握容器育苗技术和苗木出圃管理技术。

 **能力目标**

- 具有园艺植物播种育苗和无性繁殖育苗的能力。
- 具有苗圃地经营管理的能力。

### 什么是育苗苗圃地？

育苗苗圃地简称苗圃地，是专门用于繁育种苗的生产基地，根据经营时间长短分为临时性苗圃地和固定性苗圃地，根据地形条件分为山地苗圃地、平地苗圃地等。

## 任务 4.1　育苗苗圃地的选择与规划

### 4.1.1　育苗苗圃地的条件

苗圃地是固定的育苗基地，育苗是一项高度集约经营的工作，选择适宜的苗圃地十分关键，苗圃地条件的好坏直接影响苗木的产量、质量和育苗成本。因此，选择苗圃地，要对各种条件做到细致地调查、研究、分析，综合各方面的情况，选择最适合的地方作苗圃地。

**1）苗圃地的位置**

苗圃地应当选择在栽培地附近或中心地区，使培育出的苗木能适应栽培地的环境条件，减少苗木的长途运输，降低栽培成本和因运苗使苗木失水过多，影响成活率，苗圃地尽量选择交通方便、有水源的地方，便于生产资料和苗木的运输。

**2）苗圃地的地形**

苗圃地尽量选在排水良好、地势平坦的地方，一般以不超过 3°~5°为宜，坡度过大容易引起水土流失，降低土壤肥力，也不利用灌溉和机械化作业，山地苗圃坡度过大应修建梯田，坡向以东南坡、南坡为宜。

**3）土壤**

土壤质地、结构、养分、酸碱度与苗木生长有着密切关系。苗木适宜生长于具有一定肥力的沙质壤土或轻黏质壤土上。过分黏重的土壤通气性和排水能力都不良，有碍根系的生长，雨后泥泞，土壤易板结；过于沙质的土壤，肥力低，保水能力差，夏季表土高温易灼伤幼苗，移植时土球易松散。同时还应注意土层的厚度、结构和肥力等状况。有团粒结构的土壤通气性好，有利于土壤微生物的活动和有机质的分解，土壤肥力高，有利于苗木生长。

苗圃地以结构疏松，土层深厚，最好大于 40 cm 厚度，具有团粒结构、透水、透气性良好的沙质壤土、轻壤土或壤土为宜。土壤结构可通过农业技术加以改造，故不作为苗圃选地的基本条件，但在制订苗圃技术规范时应注意这个问题。土壤酸碱度因不同树种而异，土壤酸碱度影响土壤中氮、磷、钾肥的有效性，重盐碱地及过分酸性土壤，也不宜选作苗圃。土壤的酸碱性通常以中性、微酸性为好，一般针叶树种要求 pH5~6.5，阔叶树种要求 pH6~7。

**4）地下水位和水源**

地下水位过高或过低均不宜用作苗圃地。地下水位低，土壤干旱，地下水位过高，影响根系等的生长发育，部分苗木甚至死亡。地下水位高度因土质和苗木品种而异。适宜的地

下水位高度是:壤土为 1~1.5 m,沙壤土为 2.5 m,轻黏壤土为 4 m。幼苗根系浅,组织嫩,生长期需水量大,生长速率对水分比较敏感。苗圃灌溉必须有充足稳定的水源,水分含盐量小于 0.1% 为好。多数种苗不耐水湿,苗圃地排水尤为重要。

**5)病虫害**

在选择苗圃地时,一般都应作专门的病虫害调查,了解当地病虫害情况和感染的程度,尤须注意金龟子、象鼻虫、蝼蛄及立枯病等主要苗木病虫,苗圃地应选无病虫害或病虫害少的地块,常年种马铃薯、茄科等蔬菜的土地,易患猝倒病,不宜作苗圃地,附近病虫害感染严重的地方,也不宜选作苗圃地。

苗圃应建立在避风口方向,也可尽量利用天然防护林作屏障防风。一些树种对环境污染较为敏感,特别是苗期反应更加明显。因此,苗圃地应选择在污染小的地区或者是远离污染的地区。

## 4.1.2 苗圃地的规划

应根据繁育任务,每年出圃苗木数量,确定苗圃面积;根据苗圃地的位置、范围、性质(生产内容)、设施要求等进行规划,确定道路、沟渠、林带、建筑、设施以及生产用地(各小区)的位置、大小(规格或面积)、方向。

苗圃地根据用途可分为生产用地和非生产用地。苗圃地设计的内容主要有:生产小区和非生产用地面积计算,道路系统设计,给排水系统设计,各育苗区的生产设施配置设计,其他辅助设施设计,以及苗圃地的投入(投资)产出计算等。

**1)苗圃地的面积计算**

(1)苗木繁育用地

计算生产用地面积应根据计划培育苗木的种类、数量、单位面积产量、规格要求、出圃年限、育苗方式以及轮作等因素,具体计算公式如下:

$$P = \frac{NA}{n} \cdot \frac{B}{c}$$

式中　　$P$——某树种所需的育苗面积;

　　　　$N$——该树种的计划年产量;

　　　　$A$——该树种的培育年限;

　　　　$B$——轮作区的区数;

　　　　$c$——该树种每年育苗所占轮作的区数;

　　　　$n$——该树种的单位面积产苗量。

由于土地较紧,在我国一般不采用轮作制,而是以换茬为主,故 $B/c$ 常常不作计算。

依上述公式所计算出的结果是理论数字,在实际生产中,在苗木抚育、起苗、贮藏等工序中苗木都将会受到一定损失,在计算面积时要留有余地。故每年的计划出苗量应适当增加,一般增加 3%~5%。

某树种在各育苗区所占面积之和,即为该树种所需的用地面积,各树种所需用地面积的总和再加上引种实验区面积,温室面积,母树区面积就是全苗圃生产用地的总面积,生产用地不低于苗圃总面积的80%。

（2）非生产用地面积计算

非生产用地即辅助用地，应合理安排，尽量节约，在条件允许的情况下，排灌系统使用地下管道，节约土地，非生产用地面积一般不大于苗圃总面积的20%。

生产用地面积加上非生产用地面积就是苗圃地的总面积。

**2）非生产用地规划**

非生产用地包括道路、给排水、建筑以及防风林等。

（1）道路

苗圃地道路的设置和长度应根据地理条件结合分区而定。通常面积在66.7 hm² 以上的苗圃地，主干路宽度应达6 m；若面积在66.7 hm² 以下，通常只需设4.5 m 宽；支路可以结合分区进行设置，一般宽3 m 左右；小路（宽1.5 m）和步道（宽0.6 m），常结合小区、作业区的划分进行设置。

（2）排灌系统

苗圃地必须有完善的灌溉系统，以保证供给充足的水分。灌溉系统包括水源、提水设备、引水设施和排水设施四部分。

①水源　主要有地面水和地下水两类。地面水即河流、湖泊、池塘、水库等，以无污染又能自流灌溉的最为理想。一般地面水温度较高，与耕作区土温相近，水质较好，且含有一定养分，有利苗木生长。地下水指泉水、井水，其水温较低，宜设蓄水池以提高水温。水井应设在地势高的地方，以便自流灌溉；同时水井设置要均匀分布在苗圃地各区，以便缩短引水和送水的距离。

②提水设备　多使用抽水机（水泵），可依苗圃地育苗的需要，选用不同规格的抽水机。

③引水设施　分地面渠道（明渠）引水和暗管引水两种。

引水渠道一般分为三级：一级渠道（主渠）是永久性的大渠道，由水源直接把水引出，一般顶宽1.5~2.5 m；二级渠道（支渠）通常也为永久性的，把水由主渠引向各耕作区，一般顶宽1~1.5 m；三级渠道（毛渠）是临时性的小水渠，一般宽度为0.4~1 m。主渠和支渠是用来引水和送水的，水槽底应高出地面，毛渠则直接向圃地灌溉，其水槽底应平于地面或略低于地面，以免把泥沙冲入畦中，埋没幼苗。各级渠道常与各级道路相配合，渠道的方向与耕作区方向一致，各级渠道常互相垂直，即支渠与主渠垂直，毛渠与支渠垂直，同时毛渠还应与苗木的种植行垂直，以便灌溉。灌溉的渠道还应有一定的坡降，以保证一定的水流速度，但坡度不宜过大，否则易出现冲刷现象。一般坡降应为1/1 000~4/1 000，土质黏重的可大些，但不超过7/1 000，水渠边坡一般采用1:1（即45°）为宜。较黏重的土壤可增大坡度至2:1。在地形变化较大、落差过大的地方应设跌水构筑物，通过排水沟或道路时可设渡槽或虹吸管。明渠，特别是土筑明渠，水流较慢，蒸发量、渗透量较大，占地多，要经常维修，但修筑简便，投资少，建造容易。为了提高流速，减少渗漏，常对明渠加以改进，即在水渠的沟底及两侧加设水泥板或做成水泥槽（U 形槽），有的使用瓦管、竹管、木槽等。

暗管引水是将主管和支管均埋入地下，其深度以不影响机械化耕作为度，开关设在地端。喷灌和滴灌均是使用管道进行灌溉的方法。

④排水系统的设置　由大小不同的排水沟组成，排水沟分明沟和暗沟两种，目前采用明沟较多。排水沟的宽度、深度和设置，应以保证雨后能很快排除积水且少占土地为宜。

排水沟的边坡与灌水渠相同,但落差应大一些,一般为3/1 000~6/1 000。大排水沟应设在苗圃地最低处,直接通入河、湖或市区排水系统;中小排水沟通常设在路旁;耕作区的小排水沟与小区步道相结合。在地形、坡向一致时,排水沟和灌溉渠往往各居道路一侧,形成沟、路、渠并列,这是比较合理的设置。排水沟与路、渠相交处应设涵洞或桥梁。在苗圃的四周最好设置较深而宽的截水沟,以防外水入侵,排除内水,同时防止小动物及害虫侵入。一般大排水沟宽1 m以上,深0.5~1 m;耕作区内小排水沟宽0.3~1 m,深0.3~0.6 m。

排灌系统占地一般为苗圃地总面积的1%~5%。

（3）建筑管理区

建筑管理区包括房屋建筑和圃内场院等部分。房屋建筑包括办公室、宿舍、食堂、仓库、种子贮藏室、工具房、畜舍、车棚等;圃内场院包括劳动集散地、运动场以及晒场、肥场等。苗圃建筑管理区应设在交通方便,地势高燥,接近水源、电源的地方或不适宜育苗的地方。大型苗圃的建筑最好设在苗圃中央,以便于苗圃经营管理。畜舍、猪圈、积肥场等应放在较隐蔽和便于运输的地方,本区占地为苗圃地总面积的1%~2%。

（4）防风林

为了避免苗木遭受风沙危害应设置防护林带,以降低风速,减少地面蒸发及苗木蒸腾,创造良好的小气候条件和适宜的生态环境。一般小型苗圃设置一条与主风方向垂直的林带;中型苗圃地在四周设置林带;大型苗圃地除设置周围环圃林带外,并在圃内结合道路等设置与主风方向垂直的辅助林带,如有偏角,不应超过30°。一般防护林防护范围是树高的15~17倍。

林带的结构以乔木、灌木混交半透风式为宜,这样既可减低风速又不因过分紧密而形成回流。一般主林带宽8~10 m,株距1~1.5 m,行距1.5~2 m,辅助林带多为1~4行乔木。

林带的树种应尽量就地取材,选用当地适应性强、生长迅速、树冠高大的乡土树种,同时也要注意速生和慢长、常绿和落叶、乔木和灌木、寿命长和寿命短的树种相结合;亦可结合选择采种、采穗母树树种和有一定经济价值的树种,如建材、筐材、蜜源、油料、绿肥等,以增加收益。不要选用苗木病虫害中间寄生的树种和病虫害严重的树种;为了加强苗圃地的防护,防止人们穿行和畜类窜入,可在林带外围种植带刺的或萌芽力强的灌木。

苗圃中林带的占地面积一般为苗圃地总面积的5%~10%。

**3）生产用地规划**

（1）生产区的用地规划原则

按照充分利用土地、合理安排生产的原则,进行苗圃地的合理区划。生产用地是苗圃地中进行育苗的可耕作区域,其内设立各个作业区,即育苗区。作业区是苗圃地进行育苗生产的基本单位,其长度由机械化程度而定,完全机械化的以200~300 m为宜,畜耕者以50~100 m为宜。作业区宽度依苗圃地的土壤质地和地形是否有利于排水而定。排水良好者可宽些,排水不良者要窄些,一般宽60~100 m。方向应根据圃地的地形、地势、坡向、主风向等因素综合考虑,一般情况下,作业区的长边采取南北方向,苗木受光均匀,对生长有利。在坡度较大时,作业区的长边应与等高线平行。

（2）育苗区的合理配置

一般将生产育苗用地根据用途,划分为多个功能区。这些区可以是一个或多个耕作区,主要包括:

①播种区　是培育播种苗的区域,播种繁殖是整个育苗工作的基础和关键。实生幼苗对不良环境的抵抗力弱,对土壤质地、肥力和水分条件要求高,管理要求精细。因此,播种区应选苗圃地自然条件和经营条件最好的地段,并优先满足其对人力、物力的需求,具体应设在地势平坦、排灌方便、土质优良、土层深厚、土壤肥沃、背风向阳、管理方便的区域,如果是坡地、坡度小于2%,要选择最好的坡段。草本花卉播种还可采用大棚设施和育苗盘进行育苗。

②营养苗繁殖区　培育扦插苗、压条苗、分株苗、嫁接苗和组培苗等,要求与播种区相似,应设在土层深厚、地下水位较高、灌溉方便的地方,但不像播种区那样要求严格,具体的要求还要依营养繁殖的种类、育苗设施不同而有所差异。

③移植区　为培育移植苗而设置的生产区。由播种繁殖区和营养繁殖区中繁殖出来的苗木,需要进一步培养成较大的苗木时,则应移入苗木移植区进行培育。依培育规格要求和苗木生长速度的不同,往往每隔2~3年还要再移植几次,逐渐扩大株、行距,增加面积。苗木移植区要求面积较大,地块整齐,土壤条件中等。由于不同苗木种类具有不同的生态习性,对一些喜湿润土壤的苗木种类,可设在低湿的地段,而不耐水渍的苗木种类则应设在较高燥而土壤深厚的地段。进行裸根移植的苗木,可以选择土质疏松的地段栽植,而需要带土球移植的苗木,则不能移植在沙性土质的地段。

④大苗区　为培育根系发达、有一定树形、苗龄较大、可直接出圃用于绿化的大苗而设置的生产区。在大苗区继续培养的苗木,通常在移植区内已进行过一至几次移植,在大苗区培育的苗木出圃前一般不再进行移植,且培育年限较长。大苗培育区特点是株、行距大,占地面积大。大苗的抗逆性较强,对土壤要求不太严格,但以土层深厚、地下水位较低的整齐地块为宜。为便于苗木出圃,位置应选在便于运输的地段。

⑤采种母树区　为获得优良的种子、插条、接穗等繁殖材料而设置的生产区。采种母树区不需要很大的面积和整齐的地块,大多是利用一些零散地块,以及防护林带和沟、渠、路的旁边等处栽植。

⑥引种驯化区　为培育、驯化由外地引入的树种或品种而设置的生产区(试验区)。需要根据引入树种或品种对生态条件的要求,选择有一定小气候条件的地块进行适应性驯化栽培。

⑦设施育苗区　为利用温室、荫棚等设施进行育苗而设置的生产区,设施育苗区应设在管理区附近,主要要求用水、用电方便。

⑧棚室苗木展示区　用于展示珍贵苗木或者是观赏性苗木。

### 4.1.3　苗圃的建立

**1)准备工作**

准备工作主要包括以下5个方面:

(1)踏查

踏查人员由设计单位和委托单位人员共同组成。在已经确定的苗圃用地范围内进行实地调查,了解苗圃地的现状、历史、地势、土壤、水源、交通、病虫害、主要杂草、周围自然环境、人文环境等,根据实地情况,提出设计的初步意见,供双方讨论,为设计打好基础。

（2）测量

在踏查的基础上，要精确测量、绘制苗圃地地形图。地形图是规划设计的基础和依据，也是苗圃地区划和最后成图的底图。比例尺一般为 1/500～1/2 000，将各种地形、地貌、河流、建筑及其他设施都绘到图中，同时应标明土壤和病虫害状况。

（3）土壤调查

根据苗圃地的地形、地势及指示植物情况，选择有代表性的地方，挖掘土层剖面，确定土壤种类，观察和记录土层厚度、地下水位，测定 pH 值、土壤质地、有机质含量、全氮量、有效磷含量等土壤理化性质，调查土地以往土壤改良的时间和方法。苗圃地规划结束后，要将土壤情况标注在苗圃地规划图上以便生产中应用。

（4）病虫害调查

主要调查苗圃地土壤中的地下害虫，这类害虫防治比较难，危害也比较大，因此调查掌握地下害虫的种类、数量、分布及密度有助于以后经营过程中的综合防治。调查采用抽样法，每公顷机械地抽取 10 个样方，每个样方 0.25 m²，挖 40 cm 深，统计害虫的数量和种类。调查的样方越多，统计结果、判断分布越准确，但工作量较大，在条件允许的情况下可多设样方。最后将调查统计结果标注在苗圃地规划图上。

（5）气象资料

气象条件对苗圃经营非常重要，可到当地气象台、站查阅气象资料，如极端最高温度、最低温度、年积温、年平均温度、各月平均温度、土表最高温度、生长期、早霜期、晚霜期、冻土层深度、年降雨量、年降雨分布、主风方向、风力等，这些资料要存入生产档案，长期保存，供随时查阅。

苗圃建成后，可将土壤资料、苗圃地病虫害资料绘制成以苗圃地区划图为底图的专用图，为苗圃生产提供方便。

**2）苗圃建立**

（1）水、电、通信的引入和建筑工程施工

房屋的建设和水、电、通信的引入应在其他各项建设之前进行。为了节约土地，办公用房、宿舍、仓库、车库、机具库、种子库等最好集中和管理区一起兴建，尽量建成楼房。组培室一般建在管理区内。温室虽然是占用生产用地，但其建设施工也应先于圃路、灌溉等其他建设项目进行。

（2）圃路工程施工

苗圃道路施工前，要先在设计图上选择两个明显的地物或两个已知点，定出一级路的实际位置，再以一级路的中心线为基线，进行圃路系统的定点、放线工作，然后方可修建。圃路路面有很多种，如土路、灰渣路、石子路、水泥路、柏油路等。

（3）灌溉工程施工

用于灌溉的水源如果是地表水，应先在取水点修筑取水构筑物，安装提水设备。如果是开采地下水，应先钻井，安装水泵。

采用渠道引水方式灌溉，修筑时先按设计的宽度、高度和边坡处填土，分层夯实，当达到设计高度时，再按渠道设计的过水断面尺寸从顶部开掘。采用水泥渠作一级和二级渠道，修建的方法是先用修筑土筑渠道的方法，按设计要求修成土渠，然后再在土渠底部和两侧挖取一定厚度的土，挖土厚度与浇筑水泥的厚度相同，在渠中放置钢筋网，浇筑水泥。

采用管道引水方式灌溉,要按照管道铺设的设计要求开挖 1 m 以上的深沟,在沟中铺设好管道,并按设计要求布置好出水口。

喷灌是苗圃中最常用的一种节水灌溉形式。一个完整的喷灌系统一般由水源、首部、管网和喷头组成。喷灌工程的施工,必须在专业技术人员的指导下,严格按照设计要求进行,在通过调试能够正常运行后再投入使用。

(4)排水工程施工

一般先挖掘向外排水的大排水沟。挖掘中排水沟与修筑道路相结合,将挖掘的土填于路面,作业区的小排水沟可结合整地挖掘,排水沟的坡降和边坡都要符合设计要求。

(5)防护林工程施工

应在适宜季节营建防护林,最好使用大苗栽植,以便尽早形成防护功能。栽植的株、行距按设计规定进行,栽后及时灌水,并做好养护管理工作,以保证成活和正常生长。

(6)土地整备工程施工

苗圃地形坡度不大者,可在路、沟、渠修成后结合土地翻耕进行平整,或在苗圃投入使用后结合耕种和苗木出圃等,逐年进行平整,这样可节省苗圃建设施工的投资,也不会造成原有表层土壤的破坏。坡度过大时必须修筑梯田,这是山地苗圃的主要工作项目,应提早进行施工。地形总体平整,但局部不平者,按整个苗圃地总坡度进行削高填低,整成具有一定坡度的苗圃地。

在苗圃地中如有盐碱土、沙土、黏土时,应进行必要的土壤改良。对盐碱地可采取开沟排水,引淡水冲盐碱。对轻度盐碱地可采取多施有机肥料,及时中耕除草等措施进行改良;对沙土或黏土应采用掺黏或掺沙等措施进行改良;在圃地中如有城市建设形成的灰渣、沙石等侵入体时,应全部清除,并换入好土。

### 4.1.4　苗圃地的经营与管理

#### 1)苗圃地的耕作制度管理

(1)整地

新开垦的荒地建立苗圃地,应先清理地表杂草灌木,坡度大的开筑成梯田,深翻土壤拣出树(草)根和石块,用火将草根及地表杂草灌木烧尽,然后进行 1~2 次的耕翻、碎土、平整。

苗木出圃后的苗圃地,应及时耕翻一次,耙细耙平,以供作苗床。若秋季出苗,冬季不用的苗圃地,可将土壤耕翻后不耙、晒白,减少土壤病虫害,翌年春季耙细耙平作苗床。

苗圃地耕翻的深浅对根系有很大的影响,过深过浅都会影响苗木质量。不同用途的苗圃地深度不同,通常播种苗圃耕地深度以 25~30 cm 为宜,嫁接苗和自根苗以 30~35 cm 为宜,草皮植物以 15~20 cm 为宜。对于土壤条件较差的山地和在盐碱地为改良土壤及便于排水洗碱,应适当深耕。

在整地时,为改良土壤的深翻,要注意避免将大量的生土翻上来,以逐年逐步加深耕作层为好。整地时土壤也不能过干过湿,过干翻不动,过湿耕后结成土块;耙时亦要在翻起的土块表面稍晒成白色,用脚踩土块即碎时耙整地。

整地的主要作业包括浅耕灭茬、翻耕、深松耕、耙地、耢地、镇压、平地等。

（2）土壤改良和消毒

针对土壤的不良性状和障碍因素，采取相应的物理或化学措施，改善土壤性状，提高土壤肥力，增加苗木生长量，以及改善土壤环境等。

为了减少苗期土传病原菌和地下害虫，通过土壤消毒可在一定程度上减少土传病虫害的危害。不同的苗圃可根据具体情况选用不同的药剂进行土壤消毒，常用药剂及使用方法如下：

①硫酸亚铁（黑矾）　在播种前 5~7 d 将硫酸亚铁捣碎，均匀撒在播种地上，用量 300 kg/hm²，也可用 2%~8% 的硫酸亚铁水溶液浇洒。

②五氯硝基苯混合剂　由比例为五氯硝基苯 75% 和代森锌（或其他杀菌剂）25% 混合而成，用量 4~6 g/m²，与细土混合均匀做成药土，在播种前均匀撒在播种床上。

③熏蒸消毒　常用的化学药剂有福尔马林、三氯硝基甲烷（氯化苦）、甲基溴化物等，用药量为 1% 浓度 6~12 kg/m² 水溶液，消毒时将药物喷洒在土壤表面，并与表土拌匀，然后用塑料薄膜密封，熏蒸 24~30 h 后撤去覆盖，通风换气 15~20 d 后方可播种。

④其他　将一些杀虫（菌）剂拌土。如 5% 西维因或 5% 辛硫磷，每 30~60 kg/hm²，拌土或拌肥料毒杀土壤中或肥料中的害虫。

（3）作业方式

可分为床作、畦作、垄作、平作等方式。

①作床　为了种子的发芽和苗木的正常生长，在整地、施肥、毒土等工作的基础上，将育苗地修筑成苗床。苗床分为高床、低床和平床三种。高床是指床面高于步道，适宜降雨多、排水不良的南方地区育苗。其优点是床面不积水，灌溉方便，能提高土壤温度，有利于苗木生长；低床是指床面低于步道，步道如田埂状，有利于蓄水保墒和引水灌溉，适宜西北等气候干旱、水源不足的地区育苗，便于灌水和保水；平床是指床面和步道高度基本相等，华北地区多用，由于踩踏，往往床面略高于步道数厘米，适合土壤水分充足，排水良好，不需经常灌溉的地方。露地苗床通常宽 1.0~1.5 m，长度依地形设 10~30 m，步行道（沟）宽30~40 cm。人工作床时，先量好床宽和步道宽度，定桩拉绳，再根据要求进行操作。注意畦面平整，坚实度一致。

对于培养珍贵或繁殖难度较大的苗木，常采用砖砌苗床。此外，在育苗设施内的苗床，应根据育苗特性和温湿控制的要求而设计苗床，如扦插用的温床、沙床等。

②作垄　对于生长快、管理粗放的园艺植物多采用垄式育苗或作垄育苗，能加厚肥土层，提高土壤温度，有利于苗木通风透光。

在耕耙后即可用犁起垄，垄高度为 15~20 cm，地势高燥的应起低垄，地势低洼的应起高垄，垄底宽为 60~70 cm。地势高低不平时垄短些，地势平坦时可长些。垄向以南北向为宜，便于接受均匀的阳光。此外，有的地区采用低垄和平作育苗。低垄的垄面低于地面 10 cm，常在风大干旱且水源不足的地区应用。节省用水，灌水方便。平作和平畦类似，能提高土地利用率和产苗量。但灌溉和排水不如垄作方便。

（4）连作与轮作

①连作　指一年内或连年在同一块田地上连续种植同一种植物的种植方式。连作往往会造成多种病害加重，致使对园艺植物有专一性危害的病原微生物、害虫和寄生性、伴生性病虫的滋生繁殖；影响土壤的理、化性状，使肥效降低；加速消耗某些营养元素，形成养分

偏失;土壤中不断累积某些有毒的根系分泌物,引起连作园艺植物的自身"中毒"等。

②轮作　在同一块田地上,有顺序地在季节间或年间轮换种植不同的种苗或复种组合的一种种植方式。轮作是用地养地相结合的一种生物学措施,中国早在西汉时就实行休闲轮作。轮作可以有效地克服连作障碍,合理的轮作有很高的生态效益和经济效益。

轮作可以减少病、虫、草害发生。园艺植物的许多病害如根腐病、立枯病、猝倒病等都是通过土壤传播。如将感病的寄主作物与非寄主作物实行轮作,便可消灭或减少这种病菌在土壤中的数量,减轻病害。对为害作物根部的线虫,轮种不感虫的作物后,可使其在土壤中的虫卵减少,减轻危害。合理的轮作也是综合防除杂草的重要途径,因不同作物栽培过程中所运用的不同农业措施,对田间杂草有不同的抑制和防除作用。

轮作有利于均衡地利用土壤养分。各种园艺植物从土壤中吸收各种养分的数量和比例各不相同,轮换种植,可保证土壤养分的均衡利用,避免其片面消耗。

轮作可以改善土壤理化性状,调节土壤肥力。多年生园艺植物有庞大根群,可疏松土壤、改善土壤结构;绿肥作物,可直接增加土壤有机质来源。另外,轮种根系伸长深度不同的作物,深根作物可以利用由浅根作物溶脱而向下层移动的养分,并把深层土壤的养分吸收转移上来,残留在根系密集的耕作层。同时轮作可借根瘤菌的固氮作用,补充土壤氮素,如花生和大豆每亩可固氮 6~8 kg,多年生豆科牧草固氮的数量更多。水旱轮作还可改变土壤的生态环境,增加水田土壤的非毛管孔隙,提高氧化还原电位,有利于土壤通气和有机质分解,消除土壤中的有毒物质,防止土壤次生潜育化过程,并可促进土壤有益微生物的繁殖。

**2)苗圃地档案管理**

(1)建立苗圃地技术档案的意义

育苗技术规程规定,苗圃地要建立基本情况、技术管理和科学试验各项档案,积累生产和科研数据资料,为提高育苗技术和经营管理水平提供科学依据。

(2)苗圃地档案类型与管理

苗圃地档案主要包括:

①基本情况档案的内容包括:苗圃地位置、面积、自然条件、圃地区划和固定资产、苗圃平面图、人员编制等。如情况发生变化,随时修改补充。

②技术管理档案的内容包括:苗圃土地利用和耕作情况;各种苗木的生长发育情况及各阶段采取的技术措施,各项作业的实际用工量和肥、药、物料的使用情况。

③科学试验档案的内容包括:各项试验的田间设计和试验结果、物候观测资料等。

苗圃档案要有专人记载,年终系统整理,由苗圃技术负责人审查存档,长期保存。

**案例导入**

## 什么是有性繁殖?

园艺植物的繁殖方式可分为有性繁殖和无性繁殖两大类。有性繁殖即用植物的种子进行繁殖的方式,或称实生繁殖;凡由种子播种长成的苗称实生苗。

## 任务 4.2 有性繁殖育苗

### 4.2.1 有性繁殖的特点及应用

#### 1)有性繁殖的特点

（1）有性繁殖的优点

种子体积小,重量轻;在采收、运输及长期贮藏等工作上简便易行;种子来源广,播种方法简便,易于掌握,便于大量繁殖;实生苗根系发达,生长旺盛,寿命较长;实生苗对环境适应力强,并有免疫病毒病的能力。

（2）有性繁殖的缺点

木本的果树、花卉及某些多年生草本植物采用种子繁殖开花结实较晚;后代易发生变异,从而失去原有的优良性状;不能用于繁殖自花不孕植物及无籽植物,如葡萄、柑橘、香蕉及许多重瓣花卉植物。

#### 2)有性繁殖的应用

大部分蔬菜、一二年生花卉及地被植物多用有性繁殖;果树及某些木本花卉的砧木常用实生苗;杂交育种必须使用播种来繁殖,并且可以利用杂交优势获得比父母本更优良的性状。

### 4.2.2 种子的采集与贮藏

#### 1)采种

要从最优良、纯正、强壮的采种母本上采种,根据种子成熟特征,选择合适的采种技术,要注意种子成熟度和采后的正确处理,这样才能保证种子质量。

#### 2)种实调制

种实采收后,及时进行调制的过程称为种实调制。取出种子,不同类型的果实种子调制方法不同,闭果类成熟后不开裂,直接作为播种材料的果实,可以摊放在清洁干燥的通风处晾晒;安全含水量高、容易丧失生命力的只能适当阴干,直至含水量降到要求为止,如板栗等;裂果类,将果实摊放在清洁干燥的通风处晾晒,经常翻动,根据果实特性适当施加外力促进脱粒。肉质果类如银杏、核桃等,堆沤淘洗,堆沤后及时淘洗、脱粒、阴干;或者碾压淘洗,碾压后及时淘洗、脱粒、阴干。

采用风选、手选、水选、筛选等方法去杂净种。

#### 3)种子贮藏

种子贮藏即种子收获后至播种前的保存过程。要求防止发热霉变和虫蛀,保持种子的生活力、纯度和净度,为生产提供合格的播种材料。

根据种子特性,可用干藏和湿藏两种方法贮藏种子。干藏指把充分干燥的种子贮藏在干燥的环境中,所有安全含水量低的种子都适于干藏。

干藏法又分普通干藏和密封干藏。普通干藏法是将种子贮藏在干燥的地方,对湿度和温度不加人工控制,是少量种子或小型生产单位常用的贮藏方法。密封干藏是长期保存种质资源而采用的,把种子与外界空气隔绝,长期保持干燥和低温状态的方法。

湿藏指把种子贮藏在湿润而又低温,通气良好的环境中,安全含水量高和休眠期长的种子适合这种方法,该法不但能安全贮藏种子,还能起层积催芽的作用,常用湿沙贮藏,湿藏少量种子可不控制温度,但应注意翻堆散热,但在整个贮藏期应检查水分变化、霉变和虫害情况,及时处理。湿度一般以40%~60%为宜,以细湿沙手捏能成团松开即散为简易判断标准。大批量贮藏可人工控制温度变化或结合变温处理催芽。湿藏可分室外贮藏和室内贮藏,种粒坚硬、小,虫兽不危害、隔年出苗的种类可贮藏于室外排水良好的地方,易受鼠害的大粒种子和种壳较薄的种子宜在室内贮藏。

### 4.2.3　种子质量的检验

为确定计划播种量,并保证出苗健壮整齐,一般播种前须对种子做质量检查。检测指标主要有:种子含水量、净度、千粒重、发芽力、生活力等,常用如下方法进行检验:

**1)种子含水量测定**

种子含水量是指种子中所含水分重量(100~105 ℃所消除的水分含量)与种子重量的百分比。它是种子安全贮藏、运输及分级的指标之一。其算式为:

$$种子含水量 = \frac{干燥前供检种子质量 - 干燥后供检种子质量}{干燥前供检种子质量} \times 100\%$$

**2)种子净度和千粒重测定**

种子净度又称种子纯度,指纯净种子的重量占供检种子总重量的百分比。其算式为:

$$种子净度 = \frac{纯净种子质量}{供检种子总质量} \times 100\%$$

千粒重是指一千粒种子的质量(g/千粒)。根据千粒重可以衡量种子的大小与饱满程度,也是计算播种量的依据之一。

**3)种子发芽力的测定**

种子发芽力用发芽率和发芽势两个指标衡量,可用发芽试验来测得。

种子发芽率是在最适宜发芽的环境条件下,在规定的时间内(延续时间依不同植物种类而异),正常发芽的种子数占供检种子总数的百分比;反映种子的生命力。其算式为:

$$发芽率 = \frac{萌发种子数}{供检种子数} \times 100\%$$

发芽势是指种子自开始发芽至发芽最高峰时的粒数占供检种子总数的百分率。发芽势高即说明种子萌发快,萌芽整齐。

**4)种子生活力测定**

种子生活力是指种子发芽的潜在能力。主要测定方法如下:

（1）目测法

直接观察种子的外部形态，即种粒饱满、种皮有光泽、粒重，剥皮后胚及子叶乳白色、不透明，并具弹性的为有活力的种子。若种子皮皱发暗、粒小，剥皮后胚呈透明状甚至变为褐色是失去活力的种子。

（2）TTC（氯化三苯基四氮唑）法

取种子 100 粒剥皮，剖为两半，取胚完整的 1 片放在器皿中，倒入 0.5%TTC 溶液淹没种子，置 30~35 ℃黑暗条件下 3~5 h。具有生活力的种子、胚芽及子叶背面均能染色，子叶腹面染色较轻，周缘部分色深。无发芽力的种子腹面、周缘不着色，或腹面中心部分染成不规则成交错的斑块。

（3）靛蓝染色法

先将种子水浸数小时，待种子吸胀后，小心剥去种皮，浸入 0.1%~0.2%的靛蓝溶液（亦可用 0.1%曙红，或者 5%的红墨水）中染色 2~4 h，取出用清水洗净。然后观察种子着色情况，凡不着色者为有生命力的种子，凡全部着色或胚已着色者，则表明种子或者胚已失去生命力。

### 4.2.4　影响种子发芽的因素

#### 1）环境因子

（1）水分

种子吸水使种皮变软开裂、胚与胚乳吸胀，同时，透气性增加，酶活化起来，增强了胚的代谢活动，原生质由凝胶态变成溶胶态，大分子贮藏养分分解，从而保证了胚的生长发育，最后胚根突破种皮，种子萌发生长。为保持一定湿度，可采用覆盖（盖草、盖纸、盖塑料薄膜或玻璃）、遮阴等办法。直到幼苗出土，再逐步去除覆盖物。

（2）温度

适宜的温度能够促进种子迅速萌发。一般而言，温带植物以 15~20 ℃为最适，亚热带与热带植物则以 25~30 ℃为宜。变温处理，有利于种子的萌发和幼苗的生长，昼夜温差 3~5 ℃为宜。

（3）氧气

种子发芽时要摄取空气中的 $O_2$ 并放出 $CO_2$，如播种后覆土过深，镇压太紧，或土壤中水分过多，种子会因缺氧而腐烂。

（4）光照

光照条件对种子发芽的影响因植物种类而异，大多数植物种子，影响很小或不起作用。但有些植物的种子有喜光性，如莴苣、芹菜种子发芽需要光照，因此它们播种后在温度、水分充足时，不覆土或覆薄土，则发芽较快。也有另一类植物种子的发芽会被光抑制，如水芹、飞燕草、葱、苋等。

#### 2）休眠因素

种子有生活力，但即使给予适宜的环境条件仍不能发芽，此种现象称种子的休眠。种子休眠是长期自然选择的结果。许多落叶园艺植物的种子具有自然休眠的特性。造成种子休眠的原因主要有种皮或果皮结构障碍、种胚发育不全、化学物质抑制等。种子的休眠有利于植物适应外界自然环境以保持物种繁衍,但是这种特性对播种育苗会带来一定的困难。种子需要度过休眠过程后才能萌发。

### 4.2.5　播前种子的处理

**1)种子处理的意义**

(1)打破种子休眠

种子处理可打破两种形式的休眠,一是因种皮(或果皮)坚硬不能正常吸水而产生的休眠;二是因种子内部的生理状态所造成的休眠。

(2)促进种子发芽

通过种子处理可促进发芽,使其在较短的时间内达到最大的出苗率,主要采取水分、生长调节剂及种子丸粒化时加入营养物质等处理方法。

(3)病虫防治

将植物防护的重点从叶片等器官转至种子,可减少材料用量和费用,大大降低成本,减少对非目标生物的不利影响和因天气变化等因素的影响。种子处理可使种子和幼苗免遭栖居土壤中的病原菌的侵袭,亦可控制种子表面携带的病菌。

(4)机械化精播

大多数园艺植物种子的大小与形状是缺少规律性的,这对机械化精播是不利的,特别是体积很小的种子。在处理时,通过丸粒化技术可以改变种子的形状和大小,做成整齐一致的小球状(即丸粒化),便于机械化精量播种。

**2)种子处理技术**

(1)打破休眠处理技术

①机械破皮　破皮是开裂、擦伤或改变种皮的过程。用于使坚硬和不透水的种皮使其(如山楂、樱桃、山杏等)透水透气,从而促进发芽。砂纸磨、锥刀铿或锤砸、碾子碾及老虎钳夹开种皮等适用于少量大粒种子。对于大量种子,则需要用特殊的机械破皮机。

②化学处理　种壳坚硬或种皮有蜡质的种子(如山楂、酸枣及花椒等),可浸入有腐蚀性的浓硫酸(95%)或氢氧化钠(10%)溶液中,经过短时间的处理,使种皮变薄、蜡质消除、透性增加,利于萌芽。浸后的种子必须用清水冲洗干净。用0.3%碳酸钠和0.3%溴化钾浸种,也可促进种子萌发。

③清水浸种　水浸泡种子可软化种皮,除去发芽抑制物,促进种子萌发。水浸种时的水温和浸泡时间是重要条件,有凉水(25~30 ℃)浸种、温水(55 ℃)浸种、热水(70~75 ℃)浸种和变温(90~100 ℃,20 ℃以下)浸种等。后两种适宜有厚硬壳的种子,如核桃、山桃、山杏、山楂等,可将种子在开水中浸泡数秒钟,再在流水中浸泡2~3 d,待种壳一半裂口时播种,但切勿烫伤种胚。

④层积处理　将种子与潮湿的介质(通常为湿沙)一起贮放在低温条件下(0~5 ℃),以保证其顺利通过后熟作用的过程叫层积,也称沙藏处理。春播种子常用此种方法来促进萌芽。

层积前先用水浸泡种子5~24 h,待种子充分吸水后,取出晾干,再与洁净河沙混匀,沙的用量是:中小粒种子一般为种子容积的3~5倍,大粒种子为5~10倍。沙的湿度以手捏

成团不滴水即可,种子量大时用沟藏法,选择背阴高燥不积水处,挖深 50～100 cm,宽 40～50 cm 的沟,长度视种子多少而定,沟底先铺 5 cm 厚的湿沙,然后将已拌好的种子放入沟内,到距地面 10 cm 处,用河沙覆盖,一般要高出地面呈屋脊状,上面再用草或草垫盖好。种子量小时可用花盆或木箱层积。层积日数因不同种类而异,如八棱海棠 40～60 d,毛桃 80～100 d,山楂 200～300 d。层积期间要注意检查温、湿度,特别是春节以后更要注意防霉烂、过干或过早发芽,春季大部分种子露白时及时播种。

⑤生长调节剂处理 多种植物生长物质能打破种子休眠,促进种子萌发,常用赤霉素 (5～10 μL/L)处理打破种子休眠。

(2)种子消毒处理

种子消毒可杀死种子所带病菌,并保护种子在土壤中不受病虫危害。方法有药剂浸种和药粉拌种两种。药剂浸种常用福尔马林 100 倍水溶液、1%硫酸铜、10%磷酸三钠或 2%氢氧化钠等;药粉拌种常用 70%敌克松、50%退菌特、90%敌百虫,用量为种子重量的 0.3%左右。

(3)催芽处理

播种前保证种子吸足水分,促使种子中养分迅速分解运转,以供给幼胚生长所需称为催芽。催芽过程的技术关键是保持充足的氧气和饱和空气相对湿度,以及为各类种子的发芽提供适宜温度。保水可采用多层潮湿的纱布、麻袋布、毛巾等包裹种子,可用火炕、地热线、酿热和电热毯等维持所需的温度,一般要求 18～25 ℃。

知识链接 )))

## 种子包衣与丸粒化

种子包衣是采取机械或手工方法,按一定比例将含有杀虫剂、杀菌剂、复合肥料、微量元素、植物生长调节剂、缓释剂和成膜剂等多种成分的种衣剂均匀包覆在种子表面,形成一层光滑、牢固的药膜。随着种子表面形成一层光滑、牢固的药膜,通过造粒机使种子丸粒化,使外形不规则的种子提高流动性,使小颗粒种子增大粒径和重量,便于机械播种,提高播种质量。随着种子的萌动、发芽、出苗和生长,包衣中的有效成分逐渐被植株根系吸收并传导到幼苗植株各部位,使种子及幼苗对种子带菌、土壤带菌及地下、地上害虫起到防治作用。药膜中的微肥可在底肥给力之前充分发挥效力。因此,包衣种子苗期生长旺盛,叶色浓绿,根系发达,植株健壮,从而实现增产增收的目的。

### 4.2.6 播种技术

#### 1)播种时期

园艺植物的播种时期很不一致,随种子的成熟期、当地的气候条件及栽培目的不同而有较大的差异。

一般园艺植物的播种期可分为春播和秋播两种,春播从土壤解冻后开始,以2~4月份为宜,秋播多在八九月份,致冬初土壤封冻前为止。温室蔬菜和花卉没有严格季节限制,常随需要而定。露地蔬菜和花卉主要是春秋两季。果树一般早春播种,冬季温暖地带可晚秋播。亚热带和热带可全年播种,以幼苗避开暴雨与台风季节为宜。

### 2)播种方式

种子播种可分为大田直播和畦床播种两种方式。大田直播可以平畦播,也可以垄播,播种后不行移栽,就地长成苗或供作砧木进行嫁接培养成嫁接苗出圃。畦床播一般在露地苗床或室内浅盆集中育苗,经分苗培养后定植田间。

### 3)播种方法

播种方法有撒播、条播、点播(穴播)等。

（1）撒播

海棠、山定子、韭菜、菠菜、小葱等小粒种子多用撒播。撒播要均匀,不可过密,撒播后用耙轻耙或用筛过的土覆盖,以稍埋住种子为度。此法比较省工,而且出苗量多。但是,出苗稀密不均,管理不便,苗子生长细弱。

（2）条播

用条播器在苗床上按一定距离开沟,沟底宜平,沟内播种,覆土填平。条播可以克服撒播和点播的缺点,适宜大多数种子,如苹果、梨、白菜等。

（3）点播(穴播)

多用于大粒种子,如核桃、板栗、桃、杏及豆类等的播种。先将床地整好,开穴,每穴播种2~4粒,待出苗后根据需要确定留苗株数。该方法苗分布均匀,营养面积大,生长快,成苗质量好,但产苗量少。

### 4)播种量

单位面积内所用种子的数量称播种量,播前必须确定适宜的播种量,其算式为:

$$播种量 = \frac{每667 \ m^2 \ 计划育苗数}{每千克种子粒数×种子纯净度×种子发芽率} × 100\%$$

在生产实际中播种量应视土壤质地松硬、气候冷暖、病虫草害、雨量多少、种子大小、播种方式(直播或育苗)、播种方法等情况,适当增加0.5~4倍。

### 5)播种深度

播种深度依种子大小、气候条件和土壤性质而定,一般为种子横径的2~5倍,如核桃、板栗等大粒种子播种深为4~6 cm,海棠、杜梨为2~3 cm,甘蓝、石竹、香椿0.5 cm为宜。在不妨碍种子发芽的前提下,以较浅为宜。土壤干燥,可适当加深。秋、冬播种要比春季播种稍深,沙土比黏土要适当深播。

### 6)覆土与覆盖

播种后,苗床用过筛细土覆盖,厚度根据种子大小和土壤类型确定,一般为种子直径的3~5倍,为保持湿度,可在覆土后盖稻草、地膜等,当有1/3幼苗出土时及时撤除地膜等覆盖物,促进出苗。

### 4.2.7　播种后管理

#### 1）出苗期的管理

种子播入土中需要适宜的条件才能迅速萌芽,发芽期要求水分足、温度高。

（1）温度

露地播种,防止极端温度的影响,早春出现倒春寒等注意及时覆盖,设施育苗,在管理上一般掌握播种至发芽温度控制,并注意昼夜有一定温差变化。

（2）水分

浇足底水播种的,可直至出苗不浇水,但要勤检查,在湿度不足时,可在晴天中午揭膜补水并补盖籽土。出苗后宁干勿湿,以防倒苗。过干时在晴天中午浇水,保持小苗地上部干燥状态,过湿撒干细土吸湿。

（3）及时揭除覆盖,防高脚苗、戴帽苗

播后要勤检查,塑料薄膜覆盖的当有70%出土时,选择晴天下午揭膜,稻草等覆盖物应分次揭除,防止光线过强,伤害幼苗,水分不足,揭除覆盖物时可以浇1次水,以防种壳失水收缩造成戴帽苗。

#### 2）间苗移栽

出苗后,如果出苗量大,应于幼苗长到2~4片真叶时,间苗、分苗或直接移入大田。移栽太晚缓苗期长,太早则成活率低。移植前要采取通风降温和减少土壤湿度措施来炼苗。移植前一两天浇透水以利起苗带土,同时喷一次防病农药。

#### 3）松土除草

为保持育苗地土壤疏松,减少水分蒸发,并防止杂草滋生,需要勤浅耕、早除草。可用人工除草,也可机械除草,还可进行化学除草。除草剂的最适使用时间,以杂草刚刚露出地面时效果最好。一般苗圃1年用2次除草剂即可。第1次在播种后出苗前,移植和扦插圃地,可在缓苗后喷施;第2次可根据除草剂残效长短和苗圃地杂草生长情况而定。

#### 4）施肥灌水

幼苗生长过程中,要适时适量补肥、浇水。迅速生长期以追施或喷施速效氮肥(尿素、腐熟人粪尿)为主;后期增施速效磷、钾肥,以促进苗木组织充实。

此外,苗圃病虫害很多,应及时进行喷药防治。

### 4.2.8　育苗时常见问题及原因

#### 1）烂种或出苗不齐

烂种一方面与种子质量有关。种子未成熟,贮藏过程中霉变,浸种时烫伤均可造成烂种;另一方面播种后低温高湿,施用未腐熟的有机肥,种子出土时间长,长期处于缺氧条件下也易发生烂种。出苗不齐是由种子质量差,底水不均,覆土薄厚不均,床温不均,有机肥未腐熟,化肥施用过量等原因造成的。

2)"戴帽"出土

土温过低、覆土太薄或太干,使种皮受压不够或种皮干燥发硬不易脱落。另外,瓜类种子直插播种,也易戴帽出土。为防止戴帽出土,播种时应均匀覆土,保证播种后有适宜的土温。幼苗刚出土时,如床土过干,可喷少量水保持床土湿润,发现有覆土太薄的地方,可补撒一层湿润细土。发现"戴帽"出土者,可先喷水使种皮变软,再人工脱去种皮。

3)沤根

幼苗不发新根,根呈锈色,病苗极易从土中拔出。沤根主要是由于苗床土温长期低于12 ℃,加之浇水过量或连遇阴天,光照不足,致使幼苗根系在低温、过湿、缺氧状态下,发育不良,造成沤根。应提高土壤温度(土温尽量保持在 16 ℃以上),播种时一次浇足底水,出苗过程中适当控水,严防床面过湿。

4)徒长苗

徒长苗茎细长,叶薄色淡,须根少而细弱,抗逆性较差,定植后缓苗慢,不易获得早熟高产。幼苗徒长是光照不足、夜温过高、水分和氮肥过多等原因造成的,可通过增加光照、保持适当的昼夜温差、适度给水、适量播种、及时分苗等管理措施来防治。

5)老化苗

老化苗又称"僵苗""小老苗"。老化苗茎细弱、发硬,叶小发黑,根少色暗。老化苗定植后发棵缓慢,开花结果迟,结果期短,易早衰。老化苗是苗床长期水分不足或温度过低或激素处理不当等原因造成的,育苗时应注意防止长时间温度过低、过度缺水和不按要求使用激素。

**案例导入**

### 什么是无性繁殖? 有何特点?

无性繁殖又称营养器官繁殖,即利用植物营养体的再生能力,用根、茎、叶等营养器官在人工辅助之下,培育成独立的新个体的繁殖方式,包括扦插、压条、嫁接及组织培养等方法。无性繁殖苗木具有生长速度快、开花结果早的优点,但也有不易发生变异,适应外界环境条件差;繁殖方法不如有性繁殖简便;繁殖数量小;有些依靠种子繁殖的植物长期靠无性繁殖可能会导致根系不完整,生长不够健壮,寿命短等缺点。大部分植物通过无性繁殖不会与母本有任何区别,除非发生突变。

## 任务 4.3 无性繁殖

### 4.3.1 嫁接育苗

嫁接就是有目的地把一种植物的枝或芽,接到另一种植物的茎或根上,使之愈合生长

在一起,形成一个新的植株。通过嫁接培育出的苗木称嫁接苗。用来嫁接的枝或芽叫接穗或接芽,承受接穗的植株叫砧木。

### 1)嫁接苗的特点及应用

嫁接苗能保持优良接穗品种的性状,且生长快,树势强,结果早。因此,利用嫁接苗可加速新品种的推广应用;可以利用砧木的某些性状如抗旱、抗寒、耐涝、耐盐碱、抗病虫等增强栽培品种的适应性和抗逆性、以扩大栽培范围或降低生产成本;在果树和花木生产中,可利用砧木调节树势,使树体矮化或乔化,以满足栽培上或消费上的不同需求;多数砧木可用种子繁殖,繁殖系数大,便于在生产上大面积推广种植,但嫁接苗具有技术要求高,成活率受影响大等缺点。

### 2)嫁接成活的原理

嫁接成活的原理主要是依靠接穗与砧木结合部位的形成层薄壁细胞的再生能力,形成愈合组织,使接穗与砧木密切结合形成接合部,使接穗和砧木原来的输导组织相连接,并使两者的养分、水分上下沟通,形成一个新的植株。

当接穗嫁接到砧木上后,在砧木和接穗伤口的表面,由于死细胞的残留物形成一层褐色的薄膜,覆盖着伤口,随后在愈伤激素的刺激下,伤口周围细胞及形成层细胞旺盛分裂,并使褐色的薄膜破裂,形成愈伤组织,愈伤组织不断增加,接穗和砧木间的空隙被填满后,砧木和接穗的愈合组织的薄壁细胞便互相连接,将两者的形成层连接起来,愈合组织不断分化,向内形成新的木质部,向外形成新的韧皮部,进而使导管和筛管也相互沟通,这样砧穗就结合为统一体,形成一个新的植株。

### 3)影响嫁接成活的因素

（1）砧木与接穗的亲和力

嫁接亲和力是指砧木和接穗嫁接后能够愈合并正常生长的能力。即砧木和接穗在内部组织结构、遗传和生理特性等方面的相同或相似程度。嫁接能否成功,亲和力是关键。亲和力越强,嫁接愈合性越好,成活率越高,生长发育越正常。亲和力的强弱,取决于砧、穗之间亲缘关系的远近。一般亲缘关系越近,亲和力越强。同种或同品种间的亲和力最强,如板栗接板栗、秋子梨接南果梨等,同属不同种间的亲和力一般也较强,同科不同属之间的亲和力差别很大,不同科之间亲和力较差,尚未有嫁接成功的案例。

此外,砧穗组织结构、代谢状况及生理生化特性与嫁接亲和力大小有很大的关系。如中国栗嫁接在日本栗上,由于后者吸收无机盐较多,因而产生不亲和,而中国板栗嫁接在中国板栗上则亲和良好。嫁接柿、核桃时常因单宁类物质较多,而影响成活。

砧、穗不亲和或亲和力低的现象的表现形式很多,如愈合不良,嫁接后不能愈合,不成活;或愈合能力差,成活率低;有的虽能愈合,但接芽不萌发;或愈合的牢固性很差,萌发后极易断裂。生长结果不正常,嫁接后虽能生长,但枝叶黄化,叶片小而簇生,生长衰弱,以致枯死。有的早期形成大量花芽,或果实发育不正常,肉质变劣,果实畸形。砧穗接口上下生长不协调,造成"大脚""小脚"或"环缢"现象。后期不亲和,有些嫁接组合接口愈合良好,能正常生长结果,但经过若干年后表现严重不亲和。如桃嫁接到毛樱桃砧上,进入结果期后不久,即出现叶片黄化,焦梢,枝干甚至整株衰老枯死的现象。

（2）嫁接的时期

嫁接能否成活与气温、土温及砧木与接穗的活跃状态有密切关系。要根据树种特性，方法要求，选择适期嫁接，雨季、大风天气嫁接都不好。

（3）环境条件

适宜的温度有利于伤口愈合，一般以 20～30 ℃为宜。不同树种和嫁接方式对温度的要求有差异。如核桃嫁接后形成愈伤组织的最适温为 26～29 ℃；葡萄室内嫁接的最适温度是 24～27 ℃，超过 29 ℃则形成的愈伤组织柔嫩，栽植时易损坏，低于 21 ℃愈合组织形成缓慢。

嫁接后保持较高的湿度利于愈伤组织形成，但不要浸入水中，以免腐烂；愈伤组织的形成需要充足的氧气，尤其对某些需氧较多的树种，如葡萄硬枝嫁接时，接口宜稀疏的加以绑缚，不需涂蜡；适宜的光照对愈伤组织生长有抑制作用，遮光有利于愈伤组织的形成和伤口愈合。

（4）砧穗质量

接穗和砧木发育充实，贮藏营养物质较多时，嫁接易成活，草本植物或木本植物的未木质化嫩梢也可以嫁接，要求较高的技术，如野生西瓜嫁接无籽西瓜。

（5）嫁接技术

要求快、平、准、紧、严。即动作速度快、削面平、形成层对准、包扎捆绑紧、封口严。

此外有些树种，如桃、杏、樱桃嫁接时，往往因伤口流胶而窒息了切口面的细胞呼吸，妨碍愈伤组织的产生而降低成活率。葡萄、核桃室外春季嫁接时伤流较重，对成活不利。

**4) 砧木与接穗的相互影响**

（1）砧木对接穗的影响

砧木对地上部的生长有较大的影响。有些砧木可使嫁接苗生长旺盛高大，称乔化砧，如海棠、山定子是苹果的乔化砧；棠梨、杜梨是梨的乔化砧。有些砧木使嫁接苗生长势变弱，树体矮小，称矮化砧，如山桃是桃树的矮化砧、茅栗是板栗的矮化砧。

砧木对嫁接树进入结果期的早晚、产量高低、质量优劣、成熟迟早及耐贮性等都有一定的影响。一般嫁接在矮化砧上的树比乔化砧上的树结果早、品质好。

砧木对抗逆性和适应性的影响。目前生产上所用的砧木，多系野生或半野生的种类或类型，具有较强而广泛的适应能力，如抗寒、抗旱、抗涝、耐盐碱、抗病虫等。因此，可以相应地提高地上部的抗逆性，如黑籽南瓜作砧木嫁接黄瓜和西瓜能防治枯萎病、疫病等病害，并耐重茬，还有促进早熟和增产的作用。

（2）接穗对砧木的影响

接穗对砧木根系的形态、结构及生理功能等，亦会产生很大的影响，如杜梨嫁接上鸭梨后，其根系分布浅，且易发生根蘖。以短枝型苹果为接穗比以普通型苹果为接穗的 MM106 砧木根系分布稀疏。

（3）中间砧对砧木和接穗的影响

在乔化实生砧（基砧）上嫁接某些矮化砧木（或某些品种）的茎段，然后再嫁接所需要的栽培品种，中间那段砧木称为矮化中间砧（或中间砧）。中间砧对地上、地下部都会产生明显的影响。如 M9、M26 作元帅系苹果中间砧，树体矮小，结果早，产量高，但根系分布浅，固地性差。

### 5）砧木的选择

不同类型的砧木对气候、土壤环境条件的适应能力，以及对接穗的影响都有明显的差异。选择砧木需要依据下列条件：与接穗有良好的亲和力；对接穗生长、结果有良好影响，如生长健壮、早结果、丰产、优质、长寿等；对栽培地区的环境条件适应能力强，如抗寒、抗旱、抗涝、耐盐碱等；能满足特殊要求，如矮化、乔化、抗病；资源丰富，易于大量繁殖。

### 6）接穗的采集和贮运

（1）接穗的采集

为保证品种纯正，应从良种母本园或经鉴定的营养繁殖系的成年母树上采集接穗。果树生产上还要求从正在结果的母树上采取。母树应生长健壮，具备丰产、稳产、优质的性状，并无检疫对象，接穗本身必须生长健壮充实，芽饱满。

由于嫁接时期、方法和树种的不同，用作接穗的枝条要求也不一样。秋季芽接，用当年生的发育枝；春季嫁接多用 1 年生的枝条，个别树种如枣树可用 1~4 年生的枝条作接穗；夏季嫁接，可用贮藏的 1 年生或多年生枝条，也可用当年生新梢。

（2）接穗的贮藏

硬枝接或春季芽接用的接穗，可结合冬季修剪工作采集。采下后要立即修整成捆，挂上标签标明品种、数量，用沟藏法埋于湿沙中贮存起来，温度以 0~10 ℃为宜。少量的接穗可放在冰箱中。名贵的花木接穗可采用蜡封接穗处理。具体做法是将接穗剪成 15 cm 左右（上剪口要留饱满芽），然后将石蜡加热至 80~90 ℃溶化，再把接穗两端分别在熔化的石蜡液中蘸一下，每次蘸接穗长度的 1/2，最后使整个接穗蒙上一层很薄的石蜡，装入塑料袋内，置低温窖内或冰箱（温度 -1~1 ℃）备用。蜡封接穗能抑制生理活动，减少水分蒸发，可显著提高嫁接成活率。

生长季嫁接用的接穗，采下后要立即剪除叶片，保留叶柄，以减少水分蒸发。剪去梢端幼嫩部分，打捆、挂标签，标明品种与采集日期，用湿草、湿麻袋或湿布包好，外裹塑料薄膜保湿，但要注意通气。一般随用随采为好，提前采的或接穗数量多一时用不完的，可悬吊在较深的井内水面上，或插在湿沙中。短时间存放的接穗，可以插泡在水盆里。

（3）运输

异地引种的接穗必须做好贮运工作。蜡封接穗，可直接运输，不必经特殊包装。未蜡封的接穗及芽接、绿枝接的接穗及常绿果树接穗要保湿运输。将接穗用锯木屑或清洁的刨花包埋在铺有塑料薄膜的竹筐或有通气孔的木箱内。接穗量少时可用湿草纸、湿布、湿麻袋包卷，外包塑料薄膜，留通气孔，随身携带，注意勿使其受压。运输中应严防日晒、雨淋。夏秋高温期最好用冷藏运输，途中要注意检查湿度和通气状况。接穗运到后，要立即打开检查，安排嫁接和贮藏。

### 7）嫁接的时期

枝接一般在早春树液开始流动、芽尚未萌动时为宜。北方落叶树在 3 月下旬至 5 月上旬，南方落叶树在 2~4 月份；常绿树在早春发芽前及每次枝梢老熟后均可进行。北方落叶树在夏季也可用嫩枝进行枝接。芽接可在春、夏、秋 3 季进行，但一般以夏秋芽接为主。绝大多数芽接方法都要求砧木和接穗离皮（指木质部与韧皮部易分离），且接穗芽体充实饱满时进行为宜。落叶树在 7~9 月份，常绿树在 9~11 月份进行，当砧木和接穗都不离皮时采用嵌芽接法。

**8）嫁接的方法**

嫁接按所取材料不同可分为芽接、枝接、根接3大类。

**（1）芽接**

凡是一个芽片作接穗的嫁接方法称芽接。优点是操作方法简便，嫁接速度快，砧木和接穗的利用都经济，一年生砧木苗即可嫁接，而且容易愈合，接合牢固，成活率高，成苗快，适合于大量繁殖苗木。适宜芽接的时期长，且嫁接当时不剪断砧木，一次接不活，还可进行补接。常用方法有"T"形芽接、嵌芽接、方块形芽接等。

①"T"形芽接 又叫盾状芽接，是育苗中芽接常用的方法。芽片长 1.5～2.5 cm，宽 0.6 cm左右；砧木直径在 0.6～2.5 cm，砧木过粗、树皮增厚反而影响成活。

选接穗上的饱满芽，先在芽上方 0.5 cm 处横切1刀，切透皮层，横切口长 0.8 cm 左右，再在芽子以下 1 cm 左右连同木质部向上切削到横切口处取下芽，芽片一般不带木质部，芽居芽片正中或稍偏上一点。在砧木距地面 5 cm 左右，选一光滑无分枝处横切 1 刀，长约 1 cm，深度以切断皮层达木质部为宜，然后从横口中间向下垂直切一刀，长约 1 cm，切成 "T"形。用芽接刀柄挑开砧木皮层"T"字形切口，把芽片插入"T"形切口内，插入时接穗的叶柄要朝上，要使接穗上端同"T"字形横切口对齐，如果接穗过长，可自上端切去一些。最后用塑料带从下向上一圈压一圈地把切口包严，注意将芽和叶柄留在外面，以便检查是否成活，见图4.1。

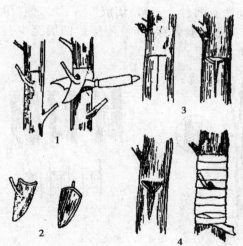

图 4.1 "T"形芽接
1—削取芽片；2—芽片形状；3—切砧木；4—插入芽片与绑扎

②嵌芽接 又叫带木质部芽接。对于枝梢具有棱角或沟纹的树种，如板栗、枣等，或砧木和接穗均不离皮时，可用嵌芽接法，且嫁接后接合牢固，利于成活，在生产实践中广泛应用。切削芽片时，自上而下切取，在芽的上部 1 cm 处稍带木质部往下切一刀，长约 1.5 cm，然后在芽下方 0.5～0.6 cm 处斜切呈 30°与第 1 刀的切口相接，取下倒盾形芽片，一般芽片长 2～3 cm，宽度不等。砧木的切法是在选好的部位自上向下稍带木质部削一与芽片长宽均相等的切面，将此切开的稍带木质部的树皮上部切去，下部留有 0.5 cm 左右。接着将芽

片插入切口使两者形成层对齐,再将留下部分贴到芽片上,用塑料袋绑扎好即可,见图4.2。

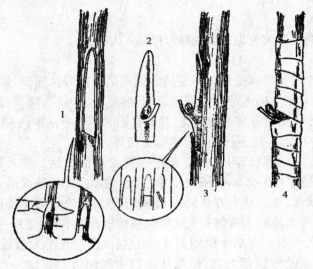

图 4.2  嵌芽接
1—取芽片;2—芽片形状;3—插入芽片;4—绑扎

③方块芽接  又叫块状芽接。此法芽片与砧木形成层接触面积大,成活率较高,多用于柿树、核桃等较难成活的树种。具体方法是取长方形芽片,再按芽片大小在砧木上切开皮层,嵌入芽片。砧木的切法有两种,一种是切成"]"字形,称"单开门"芽接;另一种是切成"工"字形,称"双开门"芽接。嵌入芽片时,使芽片四周至少有二面与砧木切口皮层密接,嵌好后用塑料薄膜条绑扎即可,见图4.3。

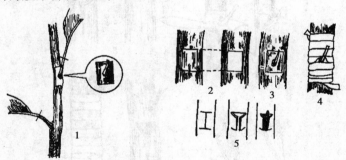

图 4.3  方块芽接
1—接穗去叶及削芽;2—砧木切削;3—芽片嵌入;
4—绑扎;5—"工"字形砧木切削及芽片插入

(2)枝接

以枝条作为接穗的嫁接方法。枝接的优点是成活率高,嫁接苗生长快。在砧木较粗、砧穗均不离皮的条件下多用枝接。枝接的缺点是,操作技术不如芽接容易掌握,而且用的接穗多,对砧木要求有一定的粗度。常见的枝接方法有切接、劈接、插皮接、腹接和舌接等。

①切接  此法适用于根茎1~2 cm粗的砧木坐地嫁接,是枝接中的一种常用方法。

接穗通常长5~8 cm,具3~4个芽。把接穗下部削成2个削面,1长1短,长面在侧芽的同侧,削掉1/3以上的本质部,长3 cm左右,在长面的对面削一马蹄形小斜面,长度在

1 cm左右。在砧木离地面3~4 cm处剪断砧干,选择光滑的地方,把砧木切面削平,然后在木质部的边缘向下直切,切口宽度与接穗直径相等,深一般2~3 cm,然后把接穗长削面向里,插入砧木切口,使接穗与砧木的形成层对准靠齐,如果不能两边都对齐,必须保证一边对齐;用塑料条缠紧,要将劈缝和截口全都包严实,注意绑扎时不要碰动接穗,见图4.4。

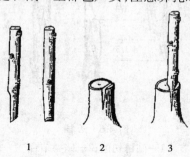

图4.4　切接
1—削接穗;2—稍带木质部纵切砧木;3—砧穗结合

②劈接　适用于大部分落叶树种。通常在砧木较粗、接穗较小时使用。将砧木在离地面5~10 cm处锯断,用劈接刀从其横断面的中心直向下劈,切口长约3 cm,接穗削成楔形,削面长约3 cm,接穗外侧要比内侧稍厚。接穗削好后,把砧木劈口撬开,将接穗厚的一侧向外,窄面向里插入劈口中,使两者的形成层对齐,接穗削面的上端应高出砧木切口0.2~0.3 cm,可以增大接穗和砧木形成层的接触面,有利于愈合。较粗的砧木可以插两个接穗,一边一个,然后,用塑料条绑紧即可,见图4.5。

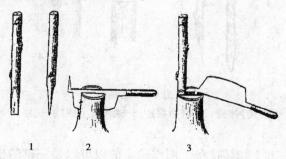

图4.5　劈接
1—削接穗;2—劈砧木;3—插入接穗

③舌接　一般适宜砧径1 cm左右粗,并且砧穗粗细大体相当的嫁接。

在接穗下芽背面削成长约3 cm的斜面,然后,在削面由下往上1/3处,顺着枝条往上劈,劈口长约1 cm,呈舌状。砧木也削成3 cm左右长的斜面,斜面由上向下1/3处,顺着砧木往下劈,劈口长约1 cm,和接穗的斜面部位相对应。把接穗的劈口插入砧木的劈口中,使砧木和接穗的舌状交叉起来,然后对准形成层,向内插紧。如果砧穗粗度不一致;形成层对准一边即可,接合好后,绑缚即可,见图4.6。

④腹接　是在砧木腹部进行的枝接。常用于生长季节嫁接,不断砧木,待成活后再剪去接口以上的砧木枝干;接穗削成偏楔形,长削面长3 cm左右,削面要平而渐斜,背面削成长2.5 cm左右的短削面。砧木切削应在适当的高度,选择平滑的一面,自上而下深切一刀,切口深入木质部,但切口下端不宜超过髓心,切口长度与接穗长削面相当。将接穗长削面

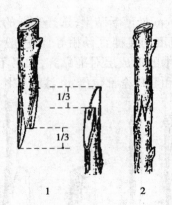

图 4.6　舌接
1—砧穗切削；2—砧穗结合

朝里插入切口，注意形成层对齐，接后绑扎保湿，见图 4.7。

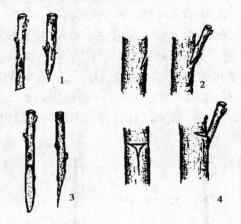

图 4.7　腹接
1—削（普通腹接）接穗；2—普通腹接；3—削（皮下腹接）接穗；4—皮下腹接

（3）根接法

以根系作砧木，在其上嫁接接穗。用作砧木的根可以是完整的根系，也可以是一个根段。如果是露地嫁接，可选生长粗壮的根在平滑处剪断，用劈接、插皮接等方法。也可将粗度 0.5 cm 以上的根系，截成 8~10 cm 长的根段，移入室内，在冬闲时用劈接、切接、插皮接、腹接等方法嫁接。若砧根比接穗粗，可把接穗削好插入砧根内，若砧根比接穗细，可把砧根插入接穗。接好绑缚后，用湿沙分层沟藏；早春植于苗圃，见图 4.8。

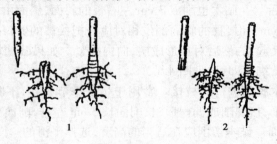

图 4.8　根接
1—正接；2—倒接

### 9）嫁接苗的管理

**（1）检查成活、解绑及补接**

嫁接后7~15 d，即可检查成活情况，芽接接芽新鲜，叶柄一触即落者为已成活；枝接者需待接穗萌芽后有一定的生长量时才能确定是否成活。成活后要及时解除绑缚物，未成活的要进行补接。

**（2）剪砧**

嫁接成活后要及时剪去接穗以上砧木，以促进接芽萌发。

**（3）除萌**

剪砧后砧木基部会发生许多萌蘖，须及时除去，以免消耗水分和养分。

**（4）设立支柱**

接穗成活萌发后，遇有大风易被吹折或吹歪，影响成活和正常生长。需将接穗用绳捆在立于其旁的支柱上，直至生长牢固为止。一般在新梢长到5~8 cm时，紧贴砧木立一支棍，将新梢绑于支棍上，不要过紧或过松。

**（5）圃内整形**

某些树种和品种的半成苗，发芽后在生长期间，会萌发副梢即两次梢或多次梢，如桃树可在当年萌发2~4次副梢。可以利用副梢进行圃内整形，培养优质成形的大苗。

**（6）其他管理**

在嫁接苗生长过程中要注意中耕除草、追肥灌水、防治病虫等工作。

**案例导入**

### 什么是扦插繁殖

扦插繁殖是切取植物的枝条、叶片或根的一部分，插入基质中，使其生根、萌芽、抽枝，长成为新植株的繁殖方法。扦插与压条、分株等无性繁殖方法统称为自根繁殖。由自根繁殖方法培育的苗木统称为自根苗。

## 4.3.2　扦插繁殖

### 1）扦插繁殖的特点

扦插育苗变异性较小，能保持母株的优良性状和特性；幼苗期短，结果早，投产快；繁殖方法简单，成苗迅速，是园艺植物育苗的重要途径，但扦插苗根系分布浅，寿命短。

### 2）扦插成活原理

**（1）插条生根类型**

利用植物的茎、叶等器官进行扦插繁殖，扦插成活的关键是不定根的形成，而不定根发源于一些分生组织的细胞群中，这些分生组织的发源部位有很大差异，随植物种类而异。根据不定根形成的部位可分为3种类型：一是皮部生根型；二是愈伤组织生根型；三是混合生根型。

皮部生根型，即以皮部生根为主，从插条周身皮部的皮孔、节（芽）等处发出很多不定根。属于此种类型的插条都存在根原始体或根原基，其位于髓射线的最宽处与形成层的交

叉点上。这是由于形成层进行细胞分裂,向外分化成钝圆锥形的根原始体、侵入韧皮部,通向皮孔。在根原始体向外发育过程中,与其相连的髓射线也逐渐增粗,穿过木质部通向髓部,从髓细胞中取得营养物质。这种皮部生根较迅速,生根面积广,与愈合组织没有联系,一般来说,这种皮部生根型属于易生根树种。

愈伤组织生根型,即以愈伤组织生根为主,从基部愈伤组织(或愈合组织),或从愈伤组织相邻近的茎节上生出很多不定根。任何植物局部受伤后,均有恢复生机、保护伤口、形成愈伤组织的能力。在插条切口处,由于形成层细胞和形成层附近的细胞不断分裂、分化,因此在下切口的表面形成愈伤组织。这些愈伤组织细胞和愈伤组织附近的细胞,在生根过程中都是非常活跃的,它们的不断分化,能形成根的生长点,在适宜的温度、湿度条件下,就能产生大量的不定根。由于这种生根是要先长出愈伤组织后诱导出根原基,根原基的进一步发育再分化出根系,需要的时间长,生根缓慢,因此凡是扦插成活较困难、生根较慢的植物,其生根类型大多属于愈伤组织生根类型。插穗被刻伤部位形成愈伤组织的能力与组织充实与否密切相关,组织愈充实,细胞所含原生质愈多,愈容易形成愈伤组织。

皮部生根植物并不意味着愈伤组织不生根,而是以前者为主;反之亦然。即在皮部生根类型与愈伤组织生根类型之间还有两者混合生根类型,其愈伤组织生根与皮部生根的数量相差较小,如杨、葡萄、夹竹桃、金边女贞、石楠等。

(2)不定芽的形成

许多植物的根在受伤的情况下都容易形成不定芽,在幼年根上,不定芽是在中柱鞘靠近维管束形成层的地方产生的。在老年根上,不定芽是从木栓形成层或射线增生的类似愈伤组织中发生的。在受伤的根上,主要在伤口面或断根的伤口处愈伤组织中形成不定芽。

**3)影响插条生根的内在因素**

(1)不同植物种和品种

不同园艺植物生物学特性不同,插条生根的能力有较大的差异。极易生根的有木槿、常青藤、南天竹、番茄、月季等;较易生根的园艺植物有茶花、杜鹃、樱桃、石榴、无花果、葡萄、柑橘等;较难生根的植物有米兰等;极难生根的植物有核桃、板栗、柿树等。同一种园艺植物不同品种其枝插发根难易也不同。

(2)母树及枝条的年龄

扦插的生根能力随着母树年龄的增长而降低,在一般情况下母树年龄越大,插穗生根就越困难,而母树年龄越小则生根越容易。因此扦插繁殖时宜从幼龄母树采集枝条作插穗,以提高扦插生根率。

插穗年龄对生根的影响显著,一般以当年生枝的再生能力为最强,这是由于嫩枝插穗内源生长素含量高、细胞分生能力旺盛,促进了不定根的形成,一年生枝的再生能力也较强,但具体年龄也因树种而异。

(3)枝条部位和发育状况

一般主轴上的枝条较为粗壮,发育良好,再生能力较强;侧枝特别是多次分枝的侧枝发育较弱,生根能力差,树干基部靠近根部产生的萌条,由于阶段发育年幼,营养生长旺盛,能形成较丰富的营养物质和激素,再生能力最强。这种现象在扦插繁殖时称为"位置效应"。在年龄相同时,发育健壮的枝条比发育细弱的枝条营养物质含量多,再生能力强。

凡发育充实的枝条,其营养物质比较丰富,扦插容易成活,生长也较良好。

（4）母树起源

一般从实生母树上采集的枝条比扦插起源的母树上采集的枝条生根率高，这是由于实生苗是由种子发芽开始而得的幼苗，阶段发育年龄较幼；而扦插苗是母体发育的延续，阶段发育年龄较老，因此扦插成活率低。

（5）贮藏营养

枝条中贮藏营养物质的含量和组分，与生根难易密切相关。通常枝条碳水化合物越多，生根就越容易，枝条中的含氮量过高会影响生根数目，低氮可以增加生根数，而缺氮就会抑制生根，硼对插条的生根和根系的生长有良好的促进作用。

（6）激素

生长素和维生素对生根和根的生长有促进作用。激素能促进形成层细胞的分裂，加速愈伤组织的形成；同时，能加强淀粉和脂肪水解，提高过氧化氢酶的活性，促进新陈代谢，加强可溶性化合物向插条下部转移，从而提高插条的发根能力。维生素既是营养物质，又是激素的辅助剂，$VB_1$、$VB_6$、VH 和烟碱等在插条生根中是必需的。

（7）插穗的叶面积

插条上的叶，能合成生根所需的营养物质和激素，因此嫩枝扦插时，插条的叶面积大则有利于生根。然而插条未生根前，叶面积越大，蒸腾量越大，插条越容易枯死。因此，为有效地保持吸水与蒸腾间的平衡关系，实际扦插时，要依植物种类及条件，调节插条上的叶数和叶面积。一般留 2～4 片叶的 1/3～1/2。

**4）影响扦插生根的外界因素**

（1）湿度

插条在生根前失水干枯是扦插失败的主要原因之一。包括空气湿度和土壤含水量，由于新根尚未生成，无法顺利供给水分，而插条的枝段和叶片因蒸腾作用而不断失水。因此要尽可能保持较高的空气湿度，以减少插条和插床水分消耗，尤其是嫩枝扦插，高湿可减少叶面水分蒸腾，使叶子不致萎蔫。插床湿度要适宜，还要透气良好，一般以维持土壤最大持水量的 60%～80% 为宜。

利用自动控制的间歇性喷雾装置，可维持空气中高湿度而使叶面保持一层水膜，降低叶面温度。其他如遮阴、塑料薄膜覆盖等方法，也能维持一定的空气湿度。

（2）温度

插穗生根的适宜温度因树种而异。多数树种生根的最适温度为 15～25 ℃，以 20 ℃最适宜。不同树种插穗生根对土壤的温度要求也不同，一般土温高于气温 3～5 ℃时，对生根极为有利。这样有利于不定根的形成而不适于芽的萌动，集中养分在不定根形成后芽再萌发生长。在生产上可用马粪或电热线等做酿热材料增加地温，还可利用太阳光的热能进行倒插催根，提高其插穗成活率。

（3）光照

光对根系的发生有抑制作用，因此，必须使枝条基部埋于土中避光，才可刺激生根。同时，扦插后适当遮阴，可以减少圃地水分蒸发和插条水分蒸腾，使插条保持水分平衡。但遮阴过度，又会影响土壤温度。嫩枝带叶扦插需要有适当的光照，以利于光合制造养分，促进生根，但仍要避免日光直射。

（4）氧气

扦插生根需要氧气。土壤含水量高，会造成缺氧，不利于插条愈合生根，也易导致插条腐烂。一般土壤气体中以含15%以上的氧气而保有适当水分为宜。

（5）生根基质

理想的生根基质要求通水、透气性良好，pH值适宜，可提供营养元素，既能保持适当的湿度又能在浇水或大雨后不积水，而且不带有害的细菌和真菌。

### 5）促进生根的方法

（1）机械处理

在树木生长季节，将枝条基部环剥、刻伤或用铁丝、麻绳、尼龙绳等捆扎，以阻止枝条上部的碳水化合物和生长素向下运输，使其贮存养分，至休眠期再将枝条从基部剪下进行扦插，能显著地促进生根。

（2）黄化处理

对不易生根的枝条在其生长初期用黑纸、黑布或黑色塑料薄膜包扎基部，能使叶绿素消失，组织黄化，皮层增厚，薄壁细胞增多，生长素积累，有利于根原体的分化和生根。

（3）浸水处理

插前将插条置于清水中浸泡或流水冲洗一段时间，不仅能降低枝条内抑制物质的含量，同时还能增加枝条内水分的含量，插后可促进根原始体形成，提高扦插成活率。

（4）加温催根处理

人为地提高插条下端生根部位的温度，降低上端发芽部位的温度，使插条先发根后发芽。常用的催根方法有：阳畦催根、酿热温床催根、火炕催根、电热温床催根等。

（5）植物生长调节剂处理

运用人工合成的各种植物生长调节剂对插条进行扦插前处理，不仅生根率、生根数和根的粗度、长度都有显著提高，而且苗木生根期缩短，生根整齐。常用的植物生长调节剂有吲哚丁酸（IBA）、吲哚乙酸（IAA）、萘乙酸（NAA）、2,4-D 等。使用方法有蘸涂法和浸泡法。

（6）营养处理

用维生素、糖类及其他氮素处理插条，硼、0.1%～0.5%高锰酸钾溶液浸泡亦有促进生根和成活的效果，也是促进生根的措施之一。若用糖类与植物生长素并用，则效果更佳。在嫩枝扦插时，在其叶片上喷洒尿素，也是营养处理的一种。

### 6）扦插的种类及方法

扦插根据材料不同，可分为叶插、茎插、根插3种。

（1）叶插

利用叶脉和叶柄能长出不定根、不定芽的再生机能的特性，以叶片为插穗来繁殖新的个体，称为叶插法。叶插可分为全叶插和片叶插，叶插以花卉居多，大都具有粗壮的叶柄、叶脉或肥厚的叶片，如大岩桐、秋海棠、落地生根等。叶插须选取发育充实的叶片，在设备良好的繁殖床内进行，以维持适宜的温度及湿度，从而得到壮苗。

①全叶插　用完整叶片为插条。分为平置法和直插法两种，平置法即将去叶柄的叶片平铺沙面上，使叶片下面与沙面密接。落地生根、海棠类叶插常用此法；直插法是将叶柄插入基质中，叶片直立于沙面上，从叶柄基部发生不定芽及不定根，如大岩桐、非洲紫罗兰等

均可用此法繁殖。

②片叶插　将叶片分切为数块,分别进行扦插,每块叶片上形成不定芽,如大岩桐、千岁兰等。

（2）茎插

茎插根据材料不同,可分为硬枝扦插、嫩枝扦插、芽叶扦插等。

①硬枝扦插　指使用完全木质化的成熟枝条进行的扦插。果树、观赏树木常用此法繁殖,如葡萄、石榴、无花果等。

②嫩枝扦插　又称绿枝扦插。以生长季半木质化嫩梢为插条进行的扦插。无花果、柑橘、花卉中的杜鹃、一品红、虎刺梅、橡皮树等可采用此法繁殖。

③芽叶插　插条仅有1芽附1片叶,芽下部带有盾形茎部1片,或1小段茎,插入沙床中,仅露芽尖即可,插后盖上薄膜,防止水分过量蒸发。叶插不易产生不定芽的种类,宜采用此法,如菊花、八仙花、山茶花、橡皮树、桂花、天竺葵、宿根福禄考等。

（3）根插

利用根上能形成不定芽的能力扦插繁殖苗木的方法即为根插法。用于那些枝插不易生根的种类。果树和宿根花卉可采用此法,如枣、柿、山楂等果树,剪秋罗、宿根福禄考、芍药、补血草、荷包牡丹等花卉。

**7）扦插技术**

（1）扦插时期

一般扦插繁殖,一年四季皆可进行。适宜的扦插时期,因植物的种类和特性、扦插的方法等而异。

春季扦插适宜大多数植物。春插用硬枝扦插,春季扦插宜早,并要创造条件,技术关键是采取措施提高地温。春季扦插生产上采用的方法有大田露地扦插和塑料小棚保护地扦插。

夏季扦插是用当年旺盛生长的嫩枝或半木质化枝条进行嫩枝扦插,夏插枝条处于旺盛生长期,细胞分生能力强,代谢作用旺盛,枝条内源生长素含量高,这些因素都有利于生根。但夏季由于气温高,枝条幼嫩,易引起枝条蒸腾失水而枯死。因此,夏插育苗的技术关键是提高空气的相对湿度,减少插穗叶面蒸腾强度,提高离体枝叶的存活率,进而提高生根成活率。夏季扦插常采用的方法有荫棚下塑料小棚扦插和全光照自动间歇喷雾扦插。

秋季扦插是利用发育充实、营养物质丰富、生长已停止但未进入休眠期的枝条进行扦插的。其枝条内抑制物质含量未达到最高峰,可促进愈伤组织提早形成,有利于生根。秋插宜早,以利于物质转化完全,安全越冬。因此该季节扦插育苗的技术关键是采取措施提高地温。秋季扦插采用的方法常用塑料小棚保护地扦插育苗,北方还可采用阳畦扦插育苗。

冬季扦插是利用打破休眠的休眠枝进行温床扦插。北方应在塑料棚或温室内进行,在基质内铺上电热线,以提高扦插基质的温度。南方则可直接在苗圃地扦插。

（2）插条的剪取

硬枝插条应选用优良幼龄母树上发育充实、已充分木质化的一年生或二年生枝条或萌生条;选择健壮无病虫害且粗壮含营养物质多的枝条。插条中贮藏的养分,是硬枝扦插生根发枝的主要能量来源,因此应选择枝条含蓄养分最多的时期进行剪取。落叶树种在秋季

落叶后或开始落叶时至翌春发芽前剪取。

嫩枝扦插是利用绿枝随采随插。插条最好选自生长健壮的幼年母树,并已开始木质化的嫩枝为最好,内含充分的营养物质,生命力强,容易愈合生根。嫩枝采条,应在清晨日出以前或在阴雨天。枝条采取后,存阴凉背风处进行剪截。

(3)插条的贮藏

硬枝插条若不立即扦插,可按60~70 cm长剪截,每50或100根打捆,并标明品种、采集日期及地点。选地势高燥、排水良好的地方挖沟或建窖以湿沙贮藏,短期贮藏置阴凉处用湿沙埋藏。

(4)扦插方式

①露地扦插 分为畦插与垄插。

a.畦插 一般畦床宽1 m,长8~10 m,株行距12~15 cm×50~60 cm。每公顷插120 000~150 000条,插条插于基质中,地面留1个芽。

b.垄插 垄宽约30 cm,高15 cm,垄距50~60 cm,株距12~15 cm。每公顷插120 000~150 000条。插条全部插于垄内,插后在垄沟内灌水。

②全光照弥雾扦插 采用先进的自动间歇喷雾装置,于植物生长季节,在室外带叶嫩枝扦插,使插条的光合作用与生根同时进行,由自己的叶片制造营养,供本身生根和生长需要,明显地提高了扦插的生根率和成活率,尤其是对难生根的果树效果更为明显。

③设施扦插 利用塑料小棚、遮阳网等园艺设施进行扦插育苗的方式,可明显改善扦插环境条件,提高扦插成活率。

(5)插床基质

易于生根的树种如葡萄等对基质要求不严,一般壤土即可。一般种类使用的扦插基质要求疏松通气,不含未腐熟的有机质,也不要含盐类。生根慢的种类及嫩枝扦插,对基质有严格的要求,常用蛭石、珍珠岩、泥炭、河沙、苔藓、林下腐殖土、炉渣灰、火山灰、木炭粉等。用过的基质应在火烧、熏蒸或杀菌剂消毒后再用,无论哪种基质都应干净、颗粒均匀、中等大小,插床内基质一般不要铺得太厚,否则不利于基质温度提高,影响生根。

(6)插条的剪截

插条剪截的长短对成活率及生长量有一定的作用。一般草本插条长7~10 cm,落叶休眠枝长15~20 cm,常绿阔叶树枝长10~15 cm,要保证插穗上有2~3个发育充实的芽。

剪切时,上切口距顶芽1 cm左右平切,下切口有平切、斜切、双面切等几种切法。一般平切口生根呈环状均匀分布,便于机械化截条,对于皮部生根型及生根较快的树种应采用平切口;斜切口与插穗基质的接触面积大,可形成面积较大的愈伤组织,利于吸收水分和养分,提高成活率,但根多生于斜口的一端,易形成偏根。双面切与插壤的接触面积更大,在生根较难的植物上应用较多。切口一般要求靠近节部,剪口整齐,不带毛刺。还要注意插条的极性,上下勿颠倒。

(7)扦插深度与角度

扦插深度要适宜,露地硬枝插得过深,地温低,$O_2$供应不足;过浅易使插条失水。一般硬枝春插时上顶芽与地面平,夏插或盐碱地插使顶芽露出地表,干旱地区扦插,插条顶芽与地面平或稍低于地面。嫩枝插时,插条插入基质中1/3或1/2。扦插角度一般为直插,插条长者,可斜插,但角度不宜超过45°。

扦插时,如果土质松软可将插条直接插入。如土质较硬,可先用木棒按株行距打孔,然后将插条顺孔插入并用土封严实。也可向苗床灌 1 次透水,使土壤变软后再将插条插入。已经催根的插条,如不定根已露出表皮,不要硬插,需挖穴轻埋,以防伤根。

**8)插后管理**

扦插后到插条下部生根,上部发芽、展叶,新生的扦插苗能独立生长时为成活期,此阶段关键是水分管理,尤其绿枝扦插最好有喷雾条件,苗圃地扦插要灌足底水,成活期根据墒情及时补水,浇水后及时中耕松土,插后覆膜是一项有效的保水措施,苗木独立生长后,除继续保证水分外,还要追肥,中耕除草,在苗木进入硬化期,苗干木质化时要停止浇水施肥,以免苗木徒长。

**案例导入**

## 什么是压条繁殖?

压条繁殖是在枝条不与母株分离的情况下,将枝梢部分埋于土中,或包裹在能发根的基质中,促进枝梢生根,然后再与母株分离成独立植株的繁殖方法。这种方法不仅适用于扦插易活的园艺植物,对于扦插难于生根的树种、品种也可采用;因为新植株在生根前,其养分、水分和激素等均可由母株提供,且新梢埋入土中又有黄化作用,故较易生根。其缺点是繁殖系数低。果树上应用较多,花卉中仅有一些温室花木类采用高压繁殖。

### 4.3.3 压条繁殖

压条繁殖的方法有直立压条、曲枝压条和空中压条三种。

**1)直立压条**

直立压条又称垂直压条或培土压条。石榴、无花果、木槿、玉兰、夹竹桃、樱花等,均可采用直立压条法繁殖。于早春萌芽前,对母株进行平茬截干,灌木可从地际处抹头,乔木可于树干基部刻伤,促其萌发出多根新枝。待新枝长到 30~40 cm 高时,即可进行堆土压埋。一般经雨季后就能生根成活,翌春将每个枝条从基部剪断,切离母体进行栽植。

直立压条法培土简单,建圃初期繁殖系数较低,以后随母株年龄的增长,繁殖系数会相应提高。

**2)曲枝压条**

葡萄、猕猴桃、醋栗、穗状醋栗、树莓、苹果、梨和樱桃等果树以及西府海棠、丁香等观赏树木,均可采用此法繁殖。可在春季萌芽前进行,也可在生长季节枝条已半木质化时进行。由于曲枝方法不同又可分为水平压条法、普通压条法和先端压条法。

(1)水平压条法

采用水平压条时,母株按行距 1.5 m,株距 30~50 cm 定植。定植时顺行向与沟底呈 45°角倾斜栽植。定植当年即可压条。压条时将枝条呈水平状态压入 5 cm 左右的浅沟,用枝杈固定,上覆浅土。待新梢生长至 15~20 cm 时第 1 次培土。培土高约 10 cm,宽约 20 cm。1 个月左右后,新梢长到 25~30 cm 时,第 2 次培土,培土高 15~20 cm,宽约 30 cm。枝条基部未压入土内的芽处于优势地位,应及时抹去强旺萌蘖。至秋季落叶后分株,靠近

母株基部的地方,应保留一两株,供来年再次水平压条用。

水平压条在母株定植当年即可用来繁殖,而且初期繁殖系数较高,但须用枝杈,比较费工。

(2)普通压条

有些藤本果树如葡萄可采用普通压条法繁殖。即从供压条母株中选靠近地面的1年生枝条,在其附近挖沟,沟与母株的距离以能将枝条的中下部弯压在沟内为宜,沟的深度与宽度,一般为15~20 cm。沟挖好以后,将待压枝条的中部弯曲压入沟底,用带有分权的枝棍将其固定。固定之前先在弯曲处进行环剥,以利生根。环剥宽度以枝蔓粗度的1/10左右为宜。枝蔓在中段压入土中后,其顶端要露出沟外,在弯曲部分填土压平,使枝蔓埋入土的部分生根,露在地面的部分则继续生长,秋末冬初将生根枝条与母株剪离,即成一独立植株。

(3)先端压条法

果树中的黑树莓、紫树莓、花卉中的刺梅、迎春花等,其枝条既能长梢又能在梢基部生根。通常在早春将枝条上部剪截,促发较多新梢,在夏季新梢尖端停止生长时,将先端压入土中。如果压入过早,新梢不能形成顶芽而继续生长;压入太晚则根系生长差。压条生根后,即可在距地面10 cm处剪离母体,使其成为独立的新植株。

### 3)空中压条

通称高压法,此法技术简单,成活率高,但对母株损伤太重。

空中压条在整个生长季节都可进行,但以春季和雨季为好。方法是选充实的二、三年生枝条,在适宜部位进行环剥,环剥后用5 000 mg/L的吲哚丁酸或萘乙酸涂抹伤口,以利伤口愈合生根,再于环剥处敷以保湿生根基质,用塑料薄膜包紧。两三个月后即可生根。待发根后即可剪离母体而成为一个新的独立的植株。

### 4.3.4 分生繁殖

分生繁殖是指利用观赏植物自然产生的特殊的变态器官进行繁殖的方式,通常称作分株。即人为地将植物体分生出来的幼植体(吸芽、珠芽、根蘖等),或者植物营养器官的一部分(变态茎等)进行分离或分割,脱离母体而形成若干独立植株的办法。此法繁殖的新植株,容易成活,成苗较快,繁殖简便,在观赏植物的繁殖上被广泛采用,但繁殖系数低,分生繁殖所得苗木称为分生苗。

### 1)分生繁殖的生物学原理

分生繁殖的生物学原理是依靠植物体自然形成的带根的小植株,或植株上产生一些无性特殊器官进行繁殖。小植株已是一个完整的小个体,特殊器官则往往是植株的一种变态形式,具有在一定情况下,长成一个正常植株的能力。

分生繁殖常用的器官有根蘖、茎蘖、吸芽、珠芽、走茎、匍匐茎、鳞茎、球茎、根茎、块茎、块根等,鳞茎、球茎、根茎、块茎、块根在生产上又常为球根或种球。园艺生产上依据用于繁殖的器官不同,将分生繁殖分为分株、分吸芽、分走茎等几种类型。

**2）变态茎繁殖**

（1）匍匐茎与走茎

由短缩的茎部或由叶轴的基部长出长蔓，蔓上有节，节部可以生根发芽，产生幼小植株，分离栽植即可成新植株。节间较短，横走地面的为匍匐茎，如狗牙根、草莓等；节间较长不贴地面的为走茎，如虎耳草、吊兰等。

（2）蘖枝

有些植物根上可以产生不定芽，萌发成根蘖苗，与母株分离后可成新株，如山楂、枣、杜梨、海棠、树莓、石榴、樱桃、萱草、玉簪、蜀葵等。生产上通常在春秋季节，利用自然根蘖进行分株繁殖。为促使多发根蘖，可人工处理，一般于休眠期或发芽前，将母株树冠外围部分骨干根切断或创伤，刺激其产生不定芽。生长期保证肥水，使根蘖苗旺盛生长发根，秋季或翌年春季与母体截离。

（3）吸芽

吸芽是某些植物根际或地上茎叶腋间自然发生的短缩、肥厚呈莲座状短枝。吸芽的下部可自然生根，故可分离而成新株。菠萝的地上茎叶腋间能抽生吸芽；多浆植物中的芦荟、景天等常在根际处着生吸芽。

（4）珠芽及零余子

珠芽为某些植物所具有的特殊形式的芽，生于叶腋间，如卷丹。零余子是某些植物生于花序中的特殊形式的芽，呈鳞茎状（如观赏葱类）或块茎状（如薯蓣类）。珠芽及零余子脱离母株后自然落地即可生根。

（5）鳞茎

有短缩而扁盘状的鳞茎盘，肥厚多肉的鳞叶着生在鳞茎盘上，鳞叶之间可发生腋芽，每年可从腋芽中形成一个至数个子鳞茎并从老鳞茎旁分离开，如百合、水仙、风信子、郁金香、大蒜、韭菜等可用此法繁殖。

（6）球茎

短缩肥厚近球状的地下茎，茎上有节和节间，节上有干膜状的鳞片叶和腋芽供繁殖用时，可分离新球和子球，或切块繁殖，如唐菖蒲、荸荠、慈姑等可用此法。

（7）根茎

在地下水平生长的圆柱形的茎，有节和节间，节上有小而退化的鳞片叶，叶腋中有腋芽，由此发育为地上枝，并产生不定根。具根茎的植物可将根茎切成数段进行繁殖。一般于春季发芽之前进行分植。莲、美人蕉、香蒲、紫苑等多用此法繁殖。

（8）块茎

形状不一，多近于块状，肉质饱满，顶端有芽眼，根系自块茎底部发生。繁殖方法有整个块茎繁殖，如山药、秋海棠的小块茎，可于秋季采下，贮藏到第2年春季再种植。亦可将块茎分割繁殖，如马铃薯、菊芋等，将其切成25~50 g的种块，每块带一个或几个芽或芽眼。种块不宜过小，否则会因营养不足影响新植株的扎根和生长。

**3）变态根繁殖**

块根由不定根（营养繁殖的植株）或侧根（实生繁殖植株）经过增粗生长而形成的肉质贮藏根叫作变态根。在块根上易发生不定芽，可以用于繁殖。既可用整个块根进行繁殖，

如大丽花的繁殖,也可将块根切块繁殖。

### 4.3.5　组织培养繁殖

#### 1)组织培养的类型与应用

植物的组织培养是指通过无菌操作,把植物体的器官、组织或细胞(即外植体)接种于人工配制的培养基上,在人工控制的环境条件下培养,使之生长、发育成植株的技术与方法。由于培养物是脱离植物母体,在试管中进行培养的,因此也叫离体培养。

（1）植物组织培养的类型

按其外植体来源及特性不同,植物组织培养可分为:植株培养,幼苗及较大的完整植株的培养;胎胚培养,包括原胚和成熟胚培养,即胚、胚乳、胚珠、珠心、子房培养及试管受精等;器官培养,包括根、茎、叶、花及果实等构成植物体的各种器官的离体培养;愈伤组织培养,从植物各个部分来的离体材料,增殖而形成的愈伤组织的培养;组织培养,构成植物体的各种组织的离体培养,如分生组织、输导组织、薄壁组织等离体组织的培养;细胞培养,包括单细胞、多细胞或悬浮细胞的培养;原生质体培养等。

（2）植物组织培养的应用领域

组织培养技术的应用领域主要有以下几个方面:无性系的快速大量繁殖。如采用茎尖培养的方法,1个草莓茎尖1年内可育出成苗3 000万株。目前,兰花、马铃薯、柑橘、香蕉、菠萝、香石竹、马蹄莲、玉簪等多种园艺植物,均已采用组织培养进行快速繁殖;培育无病毒苗木;繁殖材料的长距离寄送和无性系材料的长期贮藏;细胞次生代谢物的生产,并应用于生物制药工业;细胞工程和基因工程等生物技术育种;遗传学和生物学基础理论的研究。

#### 2)茎尖与茎段的培养

茎尖和茎段都是器官培养的一种方式,是园艺植物离体培养中最常采用的材料之一。茎尖的培养含义比较广泛,包括小到仅0.1~1.0 mm的茎尖分生组织,大到几十毫米的茎尖或更大芽的培养。茎段培养是利用茎段可产生愈伤组织并能不断地继代培养,可用以研究植物的生长与发育,脱分化与再分化,遗传变异与育种。

（1）培养过程

培养过程可分为4个阶段,第一阶段,建立无菌材料即外植体;第二阶段,外植体的增殖,即茎尖增殖新梢的过程;第三阶段,离体茎的生根和炼苗;第四阶段,小苗移植驯化,入土小植株迅速生长发育。

（2）培养方法和程度

①无菌培养物建立的准备

a.母本植株的管理　母体植株的管理要从两个方面来考虑。首先,通过管理措施,防止母株感菌并发病;其次,控制外植体的生理状况,通过人为措施,保持植株健壮、生长。

b.外植体的选择　茎尖培养应在旺盛生长的植株上取外植体,未萌发的侧芽生长点和顶端芽均是常用的。大小从1~5 mm茎尖分生组织到数厘米的茎尖。

c.外植体的消毒　将采到的茎尖切成0.5~1 cm长,并将大叶除去。休眠芽先剥除鳞片。茎尖的消毒是在流水中冲洗2~4 h后,在70%的酒精中浸渍极短时间,然后用0.1%次氯酸钠溶液表面消毒5 min,再用无菌水冲洗。对于这些消毒方法,在工作中应灵活运用,以便适应具体的实验体系。

　　d.组织的分离　在剖取茎芽时,要把茎芽置于解剖镜下,一手用一把镊子将其按住,另一手用解剖针将叶片的叶原基去掉,使生长点露出来,通常切下顶端 0.1~0.2 mm(含一两个叶原基)长的部分作培养材料,接种在培养基上,切取分生组织的大小,由培养的目的来决定。要除去病毒,最好尽量小些。如果不考虑去除病毒,只注重快速繁殖,则可取 0.5~1 cm 茎尖,也可以取整个芽。

　　②培养技术

　　a.培养基制备　树种不同,适用的培养基也不同。多数茎尖培养均用 MS 作为基本培养基,或修改,或补加其他物质。常用的培养基还有 White、Heller、Gautheret 等。

　　b.培养条件　接种于琼脂培养基上的茎尖,应置于有光的恒温箱或照明的培养室中进行培养,每天照光 12~16 h,光照强度 1 000~5 000 lx,培养室的温度是 25 ℃±2 ℃。但是有些植物的离体培养需要低温处理以打破休眠,使外植体启动萌发。如天竺葵经 16 ℃低温处理可以显著提高茎尖培养的诱导率及其增殖率。

　　c.接种　外植体经过严格的消毒,培养基经过高压灭菌后,在超净台或接种箱内进行无菌操作。无菌接种外植体要求迅速、准确,暴露的时间要尽可能短,防止接种外植体变干。

　　d.继代培养　茎长长到 1 cm 以上的可以切下,转入生根培养基中诱导生根,余下的新梢,切成若干小段,转入到增殖培养基中,30 d 左右,或当新梢高 1~2 cm 时,又可把较大的切下生根,较小的再切成小段转入新培养基,这样一代一代继续培养下去,既可得到较大新梢以诱导生根,又可维持茎尖的无性系。

　　e.诱导生根并形成完整植株　这一培养过程的目的是促进生根,逐步使试管植株的生理类型,由异养型向自养型转变,以适应移栽和最后定植的温室或露地环境条件。有 3 种基本的方法诱导生根:将新梢基部侵入 150 μL/L 或 100 μL/L IBA 溶液中处理 48 h,然后转移至无激素的生根培养基中;直接移入含有生长素的培养基中培养 4~6 d 后转入无激素的生根培养基中;直接移入含有生长素的生根培养基中。上述 3 种方法均能诱导新梢生根,但前两种方法对幼根的生长发育更有利;而第 3 种方法对幼根的生长发育有抑制作用。

　　f.小植株移栽入土　植株移栽是试管苗内由异养生长状态转变为试管外自然环境下自养生长,是一个很大的转变,这一转变要有一个锻炼及适应过程。试管苗的移栽应在植株生根后不久,细小根系尚未停止生长之前及时移植。移植前一两天,要加强光照,打开瓶盖进行炼苗,使小苗逐渐适应外界环境。

### 4.3.6　无病毒苗的培育

　　随着园艺业的不断发展,病毒病的危害给园艺生产带来巨大损失,草莓病毒曾使日本草莓严重减产,几乎使草莓生产遭到灭顶之灾;柑橘衰退病曾经毁灭了巴西大部分柑橘园;圣何罗州 80%的甜橙因病毒死亡。迄今尚无有效药剂和处理可以治愈受侵染的植物,因此通过各种措施来培育无病毒苗木是预防病毒病的重要途径。

### 1）获得无病毒苗的技术

**（1）通过热处理法获得无病毒苗木**

温汤（49～52 ℃）浸种能杀死病菌和有害病原微生物，如患枯萎病的甘蔗放入50～52 ℃的热水中保持30 min，甘蔗就可去病生长良好，这是最早脱毒成功的例子。热处理之所以能清除病毒的基本原理是，在高于正常的温度下，植物组织中的很多病毒可以被部分或完全钝化，但很少伤害甚至不伤害寄主组织。

热处理可通过热水浸泡或湿热空气进行。热水浸泡对休眠芽效果较好，湿热空气对活跃生长的茎尖效果较好，既能消除病毒又能使寄主植物有较高的存活机会。热空气处理比较容易进行，把旺盛生长的植物移入到热疗室中，在35～40 ℃下处理一段时间即可，处理时间的长短，可由几分钟到数月不等。热处理的方法有恒温处理和变温处理，处理的材料可以是植株，也可以是接穗。处理时，最初几天空气、温度应逐步增高，直到达到要求的温度为止。若钝化病毒所需要的连续高温处理会伤害寄主组织，则应当试验高低温交替的效果，也就是变温热处理。

**（2）茎尖培养脱毒**

植物茎尖生长点分生组织的细胞生长速度快，病毒在植物体内繁殖的速度相对较慢，而且病毒的传播是靠筛管组织进行转移或通过细胞间连丝传递给其他细胞的，因此病毒的传递扩散也受到一定限制，这样便造成植物茎尖生长点的部分组织细胞没有病毒，因此，可以利用茎尖培养来培育无病毒苗木。

在茎尖脱毒培养时，外植体大小可以决定茎尖存活率和脱毒效果。外植体越大，产生植株的机会越多，但脱毒的效果也越差。茎尖大小选择的原则是：外植体大到足以能够脱除病毒，小到足以能发育成一个完整的植株。故一般切取0.2～1.5 mm，带一两个叶原基的茎尖作为繁殖材料。

为了提高茎尖脱毒效果，往往和热处理结合使用，如大樱桃置于45 ℃的恒温培养室内，培养35 d，再切取0.2～0.4 mm的茎尖培养，平均脱毒率为98%。

**（3）茎尖嫁接脱毒**

茎尖嫁接是组织培养与嫁接方法相结合，用以获得无病毒苗木的一种新技术，也称为微体嫁接。它是将0.1～0.2 mm的茎尖（常经过热处理之后采集）作为接穗，在解剖镜下嫁接到试管中培养出来的无病毒实生砧木上，并移栽到有滤纸桥的液体培养基中，茎尖愈合后开始生长，然后切除砧木上发生的萌蘖。生长1个月左右，再移栽到培养土中，茎尖嫁接脱毒法最早在柑橘上获得成功，后来在苹果、桃、梨、葡萄等上得到进一步应用。因其脱毒效果好，遗传变异小，无生根难问题，已成为木本果树植物的主要脱毒方法。

**（4）珠心胚脱毒**

柑橘的珠心胚一般不带病毒，用组织培养的方法培养其珠心胚，可得到无病毒的植株。培养出来的幼苗先在温室内栽培2年，观察其形态上的变异。没有发生遗传变异的苗木可作为母本，嫁接繁殖无病毒植株。珠心胚培养无病毒苗木简单易行，其缺点是有20%～30%的变异，童年期长，要6～8年才能结果。

**（5）愈伤组织培养脱毒法**

通过植物器官或组织诱导产生愈伤组织，然后从愈伤组织再诱导其分化芽，长成植株，可以获得脱毒苗，这在天竺葵、马铃薯、大蒜、草莓、枸杞等植物上已先后获得成功。利用诱导各器官愈伤组织培育无病毒苗的因素,可能有如下几种:病毒在植株体内不同器官或组织分布不均;病毒复制能力衰退或丢失;继代培养的愈伤组织抗性变异。

2)无病毒苗的鉴定

方法有:指示植物法,用嫁接或摩擦等方法接种于敏感的指示植物上,观察是否发病,不发病者为无病毒苗;电子显微镜鉴定法;酶联免疫吸附法等。

### 4.3.7 容器育苗

#### 1)容器育苗的特点

容器育苗是用特定容器培育园艺植物的育苗方式。

容器盛有养分丰富的培养土等基质,常在塑料大棚、温室等保护设施中进行育苗,可使苗的生长发育获得较佳的营养和环境条件;苗木随根际土团栽种,起苗和栽种过程中根系受损伤少,成活率高、缓苗期短、发棵快、生长旺盛,对不耐移栽的园艺植物尤为适用;该法还为机械化、自动化操作的工厂化育苗提供了便利。

容器育苗已在增加园艺植物产量、提早蔬菜采收期和树木出圃期等方面取得明显效果。

#### 2)容器的种类

容器有两种类型:一类具有外壁,内盛培养基质,如各种育苗钵、育苗盘、育苗箱等,以育苗钵应用更普遍。按制钵材料不同,又可分为土钵、陶钵和草钵以及近年应用较多的泥炭钵、纸钵、塑料钵和塑料袋等;此外,合成树脂以及岩棉等也可用作容器材料。另一类无外壁,将腐熟厩肥或泥炭加园土,并混合少量化学肥料压制成钵状或块状,供育苗移栽用。

容器大小的选择应根据植物的种类和所需苗龄的长短而定。用于番茄、黄瓜等果菜类早熟栽培蔬菜的育苗钵,直径一般为 8~10 cm,高 6~10 cm;用于白菜等叶菜类蔬菜的育苗钵,直径一般为 5 cm,高 4~5 cm;林木苗钵的直径一般为 5~10 cm,高 8~20 cm。

#### 3)育苗基质材料

(1)无机基质

①蛭石 体轻,具有较高的阳离子交换量。有特别强的保水保肥能力,使用时不用消毒。不含任何养分。长期使用,易破碎,孔隙变小,通气和排水性能变差,因此最好不要长期用作容器苗栽培的基质。多用于扦插繁殖,不宜单独使用,并且最好与其他基质配合使用。

②珍珠岩 易排水,通透性好,物理化学性质稳定,清洁无菌,呈中性反应,无营养成分,不易作基质使用。多用于扦插繁殖以及改善土壤的物理性状。

③岩棉 经过高热完全消毒,有一定形状,栽培过程中不变形。具有较高的持水量和较低的水分张力,在自然界中岩棉不能降解,易造成环境污染。

④沙 排水良好,通透性强,价格便宜,来源广泛。不含有机养分,保水保肥能力差,密度大,更换基质较费工。可以与其他较黏重土壤调配使用,以改善基质的排水通气性。可作为播种、扦插繁殖的基质。

⑤炉渣 来源广泛,通透性好,不宜单独用作基质,混合基质中比例一般不超过 60%,

使用前要进行过筛,选择 2~5 mm 的颗粒,呈碱性。

⑥陶粒　具有适宜的持水量和阳离子代换量。陶粒在盆栽介质中能改善通气性,无致病菌,无虫害,无杂草种子,不会分解,可以长期使用。

（2）有机基质

①泥炭　又称草炭、泥煤。泥炭容重小,质轻,质量良好稳定,孔隙率高,保水保肥性能好,呈微酸性反应,有机质含量高,持水量和阳离子交换量高,灰分元素和氮素含量较高,且无病虫害和菌原,用途广泛,在容器苗基质的配制中是不可缺少的原始基质。

②树皮　树皮的容质接近草炭,与泥炭相比,阳离子交换量和持水量比较低,但碳氮比率较高,是一种比较好的基质材料。具有良好的物理性质,能够部分代替泥炭作为栽培基质。新鲜树皮的主要问题是碳氮比率较高,有些树皮如桉树皮等含有对植物有毒的成分,应该通过堆腐或淋洗来降解毒性。

③木屑　木屑和树皮有类似的性质,但较容易分解沉积,且过于致密不易干燥。处理方法同树皮。

④刨花　刨花在组成上和木屑近似,个体较大,通气性良好,碳氮比率高,但持水量和阳离子交换量较低。可与其他基质混合使用,一般比例在 50%。

⑤焦糠　又称熏碳,是谷壳经炭化处理而成的无土介质,通气孔隙度可达 30%,pH 值呈微碱性,吸收养分能力较差,和等量的泥炭混合做育苗的盆栽介质,能取得满意的结果。

⑥稻壳　稻壳的应用主要分为两种,即经过炭化的稻壳和未经炭化的稻壳。有良好的排水、通气性,也不影响混合介质原来的 pH 值、可溶性盐和有效营养,并能抗分解,因此有较高的使用价值。病菌多,因此在使用前通常要进行蒸煮,以杀死病原菌,但在蒸气消毒时能释放出一定数量的锰,有可能使植物中毒。碳氮比率高,消毒后要加入约 1.0% 的氮肥,以补偿高碳氮比所造成的氮素的缺乏。

（3）土壤基质

①土壤　一般直接取自户外的园土,或者是经由植物茎叶腐败后与残留杂质所堆积而成的介质,其优点是一般含有较高的有机质,保水保肥能力较强,成本低,来源广泛。对于一般大量种植且有良好抗性的苗木而言是比较好的容器栽培基质。其缺点是土壤本身良莠不齐,质量难以控制,且常含有各类菌种,甚至有害虫及卵隐藏其中,因此在使用前要先将土壤适当消毒灭菌并且经常与其他基质混合使用。

②腐叶土　是指落叶长期堆积在山中,经过发酵后与土壤混合而成的培养土,或冬季收集落叶堆积而成的树叶土肥所形成的有机物质。腐叶土松软,具有通气好、排水好、重量轻的特点,是栽培养土中的优良种。一般不直接使用,混合于其他土壤可改良土质,使土壤蓬松,有利于植物生长。

③腐草土　是杂草、植物秸秆等物掺入土粪等堆积腐烂而成的土壤。含有多年长效的营养成分,也是一种比较好的栽培基质。

④木质土　是枯枝和木屑腐烂后与土壤混合堆积而成的产物,性质结构与腐叶土相似,呈酸性,质松,但缺乏营养物质,注意应混合使用。

⑤山泥　由阔叶林多年落叶层积腐朽而成。通气透水,保肥、保水性好。

**4）基质的配比**

因园艺植物种类、基质材料和栽培管理方法不同,不可能有统一的基质配方,并且其对于基质的要求也不尽相同。

（1）扦插基质的配制

总体的要求是保温、保湿、疏松透气、不带病菌，透气性良好，有利于生根。

单一基质：100%泥炭、100%珍珠岩、100%沙等。

常用配比：泥炭∶珍珠岩＝3∶1或1∶1；泥炭∶沙＝3∶1或1∶3或1∶1；泥炭∶珍珠岩∶蛭石＝1∶1∶1；珍珠岩∶蛭石∶沙＝2∶1∶1等。

要针对扦插对象选用不同的基质，同时要对使用的基质有充分了解，注意其特性。加强管理，特别是针对全部是无机基质的配方，要注重水分和肥料的应用；在实际应用中可以选择分层铺垫基质，即上面铺垫一层一定厚度透气性良好的无机基质，下面铺垫有机基质。

（2）小型容器苗（无土栽培）基质的配制

总体的要求是具有较好的保水、保肥性能，具有轻质、疏松、排水良好的特性。

常用配比：喜湿润，泥炭∶树皮∶刨花＝2∶1∶1或1∶1∶1，或泥炭∶树皮＝1∶1；喜干旱，泥炭∶珍珠岩∶树皮＝1∶1∶1，或泥炭∶珍珠岩＝2∶1或3∶2；其他，泥炭∶树皮∶沙＝1∶1∶1，或泥炭∶珍珠岩＝1∶1，或刨花∶炉渣＝1∶1等。

（3）大型容器（简易）基质的配制

总体要求是：具有较好保水、保肥性能，通透性好，能够提供一定量的养分，不积水、不含有毒物质并能固定整个植物体等性能。

常用配比：腐木屑∶泥炭＝1∶1；壤土∶泥炭∶焦糠＝1∶1∶1；壤土∶腐叶土∶沙＝6∶3∶1~2；壤土∶山泥∶沙＝2∶1∶1等。

不同的栽培品种和不同栽培技术条件下对其基质的要求也不尽相同，生产上要根据当地的情况优选出最佳的方案，并且要注意就地取材，以节约成本。

### 5）基质的消毒

（1）物理消毒

①太阳能消毒　　是一种安全、廉价的消毒方法，方法是在夏季，将基质堆高20~30 cm，长、宽视具体情况而定，在堆放基质的同时用水喷湿，使其含水量超过80%，然后用塑料薄膜覆盖暴晒10~15 d，消毒效果良好。

②蒸汽消毒　　蒸汽消毒的方法简便，但在大规模生产中的消毒过程较麻烦。少量时可以把培养土放入蒸笼上锅，加热到60~100 ℃，持续30~60 min；量大时，基质堆20 cm高，长度根据地形而定，用防水、防高温塑料布盖上，导入蒸汽，在80~95 ℃下，消毒1 h即可杀死病菌，此法杀菌效果良好，也较安全，但成本较高。每次进行消毒的基质体积不可过多，否则可能造成消毒不彻底。蒸汽消毒时基质不可过于潮湿，一般基质含水量为35%~45%为宜，过湿或过干都可能降低消毒的效果。

（2）化学药剂消毒

①甲醛（福尔马林）消毒　　对防治立枯病、褐斑病、角斑病、炭疽病等有良好的效果。一般用甲醛1 kg，加水稀释成40~100 kg的溶液，把待消毒的基质在干净的、垫有一层塑料薄膜的地面上平铺一层，约10 cm厚，然后用喷雾器将已稀释的甲醛溶液将这层基质喷湿；接着再铺上第二层，再用甲醛溶液喷湿，直至所有要消毒的基质均被甲醛溶液喷湿为止，最后用塑料薄膜覆盖封闭2 d后摊开，暴晒2 d以上并风干。直至基质中没有甲醛气味才可使用，整个过程需要15 d左右。

②高锰酸钾消毒　高锰酸钾是一种强氧化剂,只能用在石砾、沙等没有吸附能力且较容易用清水清洗干净的无机基质的消毒上,而不能用于泥炭、木屑、岩棉、蔗渣和陶粒等有较大吸附能力的有机基质或者难以用清水冲洗干净的基质上。用高锰酸钾进行消毒时,先配制好浓度约为1/5 000的溶液,将要消毒的基质浸泡在此溶液中10~30 min后,将高锰酸钾溶液排掉,用大量清水反复冲洗干净即可。

③次氯酸钙消毒　次氯酸钙俗称漂白粉,为白色粉末。使用饱和溶液,同高锰酸钾一样不可用于具有较强吸附能力或难以用清水冲洗干净的基质上。注意漂白粉会腐蚀金属、棉织品,刺激皮肤,易吸潮散失而失效,平时要密封储藏,最好现配现用,不要储藏太久。

④溴甲烷消毒　对于病原菌、线虫和许多虫卵具有很好的杀灭效果。溴甲烷具有强烈的刺激性气味,并且有剧毒,是强致癌物质,使用时如手脚和面部不慎沾上溴甲烷,要立刻用大量清水冲洗,否则可能会造成皮肤红肿,甚至溃烂。方法是将基质堆起,用塑料管将药剂引入基质中,基质用药100~150 g/m³,随即用塑料薄膜盖严,5~7 d后去掉薄膜,晒7~10 d后即可使用。消毒时基质的湿度控制在30%~40%,太干或过湿都会影响消毒的效果。

⑤氯化苦　是一种对病虫有较好杀灭效果的药物,外观为液体。消毒时适宜温度为15~20 ℃。方法是将基质先堆成大约30 cm厚(堆体的长和宽可随意),然后在基质上每隔30~40 cm的距离打一个深约10~15 cm的小孔,每孔注入5~10 mL的氯化苦,然后用一些基质塞住这些放药孔,等第一层放完药之后,再在其上堆放第二层基质,然后再打孔放药,如此堆放3~4层之后用塑料薄膜将基质盖好,经过1~2周的熏蒸之后,揭去塑料薄膜,把基质摊开晾晒大约7~8 d后即可使用。

其他在大型容器苗基质的配制中,针对其以土壤为主的特点,可以选用一般的土壤处理剂来进行消毒,方法是将土壤处理剂与基质按一定的比例混合均匀,并堆成圆锥形的土堆。然后根据土壤处理剂的说明选择适宜的时期用塑料薄膜覆盖,1~2 d后揭膜,待药味挥发掉后可使用,常用处理剂有:代森铵、硫酸亚铁、硫黄粉、石灰粉、多菌灵、五氯硝基苯等。

**6)容器育苗技术应用**

**(1)穴盘育苗**

穴盘育苗比较便于机械化生产栽培,从而达到自动化的育苗技术,多用于蔬菜、草本花卉育苗。

①穴盘的选择　穴盘的种类、形状及深度的不同,对植株的长势有影响,穴盘使用的规格应按所育苗种类的不同而有其相应的规格,这样才能使种苗得以正常、快速地生长,常用的穴盘以72孔、128孔和288孔者居多,每盘容积分别为4 630、3 645、2 765 mL,种苗个体较大的如茄子、早熟甘蓝等多用72孔穴盘;个体较小的如辣椒等多用128孔穴盘;春季育小苗则选用288孔穴盘,夏播番茄、芹菜选用288孔或200孔穴盘。

②介质的选择　介质要求通透性、保水保肥性能好,含肥分少,干净无病原菌,且不带有杂草子。穴格孔径愈小则介质要求愈细腻,介质的理化性状必须均匀一致。

③水肥的控制　水肥控制是穴盘育苗的关键。介质含水量必须适宜,不能过干或过湿,否则,会影响介质的通透性能,水质用处理后的中性软水,防止盐害;因穴盘体积小、介质少、又多使用无土介质,保肥力不佳,在种苗生长期需要施用较多的肥料,施肥大多使用液体肥料,以"少量多次、先稀后浓"为原则,用喷雾或灌溉系统迅速喷施。

（2）营养钵育苗

常用黑色塑料营养钵，具有白天吸热、夜晚保温护根、保肥的作用。

①营养钵的选择　营养钵的规格可依据园艺植物种类而定。一般苗龄短的可采用 8 cm×8 cm,10 cm×10 cm 的营养钵；苗龄长宜采用 10 cm×10 cm,12 cm×12 cm 的营养钵。

②营养土装钵　钵底部先装药土，厚约 1 cm,再装配好的营养土。

③注意事项　控制化肥和有机肥的用量，避免烧苗；温度管理要严格，避免高温和低温，防止发生幼苗徒长和冷害；避免浇水过多，湿度过大，诱发病害和徒长；及时防治病虫害，杜绝将带病、带虫的苗定植。

### 7)轻基质无纺布容器育苗技术

常规容器育苗中，如果容器设计不当，常存在着窝根、偏根、稀根、弱根等问题，根系不良将严重制约苗木生长，其恶果甚于用裸根苗。

无纺布容器上无顶、下无底，在容器箱中被每个窝桶中的 4 个小支点托着，与周围箱壁基本不接触。每个放置容器的窝桶四壁，留有 4 根导根肋，以帮助伸出的根向下生长。

（1）轻基质无纺布容器育苗技术特点

轻基质无纺布育苗技术主要应用了空气修根理论，平衡根系，育苗中伸出容器壁并经空气切根后形成一些粗壮愈伤组织，这些愈伤组织本来都是要长成根的，只是在育苗过程中有一个阶段断水，使其外露部分干枯，而内部又不断供应营养，从而形成了蓄势待发的状态，在新的育苗理念中，这种愈伤组织比实际形成的更多根系更为有利，因此，当无纺布容器苗一旦入地就会爆发性生根，同时出现地上部分直接猛长，这是其他类型的容器所无法做到的。

（2）轻基质无纺布容器育苗技术的优点

①空气修根、根系发育好　根系自然生长，形成平衡根系，根系能与轻型基质紧密交织为一体，形成富有弹性的根团。

②提高栽培成活率与生长量　经过空气修根，促进多级侧根生长，根系数量多，表面积大，吸收水肥能力强，苗木抗逆性强；移栽时不用脱掉容器，根系可完全穿透，水平生长，极大地提高栽培成活率；苗木栽植后无缓苗期，初期生长量显著提高。

③重量轻，包装运输方便　轻基质无纺布容器苗单株重量仅为塑料袋苗的 20%,运输和栽培搬运过程中不散团，大大减少装运损耗和运输费用，降低栽培劳动强度，提高工效。

④苗木在整个育苗过程中，可以随时移栽　具有良好的保水性，不浇水的苗木成活期可比塑料袋苗延长 10~15 d,可实现反季节栽植，打破了季节的限制。

⑤改良土壤，绿色环保　无土轻型基质可增加土壤腐殖质含量，提高土壤肥力，增强苗木抗逆性。无纺布材料入土后离散成纤维丝状不阻碍根系生长，对环境不产生污染。

⑥适用范围广　可用于花卉、绿化苗木和果树、蔬菜扦插育苗、组培苗、播种育苗及裸根苗移栽。

（3）轻基质无纺布容器育苗技术的组成

①育苗设施　包括育苗容器成型，实现容器成型、基质填充、定长度切割等；专用育苗箱、育苗架及工厂化育苗中的灌溉、施肥等设施。

②育苗适宜基质　针对不同苗木选择不同类型的轻型基质，可就地取材；利用秸秆等农林废弃物，成本低；营养丰富，并可提高土壤肥力，起到改良土壤的作用。

③无纺布育苗容器　选择通透性好,利于透水、通气和苗木根系伸展,可降解的无纺布材料。

任务 4.4　苗木的质量标准与苗木出圃

### 4.4.1　苗木调查

为了得到精确的苗木产量和质量数据,需在苗木地上部分停止生长后,落叶树种落叶前,按树种或品种、育苗方法、苗木年龄分别调查苗木产量、质量,为做好生产、流通计划提供依据。苗木调查要求有 90% 的可靠性,产量精度要达到 90% 以上,质量精度要达到 95% 以上。

**1)调查项目**

园林苗木调查常以胸径或地径、苗高、枝下高、冠幅等作为质量标准。

苗高指苗木的高度,即地面至苗木顶梢的高度,常用 m 来表示。调查时可用钢卷尺或标杆进行测量,如苗木过高,可用测高仪进行测量;胸径指距地面 1.3 m 处的苗干直径;地径又称地际直径,指近地面处苗干直径。胸径和地径常用 cm 来表示,可用游标卡尺或围尺进行测量;枝下高指地面至苗木最下一个分枝处的高度,常用 m 表示;冠幅指苗木树冠的平均直径,即树冠垂直地面投影的平均直径,常用 m 表示。一般取树冠东西方向直径和南北方向直径的平均值。

**2)调查方法**

为了保证苗木调查的精度和减少工作量,根据苗圃范围小、苗木生长比较整齐,分化不大,外业工作条件好等特点,用抽样调查的方法进行调查和计算。

（1）调查区的划分

把树种、育苗方式、苗木种类及苗木年龄等均相同的育苗地段划为一个调查区,进行调查统计。

（2）样地面积的确定

样方大小与样行长度一般根据苗木密度来确定,苗木密度大,则样地面积相应可小些,因此抽取样地之前,先要在调查区内全面勘察,选接近苗木密度的地段,一般以平均株数有 20~50 株苗木所占的面积为样方面积,以同样方法确定样行长度。

（3）样地数量的确定

样地数量取决于苗木生长的整齐程度及苗木密度变动的大小,若苗木生长参差不齐,或密度变动幅度较大,则样地数量宜适当增加,样地数按照抽样精度要求通过计算得出。

（4）样地的布点

样地必须客观地、均匀地分布在整个调查圃地里,才能具有最大的代表性。根据需调查的样地个数以及调查圃地面积的大小,样地可在每个苗床上设置,也可隔一张床或若干张床设置一个样地,如果调查圃地面积小,需设样地个数多,也可能在一个苗床上要设几个样地。被抽中的床、按床的长度和宽度用随机数学表或随机抽样方法,定出样地的中心点,从中心点向两侧延伸测量,确定样地的位置及面积。

(5)样地内的苗木调查

样地的位置确定后,即可对样地内的苗木进行产量及质量调查。统计样地内的苗木株数填入表4.1,每隔一定株数测量苗高和地径,根据经验,苗木生长比较整齐的;测60~200株即可,根据样地的数量,并估计每个样地苗木的平均株数,即可计算出间隔几株测量一株并将测量结果填入表4.2。

表4.1　苗木产量调查记录表　　　　　　　　　　单位:株

| 树种 | 苗龄 | 苗木类型 | 育苗面积 | 样地面积 | 调查地点 | 调查日期 |

| 样地号 | | | | | | | |
| --- | --- | --- | --- | --- | --- | --- | --- |
| 苗木株数 | | | | | | | |
| 调查圃地苗木 | 平均每个样地的产苗量　(株/m² 或株/m) | | | | | | |
| | 总株数　(株)苗木株数　(株)　(株) | | | | | | |

表4.2　苗木质量调查记录表　　　　　　　　　　单位:cm

| 树种 | 苗龄 | 苗木类型 | 标准地号 | 调查地点 | 调查日期 | 平均苗高/cm | 平均地径/cm |

| 株号 | 苗高 | 地径 | 株号 | 苗高 | 地径 | 株号 | 苗高 | 地径 | 株号 | 苗高 | 地径 |
| --- | --- | --- | --- | --- | --- | --- | --- | --- | --- | --- | --- |
| | | | | | | | | | | | |

## 4.4.2　苗木质量标准与评价

苗木质量的评价指标包括苗高、地径和根系状况等形态指标及苗木生理指标和苗木活力的表现指标等。

### 1)形态指标

形态指标直观,易操作,生产上应用较多;但形态指标只能反映苗木的外部特征,难以说明苗木内在生命力的强弱,因为苗木的形态特征相对比较稳定,在许多情况下,虽然苗木内部生理状况已发生了很大变化,但外部形态却基本保持不变。壮苗应具备以下形态特征:根系发达,有较多的侧根和须根,根系有一定长度。裸根苗根系直径为苗木地径的10~15倍,带土球苗所带土球直径为苗木地径的10~15倍,土球高度为土球直径的2/3左右;苗干粗而直,有与粗度相称的高度,枝条充分木质化,枝叶繁茂,色泽正常,上下匀称,生命力旺盛。芽充实饱满,苗木茎根比值较小,高径比值较小,而重量大;无病虫害和机械损伤。

### 2)生理指标

生理指标主要有:苗木水势、碳水化合物贮量、导电能力等,生产上常以苗木的色泽、木质化程度、含水量、伤害、生长状态等外部表现作为判断标准。

### 3）根生长活力

根生长活力是评价苗木活力最可靠的方法。苗木无论在形态和生理上的各种变化都会在根生长活力上反映出来,从而预测出苗木的成活潜力,准确评价苗木质量,但根生长活力测定时间较长,一般需 2~4 周,生产上应用较困难,多用于科研及生产上仲裁苗木质量纠纷。

### 4.4.3 苗木的掘取与分级

#### 1）苗木的掘取

掘苗前要对出圃苗木进行严格选择,保证苗木质量。掘苗时要保证苗木根系范围约为树木胸经的 10 倍,灌木的根系范围约为树木高度的 1/3。

（1）掘苗时间

多在秋季苗木停止生长后和春季苗木萌动前起苗。

（2）掘苗方法

掘苗有带土和不带土两种方法。一般常绿树种以及在生长季节掘苗,因蒸腾量大需带土球;年龄较大的苗木因根系恢复较困难,也应带土球。

①露根起苗 在苗木的株行间开沟挖土,露出一定深度的根系后,斜切掉过深的主根,起出苗木,并抖落泥土,适于移植易成活的落叶树种。

②带土球起苗 起苗前先将苗木的枝叶捆扎,以缩小体积,以便起苗和运输,珍贵大苗还要将主干用草绳包扎,以免运输中损伤。铲去表面 3~5 cm 的浮土,以减轻土球重量,并有利于扎紧土球。然后在规定土球大小的外围用铁锹垂直下挖,切断侧根,达到所需深度后,向内斜削,使土球呈坛子形。起苗时如遇到较粗的侧根,应用枝剪剪断,或用手锯锯断,防止土球震动而松散。

带土球苗木应保证土球完好,表面光滑,包装严密,底部不漏土。常用的土球打包方式有"橘子包""古钱包"和"五角包",见图 4.9。

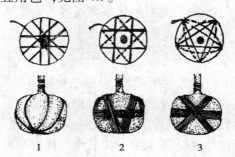

**图 4.9 土球打包示意图**
1—橘子包;2—古钱包;3—五角包

（3）断根缩土球起苗

大苗或未经移植的苗,根系延伸较远,吸收根群多在树冠投影范围以外,因而起土球时带不到大量须根,必须断根缩土球。其方法是在起苗前 1~2 d,在树干周围按冠幅大小开沟,灌入泥浆,使根系受伤,并在黏土圈发生新根,起苗时,在黏土圈外起土球包扎。

掘苗时要少伤根系、避免风吹日晒。掘起的苗木应立即加以修剪。此时修剪主要是剪去植株过高的和不充实的部分以及病虫枝梢和根系的受伤部分。

**2) 苗木分级**

苗木分级的目的：一是保证出圃的苗木合乎规格；二是可使苗禾栽植后生长整齐美观，且便于管理。苗木分级工作应在背风、阴湿处进行，以减少苗根水分丧失。

苗木分级标准：因树种、品种及主要目的等而异，一般根据苗高、地径、结合生长势及病虫害等情况将苗木分级。

### 4.4.4　苗木的包装与运输

**1) 苗木检疫与消毒**

为了防止危险性病虫害随着苗木的调运传播蔓延，将病虫害限制在最小范围内，在苗木出圃前，必须做好出圃苗木的病虫害检疫工作。

常用的苗木消毒方法有：石硫合剂消毒、波尔多液消毒、升汞水消毒、硫酸铜水消毒等。

**2) 苗木包装**

为了防止苗根在运输过程中受风吹日晒和机械损伤，苗木出圃远途运输时，必须进行苗木包装运输，做好保湿，避免苗木失水过多而影响栽植成活率。

包装前常用苗木沾根剂、保水剂或泥浆处理根系，保持苗木水分平衡。也可通过喷施蒸腾抑制剂处理苗木，减少水分丧失。常用的包装材料有：聚乙烯袋、聚乙烯编织袋、草包、麻袋等。

**3) 苗木运输**

苗木运输时间不超过一天者，可直接用篓、筐或大车散装运输，筐底或车底垫以湿草或苔藓等，苗木放置时要根对根，并与湿润稻草分层堆积，覆盖以草席或毡布即可。如果是超过一天的长途运输，必须将苗木妥善包装，常绿树种不宜把枝叶全部包住，应露出苗冠，以利于通气，包装材料以就地取材成本较低。

装卸苗木时要轻拿轻放，以免碰伤树体。车装好后，绑扎时注意避免绳物磨损树皮。大苗运输时树冠要用草绳拢住，土球朝车头倒放，树体与车厢边沿接触部位全部用缓冲物垫铺。过高苗木运输时，要防止树梢拖地，押运人员需携带长竹竿或其他绝缘竿，以及时清除电线等阻挡物。

### 4.4.5　苗木假植和贮藏

**1) 苗木假植**

假植是将苗木根系用湿润土壤进行暂时埋植，防止根系干燥。苗木的根系比地上部怕干，细根又比粗根怕干，因而保护苗木首先要保护好根系。

假植根据时间长短，分为临时假植和越冬假植。起苗后，苗木不能及时移植或运输，或运到目的地后不能及时栽植，需将苗木根部埋在湿润的土中进行临时假植，这可以防止苗根受风吹日晒而失水，影响栽植成活率，临时假植时间一般不超过 10 d。

如果秋季起苗后,当年不栽植,通过假植越冬,假植时应选择地势高燥、排水良好、土壤疏松、避风、便于管理且不影响翌年春天作业的地段开假植沟,沟的规格因苗木大小而异,一般深宽35~45 cm,迎风面的沟壁作45°的斜壁,顺此斜面将苗木成捆或单株排放,然后填土踏实,使苗干下部和根系与土壤紧密结合,如土壤过干,假植后适量灌水,但切忌过多,以免苗根腐烂。在寒冷地区,可用稻草、秸秆等将苗木地上部加以覆盖,假植期间要经常检查,发现覆土下沉时要及时培土。

**2) 苗木贮藏**

为了保证苗木安全越冬,推迟苗木萌发,延长栽植时间,可在室内贮藏苗木。室内贮藏温度多控制在1~5 ℃,又称低温贮藏。低温贮藏苗木的关键是要控制温度、湿度和通气条件。温度以1~5 ℃为适,北方树种可更低(-3~3 ℃),南方树种可稍高(1~8 ℃),低温可以降低苗木在贮藏过程中的呼吸消耗,但过低会使苗木冻伤。相对湿度以85%~100%为宜,高湿可减少苗木失水。室内要注意适当通风。可利用冷藏库、冰窖、地窖、地下室等进行贮藏。

**项目小结** )))

本项目介绍了园艺植物繁殖的苗圃地建立和经营管理技术、有性繁殖和无性繁殖技术,包括有性繁殖的种子采集、种实调制、种子贮藏、种子质量检验,播种前种子的打破休眠、催芽处理技术及播种技术等,嫁接育苗、扦插育苗、压条育苗、分生育苗技术、组织培养繁殖和无病毒苗繁殖等无性繁殖技术的原理及方法技术,并介绍了园艺植物的容器育苗技术和苗木出圃技术要求等。

**复习思考题** )))

1.如何选择育苗场地?

2.苗圃地的规划内容包括哪些?

3.园艺植物繁殖的主要方式有哪些? 简述它们的特点与应用。

4.衡量园艺植物种子质量的指标有哪些? 如何测定种子的生活力?

5.简述促进园艺植物种子发芽的主要措施。

6.影响嫁接成活率的因素有哪些?

7.简述"T"字形芽接技术的特点。

8.简述劈接育苗的技术特点及应用。

9.试述嫁接苗管理的关键技术。

10.影响扦插成活的因素有哪些?

11.扦插的方式有哪些?

12.什么是压条繁殖? 简述直立压条的方法。

13.什么是分生繁殖? 变态茎繁殖的类型有几种?

14.简述获得无病毒种苗的几个主要方法。

15.简述容器育苗基质的消毒方法和操作。

# 项目5 种植园的建设与管理

**项目描述**

本项目主要介绍园艺植物种植园的规划设计,包括设计的依据、主要设计内容、各种自然环境条件下的设计特点;种物园的建设方法,包括园地选择与改造、种植制度的确定;园艺植物管理的特点,包括木本植物的栽培管理和草本植物的栽培管理。

 **学习目标**

- 了解园艺植物种植园规划设计和建设方法。
- 掌握木本园艺植物和草本园艺植物的栽培管理特点。

 **能力目标**

- 能够运用种植园规划设计和建设理论指导不同园艺植物的建园工作。
- 具有栽培管理园艺植物的能力。

### 园艺植物的种植园有哪些?

园艺植物有草本和木本之分,有多年生与一年生之分,因而其正常生长发育所需的环境条件各不相同。种植园为园艺植物正常生长发育、形成优良品质和一定规模的经济产量提供条件。通常按种植的植物种类不同将园艺植物种植园分为:果园、菜园、花圃等。

## 任务 5.1　种植园的规划

### 5.1.1　规划设计依据

种植园规划设计是种植园的基础性工程,就像修建一项水利工程,建造一栋楼房一样,都要有规划设计。一定规模的现代化园艺植物种植园必须在建园前,根据自然条件、社会经济条件和市场需求等因素综合考虑,全面规划,精心组织实施,使之既符合现代商品生产要求,又具有现实可行性。

种植园规划涉及多项科学技术(园艺学、地理学、气象学、生态学、人文科学、经济学、市场营销学、建筑学、法律学等)的综合配套,既要考虑园艺植物本身及环境条件,又要考虑市场销售和流通,任何决策错误都会带来重大损失。种植园规划设计的依据主要有:

**1)方针、政策及法规**

国家的政策、法规,地方经济、社会发展的方针,特别是地方农业种植业发展的方针,城乡发展规划等。

**2)自然环境条件和资源**

它包括降水、温度、日照、湿度、自然灾害等气象条件;地理位置、地形、地势、土质、生态与污染现状等;水、矿产及天然能源等。

**3)社会、经济、人文条件**

它包括人口、农业劳动力资源、农业劳动力素质;经济状况、工业和商业状况、道路交通状况;种植业水平,特别是已有园艺业水平、有无特优产品等。

**4)市场需求**

市场,特别是种植园的近销或远销市场状况和发展前景;国内或出口情况,消费者的习惯和消费能力等。

**5)投资状况**

它是指发展生产的投资情况,主要靠本地还是其他投资方,近期与长期内投资力度等。

### 5.1.2 规划的主要内容

#### 1)水土保持工程

种植园无论是选在山地、平地还是滩涂,水土流失都不容忽视。水土保持工程的重点是,山地是修筑拦水坝、梯田,平原或滩涂地是营造防风林。山地的水土工程应实施"小流域治理"的原则,提倡生态效益好,又省工省力的植被坡。营造梯田是山地实施种植的主要途径。

#### 2)种植园小区规划设计

小区是园艺植物种植作业的基本单位。应根据地形条件和种植植物的种类来确定面积。一般平原小区的面积为 $10\sim30$ hm$^2$,山地小区为 $2\sim5$ hm$^2$。小区形状常为长方形,长短边的比例为 2:1 或 3:1,长边与防护林带平行;山地小区也可沿等高线做成水平梯田、坡式梯田。小区的规划应结合地形、地势、耕作方便来确定。小区内气候和土壤条件、管理要求基本一致,利于水土保持、防止风害、运输和机械化作业。现代化的规模经营、专业化程度高的种植园,一个小区只种植一种园艺植物。

#### 3)园艺植物种类、品种的配置

种植园园艺植物的种类、品种应根据地形条件、土壤条件、自然条件和市场需求来确定。土壤条件好的平地可以规划种植蔬菜、花卉,土质和肥力稍差的坡地可以种植果树、林木。在特殊地区选种适合的园艺植物,如干旱地区选种耐旱植物。

园艺植物种类、品种的配置还应综合考虑到产品的成熟期、苗木的出圃期、露地还是设施栽培、产品的供应期、市场的需求情况、耐储运能力等综合因素。

有些种类、品种栽植时需要对有不良影响的种类品种作适当距离的隔离。在安排轮作换茬的土地时,要防止连作障碍的出现。

以结果为目的的园艺植物,大多数为异花授粉,必须注重授粉树的配置。

#### 4)防护林体系

防护林体系的建立起到减轻风、沙、霜、寒、旱等灾害,调节园区小气候,缓和温湿度的变化,保持水土、改善和保护园区生态环境的作用。

防护林体系一般由主林带和副林带组成,主林带走向与主风方向垂直,副林带走向与主林带垂直,主林带栽植 $3\sim6$ 行林木,副林带栽植 $1\sim2$ 行林木,林带的宽度和长度应根据园区的防护要求来确定。林带的林木一般选用速生、树冠高、寿命长、综合利用价值高、固地性好、抗逆性强、与园艺植物无共同病虫害的树种。多采用乔木树种,如意杨、桉树、池杉等,有时为了提高防护效果,也要考虑落叶树种和常绿树种的搭配,大乔木、小乔木和灌木的搭配。

#### 5)排灌系统

排灌系统是园艺植物成功种植的基本保障,它由灌溉系统和排水系统组成。

(1)灌溉系统

它包括水源、引水方式、灌溉方式。水源有水库、河流以及种植园内水井、蓄水池等,要求水源无污染,能连续供应。引水方式有地面沟渠或地下管道(如水泥管、PVC 管)引水两

种。灌溉方式有地面灌溉、地下灌溉和节水灌溉等。地面灌溉多用于水源充足的园区,包括地面渠道灌溉、漫灌、喷灌等;地下灌溉是利用各级管道把水直接送到园艺植物周围;节水灌溉主要用于水源缺乏的园区,以及经济效益高的园艺植物。

(2)排水系统

种植园的排水系统一般应独立设计施工,地下水渠道,毛、支、干、主排水沟应当完善,确保能在各种情况下排涝、防洪。

随着水资源的逐渐匮乏,在排灌系统的设计中应把节水、高效利用水资源放在首要位置。

### 6)道路

园艺植物种植园的道路由主路、支路、作业道组成。主路的位置应适中,贯穿全园,常设置于各栽植大区之间、主副林带一侧,路面宽度一般为 5~7 m,能保证卡车双向通行。山地上的主路还可环山而上或呈"之"字形。支路设置于小区之间与主路垂直连通,路面宽度一般为 4~5 m,能保证拖拉机双向通行。山地支路须顺坡修筑。作业道设在小区内,路面宽度一般为 1~3 m,能供人行或通过单行作业机具。山地种植园的道路设计,还要考虑地形、坡降等因素,应与水土保持工程相结合进行规划设计。

### 7)建筑物和其他

它包括办公室、财会室、车辆库、工具室、肥料农药库、包装场、配药场、产品贮藏库、产品加工厂、宿舍、休息室等建筑物,以及温室、大棚、水、电、通风等栽培和配套设施。建筑面积应控制在 5%,一般安排在种植园的中心或边缘地带以方便管理,养殖用房、农药、肥料仓库一般设置于下风方向。

**案例导入**

## 园艺植物种植园的建设内容

园艺植物主要是通过根系从土壤中获取水分和营养,而土壤条件的好坏就直接影响园艺植物生长发育、园艺产品的质量和产量。因此,如何选择园艺植物种植园园地就成为了首先要解决的问题。随着土地资源的逐渐减少,种植园不可能都选择到优良的园地,有时也需要选用一些不够好的园地土壤建园,就要涉及园地的改造问题。为了充分、节约、高效的利用土地资源,选用合理种植制度也是园艺植物获得高产、优质的有效途径。种植园建设的内容主要是园地的选择和改造、种植制度的确定等方面。

# 任务 5.2 种植园的建设

## 5.2.1 种植园地的选择与改造

### 1)种植园地的选择

园艺植物种植园园址的选择以气候、土壤、交通和地理位置等条件为依据,优先考虑气候条件。选择原则以较大范围的生态区划为依据,进行小范围宜园地的选择。园地的类型有平地、山地、丘陵地和滨湖海涂地等。

平地,地势较平坦,或一方轻微倾斜或高差不大的波状起伏地带。同一范围内,气候和土壤因子基本一致,水分充足,水土流失少,土层厚,有机质多,园艺植物根系入土深,生长结果良好。但是,通风、日照、排水均不如山地,产品品质比山地的风味差,含糖量低,耐贮力等方面差。平地分为:冲积平原,如珠江三角洲;泛滥平原,如黄河故道区。

滨湖海涂地,地势平坦开阔,土层深厚;富含钾、钙、镁等矿质养分。但有机质含量低,土壤结构差;含盐量高,碱性强;地下水位高,易缺铁黄化;易受台风侵袭,如浙江的黄岩等地。

丘陵地,高差在 200 m 以下为丘陵,小于 100 m 的为浅丘,大于 100 m 的为深丘。土层较厚,通风、日照、排水均较好,但要做好水土保持工作。产品品质较好。

山地,我国山地面积占全国陆地总面积的 2/3 以上。山地空气流通,日照充足,昼夜温差大,利于碳水化合物积累和着色,丰产优质。但水土流失严重,坡向和坡度差异大,气候垂直分布,植物根系分布浅。

### 2) 种植园园地的改造

种植园园地的改造包括土地平整和土壤改良,一般是分小区进行的。

（1）土地平整

种植草本园艺植物的土地要求平整度高,蔬菜、花卉苗圃地平整度要求最高,林木果树苗圃地可有一定坡度。结合土地平整开设畦的方向,多数采用南北畦向。木本园艺植物种植畦可采用平畦或稍有坡度的畦。

特别是在山地上建立园艺植物种植园,要提高土地的平整度,使同一小区划分出的不同种植块的平整度达到一致,防止水土流失,可利用修筑梯田、开撩壕、鱼鳞坑等方式来进行改造。梯田的结构包括梯面、梯壁、边埂和背沟。梯面倾斜方式有内斜式、外斜式和水平式,梯面要有一定的坡度,以免引起水土流失。梯面宽度根据坡度和株行距来决定,一般 5°坡阶面宽 10~25 m,10°坡阶面宽 5~15 m,坡度越大阶面越窄;株行距越大,梯面越宽,反之,梯面可窄些。梯壁（指与梯面角度）分直壁式或斜壁式,一般采用石壁、土壁或草壁。石壁可修成直壁式,有利于扩大梯面。土壁或草壁为斜壁式,寿命较长。通常石壁高度不超过 3.5 m,土壁高度不超过 2.5 m。在内斜式或梯田靠削面处开挖排水沟称为背沟,与总排水沟相连,用于沉积泥沙、缓冲流速、排出地表径流水。外斜式梯田在梯田外侧修筑边埂以拦截梯田阶面的径流,通常埂顶高度和宽度均为 20~30 cm。撩壕是按等高线开沟,将沟内土壤堆在沟外构筑壕,植物种在壕的外坡,常用于山地木本园艺作物种植。由于壕土层较厚,沟内又易蓄水,在土壤瘠薄的山地可以应用。在坡面较陡不易做梯田的地方,可以沿山开挖半圆形的土坑,称为鱼鳞坑,在坑的外沿修成土坡,在坑内填土,树种在坑内侧。撩壕、鱼鳞坑不适于建种植园,主要在木本园艺植物绿化荒山时和山地种植园上部防止冲刷时以及种树时采用。

（2）土壤改良

土壤改良主要是改善土壤结构,提高土壤水分渗透能力和蓄水能力,减少地表径流,增加土壤肥力。包括土壤熟化、不同土壤类型改良、土壤酸碱度的调节。可通过土壤的深翻、晒垡、冻垡、黏土掺沙、沙土掺黏土、增施有机肥料、补充菌肥等措施来改良土壤。对于特殊

地块,如酸性土、碱性土,还要通过石灰、碱性或酸性肥料的施用来调整土壤 pH 值,使其适宜种植园艺植物。在有不透水层(黏层)块时,还应加深耕作深度,以打破不透水层。特别是用盐碱地、粘重土、沙荒地等建立园艺植物种植园,土壤改良就更为重要。

①盐碱地改良 目前世界上盐渍土地面积约有 $1×109\ hm^2$,各类盐碱化土壤有 $1.8×107\ hm^2$。我国盐碱地面积大,约占可耕地面积的 $1/6 \sim 1/4$。盐碱地的主要危害是土壤含盐量高和离子毒害。当土壤的含盐量高于 0.2% 时,引起园艺植物"生理干旱"和营养缺乏症。土壤 pH 值在 8.0 以上,使土壤中各种营养物质的有效性降低。改良盐碱地的技术措施有:适时合理地灌溉,洗盐或以水压盐;增施有机肥或种植绿肥作物;化学改良,施用土壤改良剂(沸石、磷石膏、粮醛渣、NTOC 改良剂、盐碱丰土壤改良液等),加速土壤脱盐、提高土壤的团粒结构和保水性能;中耕(切断土表的毛细管),地表覆盖,减少地面过度蒸发,防止盐碱度上升。

②粘重土壤的改良 粘重土壤特别容易板结、土壤通透性很差,有机质含量少。粘重土壤改良的技术措施有:掺沙;增施有机肥和广种绿肥作物,提高土壤肥力和调节酸碱度;合理耕作。

③沙荒地改良 我国的沙荒地面积大,如黄河故道、西北黄土高原等地区,沙荒地土壤结构差、有机质缺乏,保水保肥能力差。沙荒地改良的技术措施:设置防风林网,防风固沙;发掘灌溉水源,地表种植绿肥作物,加强覆盖;培土填淤与增施有机肥结合;化学方法,施用土壤改良剂。

### 5.2.2 种植制度的确定

种植制度是指种植园在一年或几年内所采用的作物种植结构、配置、熟制和种植方式的综合体系。作物的种植结构、配置和熟制又泛称为作物布局,是种植制度的基础。种植方式是实现种植制度的途径。园艺植物的种植方式主要包括露地种植和设施栽培,常见的有连作、间作、轮作、混作、套作、立体种植、促成栽培、延后栽培及软化栽培等。

#### 1) 连作

连作是指一年内或连续几年内,在同一块地上种植同一种园艺植物的种植方式。连作的优点是能充分利用同一地块的气候、土壤等自然资源,大量种植生态上适应且具有较高经济效益的园艺植物,没有倒茬的麻烦,产品较单一,管理上简便。但是许多园艺植物连作时病虫害严重、土壤理化性状与肥力均不良化、土壤某些营养元素变得偏缺而另一些有害于植物营养的有毒物质累积超量。这种同一地块上连续栽培同一植物而导致植物机体生理机能失调、出现许多影响产量和品质的异常现象称为连作障碍。瓜果蔬菜、花卉等园艺植物,栽培茬次多,尤其是温室、塑料大棚中,很容易发生连作障碍。园艺作物种类繁多,不同作物忍耐连作的能力有很大差别。西红柿、黄瓜、西瓜、甜瓜、甜椒、韭菜、大葱、大蒜、花椰菜、结球甘蓝、苦瓜等不宜连作;花卉中翠菊、郁金香、金鱼草、香石竹等不宜连作或只耐一次连作;果树中最不宜连作的是桃、樱桃、杨梅、果桑和番木瓜等,苹果、葡萄、柑橘等连作也不好,这些果树一茬几十年,绝对不能在衰老更新时再连作,重茬植物,不只是产量品质严重下降,而且植株死亡的情况也很普遍,是生产上不能允许的。白菜、洋葱、豇豆和萝卜等蔬菜作物,在施用大量有机肥和良好的灌溉制度下能适量连作,但在病虫害防治上要格外注意。因此不管植物是否能忍耐连作，或连作障碍不显著，从生产效益上考虑应尽量避免连作。生产上一块田地种植西瓜，应在此后5年不种西瓜；西红柿应避免3年，至少2年；白菜、萝卜要隔一年。克服连作障碍的方法是轮作、多施有机肥、排水洗盐、采用无土栽培等。桃园更新时，连根砍除老桃树后连续三、四年种植苜蓿或其他豆科绿肥作物，再植桃幼树，能有效地克服桃连作障碍。

### 2) 轮作

（1）轮作概念

轮作是指同一地块里有顺序地在季节间或年度间轮换种植不同类型的园艺植物的种植方式。轮作是克服连作障碍的最佳途径。合理轮作有利于防治病虫害，均衡利用土壤养分、改善土壤理化性状、调节土壤肥力，是开发土壤资源的生物学措施。

（2）轮作周期

轮作周期是指在轮作的地块内按一定次序轮换种植植物。每经一轮所需的年度数，因植物而异。如一、二年生花卉、多年生花卉、宿根花卉常采用4年轮作制，茄果类蔬菜采用3年轮作制，西瓜、甜瓜采用3~5轮作制，果树轮作甚至要几十年以上。轮作根据植物不同生长期需光(热)和水肥特点，均衡利用土壤养分和改善土壤理化性状、调节土壤肥力、减少病虫害、提高土地的种植系数。

### 3) 间作

（1）间作的概念

间作是指同一地块内同时种植两种或两种以上园艺植物的种植方式。主栽植物、间作植物可能都是园艺植物，也可能有的是园艺植物，有的不是园艺植物，如玉米地间种马铃薯，枣树行间间种小麦、菜豆与甜椒间种等。

（2）间作的优点与缺点

间作的优点是能充分利用空间，高矮不同的植物间作，各自能在上下空间充分利用光照，相互提供良好的生态条件，促进主栽与间作植物的生长发育，取得良好的经济效益。

间作的缺点主要是管理上比单一作物要复杂一些，用工多，机械作业难度大。因此，主栽植物应当有选择地确定间作植物种类，如间作物应尽可能低矮、与主栽作物无共同病虫害、较耐阴、生长期短、收获较早等。种植间作植物与主栽植物的行距应适当加大，主栽植物应选株形较直立、冠幅较小的品种。

（3）间作的原则

间作种植，应当始终和确实地体现主栽作物为主，间作物服从主栽作物。

### 4) 混作

混作是指两种或多种生育季节相近的园艺植物按一定比例混合种植于同一地块上的种植方式。混作一般不分行，或在同行内混播，或在株间点播。果园中，白三叶草(豆科)与早熟禾(禾本科)混播，比例是1:2，白三叶草较耐湿不耐旱，早熟禾耐旱不耐湿，早熟禾覆盖快，白三叶生长后期覆盖率高。天然的观赏草原，夏秋季节繁花似锦，各种花卉植物争相吐艳，那是大自然的多种植物混作。园艺生产中混作在减少，但仍不能否定它有一定的优点，合适的混作可提高光能和土地利用效率，一些非收获性园艺植物混作并不增加人工管理的费用。

**5）套种**

套种是指在前季园艺植物生长后期的株行间或畦间或架下种植后季园艺植物的种植方式。在套种中不同园艺植物生育交叉期只占生长季节的一小部分。园艺生产中,在有设施集中育苗的条件下,套种的应用更普遍,如菜豆套种结球甘蓝,菜豆套种芹菜等。套种能充分地利用生长季节提高复种指数。套种在管理上多依靠人工操作,机械化程度低,费工。

**案例导入**

### 园艺植物种植园的栽培管理有哪些内容?

园艺植物种植园的栽培管理主要包括定植、土壤管理、肥料管理、水分管理、植株管理、病虫害防治等内容。不同类型的园艺植物在管理上既有相似之处,也有各自的特点。栽培管理的情况直接影响着园艺植物产品器官的收成。

## 任务5.3 种植园的栽培管理

### 5.3.1 木本园艺植物的栽培管理

木本园艺植物包括果树、经济林木、观赏树木及一些木本蔬菜。其中既有大乔木、小乔木、灌木、藤本之分,又有常绿木本园艺植物和落叶木本园艺植物之分。在栽培管理上有相似之处,如种植园土壤的选择和要求、土肥水管理、整形修剪、植物保护、生长调节剂的使用技术等。但在栽培地点的选择和具体管理措施上,不同的木本园艺植物又各有特点。如:按照木本园艺植物原产地的环境条件来选择栽培地点;针对不同木本园艺植物生长发育的规律,在各个生育阶段采取相应的栽培管理措施,促进或控制营养生长,协调营养生长与生殖生长的关系,以实现稳产、高产,优质,复壮树势,延缓衰老等。

#### 1)栽培地点和土壤的选择

首先,选择栽培地点要求和原产地环境条件相近,或创造与原产地相近的环境条件进行栽培。栽培地点的环境条件主要包括温度、光照、湿度、土质等条件,其中温度的影响最重要。冬季落叶园艺植物大多起源于暖温带、温带、亚寒带地区,冬季不落叶的常绿园艺植物多起源于热带、亚热带地区。

其次,选择栽培地点还要考虑园艺植物产品的供应范围。大型乔木留圃培育的种苗以及新鲜不耐贮运的果品适宜在交通便利的地区栽培,如香樟、荷花玉兰、樱桃、生食葡萄等;株形矮小的树木、运输贮藏比较容易的果品可在远郊栽培,如灌木型的月季、小乔木型的苹果、紫薇、海棠等;造林树种及干果可以在山区和宜林地区栽培,如马尾松、柏木、榕树、杉木、柿、枣、核桃、板栗等;盐碱地区应选择耐盐碱能力较强的树种,如柽柳、银柳、无花果、石榴等;对温度要求高的树种可在南方种植,也可选择在雨林地区种植;攀缘性强的藤木类应选择有攀缘条件或人为创造攀缘条件下的地区栽培,如猕猴桃、紫藤、凌霄、常春藤等。

木本园艺植物为多年生植物,为保证其多年生长的空间,在栽培初期可实行计划密植,或在其行间株间间种其他作物,以提高经济效益。果树栽培地点要求应高于林木。园艺植物在山地建园时,一般坡度在25°以下地区可考虑种植果树,以5°以下最适宜种植肉果,5°以上可以种植干果。坡度在25°以上主要种植林木。大乔木可以在一些坡度大的地区种植,小乔木、灌木等宜在较平坦的地区种植。

在选好木本园艺植物的栽培地点后,应根据栽培植物对土壤的结构、质地、肥力、pH值等的要求选择适宜的土壤。而对于结构不好、瘠薄、有机质含量低等不利于作物生长发育的土壤,需要在种植前进行土壤改良。不同的园艺植物对土壤pH值要求不同,应根据园艺植物对pH值的要求选择适宜的土壤来栽培不同种类的园艺作物。木本园艺植物多为深根性的植物,应根据不同的植物分别改良不同深度的土壤,一般大乔木比小乔木、灌木、藤本改造的深度要深。木本园艺植物为多年生植物,需肥期长,应配合土壤改良在种植前施用迟效性的有机肥。每年在行间和株间进行土壤改良的工作,主要是在行间翻耕、中耕等。北方适宜深翻的时间主要是在春季解冻后,而夏季在雨季到来之前深翻有利于蓄水,夏季土温高也有利于根系恢复,故北方也可在生长季节进行深翻。南方适宜深翻的时间主要是在秋、冬季。

有时为增厚土层,保护根系,改良土壤结构,促进根系发育,也常用培土、黏土掺沙、沙土中混黏土等方法改良土壤。

**2)土、肥、水管理**

在木本园艺植物栽植后,为保证其正常生长的生长发育,还应在树盘和株、行间进行土、水、肥的管理。

**(1)土壤管理**

土壤管理的目的是改善土壤结构、提高土壤肥力、防止水土流失、维持良好的养分和水分的供应状态,为根系提供良好的水、肥、气、热环境,以提高木本园艺植物产品的产量和品质。

①幼树的土壤管理　幼树的土壤管理主要是针对树冠投影范围内的管理。常用清耕、清耕覆盖或覆盖方法。清耕是指在生长季节内经常进行耕作,树冠下不种其他作物,保持土壤疏松透气和无杂草的土壤管理方法;清耕覆盖是指先清耕然后覆盖秸秆、草、绿肥、地膜等;覆盖是指在树冠下盖秸秆、草、绿肥、地膜等。耕作的深度以不伤骨干根系为度。覆盖材料以草为主,厚度一般在10~20 cm,也可覆盖厩肥或泥炭,但应薄一些。有时果园幼树栽植后覆盖地膜可提高成活率。山地、沙土地覆盖效果好,既能保墒,又能改良土壤,还能减轻根际冻害,先清耕后覆盖草效果最好。

幼树期间行、株间种植绿肥或豆科植物,可以提高土壤有机质含量,改良土壤理化性状,对风沙大的地区还可防风固沙,减少蒸发和沙土流失,减少地表温差对根系的伤害。间作原则是不影响主栽植物的生长发育。

②成年树的土壤管理　为了保持土壤疏松透气,促进微生物繁殖生长和有机物分解,有效控制杂草,避免与主栽植物争夺养分,常用清耕法、生草法、覆盖法、免耕法等方法对成年树的土壤进行管理。

清耕法:与幼树的管理方法相同,但主要是在行间、株间进行。

生草法:在树的行间、株间种植草类而不进行耕作的土壤管理方法。主要间种多年生的牧草和一、二年生的豆科或禾本科植物,待其生长到一定高度刈割后,覆盖于树盘或株行间,后期能自行死亡腐烂。可增加土壤有机质,改善土壤的理化性状,有效地减少水土肥的流失,为园艺植物的生长创造良好的生态环境。且生草后土壤不进行耕锄,管理省工,便于机械化作业。适用于缺乏有机质、土层较深、水土易流失、湿度较高的土壤。但应防止草和主栽植物争肥水,必要时还应对种植的草补充一些肥料。

覆盖法:利用草、秸秆、淤泥、沙砾、地膜等覆盖树盘或株行间,有利于减少杂草,增加土壤有机质,减少水分蒸发,防止或减轻返盐碱,缩小地表温差的变化,提高园艺植物品质等。如着色期的果树采用银色反光膜覆盖可以促进着色,提高果实品质。

免耕法:是土壤不进行耕作或极少耕作,利用除草剂防除杂草的土壤管理方法。此法能保持土壤的自然结构,通透性好,保水,土壤表层结构坚实,有利于田间操作管理,省时省力,管理成本低。但长期使用除草剂防除杂草,会使土壤有机质含量下降,依赖人工施肥,造成除草剂污染。对有菌根、根系分布浅的木本园艺植物不适用,且对地下有益昆虫(如蚯蚓)有杀伤作用。

(2)肥料管理

肥料管理是园艺植物栽培管理的重要环节,尤其是对观花、结果的木本园艺植物就更重要。为促进木本园艺植物的生长发育,实现园艺植物产品的优质、高产,应根据土壤的性质和肥力状况、植物的营养状况和生长发育情况、肥料自身的特性等因素综合分析,进行合理的施肥。

①各种肥料或营养元素的生理作用  氮、磷、钾作为"肥料三要素"对各种木本园艺植物都很重要。

氮肥:促进营养生长,延缓植株的衰老,提高叶片光合效率,还影响果树果实的品质和产量。

磷肥:促进花芽分化、开花和果实发育,使彩叶树种色泽更加艳丽。

钾肥:促进成花和坐果,有利于果实膨大、成熟,提高含糖量和耐贮性,使枝干增粗;促进组织成熟,提高抗寒、抗旱、耐高温以及抗病虫能力。

钙、铁、硼、锌、镁、锰等营养元素对木本园艺植物生长发育也有不同程度的影响。

钙:在木本园艺植物中起平衡生理活性作用,可以减轻土壤中有害的钠、铝等离子的毒害作用,促进氮素代谢、营养物质运输,促进根系生长、开花,提高果实耐贮性。

铁:影响叶绿素的形成,在沙土地、盐碱地易发生缺铁症状,造成幼叶失绿,又称黄叶病。

硼:能促进授粉受精、坐果,提高品质,还能增强根系的吸收能力,促进根系发育,增强抗病力。

锌:影响枝叶发育,缺乏常造成顶部叶片狭小、节间短、叶厚、出现簇叶或小叶(小叶病)、枝条纤细,还会造成结果树小果、畸形、树体早衰。

镁:影响叶片生长发育,缺乏常造成叶绿素形成受阻,叶片失绿,新梢基部叶片早落,结果树产量降低,品质下降,沙土地容易发生缺镁症状。

锰:影响叶片发育、营养积累,缺乏时造成叶绿素含量降低,老叶失绿干枯;碳水化合物、蛋白质合成量减少。

植物对各种营养元素的需求有一定限量,在植物体内各种营养元素之间也必须保持平衡,对某一种营养元素过多吸收会影响其对其他营养元素的吸收、运输和利用,从而影响植物的生长发育。如在园艺植物生产上过量施用氮肥,实际上等于少施磷、钾、钙、铁、硼、锌、镁、锰等肥料,使得植株叶片大而深绿,柔软披散,植株徒长,含糖量相对不足,茎秆中的机械组织不发达,易倒伏和抗病性下降等。

②施肥的时期　木本园艺植物在不同的生长发育阶段对肥料的需求量不一样。因此,在栽培管理时首先要明确施肥的时期,再制订施肥计划。

首先应满足生命活动最旺盛的器官对营养的需求,即按照营养优先分配给生长中心的原则进行施肥。一般营养生长最快和产品器官大量形成时,也就是需肥最多的时期。不同植物在不同的生长发育阶段对营养元素的需要有差别,一般生长前期氮肥的需要量较大,后期需磷、钾、钙等肥料较多。在生产中,从施肥到肥料被吸收利用还需要一个过程,应根据肥料的性质来调整施肥期。速效肥料一般施用后利用快,可在需要期稍前追施,而缓效肥料,如厩肥、堆肥等需提早施用,多作为基肥。在需快速补充营养元素时也可以通过根外的叶面等补充,称为根外追肥,常用于补充微量元素。

③施肥的方法　木本园艺作物施肥主要是通过基肥和追肥的方式来完成的。

基肥:是在栽种或萌芽前施入,以有机肥为主,配合完全的氮、磷、钾和微量元素等无机肥,能均匀长效地供给园艺植物多种养分,且有利于改善土壤理化性状的基础肥料。如堆肥、河泥、复合肥、复混肥、绿肥、杂草、秸秆等,在其分解的过程中不断供给木本园艺植物大量元素和微量元素。增施有机肥可起疏松土壤,改善土壤中水、肥、气、热状况,有利于微生物活动。但使用有机肥时应经过发酵,充分腐熟,防止传播杂草和病虫害、出现丧根现象。

落叶木本园艺植物基肥主要在秋冬季施用。在根系生长高峰之前施用有利于根系吸收,促进伤根愈合,促发新根。常绿木本园艺植物多在早春施用基肥。果树可以在开花后果实采收前或采果后至萌芽前施用。

木本园艺植物落叶的树体、骨干根以及常绿树树体、骨干根、叶片可以贮藏养分。当年吸收的富裕的养分贮藏在枝干或叶片中,在下一年或下季可以继续利用。

追肥:是对基肥的补充。对木本园艺植物追肥,一般在植株吸肥量大而集中的时期进行,才能满足生长发育的需要。对于观花、结果的木本园艺植物追肥尤为重要。不同种类的木本园艺植物生长发育特点和对产品器官的要求有较大差异,且气候、土质等环境条件又不同,故追肥的次数和时期也不同。高温多雨沙质土肥料容易流失,追肥应少量多次;常绿树、结果树追肥次数多。还要根据树势、新梢生长量、开花结果量决定追肥的种类和数量。在干旱地区追肥还必须结合灌水,才能充分发挥肥效。

④施肥的方法　按照种植木本园艺植物的不同种类,土壤施肥可以分别采用全园撒施、条沟施肥、放射状施肥、环状施肥等,大树常采用环状、放射状、条沟施肥,藤本和封园树采用全园撒施。根外施肥包括叶面喷施、茎枝涂抹、枝干注射和果实浸泡等,生产上用得最多的是叶面喷施,如在果树叶面上喷施尿素以补充氮素。

(3)水分管理

水分对木本园艺植物非常重要,水不仅是植物体的构成成分,更是植物进行正常生命活动不可缺少的因素,水分参与植物的光合作用、蒸腾作用、营养物质运输、代谢,并参与调节土壤和小气候环境。木本园艺植物的枝叶中含水量占50%以上,耗水量也大,因此木本园艺植物的需水量比草本园艺植物多。在果实发育、枝叶生长时都需要水,缺水会影响果

实膨大和枝叶的生长。而木本园艺植物多为深根性,根系发达,入土深,易受地下水影响,在地下水位高的地方要注意排水,保证根系生长良好,避免地下水的危害。但水过多也会破坏土壤结构,使土壤中营养物质流失,土壤盐渍化。因此,合理灌溉和及时排水是木本园艺植物水分管理的重要措施。

①灌溉　灌溉是保证植物水分供应的措施。木本园艺植物需水关键期也就是灌溉的主要时期,分别在春季萌芽开花之前、越冬之前。其次夏季干旱期较长的地区,树木的果实发育期,特别是果实的膨大期,也是需水关键期。应根据植物的需水规律、环境条件、立地条件确定灌水的具体时间和灌水的数量。灌溉的方式一般有地面灌溉(沟灌、漫灌、树盘灌水等)和管道灌溉(喷灌、滴灌、微灌和渗灌)。可依据植物的需水量、水源、设施等情况合理选用,适时灌溉。

②排水　排水主要是为了减少土壤中的过多水分,增加土壤的空气含量,改善土壤的营养状况。根据土壤的含水量、地下水位高低等确定排水方式。排水方式有明沟排水、暗沟排水和井排三种。可利用明沟排除地表径流,暗沟排除地下水,井排排除内涝积水。一般耐涝性差的植物要先排水,雨季要及时排水。

木本园艺植物的栽培管理还有涉及整形修剪、矮化栽培,生长调节剂应用等,在本书的相关章节有介绍。

### 5.3.2　草本园艺植物的栽培管理

草本园艺植物主要包括大多数蔬菜、草本花卉和草本果树。其种类繁多,品种丰富,常利用种子繁殖,且具有繁殖速度较快、生长迅速、发育期短、植株健壮、株型较小、茎叶柔嫩、根系较浅、耗水量大等特点。

#### 1)土壤的选择

栽培草本园艺植物,应选择具有一定肥力,能供应足够的水分、养分和空气,具有适宜的温度,能满足不同生长发育阶段的需求的土壤。其特点是:土层和耕作层应深厚,一般土层深度在 50 cm 以上,耕作层在 20~40 cm,栽种多年生草本果树(如香蕉、菠萝等)土层应更深一些。使土壤的水、热、气、肥等因素形成一个适合草本园艺植物根系伸展和活动的空间。

耕作层应疏松,具有较高肥力,富含有机质,能持续供给草本园艺作物吸收利用;土壤质地应沙黏适中,具有良好的团粒结构,通透性好,土壤温度变化幅度小;土壤 pH 值一般在 6~7.5,地下水位变化幅度小;土壤无病虫害和杂草种子,不含重金属元素及其他有毒物质。

#### 2)土壤管理

(1)深耕

深耕的目的是疏松土壤,增厚耕作层,增强土壤的透气性能、保肥性能、蓄水性能和排水性能,提高土壤的抗旱、抗涝能力,并且消灭杂草和病虫害,充分发挥肥水的作用,发挥良种的潜力,实现增产增收。草本园艺植物的根系有 50%集中分布在 0~20 cm,80%集中分布在 0~50 cm,因此,深耕深度应为 20~50 cm。

在增厚耕作层时应遵循"熟土在上,生土在下,不乱土层"的原则,深耕与浅耕交替进行,深耕应结合土壤改良措施,如增施有机肥料、翻沙压淤或翻淤压沙等,使土、肥相融,增厚耕作层。翻耕深度应根据土壤特性、种植植物种类以及深耕要达到的效果而异,并且要在宜耕期深耕,不能湿耕,沙土宜浅,黏土宜深。

深耕一般在草本园艺植物收获后、种植前进行。长江以北冬季寒冷的地区土壤深耕可分为秋耕与春耕。秋耕应在秋收后土壤尚未冻结前及早进行,秋耕后的土壤再经过冬季冻垡,土质变得疏松,土壤的蓄水能力增强,土壤中虫卵、病原孢子被消灭,有利于翌年春季土壤温度的提高、防止春旱和加快土壤熟化。深耕前常配合土壤的改良,增施有机肥料,翻入土层作基肥。春耕在种植前进行,目的是给秋耕过的地块耙地、镇压、保墒,给没有秋耕过的地块补耕,为春播或幼苗定植作好准备。春耕宜尽早进行,利于保墒;宜浅于秋耕,耕作深度一般为16～18 cm;应随耕随耙,以减少水分损失。长江以南冬季温暖,草本园艺植物的栽植几乎全年均能进行,深耕常常随收随耕,土壤很少或没有休闲时期。在应用套作、间作来增加复种指数的地区,每年只翻耕一次,前茬植物收后翻耕,休闲一个月,进行冻垡或晒垡,再翻耕种植下一茬。土壤经过霜冻或日晒风化,既可提高肥力,也能减少病虫害。

（2）整地作畦

在土壤深耕后,草本园艺植物种植时要进行整地作畦。主要任务是控制土壤中的含水量,利于灌溉和排水,改善土壤温度和空气条件。

栽培畦地的形式常见的有平畦、低畦、高畦及垄作等,应按照当地气候条件(主要为雨量)、土壤条件、地势及植物种类进行选择。平畦的畦面与道路相平,地面平整后,不另筑成畦沟和畦面,适用于排水良好、雨量均匀不需要经常灌溉的地区。低畦的畦面低于地面,畦间步道高于畦面,以保留雨水和便于灌溉,多用于北方雨量较少的地区。高畦畦面高出地面,便于排水,畦面两侧为排水沟,有扩大与空气的接触面积和促进风化的效果。畦面的高度依排水需要而定,通常为15～20 cm,畦面宽1.0～1.3 m或2.5～3.0 m。在南方多雨地区及高湿之处进行高畦种植。而对于耕作层浅的地区也常采用高畦。垄作是一种垄底宽垄面较窄的高畦,如大白菜、甘蓝、萝卜、瓜类、豆类等的栽培常采用垄作,土壤透气性更好,土壤湿度容易控制。

畦的方向,影响草本园艺植物感受外界环境的光、温、水、热,尤其是对高秆和蔓性园艺植物影响较大,而对株形较矮的园艺植物影响较小。畦的方向与风向平行,利于畦间通风。在倾斜地畦的方向应与倾斜面垂直,以减少水土流失。草本园艺植物的行向一般与畦向平行。我国冬季一般作东西横长的畦,有利于园艺植物充分接受阳光和减少冷风的危害,而夏季则采用南北纵长作畦,使植株受到较多的日光。

（3）中耕除草

中耕除草主要是在草本园艺植物生长期进行。中耕的作用是清除杂草,切断土壤毛细管,减少土壤水分、养分的消耗,提高土温,改善土壤的通透性,促进肥料的分解和根系的吸收。中耕的深度依植物根系的深浅和生长期而定,一般为3～10 cm。如幼苗期中耕浅,随苗的生长逐渐加深;近植株处中耕浅,株行间中耕深。中耕次数取决于植物生长状况及杂草数量。通常在主栽植物未布满田间前进行,蔓性园艺植物中耕除草的时间还可以延长。对于杂草数量多,特别是雨后,土壤易板结,中耕除草次数应增多。以除杂草为目的,应遵循"除早、除好、除了"的原则,即中耕除草最好在杂草出苗期、种子成熟前进行,每一次除草应连根拔除,清除干净。

（4）培土

培土是指在草本园艺植物生长期间,将行间土壤分次培于植株的根部,常与中耕除草结合进行。北方地区垄作趟地就是培土的方式之一。在多雨地区,为了加强排水,把畦沟中的泥土掘起覆在植株根部,加深畦沟,利于排水。培土对不同园艺植物作用不同,有的可以促进植株软化,增进产品质量;有的促进地下茎的形成;也有的促进不定根的发生,提高根系吸收水肥的能力;还有的起到抗倒伏、防寒、防热等作用。

### 3) 定植与盆栽

（1）定植

把育好的草本园艺植物的幼苗移栽到露地或设施圃园,或栽培到观赏的地点的栽植方法称为定植。

①定植前的准备　包括炼苗、囤苗和植株修整等。为使幼苗栽植后能尽快适应新的生长环境,在栽植前7~10 d进行炼苗,主要措施是苗床减少或停止灌水,加强通风降温,进行低温炼苗。囤苗是在栽植前5~10 d,将幼苗挖出,带土坨囤积在原苗床内,控制幼苗地上部分生长,使受伤的根系伤口愈合并长出新根,有利于栽植后缓苗。有的草本园艺植物在栽植前还需修整植株,剪除部分过长的根和去除烂根,促发新根;摘除一些老叶、病叶和枯萎叶,以减少水分的蒸腾;为促进侧芽发生,有些种类还可以摘心。为防止病虫害的流行和扩散,栽植前应在苗床采用药剂集中处理幼苗。定植前定植园已施入充分腐熟的有机肥,按预定的株行距开穴（或开沟）,然后定植。定植时秧苗的大小因植物根的再生能力强弱而异。如茄果类园艺植物的幼苗根的再生力强,可以用带花大苗定植,有利于提早成熟。瓜类园艺植物的根系再生力强,且叶面积增加快,应在子叶期定植,也可用塑料杯、营养土块或纸钵育苗,以避免定植时伤根。豆类园艺植物幼苗根系再生力弱,侧根少,应在真叶出现时定植。球根、宿根、块根等应在新根未长出前或初生期定植。

②定植的时期　蔬菜和草本花卉植物的定植时期变化较大,可根据气候和土壤条件、植物种类、产品上市时间等确定,一般以春秋季定植为主。露地生产时,耐寒性草本园艺植物,如甘蓝、白菜和葱蒜类等,在长江以南多在秋、冬季以移栽的方式定植,以幼苗越冬。在华北、东北等地需在早春定植时,要求土壤解冻,10 cm的土温在5~10 ℃时进行。喜温性草本园艺植物,如番茄、茄子、黄瓜、西瓜、报春花、彩叶草等,在晚霜期过后,土壤温度应不低于10~15 ℃时露地定植。而保护地栽培,因设施性能和栽培目的不同,草本园艺植物定植的时间可以提前或延后。

③定植的方法　草本园艺植物的定植方法简单,一般按预定的株行距先开沟或挖穴,放入幼苗,填土压紧,浇水,等水下渗完,再在定植穴或沟面覆细土。栽植的深度以子叶下为宜。幼苗的成活率、缓苗快慢与栽植时的气候条件有密切的关系。北方春季栽苗应选无风的晴天,由于气温、土温较高,利于成活;南方栽植时宜选无风的阴天,避免暴晒,减少了地上部的蒸腾。一般的天气,下午定植比上午好。定植时天气凉可栽植深一些,夏季定植深度要浅。

④定植的密度　合理密植能够增加产量,原因主要是增加了单位面积上的植株数,使单位面积内的叶面积和根系在土壤中分布的体积增加,提高了植株对光能、空气及土壤水分和营养的利用率。利用不同植物的间作、套种,利用群体内不同植物生育期长短的时间差,植株高矮的空间差,不同植物根系分布的层次差及其对土壤条件利用的营养差,在同一

时期内,可以增加总的叶面积指数,有效利用光能,比单植获得更多的园艺产品。适当的密植并配合其他栽培技术,如与深耕、增施肥料、适时灌溉等结合,提高植株吸肥能力和抗倒伏的能力,收到良好的效果。精细的田间管理,可以增加栽植密度。为适应机械化生产的要求应适当扩大行距,而缩小株距,便于机械操作,以利于通风透光。密植后为了改善通风透光条件,减少不必要的养分消耗,应根据不同园艺植物采取不同措施,如整枝、打叉、压蔓、摘叶、支架等,以保证植株有足够的生长空间。密植后株间的土壤湿度增加,病虫害也相应增加,因此要注意病虫害的防治工作。特别是在高温多雨地区栽植密度不宜过大。

⑤定植后的保苗　幼苗在定植时根系受损,有碍水分和养分的吸收,待新根产生后才恢复生长这个阶段称为"缓苗期"。为有效地缩短"缓苗期",促进成活,可采用护根育苗或定植时尽量多带土,少伤根的方法;栽植后遇高温、强光照天气,应适当遮阴;遇霜冻天气,应采取覆土、熏烟等防寒防冻措施;为弥补定根水的不足,应浇缓苗水。出现死苗、缺苗现象时,应及时移苗补栽。

（2）盆栽

将花苗定植到花盆中或营养钵、塑料罐中进行养护,称为盆栽。盆栽是花卉园艺特有的栽培形式,其光、温、水、土、肥等的供应易于调控,有利于花卉的生长发育。盆栽技术包括上盆和换盆两道工序。

①上盆　将培育好的花苗栽入盆或钵中称为上盆。在花苗上盆前,先将盆或钵底部的排水孔用瓦片等物覆盖住,填一层粗沙、陶粒或石砾等至盆或钵深的1/3,以利排水,装入培养土至盆或钵深1/2处,将花苗放入盆或钵中扶正,使根尽量向四周伸展,再填入培养土至离盆或钵沿口2~3 cm处,并将花苗轻轻向上提,使苗根系舒展,然后将培养土压紧,浇透定根水。

②换盆　也称翻盆,就将原小盆中栽植的植株起出,换到一个口径较大的新盆中栽植的过程。通常在一、二年生草本花卉开花之前换盆1~2次。换盆时,先将原盆土倒出,剔掉底部的旧瓦片和部分旧土;对老根进行适当修剪,去除枯根和病根,再装入大的新盆中,填入新的培养土,压紧,浇透水。在营养钵或塑料钵中栽植的花苗一般不换盆。

③注意事项　首先盆栽若使用新瓦质花盆要浸透水,旧花盆要刮去盆壁陈土、苔藓等杂物,并洗净消毒。其次上盆时装土不宜过满,一般每盆装入盆钵3/4的土即可,使土面低于盆沿2 cm左右,防止浇水时水溢出。上盆和换盆之后,应将花盆置于阴凉处养护数日,待缓苗后再移至阳光充足处管理。一般在盆栽苗抽新芽前不施肥,花盆盆底应垫些石砾、炉渣或砖块,不宜直接搁在水泥地面上,以免淤泥堵塞排水孔,同时应注意检查,防止根系从排水孔伸出盆外。约一个月要转动花盆一次,变换植株朝向,使植株生长丰满匀称,防止偏冠现象的发生。

**4)肥料管理**

（1）草本园艺植物的需肥特点

①蔬菜植物　首先,蔬菜为喜肥植物,根的吸肥能力强,对土壤养分要求高。其次,蔬菜是喜硝态氮营养的作物。再次,蔬菜是需钙多的植物,当缺钙时,常会出现缺钙的生理性病害,如番茄、甜椒的脐腐病,结球莴苣、大白菜的干烧心等。最后,蔬菜是含硼量高的植物,尤其是根菜类蔬菜含硼量高,但主要是难溶性硼含量高,因此,硼的再利用率低,易产生缺硼症,如芹菜的茎裂病、花椰菜的褐心病等生理性病害。

②草本花卉　花卉种类繁多,观赏器官不同,花色各异,又有露地和温室栽培之分,其对营养和需肥特性差异较大,施肥复杂,要求精细。同种花卉不同的生育期需肥不同,一般花卉苗期需氮多,花芽分化期和孕蕾期需磷、钾多。不同类型的花卉对肥料的需求也不同,如一、二年生花卉对氮、钾要求较高;球根花卉对磷、钾肥比较敏感,前期以施氮肥为主,而子球膨大期应控制氮肥,增施磷、钾肥,以利球根充实。花卉植物要求营养全面,营养水平高而持久,施肥以充分腐熟的有机肥和复合肥料为好。不同营养元素对花色的影响不同,如红色系花卉在氮素过多或碳水化合物过量时,红色会减退、变淡;当缺铁、锰等元素时,红色花会变浅且花鲜艳时间缩短;蓝色秋菊缺氮,其花色呈浅蓝甚至呈红色;磷、钾对冷色系花卉有重要影响,能使冷色向更冷的光谱系发展;营养元素锰、钼、铜、镁均参与显色化合物的合成过程,缺乏时花色变灰、变白,花期缩短,色泽不鲜艳。在优质的生产中,营养元素间的适宜比例比单一营养元素水平更为重要。花卉正常生长发育的 N、P、K 适宜比例约为 1:0.2:1,不同类型的花卉也略有差异。不同花卉种类对铵态氮和硝态氮的需求有明显差异,如"硝酸型"花卉波斯菊、一串红等以全部硝态氮生长最好,随铵态氮比率增加生育变劣;"共存型"花卉如香石竹、百合类等在硝态氮中加入 20%~40% 的铵态氮时则生长良好;"共用型"花卉如唐菖蒲等的生育状况与硝态氮和铵态氮的浓度比无关。故对不同种类花卉,应选用适合的氮肥类型。

③草本果树　如香蕉、菠萝等植株较高大,速生高产,故需肥量多。香蕉的一个生长周期中,若每公顷生产果实 30 000 kg,那么大致也得生长地下茎 30 000 kg,叶片 36 000 kg,这样需从土壤中吸收 N:283.5 kg,P:31.2 kg,K:59.8 kg。植株体内钾含量最高,约为氮的 2~3 倍。按植株内各元素的总量计算,得到 K>N>Ca>Mg>P>Fe>Mn>B>Cu>Zn。三要素中 N、P、K 的比例约为 1:0.07:2.25。

（2）施肥方法

①施肥时期　基肥在早春或晚秋植物播种前或定植前施用,以有机肥为主。提苗肥一年生植物一般在"蹲苗"时或之后,多年生植物在定植或留芽之后施用,以氮肥为主。花后追肥主要是促进坐果,除氮肥外配合磷、钾、钙等营养元素肥料。果实膨大期的追肥应以磷、钾肥为主,促进果实增大。采前追肥以磷、钾、钙为主,以结果为主的草本园艺植物可提高果实品质和产量。

②施肥种类和数量　由于草本园艺植物生长快、发育期短、产量高,因此需要大量多种肥料。施肥的种类应以有机肥为主,为加强环保和提高园艺产品品质,应尽量减少无机肥的施用。有机肥主要来源是厩肥、堆肥和绿肥,占总肥量的 70%~90%。每 667 hm² 的园地应年施优质有机肥 5 000 kg 以上。无机肥主要用于追肥,以补充基肥中营养素不足的种类和数量。在设施栽培条件下,要增加施肥量,设施栽培条件下植物产量高,肥料分解快,消耗也多。此外,在不同质地和不同酸碱性土壤中施肥种类也不同,如黏土、粉沙、壤土比沙土耗肥量大;酸性土壤应多施用碱性肥料,如钙、镁肥;碱性土壤应增施酸性肥料。

③施肥方式　包括土壤施肥和根外施肥两种。土壤施肥有:全面铺施,施后翻入土中,常用于基肥,在栽植前施用,穴施或沟施,适于追施无机肥;随地面灌水施肥,适于易溶于水或随水渗入土壤中的无机肥或粪肥等。草本园艺植物通过根外施肥快速补充营养,如常用的叶面喷施有尿素等补充土壤营养。

#### 5）水分管理

（1）草本园艺植物对水分的要求

不同种类的草本园艺植物对水分的需求不同,因此可以把草本园艺植物分为:

①根系吸收力弱,消耗水分很多的种类 如莴苣、甘蓝、黄瓜、四季萝卜、绿叶菜类、长春花、美女樱等,叶面积较大而组织柔嫩,但根系入土不深,故要求较高的土壤湿度和空气湿度。

②根系有强大的吸收力,消耗水分不是很多的种类 如西瓜、甜瓜、苦瓜、鸡冠花等,其叶子虽大,但叶子有裂刻,叶表面有茸毛,蒸腾较少,且有强大的根系,入土深,抗旱。

③根系吸收力很弱,消耗水分少,对土壤湿度要求较高的种类 如葱蒜类蔬菜、石刁柏、石蒜、石竹等。葱蒜类蔬菜叶面积很小,表皮被蜡质,蒸腾量很小,而根系分布的范围小,入土浅,几乎没有根毛,故吸收水分的能力很弱,对水分要求也比较严格。

④根系吸收力中等,水分消耗量中等的种类 如茄果类、根菜类、豆类蔬菜、菊花等,其叶面积小,组织较硬,叶面常被茸毛,故水分消耗量较少,根系虽发达,但又不如西瓜、甜瓜等。

⑤根系吸收能力很弱,抗旱力弱,消耗水分很快的种类 如藕、荸荠、凤眼莲、茭白、菱等水生园艺植物,其茎叶柔嫩,蒸腾作用旺盛,但根系不发达,根毛退化,故吸水能力很弱,植株需全部或大部分浸在水中才能生长。

不同草本园艺植物对土壤湿度、空气相对湿度的要求各不相同。草本园艺植物苗期根系少,吸收量少,但对土壤湿度要求严格,需经常浇水,移苗前后应多浇水。柔嫩多汁的器官形成时需大量浇水,土壤含水量应达到 80%~85%。开花时水分不宜过多,但果实生长时需水量较多,种子成熟时需水较少。

（2）灌溉

①灌溉时期 一般根据当地的气候与土壤条件,草本园艺植物对水分的要求,运用灌水与保墒相结合的方法进行合理的灌溉,即看天、看地、看苗灌水。首先,要看气候条件灌溉,如早春的灌水要在晴天进行,阴天蹲苗,避免阴天灌水,以防"久阴沤根";早春露地栽培讲究锄地保墒,夏季着重"灌水保湿",讲究"早晚灌水",使植株体内湿度变化,增强根部的吸收量;在霜冻降临前,灌溉"防霜水"可有效地降低霜害。其次,应了解土壤特点,对于漏水土地,可采用施肥保水;对积水土地则加强排水;对盐碱地则强调河水灌溉,明水大浇;对低洼地上则"小水勤浇",防盐渍化。再次,在看苗灌水上,我国农民积累了丰富的经验。如早晨看叶子上翘与下垂,中午看叶子萎蔫与否,傍晚看恢复得快慢。黄瓜、凤仙花等叶色发暗,中午略呈萎蔫,洋葱、羽衣甘蓝叶面灰蓝而脆硬,表明缺水,需要立即灌溉;如叶色淡,叶片中午不萎蔫,茎节较长,说明水分过多,需要排水或晾地。

②灌溉方式 草本园艺植物种植园地的灌溉包括地面灌溉、喷灌、滴灌及其他形式的灌溉。地面灌溉,是采用渠道畦式灌溉,适用于蔬菜、花卉按畦田种植的草本园艺植物,其缺点是灌水量较大,易破坏土壤结构,费工时。但目前仍以地面灌溉为主。喷灌,是借助动力设备把水喷到空中形成细小水滴降落到植物和土壤上,像降雨一样的灌溉方式,分固定式、移动式和半固定式三种。喷灌的优点是节约用水,土地不平也能均匀灌溉,可保持土壤结构,减少田间沟渠占地面积,提高土地利用率,省力高效,除供水外,还可配合喷药、施肥、调节小气候等来应用。喷灌的缺点是设备一次性投资大,风大地区或风大季节不宜采用。

滴灌,是一种直接供给过滤水(和肥料)到土壤表层或深层的灌溉方式。滴灌的优点是可连续供水给根系而不破坏土壤结构,土壤水分状况较稳定,更省水、省工,不要求整地,适于各种地势,可连接电脑,实现灌水完全自动化。其他灌溉方式有地下灌溉、微量喷灌、盆栽花卉的喷壶浇灌和浸灌等。

(3)排水

积水原因包括降雨洪涝、地下水异常上升及灌溉不当的淹水等。由于土壤积水时间长,使土壤通透性恶化,缺氧,嫌气性微生物活动加强,有机物的分解使 $CO_2$、$H_2S$ 等有毒物质大量积累,导致植物根系生长和吸收功能受阻,植物受害。故应重视排水。

与木本园艺植物的排水方式一样,也主要采用明沟排水、暗管排水、井排等方式进行排水。

**项目小结** 》》》

园艺植物种植园规划设计的依据是:相关的方针、政策及法规,建园地区的自然环境、资源、社会、经济及人文条件,园艺植物产品的市场需求及投资状况。规划设计的内容是:水土保持工程、种植园小区规划设计、园艺植物种类、品种的配置、防护林体系、排灌系统、道路、建筑物和其他配套设施。园艺植物种植园的建设包括园地选择、土地平整、土壤改良和种植制度的确定。种植制度是指种植园在一年或几年内所采用的作物种植结构、配置、熟制和种植方式的综合体系。而种植方式是实现种植制度的途径,园艺植物常见的种植方式有连作、间作、轮作、混作、套作、立体种植、促成栽培、延后栽培及软化栽培等。本项目主要介绍园艺植物种植园的栽培管理,重点是木本园艺植物和草本园艺植的栽培、土壤、水分、肥料的管理特点。

**复习思考题** 》》》

1.园艺植物种植园规划设计的依据有哪些?

2.园艺植物种植园规划设计包括哪些具体内容?

3.园艺植物种植园土壤改良的方法有哪些?

4.什么是种植制度? 常见的种植方式有哪些? 各有何特点?

5.试述木本园艺植物栽培管理的内容。

6.试述草本园艺植物栽培管理的主要内容。

## 项目6 园艺植物的调控

**项目描述**

　　本项目主要介绍园艺植物的调控技术。主要有植株调整、矮化栽培和植物生长调节物质的运用。草本园艺植物植株调整包括整枝、摘心、打杈、摘叶、束叶、疏花疏果、压蔓、支架等;木本植株调整包括支柱、支架、棚架、整形、修剪等;矮化栽培包括矮化品种选用、运用矮化技术、利用砧木矮化和密植矮化。

 **学习目标**

- 掌握不同园艺植物植株调整的主要技术措施。
- 了解矮化栽培的主要途径以及植物生长调节剂在调控园艺植物生长发育上的应用。

 **能力目标**

- 能够根据不同园艺植物的生长特点对其植株的生长进行控制。
- 具有应用植物生长调节剂调控园艺植物生长发育的能力。

**案例导入**

### 什么是植株调整？

植株调整,就是通过人工调控园艺植物各器官生长的数量、比例、方向等,以改变器官的生长和发育的速度,提高植株对自然条件的有效利用率,促进目的器官的形成,使其获得优质、丰产的技术措施。园艺植物的类型较多,不同的园艺植物其植株调整技术措施也不同。

## 任务 6.1　园艺植物植株调整技术

### 6.1.1　草本园艺植物植株调整技术

草本园艺植物的植株调整技术主要有整枝、摘心、打杈、摘叶、束叶、疏花疏果、压蔓、支架等。其作用是调节和平衡营养器官和生殖器官生长的关系,改善光照条件和充分利用光能,节约水分和养分,提高目的器官的产量和品质。

**1) 整枝、打杈、摘心**

整枝、打杈和摘心常用于在地面爬行的蔓性的或直立需要绑蔓的草本园艺植物,如西瓜、黄瓜、月季、菊花、茄子、番茄等。

（1）整枝

整枝是对园艺植物枝条的整理和取舍。其作用是改善园艺植物的通风透光条件,调整枝条生长方向和数量,促进枝条的均匀分布,使养分集中供给花或果实。不同的园艺植物、不同的类型品种,其适宜的种植方式也不同。常见的有单干(蔓)整枝、双干(蔓)整枝、三干(蔓)整枝。如番茄和黄瓜以单干(蔓)整枝为主,而西瓜则以双蔓或三蔓整枝为主。

（2）打杈

打杈是摘除无用的侧枝(蔓)。打杈可抑制侧枝生长,强壮主枝(蔓),减少侧枝(蔓)对养分的消耗,调整营养器官和生殖器官的比例。另外,在芽还未抽枝前去除,称抹芽。抹芽更利于减少植株不必要的养分消耗。

（3）摘心

摘心是指摘除植株的顶梢、顶芽。摘心可抑制植株向上生长,促进植株矮化,促进花芽分化,增加花枝数量。

**2) 摘叶、束叶**

（1）摘叶

摘叶是摘除植株上过多的叶片,以减少水分蒸腾和养分的消耗,促进通风透光,防止病虫害的蔓延,特别是摘除老叶和病虫叶。如瓜类、茄果类、葡萄等应经常摘除病、老叶。观赏花卉为了提高其观赏效果也应该经常摘除老叶。

（2）束叶

束叶是用捆扎物将园艺植物的叶束起，起到软化叶球或保护花球，提高其品质的作用。如大白菜常在收获前半个月束叶，既可促进叶球软化，又可防寒，改善植株间的通风透光条件。花椰菜在花球形成时期束叶，可使花球洁白柔嫩。

### 3）疏花疏果

疏花疏果是摘除植株的部分花蕾或果实，以平衡树势，减少养分的消耗，集中养分供给目的器官，提高其产量和品质。如将马铃薯的花蕾摘除有利于地下块茎的膨大。黄瓜、番茄等蔬菜及时采摘果实，有利于延长采摘期，提高产量。另外摘除畸形果、病虫花蕾和果实，有利于留下的花蕾和果实正常发育。

### 4）压蔓

压蔓是用土将爬地生长的蔓性园艺植物的蔓压住，并固定的方法。如不支架的南瓜、冬瓜经压蔓后，植株定向生长，排列整齐，受光充分，形成不定根，防风并增加了对水养分的吸收能力。

### 5）支架

支架是在栽培蔓性园艺植物时，为了增加叶面积指数，提高栽植密度，增加单位面积的产量，利用竹木、塑料、金属等材料做支架进行扶持。支架有丛生架（喜鹊窝）、双行或单行连架、棚架、矮支架等多种形式，供不同园艺植物栽培时选用。支架材料的选用主要视园艺植物产品的重量和本身攀援能力而定。在花卉上利用支架，还可以对其枝蔓捆扎造型。

## 6.1.2 木本园艺植物植株调整主要技术

木本园艺植物的植株调整技术主要有支架、整形修剪、疏花疏果、摘叶、转果等。其作用是调节营养器官和生殖器官生长的关系，提早开花结果时间，均衡树势，构建坚实的树体骨架，改善通风透光条件，充分利用水分和养分，增强抗逆性，提高木本园艺植物的产量和品质。

### 1）支柱、支架、棚架

（1）单支架

单支架常用于幼树栽植。在幼树的主干旁立一平形支柱，并在支柱的上端和近地面处将主干与支柱扎牢，以防止苗木晃动的措施。

（2）门形支架

门形支架常在木本园艺植物栽植好以后用。为了防止树体晃动，影响根系的固定和生长，在树干的对应两侧各立两根平行支柱，用一横杆将两支柱连接并牢固捆扎，使横杆中心点与树干对齐，同时也要将横杆与树干扎牢。

（3）人字形支架

人字形支架常用于行道树栽好后。为防止树干晃动，在树干两侧各立一根斜撑支柱，构成"人"字形，并将支柱上端和主干扎牢。"人"字形支架的稳定性差。

（4）三角形支架

三角形支架常用于孤植树栽植。为了更好地固定树干和根系，利用三根支柱支撑树

干,上端以树干为中心扎牢,下侧以三角方式插入土内。应用时,如果树干高,要在三角形支架中部加一个腰匝。三角形支架稳定性好。

(5)四方形支架

四方形支架常用于大树移栽。也是为了保证树干和根系的固定,分别在树干四周平行于主干立四根支柱,在支柱的上端分别用平行于地面的横杆将相对的两根立支柱上端扎牢,并与树干扎在一起。

(6)撑枝、吊枝

常用于以结果为主的木本园艺植物。为了防止结果枝随着果实生长的增重而导致枝干折断,常在骨干枝受力的下方支柱支撑的措施称为撑枝。也可以树干为中心向下伸出绳子或铁丝吊住枝干,以防止枝干折断的措施称为吊枝。

(7)篱架

篱架常用于蔓性园艺植物、一般的结果果树及观赏植物,是利用支柱和铁丝相接成篱笆状,将蔓(枝条)绑在支柱或铁丝上的措施。篱架可以促进结果,增强观赏性,减轻树体的负载力,充分利用空间,方便管理。如在葡萄、黑莓等的栽培上比较常见。

(8)棚架

常用于蔓性园艺植物和木本观赏植物,利用支柱和铁丝拉成棚架,将园艺植物绑在或吊在棚架铁丝上或下面,有利于园艺植物充分利用空间,提高产量。如在葡萄、猕猴桃、紫藤、凌霄花等的栽培上常用。

**2)整形修剪**

整形修剪是木本园艺植物特别是多年生果树和木本观赏植物栽培管理中的一项重要技术措施,运用正确的修剪技术造就合理树体结构,实现木本园艺植物低耗、优质、高产、高效。

整形是根据不同木本园艺植物的生物学特性,结合一定的自然条件,社会经济条件,栽培目的、栽培制度和管理水平等,通过修剪及应用相应的栽培技术措施,把幼树培育成一个有较大光合面积,能负担较高产量、便于管理的合理树体结构。整形是实现树体合理结构的过程。

修剪是为了控制树体枝梢数量、方位及生长势,对树体直接采用剪枝及类似的外科手术的总称。修剪是调节树体生长发育的机械的、物理的和化学的具体操作技术。整形是通过修剪完成的,修剪是在一定树形的基础下进行的,因此整形和修剪是密不可分的。

(1)整形修剪的时期

整形修剪贯穿于木本园艺植物生长发育的整个生命过程中。对于多年生果树来说,从定植到结果初期,可利用修剪达到培养树形的目的。进入结果期后主要运用修剪技术来平衡树势。结果后期再次通过整形重新培养树形,使树体更新复壮,延长其经济寿命。而木本观赏植物主要是通过整形修剪调整植株的长势,防止徒长,使营养集中供应给所需目的器官,使根、茎、叶、花、果协调生长,相映成趣,形成优美树形,并不断调整保持其观赏价值。

整形修剪时期从理论上说,以生长控制为目的的修剪,什么时期都可以进行。但从影响植物生长发育的效率上和可行性上说,各种园艺植物、不同品种、不同生长情况等,是应当讲究整形修剪时期的。多年生木本园艺植物整形修剪时期按季节分一般分为冬剪和夏剪。

①冬剪 指落叶果树或观赏树木,秋末冬初落叶至第二年春季萌芽前,或常绿树木冬季生长停止的时期(即休眠期)进行的修剪,也称休眠期修剪。在生产上这是最重要的修剪时期,一是因为这个时期劳动力便于安排,无其他活茬挤占,易从容进行;二是落叶后树冠内清清爽爽,便于辨认和操作;三是这个时期修剪,果树的营养损失少,即使是常绿果树也如此。一个大面积的果园,整个冬季内要进行修剪,应先剪幼树、经济效益大的树、越冬能力较差的树和干旱地块的树。从时间上讲,应先保证技术难度大的树的修剪。

②夏剪 指由春季萌芽至秋季落叶前进行的修剪,也称带叶修剪。理论上讲,调节光照、果实负载量和枝梢密度,夏剪更准确一些,也较合理;但夏季果园劳力紧张,夏剪的及时性难以保证,甚至容易被忽略。一些正大量结果的树,为提高果实品质和产量的夏剪,应尽量保证,幼果树的整形、控制强旺生长的修剪,应给予夏剪的保证。夏季发现的病虫枝,应及时修剪。

(2)修剪量

修剪量主要指去除器官的数量。修剪量小,达不到调整树形结构和平衡树势的目的;修剪量大,对树体损伤大。故应坚持"因树修剪,随枝作形;有形不死,无形不乱;轻剪为主,轻重结合;冬夏结合,周年修剪;手段多样,结合运用"的原则,以实现促进新梢生长,枝条增粗,减少叶片的损失;促进生殖生长,使树体保持良好的生长状态;促进更新复壮,延长木本园艺植物的经济寿命等。

(3)修剪的方法

冬剪常采用短截、疏枝、回缩和缓放等修剪方法。夏剪常采用摘心、扭梢、环剥(割)、疏枝和弯枝等修剪方法。

①短截 指将一年生枝条剪去一部分。能促进剪口以下的芽萌发成枝,主要用于分枝、延长、更新、控制和提高开花结果质量、数量,降低果位,矮壮树冠等。

②疏枝 指将枝条从基部去除。主要用于徒长枝、竞争枝和密生枝的疏除,能减少分枝量,改善树冠内堂光照条件,调节母枝的生长势。另外疏除花枝有利于加强母枝的营养生长。

③回缩 指对多年生枝的短截。主要用于更新复壮,控制骨干枝、辅养枝和结果枝组,调节生长势。

④缓放 指为缓和长势,一年生枝条不剪。主要用于已有花芽的结果枝、期望抽生中短枝形成花芽的生长枝、不宜短截又不必去除的生长枝。

⑤抹芽、疏梢 抹芽是指抹除过多的嫩芽,疏梢是指去除过多的嫩梢。主要用于去除多年生枝上萌蘖、冬剪后剪锯口发生的萌蘖、过密的嫩梢等,防止无效枝的形成,减少营养的消耗。

⑥摘心 指摘(剪)去新梢顶端幼嫩的部分。主要用于缓和生长,促进分枝。幼树的摘心有利于多发分枝加快树冠的形成,成龄树的摘心则促发分枝培养结果枝组。

⑦弯枝 指借助外力调整枝条的角度。主要用于着生角度小的骨干枝、直立枝或枝组,使其枝条角度开张,缓和生长势,促进花芽分化和结果。

⑧环剥(割) 指将多年生的主干或大枝基部的韧皮部环切或环剥一圈。主要用于生长过旺的主干和大枝,环剥后切口以上的养分向下运输的通道被切断,有利于花芽分化和结果。

⑨扭梢　指将新梢基部扭伤并弯曲使顶端向下。主要用于花芽分化困难的木本园艺植物的新梢,扭梢后伤口处以上的养分不能向下运输,有利于花芽的分化。

### 3) 疏花疏果和保花保果

疏花疏果是指疏除木本园艺植物过多的花芽、花、果实或结果部位,控制留果量,以减少树体的负载量,促进营养生长,集中养分的供应,调整大小年现象和提高品质的技术措施。方法有人工疏花疏果和化学疏花疏果,常根据树体的负载量来决定留果量,前者用人力摘除过多的花果,后者在花期或幼果期用药剂(常用的药剂有萘乙酸、西维因等)喷雾处理的方法导致部分花果的脱落。

果树生产上控制果实负载量通常是从大年做起,即对于花量过多或坐果过多的果树,进行疏花疏果处理。首先,疏花疏果应以早疏为宜。疏果不如疏花,疏花不如疏芽。疏除多余的花果越晚,养分浪费越多,对克服坐果与成花矛盾的效果就越小。故特别是大年,应在冬剪时,尽量剪除或短截多余的花枝,以减少花芽开放过程中的消耗。其次,疏除劣小果,择优留果,也是控制果实负载量,改进果实质量的重要措施。由于不同果树及同一果树的不同品种,结果习性不一,故疏果时应因树制宜。原则上,树势较弱时,外围延长枝段不宜留果,内膛弱枝也宜重疏,仅保留光照最佳的果枝上的果实;而壮旺树则内膛、外围均可酌情多留,即以果压枝,延缓树势。同理,为兼顾产量与质量,大年树果多,宜留单果,小年树应改留双果或多果,以补产量不足。

保花保果与疏花疏果相对应,当树体中贮备营养不足,幼果发育不良时,须及时保花保果,以保持果实适宜负载量:一般弱树、老树、弱果枝等常不易坐果或坐果但果实发育不良。多采取以下技术措施。

（1）人工辅助授粉

一般在果树盛花初期到盛开期先后授粉 2 次,2 次间相隔两三天。授粉最宜在花开放当日上午进行,以利受精坐果。

（2）花期放蜂

大多数果树树种为虫媒花,花期增加果园内的蜂群,对提高果树授粉及坐果率有显著作用。一般果园放蜂应在开花前就安置蜂箱,应选择强蜂群。通常一个强蜂群可保证 $0.33 \sim 0.67$ hm$^2$ 果园的充分授粉。

（3）花期前后加强栽培管理

因花期所需营养物质,几乎均为贮藏营养。因此,上一年采收后应加强肥水管理,保护叶幕完整,改善采后植株的光合作用,积累更多贮藏养分。同时,还须加强春季管理,为开花坐果提前制造养分;花期喷施 0.3%硼砂加 0.1%蔗糖 1 次,以利花粉发芽和促进受精,提高坐果率;花后喷施 0.3%~0.5%尿素两三次,以提高叶片光合效能,为幼果提供有机营养。

可利用摘心、环剥等改变花期前、后树体内部营养输送方向,使有限的营养物质优先供应子房或幼果,提高坐果率;花期或花后喷布植物生长调节剂保花保果;预防花期霜冻和花后寒害、避免过涝等也是保花保果的必要措施。

### 4) 摘叶、转果、铺设银色反光膜

（1）摘叶

摘叶是指摘除园艺植物上过多的、老化的及有病虫害的叶片,改善植株光照条件,减少

水、养分的消耗,提高果实品质和产量的方法。一般摘叶量应控制在总叶量的30%左右,留下来的叶片才能够满足果实和植株生长发育的需要。

（2）转果、铺设银色反光膜

果实的色泽因不同种类、品种而异。不论生食或加工,色泽均是重要的感观指标与品质分级标准之一。决定果实色泽发育的色素主要有叶绿素、胡萝卜素、花青素及黄酮素,而这些色素的形成和转化均与果实着色期的光照条件有关系。转果和果树下面铺设银色反光膜都是为了改善果面的光照条件,促进果实均匀着色的技术。转果是指当套袋果实除袋后,经5~6个晴天,将果实阴面轻轻转到阳面,以提高果实着色面积和着色度的措施。为了使树冠中、下部的果实充分受光,果实均匀着色,可在树冠下铺设银色反光膜,利用反光效应,增强树冠内部光照,增进果实着色。一般每株树冠下3 m² 反光膜即可。反光膜使用后,清洗干净可循环使用。

**案例导入**

### 何为矮化栽培?

矮化栽培是利用矮化砧、矮化品种、矮化技术及密植等措施,使园艺植物树体矮小紧凑,实现早果、丰产、优质、低耗、高效的栽培方法。矮化栽培在果树栽培上应用较多,如苹果、梨、桃、柑橘、李、山楂、香蕉、椰子、番木瓜等的矮化栽培,已成为现代果园集约栽培的重要方法。矮小的树体,紧凑的树冠,实行密植,提高土壤及光能的利用率,既适于大面积集约栽培,也宜于庭院栽培。矮化栽培要求较适宜的生态条件,科学的技术管理和较多的生产投入,才能充分发挥其丰产、稳产、优质和高效益的优点。园艺植物的矮化栽培近年来发展很快,这种技术的应用使一些原来需使用高支架的植物（如直立番茄）不再使用支架或仅用一些简单的支柱,使一些高大的果树、花卉的高度降低到便于操作的高度。

## 任务 6.2　矮化栽培

## 6.2.1　矮化栽培的意义

### 1) 便于园艺植物的树冠管理

树体矮小,树冠紧凑,可以提高修剪、打药、采收等的工效。如矮化果树修剪工效可提高2~3倍,仅修剪用工量就可节省70%,采收工效提高1~3倍,喷药费用仅为乔化树的2/3~3/5,这些工作还可以利用机械方式完成。

### 2) 提前开花结果

如苹果采用乔化稀植,一般需5~7年才开始结果,10年才能进入盛果期,而采用矮化密植后2~3年就可以结果,6~7年即可达到高产。

### 3) 提高园艺植物产品的产量和品质

由于矮化密植栽培增加了单位面积株数,提高了园艺植物群体对光能的利用率,合理、

经济地利用土地,使单位面积产量显著提高,就能达到早果、高产、优质。如苹果矮化密植栽培后的果实比乔砧稀植的果实着色早 5~10 d,成熟早 7~10 d,果实增大 15%~20%,均匀整齐,色泽鲜艳,含糖量较高,风味好,耐贮藏。

**4)易于更新品种,恢复产量**

木本园艺植物生长周期长,品种更新慢,随着品种选育技术的提高,优良品种不断出现,为了提高产量和品质,适应市场的变化,满足人们生活的需要,常利用矮化栽培技术可以短期内对产量低、品质差的老品种进行更换。对于衰老园艺植物或受自然灾害的果园,也能较快地更新品种,恢复产量。

### 6.2.2 矮化密植树生长发育的特点

**1)根系**

矮化密植树,根系分布比较浅,骨干根较少,须根数量明显比乔砧多,根系在幼树期生长快。根系中活细胞多于乔化砧,而根系开始活动时间晚于乔化砧木。

**2)地上部分**

矮化密植树,幼树期生长比较旺,但分生短枝较多。进入结果期后,生长逐渐缓慢,树冠体积明显小于乔砧,随着结果量的增大,树冠体积的差异会越来越大。

叶片数量,矮化果树比乔砧树的叶量少,但叶片的光合能力强,同化物质输送到果实中的能力强,单片叶片在生长期获得的干物质远远高于乔化砧树。

矮化果树由于树姿开张,生长缓和,营养消耗少而积累多,促进营养生长向生殖生长的转化,故易分化花芽,提早结果,提早成熟,果实品质好。

### 6.2.3 矮化栽培的途径

**1)选用矮化品种**

在育种工作中通过人工选育获得矮化品种,并以实生砧嫁接,无性繁殖保存。矮化品种的植株多为半矮化树、矮化树,树冠紧凑,结果早,果实色泽艳丽。目前,选用的果树矮化品种主要有:

苹果矮化品种:五龙红、烟红、新红星、金矮生等。

梨矮化品种:锦香梨、矮香梨、红巴梨、八云等。

桃矮化品种:矮星、南丽、富源、南方玫瑰、南方甜桃等。

柑橘矮化品种:温州蜜柑中的早熟品系有松山、龟井等,中熟品系有南柑 20 号、米泽、早熟脐橙、北京柠檬、金柑等。

板栗矮生品种:金坪矮垂栗、矮板栗等。

**2)利用砧木矮化**

在木本园艺植物的嫁接繁殖中,常利用矮化或半矮化的品种作为砧木,通过嫁接使嫁接品种受到砧木的影响而实现矮化。

目前,我国选用的矮化砧木种类、品种很多。苹果主要有:半矮化砧木 $M_2$、$M_4$、$M_7$ 等,

矮化砧木 $M_9$、$M_{27}$ 等。梨矮化砧木：安吉斯榲桲、云南榲桲、水枸子等。桃矮化砧：毛樱桃、寿星桃、郁李等。樱桃矮化砧木：西伯利亚樱桃、Colt、CM 系。柑橘矮化砧木：枳壳、宜昌橙、香橙、锦橙、黄皮橘、九里香等。

**3）采用矮化技术**

（1）控制树冠

常利用生长抑制剂，如 $B_9$、矮壮素、乙烯剂等，在生长期喷枝叶或休眠期在土壤中施用，抑制新梢的生长，使节间缩短，连年使用可使树体矮化；采用主干环剥，有利于树冠积累营养，促进花芽分化，早结果，以果压树，实现树体矮化。运用短枝型修剪技术选留基部弱芽短截，或夏剪时抹芽、拿枝、弯枝、轻剪长放等措施控制枝梢生长，使树冠紧凑、矮小。

（2）控制根系

主要是控制垂直根的向下生长，促进侧根、吸收根发达，从而使树体生长不旺，利于矮化。常采用切断粗大主根、侧生骨干根，修剪根系；瓦片垫根、地下水位控根、浅层土栽培控根等措施来控制垂直根的生长。

（3）控制肥水

主要是控制氮素营养，以减少生长，使枝干充实，根系老化，促进树体矮化。

**4）运用密植矮化**

运用矮化砧、乔化砧密植栽培并配合整形修剪、生长调节剂控制生长等技术进行栽培，促进植株矮化。栽植密度一般在 44～3 000 株/亩。

**案例导入**

植物生长物质指哪些？

园艺植物生长发育是一个十分复杂的生命过程，不仅需要适合的环境条件，充足的营养物质，还需要有植物生长物质的调节与控制。在园艺植物的栽培过程中，为了使产品器官的生长发育更符合人们的需求，取得最佳的经济效益，常运用植物生长物质对园艺植物的生长发育进行调控。植物生长物质就是指一些能够调节植物生长发育的微量化学物质，它包括植物激素和植物生长调节剂。

## 任务 6.3　生长调节剂在园艺植物上的应用

### 6.3.1　植物激素

植物激素是指一些在植物体内合成，并能从合成部位运送到其他部位，对植物的生长发育产生显著的调节作用的微量（1 μmol/L 以下）有机物质。目前被公认的植物激素有生长素类、赤霉素类、细胞分裂素类、脱落酸和乙烯五大类。随着研究的深入，人们还发现植物体内还存在一些对植物生长发育起特殊调节作用的物质，如油菜素甾体类、茉莉酸、水杨酸及多胺等,有一些学者提出将它们纳入植物激素的范畴,和传统的五大类激素并列为九大类植物激素。但它们能否最终被确认为植物激素还有待更多验证。

**1)生长素类**

生长素是人们最早发现的植物激素,1872年被波兰园艺学家西斯勒克发现。1928年荷兰人温特首次从向光弯曲的植物体内分离出一种特殊的化学物质,并称之为生长素。1934年荷兰人郭葛等人从尿、玉米油和燕麦胚芽鞘提取分离出生长素,经鉴定为吲哚-3-乙酸(简写IAA),它是植物体普遍存在的生长素。现已证明,除了IAA外,植物体内还有其他的生长素类物质,如4-氯吲哚乙酸(4-Cl-IAA)、苯乙酸(PAA)、吲哚丁酸(IBA)等。

(1)生长素的合成部位、分布与运输

植物体内生长素的合成发生于茎尖分生组织,嫩叶及发育中的种子中,成熟的叶片及根尖中也有微量的生长素合成。生长素大多分布在生长旺盛的部位,如植物的胚芽鞘、根和芽的分生组织、形成层、受精后的子房、嫩叶及幼嫩的种子,其含量一般为 $10 \sim 100$ ng/g 鲜重。

生长素在植物体内的运输方式分为极性运输和非极性运输两种。极性运输是指生长素只能从形态学上端向下端运输,一般发生在胚芽鞘、幼茎及幼根的薄壁细胞之间,在茎中表现为向形态学下端运输,而在根中则表现为向根尖运输,极性运输的距离较短,需要能量,运输速度慢;非极性运输则可以进行向上或向下的微量扩散运动,为远距离运输,不需要能量,运输速度快。

(2)生长素的生理功能

①促进营养器官的伸长生长  适宜浓度的生长素对芽、茎、根细胞的伸长生长有明显的促进作用,从而达到使营养器官伸长的效果,在最适浓度下器官的伸长可达到最大值,若再提高生长素浓度就会对器官的伸长产生抑制作用。不同器官对IAA的反应的敏感程度不一样,其最适浓度也不同。根对IAA最敏感,其最适浓度约为 $10^{-10}$ mol/L;茎最不敏感,最适浓度约为 $10^{-5}$ mol/L;芽的敏感程度居中,最适浓度约为 $1 \times 10^{-8}$ mol/L。因此,能促进主茎、主根生长的IAA浓度往往对侧芽和侧根生长有抑制作用,维持植株的顶端优势。

②影响根的形成  实验显示,当摘除作为生长素来源的幼叶或芽时,常常会使侧根的数量减少,再用生长素处理使侧根的形成能力得到恢复,证明侧根的发生常受控于由幼叶或芽产生的生长素。生长素还能促进茎、叶等器官上产生不定根。特别是生长素能促进不易生根的植物插条顺利生根,在扦插繁殖中常用一定浓度的IBA、NAA处理插条的切口,促进插条生根。

③促进或延缓器官的脱落  植物器官脱落前要在其基部形成离层,离层的产生与器官脱落速度常与离层的生长素浓度有关。施用低浓度的生长素类生长调节剂可抑制离层的形成,延缓器官的脱落,但生长素类物质在高浓度时又可促进脱落。如2,4-二氯苯氧乙酸(2,4-D)既可防止茄果类蔬菜的落花落果,又可作为脱叶剂引起叶片脱落。

④影响性别分化  生长素在适宜浓度下可以促进瓜类作物雌花的分化,但其促雌效果没有乙烯利明显。

⑤促进果实发育和单性结实  植物在授粉和受精之后,子房及种子内的生长素含量迅速提高,养分集向果实供应,而使果实膨大,促进果实的生长。在子房未经受精的情况下,对子房施用一定浓度的IAA,子房同样能膨大形成果实,称为单性结实,形成的果实称为无

籽果实。

**2）赤霉素类**

赤霉素（GA）是1921年日本学者从事水稻恶苗病的研究中发现的。致病的赤霉菌中含有促进生长的化学物质，后经分离鉴定为赤霉素。目前，在植物中已发现127种不同结构的赤霉素，它们均含赤霉素烷骨架结构，并具有刺激细胞分裂和细胞伸长两种功能中的一种或两种功能。最早被分离鉴定且活性高的赤霉素是赤霉酸，即 $GA_3$。

（1）赤霉素的合成部位、分布与运输

正在发育的果实和种子是赤霉素合成的主要部位，其次为茎尖、根尖。

赤霉素在植物体内的含量一般为 1～1 000 ng/g 鲜重，主要分布于植株生长旺盛的部位，如根尖、茎尖、生长中的种子和果实，以及其他幼嫩快速生长的部位。一般生殖器官所含的赤霉素比营养器官高，正在发育的种子是赤霉素的丰富来源。

赤霉素在植物体的运输是双向运输，在茎尖合成的赤霉素可以沿韧皮部随光合产物向下运输，而根尖部合成的赤霉素可以随蒸腾液流沿木质部向上运输。

（2）赤霉素的生理功能

①促进茎叶伸长生长　赤霉素最突出的生理功能是促进植物茎的伸长，特别是对一些矮生突变品种效果尤为明显。赤霉素处理后只使节间伸长，而节数不变。生产上利用赤霉素可以使以茎叶收获为目的的园艺植物，如芹菜、莴苣、韭菜等获得高产。与生长素不同的是没有最适浓度的抑制作用。

②影响开花和控制性别　赤霉素能代替长日照、低温等环境因子，促进某些二年生植物，如甘蓝、油菜、萝卜等抽苔开花。对已经花芽分化植物，赤霉素对其开花具有明显的促进效果，如促进瓜叶菊、铁树、柏科及杉科植物的开花。对雌雄同株异花植物，施用赤霉素后雄花的比例会增加，如南瓜、瓠瓜、黄瓜等葫芦科的植物在花芽分化初期施用赤霉素能促进雄花的分化。对雌雄异株植物菠菜的性别分化有显著影响，一般认为它能诱导菠菜分化雄花，但有的试验表明赤霉素也可促进菠菜产生雌花。

③促进果实发育　同生长素一样，赤霉素也能促进果实生长，使未受精的子房膨大，发育成无籽果实，如促进葡萄、苹果、梨等果树单性结实。

④打破休眠，促进萌发　对于一些需要低温或光照才能萌发的芽，赤霉素可以代替这种因子的作用，如葡萄、桃树、牡丹；对于地下贮藏器官的休眠芽，赤霉素也可解打破其休眠，如马铃薯的块茎、水仙的鳞茎等。

**3）细胞分裂素类**

细胞分裂素（CTK）是一类能够促进细胞分裂的植物激素。最早被发现的细胞分裂素是激动素，但是它不是从植物中提取的，而第一个从植物中提取到的细胞分裂素是玉米素。目前已经发现的细胞分裂素有20多种，它们都是腺嘌呤的衍生物。

（1）细胞分裂素的合成部位、分布与运输

植物体内的细胞分裂素主要在根尖合成，此外茎尖、萌发中的种子、发育着的种子和果实等也能进行少量的合成。

细胞分裂素在植物体内甚微，约有 1～1 000 ng/g 干重，但普遍分布于各个器官和组织中，特别是能够进行细胞分裂的组织器官，如根尖、茎尖、生长着的果实、未成熟和萌发的种

子等。

细胞分裂素在植物体内运输是非极性的,大量在根部合成的细胞分裂素经木质部送到地上部分,少数在叶片等器官合成的细胞分裂素从韧皮部运输。

(2)细胞分裂素的生理功能

①促进细胞分裂和扩大　细胞分裂素主要是促进细胞质的分裂,而生长素促进细胞核分裂,故植物细胞的分裂是细胞分裂素和生长素共同作用的结果。同时,细胞分裂素还能促进细胞的横向扩大,如促进幼茎增粗,叶片增大及增厚、果实的膨大等。

②诱导器官分化和消顶端优势　在组织培养中,器官的分化与生长素和细胞分裂素的比值有关,当 IAA/CTK 比值高时,则诱导出根;当 IAA/CTK 比值低时,则诱导出芽;当比值为中间水平时,则愈伤组织只生长而不分化。细胞分裂素还能解除由生长素引起的植株生长的顶端优势,促进侧芽的发育。

③延缓叶片衰老　对叶片用细胞分裂素处理后,可以延迟叶片的衰老。

### 4)脱落酸

脱落酸(ABA)是一种以异戊二烯为基本单位含有 15 个碳原子的倍半萜羧酸。

(1)脱落酸的合成部位、分布与运输

在植物的根、茎、叶、花、果实和种子中都可以合成脱落酸,其主要的合成部位是根冠、脱落的叶片及将要成熟的果实。

在植物体的各个部位都有脱落酸分布,但代谢及生长旺盛的部位含量较少,将要成熟、衰老及脱落的部位含量较高,处于逆境中的植株或器官内的脱落酸含量也较高。

脱落酸也是双向运输,地上部合成的脱落酸经韧皮部向上、向下运输,根部合成的主要是经木质部向上运输。

(2)脱落酸的生理功能

①调节气孔运动,增加植物抗逆性　喷施脱落酸能使气孔迅速关闭。干旱、寒冷、高温、盐害及水渍等逆境条件下,植物体内脱落酸含量迅速增加,能调节植物的生理变化,提高抗逆性。

②诱导器官休眠　脱落酸能促进多种多年生木本植物芽休眠和种子休眠。如新采收的马铃薯块茎由于脱落酸的含量高,种到土壤中不能发芽,处于休眠状态,需经过 40~50 天的贮藏,脱落酸含量下降,才能解除休眠开始萌发。

③促进器官的衰老与脱落　脱落酸促进叶、花、果实的衰老和脱落,如脱落酸促进叶绿素分解,使叶片逐渐变黄而衰老,产生乙烯,叶柄基部形成离区,导致叶片脱落。

④影响性别的分化　如脱落酸与黄瓜雌花的分化有关,黄瓜中第 2、4 片真叶期雌株顶端脱落酸含量为雌雄同株的 1.2 倍。

### 5)乙烯

乙烯是一种具有挥发性的气体,1966 年被正式确认为植物激素。

(1)乙烯的合成部位、分布和运输

植物体各个器官都能合成乙烯,其中以成熟的果实产生的乙烯最多,其次是形成层、幼叶片等。正常的环境条件下在衰老、正在成熟或即将脱落的器官乙烯的含量最高,而处于逆境(如高温、淹水、病虫害、受伤等)中的器官乙烯含量会提高。乙烯在植物体内的分布情况与合成部位大致相同。

乙烯是气态的,运输性较差,在植物体内的短距离运输,主要以气态扩散的方式进行运输;而长距离运输则是通过以乙烯合成的前体1-氨基环丙烷-1-羧酸(ACC)进行的,因为ACC可溶于水。

(2)乙烯的生理功能

①改变植株的生长习性　乙烯有抑制幼苗茎的伸长生长、促进茎或根的横向增粗及茎的水平生长现象。在园艺植物栽培中,采用乙烯抑制植株生长,防止徒长,促进矮化等。

②促进生根　在低浓度时乙烯能促进根的伸长生长,高浓度时则抑制根的生长。乙烯能促进许多植物离体器官(如叶片、枝条和根段)生根,用生长素处理促进插条生根可能包括生长素刺激产生乙烯所引起的作用。

③促进萌发　乙烯不仅能促进蔬菜、花卉以及某些杂草等种子的萌发,也能促进营养器官休眠芽的萌发。

④促进开花和调控性别分化　乙烯常用于诱导凤梨属植物同步开花,使坐果一致。在黄瓜、瓠瓜上乙烯促进雌花分化,但在苦瓜上其促雌效果不明显。

⑤果实的催熟和刺激分泌　果实成熟过程中,乙烯含量增加,使质膜透性及水解酶的活性增强,呼吸速率提高,促进果肉有机物质快速转化,加速果实成熟。如南方采摘的青香蕉,用密闭的塑料袋包装或向密封袋内注入一定量的乙烯,会加快其成熟。无论是呼吸跃变型还是非跃变型果实,乙烯都有催熟效果。另外,乙烯有促进次生物质分泌的作用,如乙烯应用于橡胶树可以增加乳胶的产量。

⑥促进器官的衰老脱落　乙烯可以促进叶、花、果实的脱落及植株的衰老,其原因是促进了纤维素酶、果胶酶等细胞壁降解酶的合成及运输,使细胞衰老和细胞壁分解,产生离层,从而导致器官脱落。

### 6)油菜素甾体类

油菜素甾体类(BR)是指从植物体中提取到的具有生物活性的甾醇类化合物。最早是在油菜花粉中提取到的。BR广泛分布于植物界,植物体各个部分均有分布,特别是花粉及未成熟的种子中含量最多,一般为$1 \sim 1\ 000$ ng/kg鲜重。BR的主要作用生理功能是促进细胞分裂和伸长,促进光合作用,提高植物的抗逆性,延缓衰老,抑制叶片脱落等。

### 7)茉莉酸

茉莉酸(JA)广泛存在于植物界,目前已发现的有20多种。常常分布在植物体的茎尖、嫩叶、未成熟的果实等部分,果实内的含量最高。茉莉酸类物质生理效应较为广泛,包括促进、抑制、诱导等多个方面,大部分生理效应与ABA相似。其主要生理功能有促进气孔关闭、促进器官衰老和脱落、促进不定根形成、抑制茎的伸长生长、抑制种子和花粉的萌发、抑制花芽分化、诱导植物体内的防卫反应以及提高植物的抗逆性等。

### 8)水杨酸

水杨酸(SA)属肉桂酸的衍生物,在植物体内的含量很低,约1 Hg/g鲜重,但在产热植物的花序中含量却较高,如天南星科植物的花序中含量达3 Hg/g鲜重。在不产热的植物的叶片和生殖器官中也含有水杨酸。游离态SA能在韧皮部中运输。水杨酸的主要生理功能有:

（1）诱导生热效应，促进开花

SA 诱导生热效应是植物对低温环境的一种适应。严冬时，花序产热，局部维持高温，适于开花结实，也有利于花序产生具有臭味的胺类和吲哚类物质挥发，吸引昆虫传粉。如天南星科植物佛焰花序的生热现象就是有 SA 引起的。利用 SA 使某些长日植物在非诱导光周期下开花；SA 加蔗糖可促进一种唇瓣兰属植物开花。SA 与 GA 在促进凤仙花花芽形成时有协同作用。

（2）调控性别分化

SA 可抑制黄瓜雌花分化，促进较低节位上分化雄花。

（3）提高植物抗病性

如 SA 可诱导黄瓜对病毒、真菌和细菌等病害的抗性。

9）多胺

多胺（PA）是一类具有生物活性的低分子量脂肪族含氮碱，在高等植物中普遍存在，主要包括二胺（腐胺、尸胺）、三胺（亚精胺、高亚精胺）、四胺（精胺、鲱精胺）。多胺一般分布在细胞分裂最旺盛的部位，也是多胺生物合成最活跃的部位。多胺主要生理功能有：

（1）促进植物生长

多胺主要是促进细胞分裂和生长，如菊芋的块茎在休眠期是不能进行细胞分裂的，但是在培养基中加入 $10 \sim 100$ μmol/L 的多胺，块茎就能进行细胞分裂，并分化出形成层和维管组织。用精胺处理菜豆能促进不定根产生和生长。

（2）延缓衰老

实验证明，多胺可延迟或阻止黑暗中豌豆、石竹叶片和花的衰老。其延缓衰老的效应与细胞分裂素相似，其作用机理主要在于它能稳定细胞膜和抑制乙烯合成。

（3）提高植物的抗逆性

当植物受环境胁迫时，植物体内的多胺含量或多胺合成酶的活性明显上升，使植物迅速适应逆境条件，提高其抗逆性。

## 6.3.2　植物生长调节剂

植物生长调节剂是利用化学方法合成的许多与植物激素具有类似生理功能的有机化合物。植物激素在植物体内的含量极低，难于提取，生产成本高，而植物生长调节剂则易于人工合成。植物生长调节剂的种类很多，一般根据对植物生长的影响和生理功能的差异，将其分为植物生长促进剂、植物生长抑制剂和植物生长延缓剂三大类。

### 1）植物生长促进剂

植物生长促进剂是指能够促进细胞分裂、分化和伸长生长，进而促进植物器官生长发育的一类植物生长调节剂，常见的有：

（1）吲哚丁酸（IBA）

其化学名称为吲哚-3-丁酸。生理功能主要是促进插条生根，使不定根长而细。吲哚乙酸不易被光分解，性质比较稳定，在体内不易传导，仅在施用部位停留，不易伤害插条，故使用安全。

（2）萘乙酸（NAA）

其化学名称为 $\alpha$-萘乙酸，是一种广谱性植物生长调节剂。生理功能主要有：低浓度时促进植物生长，如诱导不定根产生，促进坐果，防止落花落果，改变雌、雄花比例，增强植物抗性，早熟增产等。超过一定浓度则抑制生长，如疏花疏果、抑制萌发等。生产上主要应用萘乙酸甲酯（MENA），它具有挥发性，可通过挥发出的气体抑制芽的萌发。萘乙酸甲酯大量地用于马铃薯、洋葱、大蒜等蔬菜作物的贮藏。它对防止萝卜等根菜类蔬菜发芽也有效，还能用于延长果树和观赏树木芽的休眠。

（3）2,4-D

其化学名称为2,4-二氯苯氧乙酸。其生理功能因浓度而异，较低浓度（0.5～1.0 mg/L）可作为组织培养的培养基成分之一；中等浓度（1～25 mg/L）可作为植物生长调节剂，用于刺激生根、保花保果、形成无籽果实以及贮藏保鲜等，如用于番茄、黄瓜防止落花落果等；更高浓度（1 000 mg/L）可作为除草剂杀死多种阔叶杂草。

（4）防落素（PCPA）

其化学名称为对氯苯氧乙酸。其生理功能与生长素类似，主要是促进细胞分裂，抑制植物体内脱落酸的形成，阻止花、果等器官的脱落，促进坐果和幼果膨大，形成少籽或无籽果实，促进植物生长，增加产量和改善品质等。

（5）6-苄基腺嘌呤（6-BA）

其生理功能类似细胞分裂素，能促进细胞的分裂、扩大及伸长；抑制叶绿素的分解，提高氨基酸的含量，延缓叶片的衰老；打破休眠，促进萌发；消除顶端优势，促进腋芽萌发、侧枝生长及花芽分化；促进坐果，形成无籽果实等。

（6）氯比脲（KT-30）

氯比脲为取代脲类化合物，类似于细胞分裂素，生理活性较高，其生理功能有促进细胞分裂，防止落花落果；促进细胞的横向和纵向生长，使果实膨大早熟；促进叶绿素和蛋白质的合成，提高光合作用，延缓叶片衰老；是活性较高的具有促进细胞分裂和器官发生、促进叶绿素的合成、防止衰老、促进坐果和果实的膨大、诱导单性结实租打破顶端优势等生理作用。消除顶端优势，促进腋芽萌发形成和侧枝生长；刺激子房膨大，形成无籽果实等。

（7）赤霉酸（GA）

其化学名称为 $2,4\alpha,7$-三羟基-1-甲基-8-亚甲基赤霉-3-烯-$1,10$-二羧酸-$1,4\alpha$-内酯，是一种广谱性植物生长促进物质，其生理功能有促进茎伸长和促进叶片的扩大，促进植物的生长发育；促进成熟，提高产量或改善品质；打破休眠，促进萌发；抑制脱落，提高坐果率；改变一些植物雌、雄花比例，并使某些二年生的植物在当年开花。

**2）植物生长延缓剂**

植物生长延缓剂是指能够抑制植物内源激素赤霉素的生物合成，从而抑制亚顶端分生组织细胞的分裂和伸长，使节间缩短，株形矮化，诱导花芽分化，促进坐果等的一类植物生长调节剂。常见的有：

（1）矮壮素（CCC）

其化学名称为2-氯乙基三甲基氯化铵。生理功能有：抑制植物体内赤霉素的生物合

成,故能抑制细胞的伸长;抑制茎、叶伸长;使叶片变宽加厚,叶色浓绿,根系发达;使植株矮壮,防止徒长;抗倒伏、抗旱、抗寒等能力增强,促进生殖生长等。

(2)缩节胺(Pix)

其化学名称为1,1-二甲基哌啶鎓氯化物。生理功能有:抑制植物体内赤霉素的合成,使节间缩短,植株矮化,提高同化力,抑制营养生长,促进开花,提高坐果率等。

(3)多效唑(PP$_{333}$)

其化学名称为(2RS,3RS)-1-(4-氯苯基)-4,4-二甲基-2-(1,2,4-三唑-1-基)-3-戊醇。PP$_{333}$广泛应用于花卉、蔬菜、果实等园艺植物。生理功能有:抑制生长素和赤霉素的生物合成,使植株根系发达,株型矮化,茎秆粗壮,促进分枝,增加花数,提高坐果率,增强抗逆性,改善品质,提高产量等。

(4)比久(B$_9$)

其化学名称为二甲基氨基琥珀酰胺酸。生理功能有:抑制生长素的运输和赤霉素的生物合成,常用在果树上,可使植株矮化,促进花芽分化,提高坐果率,促进果实着色和延长贮藏期等。

(5)乙烯利(CEPA)

其化学名称为2-氯乙基磷酸。乙烯利在常温和pH值低于3时比较稳定,pH值在4以上时逐渐分解并释放出乙烯,pH值越高,释放的速度越快。植物细胞内的pH值一般均在4以上,乙烯利进入植物体后可以迅速释放出乙烯并发挥作用。生理功能有:诱导雌花的形成和雄性不育,促进果实成熟和植物器官脱落,打破某些种子休眠,削弱顶端优势,增强有效分蘖,矮壮植株,促进次生物质的分泌等。

### 3)植物生长抑制剂

植物生长抑制剂是指抑制顶端分生组织细胞的伸长和分化,促进侧枝的分化和生长,消除顶端优势,改变植株形态等的一类植物生长调节剂。常见的有:

(1)青鲜素(MH)

其化学名称为顺丁烯二酰肼。生理功能有:在植物体内破坏了RNA的生物合成,从而抑制细胞生长,特别是抑制了芽的萌发和茎的伸长。在生产中常用于防止马铃薯、洋葱、大蒜、甘蓝、萝卜等在贮藏期发芽变质。叶可用MH控制行道树、绿篱的顶端优势。

(2)整形素

其化学名称为2-氯-9-羟基芴-羧酸甲酯。生理功能有:阻碍生长素的极性运输,提供吲哚乙酸氧化酶的活性,使生长素含量下降,抑制顶芽的生长,促进侧芽发生和生长,使植株矮化或成丛生状,常用在木本盆景的塑造上。此外,还有抑制芽的萌发、延长种子休眠、增加黄瓜坐果率和产生无籽果实、延缓或阻止莴苣抽薹等功能。

(3)三碘苯甲酸(TIBA)

其化学名称为2,3,5-三碘苯甲酸。生理功能有:TIBA阻碍生长素的运输,影响了生长素的植物体内的分配。能抑制顶端分生组织细胞的分裂而使植株变矮、叶片增厚,抑制顶端优势,促进腋芽的萌发,增加分枝,促进花芽分化,防止落花落果,提高坐果率等。

### 6.3.3　植物生长调节剂在园艺植物生长发育调控中的应用

**1）植物生长调节剂对园艺植物营养生长的调控**

**（1）对促进插条生根的调控**

在园艺植物的营养繁殖中，常利用许多园艺植物营养器官（如根、茎和叶）的再生能力进行扦插繁殖，不但能长期保持品种优良性状，而且在短期内可育成适龄大苗，使植株提前开花结实。特别是无法用种子来进行繁殖的园艺植物，扦插是繁衍后代的重要途径之一。

植物生长调节剂促进插条产生不定根的方式有两类：一类是在母株的茎正常生长过程中形成的根原基，一般呈潜伏状态，叫潜生根原基，当离体茎受到植物生长调节剂的刺激后长出不定根，这类植物的茎段扦插后容易生根且不定根生长速度快；另一类是离体茎上本身不存在潜生根原基，必须利用植物生长调节剂先诱导出根原基，叫诱导根原基，再由根原基的伸长生长，形成不定根，故这类植物的茎段扦插后不定根产生的速度较慢。

在园艺植物扦插过程中，对于一些生根困难的种类，在扦插前应对插条予以适当的处理，园艺上行之有效的促进生根的措施是：植物生长调节剂处理、催根处理和杀菌剂的使用。用植物生长调节剂处理促进插条生根，一般认为，生长素类是应用和研究最为广泛和深入的促进离体茎段产生不定根的主要激素。对于大多数植物的茎段，只要其上保留有一定数量的芽或叶片在温度与湿度适宜的条件下扦插后能迅速产生不定根。目前，在扦插中应用的植物生长调节剂主要有 IAA、IBA、NAA、2,4-D 等，其中又以 IBA 和 NAA 最为可靠。与 IAA 相比，IBA 生根效果好，用量低，在植物体内不易被氧化，移动慢，大多保留在施用的部位。NAA 的生理活性也很高，且原料丰富，物美价廉，但 NAA 的毒性比 IBA 大。

①植物生长调节剂处理插条的方法主要有以下 3 种。

浸渍法：将插条基部 2~3 cm 浸渍在生长调节剂水溶液中。浸渍时空气湿度要大，以保证插条缓慢而稳定地吸收溶液。如空气湿度低，叶片蒸腾量大，引起木质部大量吸收药液，则会影响芽的生长和发育。浸渍阴干后可将插条直接插入苗床的基质中，并保持一定的温度和湿度即可很快产生不定根。对于较易生根的种类，生长调节剂的浓度为 20~50 mg/L；对于较难生根的种类，浓度为 100~200 mg/L，浸渍时间为 4~24 h。

沾蘸法：这种方法通常是将插条基部 2~3 cm 放入溶于 50% 乙醇的 IBA 或 NAA 药液中，沾蘸时间需 5~15 s，阴干后即可插入苗床基质中。沾蘸法处理的药液浓度通常较高（500~1 000 mg/L），由于处理时间短，适用于大规模生产。

粉剂法：通常可将 IBA 或 NAA 结晶研磨成细粉末，然后与黏土或滑石粉等惰性粉末混匀，制成供处理用的粉剂。粉剂使用浓度一般为 500~2 000 mg/kg。粘粉前，插条基部须保持新鲜或潮湿状态，以便充分沾黏粉剂。为了尽量保持插条与粉剂粘着，可以采用挖沟排放的办法，而如果采取沾粉后插入土中的方法，则易使黏着的粉剂被土壤擦掉。

②应用实例（见表 6.1）。

不同的园艺植物插条生根的难易程度不同，所选用的植物生长调节剂类型、浓度、使用方法及效果也有较大差异，在生产中应根据实际情况来选用。

表 6.1　植物生长调节剂在园艺植物促进插条生根上的应用

| 园艺植物类型 | 药剂 | 对象 | 使用方法及效果 |
|---|---|---|---|
| 草本园艺植物 | NAA | 甘薯 | 用粉剂,500 mg/L 定植前蘸根,或水剂,50 mg/L 浸苗基部 12 h |
| | IBA 或 NAA | 大白菜 | 切取一段带有一个腋芽的中肋及一小块茎的组织,用 1 000 ~ 2 000 mg/L 溶液快速浸蘸后扦插,每一个大白菜叶球可繁殖成 30 ~ 40 株 |
| | NAA | 金鱼草 | 100 mg/L 溶液速蘸 30 s,或用 200 ~ 300 mg/L 溶液浸泡后扦插 |
| | IBA | 八仙花 | 剪取带花嫩枝 10 ~ 12 cm 长,速蘸 500 mg/L 的溶液后扦插 |
| | NAA | 麝香百合 | 切取外围成熟饱满的鳞片,用 20 mg/L 的溶液浸泡 2 ~ 10 h 后插于湿沙中,在鳞片基部形成小鳞茎,小鳞茎需培育 3 年后才能供促成栽培用 |
| | NAA 和 IBA 的混合液 | 菊花 | 剪带蕾壮枝 10 cm 为插条,基部蘸 500 mg/L 的 NAA 和 250 mg/L 的 IBA 混合液后扦插 |
| | IBA 或 NAA | 野蔷薇 | 插条在 1 000 ppm 的溶液中速蘸 1 ~ 2 s |
| 木本园艺植物 | NAA | 熟锦黄杨 | 粉剂,1 000 mg/L |
| | IBA | 大叶黄杨 | 剪取 1 年生枝条切成长 7 ~ 12 cm 或 2 ~ 4 节作为插条,用 50 ~ 100 mg/L 的溶液浸 3 h 后扦插 |
| | NAA | 桑、茶 | 50 ~ 100 mg/L,浸基部 12 ~ 24 h |
| | NAA | 樱花 | 选取健壮嫩枝,剪成 10 ~ 15 cm 长作为插条,用 500 mg/L 的溶液浸 5 s 后扦插 |
| | NAA | 橡皮树 | 选取 1 ~ 2 年生枝条,切段留 2 ~ 3 个芽,在 500 ~ 700 mg/L 溶液中速蘸 3 ~ 5 s 后扦插 |
| | NAA | 龙柏 | 插条在 500 mg/L 的溶液中速蘸 5 s 后扦插 |
| | IBA 和 NAA 的混合液 | 水曲柳 | 取当年生嫩枝作为插条,用 200 mg/L 的混合液浸泡 24 ~ 48 h 后扦插 |
| | IBA | 葡萄 | 硬枝插条用 50 mg/L 的溶液浸 8 h 后扦插;嫩枝插条用 1 000 mg/L 的溶液浸 5 s 后扦插 |
| | NAA | 桃 | 硬枝插条用 700 ~ 1 500 mg/L 的溶液浸 5 s 后扦插 |
| | IBA | 银杏 | 将嫩枝剪成 10 cm 左右的插条,基部在 1 000 mg/L 的溶液中速蘸后扦插 |

③扦插时期的选择和扦插后管理要点。

因插条木质化程度的差异,分为硬枝扦插、嫩枝扦插和芽叶扦插。硬枝扦插用的是已木质化的一、二年生枝条进行扦插,嫩枝扦插用的是当年生半木质化带叶的枝条进行扦插。芽叶扦插是用仅有一芽附一片叶(或叶的一部分),芽下部带有盾形茎部一片的插条,或一小段短缩茎进行扦插,如甘蓝的扦插则取叶片中肋带短缩茎扦插。硬枝扦插一般是在 2—3 月,在室外土温达 10 ℃以上即可进行。嫩枝扦插一般在 6—7 月进行,插条选取当年生新梢且有芽形成的部分。甘蓝的扦插一般选择在叶球收割后尽早扦插,若贮藏过久,叶柄基部容易形成离层,不适于作为扦插材料用。

扦插后要加强管理,特别是嫩枝扦插,只有在较高空气湿度(90%)下才能生根,整个生根过程要密切注意插条在任何时候都不能出现萎蔫,为及时供应水分,应勤浇细灌,但床土不能太湿,以湿润透气为好。扦插初期不需要强光直射,通常需要适当遮阴,成活以后再逐步减少遮阴时间。温度则因不同种类和不同时期扦插而有较大差异(15~25 ℃)。

（2）对休眠的调控

种子或芽(含球茎、块茎、鳞茎等贮藏器官上的休眠芽)是许多园艺植物常见的休眠器官,不同的休眠器官其休眠期的长短不同。种子的休眠的原因:一是种皮的影响,许多种子种皮厚而坚硬,或其上附有厚或致密的蜡质或角质,透气性和透水性差,如锦葵、月光花、羽扁豆、莲籽、黄秋葵、桃等的种子。二是胚休眠,有些种子是胚发育不健全,如兰花、银杏、冬青、白蜡树等的种子;还有些胚虽然发育完全,但并未达到完全的生理成熟,如菊、矮牵牛、香豌豆、三色堇、一品红、芥菜、苹果、梨、樱桃、葡萄、柑橘、番木瓜等的种子。三是种子内有抑制萌发的物质存在,抑制萌发的物质有挥发油、植物碱、脱落酸、酚、醛等。芽休眠的原因主要是日照长度、脱落酸的含量、水分和矿质营养的不足尤其是氮素的不足。

园艺植物器官的休眠受多种激素影响,一些植物生长调节剂可以打破种子或芽的休眠状态(见表6.2)。

表 6.2　植物生长调节剂打破园艺植物的种子休眠

| 园艺植物种类 | 植物生长调节剂种类 | 植物生长调节剂浓度/(mg · L$^{-1}$) | 使用方法 | 备注 |
| --- | --- | --- | --- | --- |
| 山茶花 | GA | 100 | 浸种 24 h | |
| 大叶女贞 | GA | 550 | 浸种 48 h | 放置 3~5 d 后再置于 25~30 ℃水浸催芽 10~15 d |
| 杜鹃 | GA | 100 | 浸种 24 h | |
| 牡丹 | GA | 100~300 | 浸种 12~24 h | |
| 大岩桐 | GA | 10~300 | 浸种 12~24 h | |
| 黄秋葵 | 萘氧乙酸 | 50 | 浸种 6~12 h | |
| 结缕草 | NaOH、GA、乙烯利 | 70~100 g/L | 在 NaOH 中浸 5 min 后再加入 40~160 mg/L 的 GA 或 100 mg/L 的乙烯利药液浸种 24 h | |
| 美女樱 | GA | 50~100 | 浸种 24 h | |
| 高羊茅 | GA | 0.2 | 浸种 36 h | |
| 早熟禾 | GA | 5 | 浸种 24 h | |
| 仙客来 | GA | 100 | 浸种 24 h | |
| 落叶松 | IBA | 2 000 | 浸种 24 h | |

续表

| 园艺植物种类 | 植物生长调节剂种类 | 植物生长调节剂浓度/(mg·L⁻¹) | 使用方法 | 备 注 |
|---|---|---|---|---|
| 油桐 | IBA | 50~500 | 浸种 12 h | 处理前先用水浸泡 12 h |
| 芸苔类蔬菜（主要是芥菜、甘蓝等） | GA 和硫脲 | GA 50,硫脲 0.5% | 浸种 1 min | |
| 柑橘 | GA | 1 000 | 浸种 24 h | |
| 月季 | GA | 50~100,500 | 抹芽、喷雾 | |
| 小苍兰 | 乙烯利、GA | 5,10~30 | 浸种各 24 h | 打破球茎休眠 |
| 马铃薯 | GA | 0.5~1 | 浸泡 10 min | 打破块茎休眠 |
| 桃树种子 | GA | 100~200 | 浸种 24 h | |
| 苹果、草莓 | 乙烯利 | 100~300×10⁻⁶ | 浸 12 h | |
| 桃树幼苗、葡萄枝条 | GA | 1 000~4 000 μL/L | 喷施 | 打破芽休眠 |

（3）对抗逆性的调控

抗寒性：当植物生长较快时，细胞液浓度较低，抗寒性下降，而一些植物生长延缓剂（如矮壮素、$B_9$、青鲜素、多效唑等）均可延缓生长，促进细胞液浓度提高，从而可以增强植物抗寒性。用 100~200 mg/L NAA 喷施柑橘可减轻冬季低温伤害；用 500 mg/L 的青鲜素喷施柑橘可抵抗-6 ℃的低温。用 1 000~2 000 mg/L 的多效唑叶面喷施，可提高桃树抗寒性。用 10~20 mg/L 的多效唑叶面喷施，可提高辣椒抗寒性。

抗旱性：一些植物生长延缓剂，如 $B_9$、矮壮素等能增加细胞的保水能力，提高多种植物的抗旱能力；脱落酸和水杨酸均可使气孔关闭，减少水分蒸发，从而增强植物的抗旱性。在土壤干旱、水分胁迫下施用 500~1 000 mg/L 的多效唑（$PP_{333}$）可改善果树叶片水热状况，增强果树抗旱力。

抗病性：在柑橘果实采收前一周喷施 250 mg/L 乙烯利，可显著降低柑橘果实采后贮藏期间的炭疽病发生率。水杨酸是植物产生抗病性的信号物质，外源施用水杨酸能完全抑制苜蓿花叶病毒和烟草响尾病毒对白花烟草品种的系统侵染。用 10~20 mg/L 的多效唑喷施叶面，也可提高辣椒的抗寒性。

（4）对抑制营养生长的调控

用缩节胺 1 000 mg/L 在花生的初花期喷施，有利于抑制茎节间的伸长，提高产量。用 $B_9$ 2 000~4 000 mg/L 在马铃薯现蕾至始花期喷施，抑制节间生长，促进块茎膨大。在大白菜生育期喷施细胞分裂素（CTK 600 倍液）、ABT5 增产灵（10~20 mg/L）、赤霉素（20~75 mg/L）能增加产量。在甘蔗采收前 40 d 施用 0.4% 的增甘膦，可催熟增加含糖量。而用 1 000~2 000 mg/L 的 $B_9$ 溶液喷洒番茄叶面，可显著抑制主茎生长。苹果、梨用 1 500 mg/L 的 $B_9$ 溶液在徒长枝迅速生长前处理可抑制新梢生长。用矮壮素 3 000 mg/L、$B_9$ 7 000 mg/L、

MH 5 000 mg/L 喷布芒果可延缓其生长。将水仙鳞茎浸泡纵刻后,当根长为 1 cm 时,浸入用 0.2% 的吐温配制韵 250~500 mg/L 多效唑溶液中 5 d,可使株形紧凑,株高降低 50%。2 000~4 000 mg/L 的多效唑能使冬青节间缩短,枝条粗壮。盆栽大花杜鹃和栀子花在摘顶后用 200 mg/L 多效唑喷施或土施(12 mg/L),可抑制新梢的伸长,株形变矮。盆栽一串红于苗龄 4 个月左右用矮壮素溶液(0.2%~1.6%)喷 1 次或 2 次,也能缩短节间,矮化植株。用 6 mL/L 的矮壮素处理盆栽百合的土壤也可降低百合株高。在冬末春初,用 1 000 mg/L 的多效唑喷洒春兰全株,隔半个月再喷一次,共喷 2~3 次,可有效抑制春兰的营养生长。盆栽大丽花在幼苗期用 400 mg/L 的 B₉ 或 100 mg/L 的多效唑喷洒全株,可控制株高。用 0.3% 的 B₉ 或 0.2% 的矮壮素浇灌瓜叶菊根部,每半月浇一次,现蕾后停用,可抑制瓜叶菊生长矮化株形。波斯菊、万寿菊和百日草用 0.3%~0.5% 的 B₉ 喷洒全株,可明显矮化株形。

(5)对促进营养生长的调控

用 50~100 mg/L 的 GA 在采收前 10~15 d 喷施芹菜,可促进茎叶的生长,增加产量。用 10~30 mg/L 的 GA 喷施菠菜、莴苣,也能促进茎叶生长,提高产量。韭菜在采收前 10~15 d 喷 20 mg/L GA 一次就可加快叶片生长,提高产量。用 30~100 mg/L 的 GA 处理金盏菊、芍药也可促进茎叶伸长。在矮牵牛秋季花芽分化前,用浓度为 25~50 mg/L 的 GA 喷洒全株,能加快茎秆伸长。马蹄莲在萌芽后用 20~50 mg/L 的 GA 喷洒生长点,可使花梗显著伸长。月季在萌芽后用 10~100 mg/L 的 GA 喷洒生长点,可显著促进生长。用 GA 100 mg/L 加 0.5% 尿素处理柑橘幼苗可增加幼苗鲜重,使茎加快生长,用 500 mg/L 赤霉素在葡萄芽刚萌发时处理可显著促进新梢生长。

**2)植物生长调节剂对园艺植物生殖生长的调控**

(1)对花芽分化的调控

研究表明,植株的花芽分化与其内源激素的水平关系密切。在花芽分化前植株体内的生长素含量较低,而当植株开始分化花芽后,其体内生长素水平明显提高。在生产实践中,常采用一些植物生长调节剂来调控园艺植物的花芽分化,其中,对花芽分化的效应最大是外源的赤霉素,它可代替光照、低温条件影响多种植物开花。如草莓在花芽分化前 2 周喷用 25~50 mg/L 的 GA 可使花芽分化提早 5~10 d。但苹果用 GA 50~300 mg/L 在花芽分化前喷用可明显减少花芽分化。其他的植物生长调节剂对一些园艺作物的花芽分化具有促进作用。如沙梨在花芽分化前用 l 500 mg/L B₉ 处理可增加花芽分化。苹果用 B₉ 1 000 mg/L、矮壮素 2 000~3 000 mg/L 在秋季喷用可使花芽分化增加 20% 以上。用 0.3% 矮壮素浇盆栽茶花,可以促进花芽形成。在葡萄新梢长 15~40 cm 时喷用 500 mg/L 矮壮素可促进主梢上冬芽分化。苹果用萘乙酸进行化学疏果处理时可促进开花,一般认为这是由于早期疏除了花果而促进了花芽的分化,但 NAA 也有直接促进花芽分化的效果。值得注意的是,NAA 对多数果树的花芽分化具有抑制作用。乙烯可促进苹果、凤梨的花芽分化。

(2)对性别分化的调控

在花芽分化的早期利用植物生长调节剂调用控其性别分化的方向,可以人为地改变某些雌雄同株或雌雄异株植物的雌、雄性别比例,从而达到增加产量和品种保存的目的。如黄瓜、南瓜在 1~4 叶期用 100~200 mg/L 的乙烯利处理雌花数会明显增加。黄瓜幼苗用 50 mg/L 的 GA 处理,雄花数会显著增加。但在丝瓜、苦瓜上用 25~100 mg/L 的 GA 处理可使雌花数增多。50~200 mg/L 的 IAA 和 20~40 mg/L 的 BA 能分别促进西葫芦和苦瓜的雌花分化。用0.1 mol/L矮壮素溶液喷施或浇灌黄瓜幼苗,可使植株完全分化为雌花。

（3）对抽苔的调控

某些植物生长调节剂能促进抽苔开花。用100~1 000 mg/L赤霉素溶液喷洒胡萝卜、芹菜、菠菜等蔬菜可有效诱导抽苔开花。用50~100 mg/L的青鲜素喷洒3~10片真叶的芹菜,可有效引起抽苔开花。在花椰菜的花球形成期用50~100 mg/L的赤霉素喷洒,一周内连喷3次能促进抽苔。

某些植物生长调节剂也能抑制抽苔。如在芹菜生长的后期用500~1 000 mg/L的青鲜素处理,则会抑制芹菜抽苔。用0.1%~0.5%的青鲜素处理处于花芽分化后、花茎形成期的大白菜、甘蓝、芹菜、莴苣、胡萝卜和萝卜植株则能抑制或延缓抽苔。用4 000~8 000 mg/L的$B_9$喷洒莴苣2~3次可有效抑制抽苔而不会影响肉质茎的重量和品质。

（4）对花期的调控

①促进开花或使花期提前　GA可诱导多数观赏植物开花,并使花期提前。用50~100 mg/L赤霉素处理杜鹃,可提早开花。用40 μg/株的GA处理蝴蝶兰能使其在高温下（30/25 ℃）开花。7—9月间,用10~20 mg/L的GA处理仙客来,使其提前20~65 d开花。耧斗菜用250 mg/L的GA处理2次并配合摘叶处理,可提前9~14 d开花。用1 000 mg/L的赤霉素涂抹花蕾,能使春季开花的山茶品种在秋季开花。香石竹在幼蕾期（1.5~1.7 cm）用激动素处理,花期提前4 d。对生育期75 d以上的满天星植株喷洒200~300 mg/L的赤霉素溶液3次（每3天1次）,可提早开花2周以上。用50~500 mg/L的赤霉素注射鸢尾球茎,可提早开花2周以上。用赤霉素处理小茶梅,开始10 d内隔天用500 mg/L的赤霉素涂抹一次花蕾,25 d起改为每天涂抹2次,经40 d左右的处理,开花期可提前50 d。盆栽玫瑰修剪后待新生枝条长5~10 cm时,用300 mg/L的多效唑浇灌土壤,可提早2周开花。

②抑制开花或使花期延后　在万寿菊开花前,用浓度为500~2 000 mg/L的$B_9$处理可以延迟花期。用1 000 mg/L的丁酰肼喷洒杜鹃花蕾,可延迟10 d开花。瓜叶菊在大蕾期用200 mg/L的乙烯利处理可显著推迟开花。菊花用5 mg/L的2,4-D处理可以显著推迟开花。

（5）对坐果和单性结实的调控

苹果用50 mg/L GA在幼果期喷洒可使坐果率增加20%以上。枣用GA 10~15 mg/L在盛花期喷洒可使坐果率提高一倍。葡萄用100~200 mg/L矮壮素在开花初期喷洒可促进坐果。桃用500~1 000 mg/L多效唑喷洒可促进坐果。当盆栽无花果开花后,用80 mg/L的PCPA喷洒,可以促进坐果,增加结实。番茄用15~25 mg/L的2,4-D处理可促进坐果。菜豆用5~25 mg/L的NAA处理可促进坐果。葡萄用GA 100 mg/L溶液在盛花期浸果穗,在花后10 d再浸一次,单性结实率可达95%。无花果用2,4-D 100~750 mg/L溶液在花期处理,单性结实率可达40%以上。黄瓜用PCPA 100 mg/L处理雌花,可引起50%以上的单性结实。此外,西瓜用CPPU20~200 mg/L,丝瓜用100~1 000 mg/L整形素,番茄用GA 50~200 mg/L,辣椒用NAA 100 mg/L,草莓用GA 500 mg/L,均能引起单性结实。

（6）对果实成熟与贮藏的调控

将处于"转色期"的番茄果实采摘下来,在2 000~4 000 mg/L的乙烯利溶液中浸1 min后,放置在20~25 ℃条件下只需3 d左右的时间就可转红,或用同样浓度的乙烯利溶液直接对转色期果实进行涂抹处理也有很好的催熟效果。甜瓜用500~1 000 mg/L的乙烯利处理植株或在采后用 100~4 000 mg/L 乙烯利溶液浸果 10 min 均具有很好的催熟效果。枣和橄榄用乙烯利 200~300 mg/L 在采前喷果,喷后 3~4 d,果实会陆续脱落,非常方便采收。柿采后用 GA 500~1 000 mg/L 浸 3~12 h 可防止果实软化,提高贮运能力。大白菜在采收前 3~5 d 以 25~50 mg/L 的 2,4-D 溶液喷洒植株,可以显著抑制大白菜在贮藏期间的脱帮。在甘蓝采收前田间喷洒 100~500 mg/L 的 2,4-D 溶液可有效防止甘蓝脱帮。青花菜采收后用 25 mg/L BA 处理花球,可以保持花球的绿色,延长贮藏寿命。用 3 000 mg/L NAA 在洋葱、大蒜采前喷洒可以抑制鳞茎在贮藏期间的萌芽。

### 项目小结 )))

园艺植物的调控技术包括:植株调整、矮化栽培和植物生长调节物质的运用。本项目重点介绍了草本园艺植物植株调整技术(包括整枝、摘心、打杈、摘叶、束叶、疏花疏果、压蔓、支架等)和木本园艺植物植株调整技术(包括支柱、支架、棚架、整形、修剪等)。简单介绍了矮化栽培技术(包括矮化品种选用、运用矮化技术、利用砧木矮化和密植矮化)。并介绍了植物生长调节剂物质的类型、主要生理功能及其在园艺植物生长发育调控中的应用。

掌握园艺植物的调控技术,促进园艺植物生长发育,是实现园艺植物优质、高效的栽培,为人类种植更多、优质的园艺产品提供了保障。

### 复习思考题 )))

1.园艺植物的调控技术包括哪些内容?

2.什么是植株调整?

3.草本园艺植物的植株调整技术主要有哪些? 怎样做?

4.木本园艺植物的植株调整技术有哪些? 怎样做?

5.什么是矮化栽培? 园艺植物的矮化栽培途径有哪些?

6.什么是植物生长物质? 有哪几种类型?

7.什么是植物激素? 五类植物激素各有哪些主要的生理功能?

8.生产上如何应用植物生长调节剂调控园艺植物的生长发育? 举例说明。

# 项目7 园艺设施及应用

**项目描述**

设施园艺是我国农业领域中一个非常重要的方面,特别是随着近代园艺的发展,设施园艺的发达程度,成为一个国家或地区农业现代化水平的重要标志之一。它涵盖了建筑、材料、机械自动控制、品种、栽培、管理等多种系统,科技含量高。本项目主要介绍园艺设施的类型与结构,园艺设施的覆盖材料,园艺设施环境特点及其调控技术,设施栽培技术等内容。

 **学习目标**

- 了解园艺设施的类型,性能;掌握各类园艺设施的结构、性能及其在园艺生产中的应用。
- 了解覆盖材料的种类;掌握不同覆盖材料的特性及在设施园艺生产中的应用。
- 掌握设施内温度、湿度、光照和二氧化碳的变化规律及其调控技术。
- 了解无土栽培的特点、定义及分类。

 **能力目标**

- 园艺设施的应用。
- 掌握园艺设施内环境观测与调控的方法。
- 掌握营养液的配置方法。

**案例导入**

### 设施园艺在园艺作物周年生产中的作用有哪些?

园艺设施是指在不适宜园艺作物生长发育的寒冷或炎热季节,人为地进行保温、防寒或降温的防御设施、设备,创造适宜园艺作物生长发育的小气候环境,使其生长不受或少受自然季节的影响而进行园艺作物生产,达到周年供应,这些用于保温、防寒的设施和设备就是园艺设施。

## 任务 7.1　园艺设施的类型、结构与性能

### 7.1.1　简易园艺设施

#### 1)温床

温床是在阳畦基础上改进的园艺设施,除具有阳畦防寒保温作用外,还可利用酿热、火热(火道)、水热(水暖)、地热(温泉)和电热线等进行加温来补充日光增温的不足,是一种简单、实用的园艺作物育苗设施,目前较普遍实用的是电热温床。

(1)酿热温床

①结构　酿热温床是在阳畦的基础上,在床下铺设酿热物以便提高床内的温度。温床的畦框结构和覆盖物与阳畦一样,温床的大小和深度根据用途而定,一般床长 10~15 m、宽1.5~2 m,并且在床底部挖成鱼脊形,以求温度均匀。

②性能　酿热温床主要是利用好气性微生物分解有机物(酿热物)时所产生的热量进行加温。与阳畦相比,酿热温床明显地改善了床内的温度条件。同时,加温期间无法调控,床内温度受外界温度的影响较大。受光不均及四周散热造成床内存在局部温差,即温度北高南低,中部高四周低。床土的厚薄与含水量的多少也影响床温。

③应用　酿热温床虽具有发热容易、操作简单等优点,但是发热时间短,热量有限,温度前期高后期低,而且不宜调节,不能满足现在发展的要求,因此很少使用。

(2)电热温床

①结构　电热温床是在阳畦内或小拱棚内以及大棚和温室内的苗床上铺设电加温线而成(见图 7.1)。电加温线埋入土层深度一般为 10 cm 左右,但如果用育苗钵或营养土块育苗,则以埋入土中 1~2 cm 为宜。

②性能　电热温床因温度较高,幼苗出土后要加强放风,锻炼幼苗,防止徒长。同时,因地温较高,畦面容易干燥,应及时灌小水或喷水。另外,电热温床幼苗生长较快,因此,要算好播种期,以便在定植时培育出大小适宜的标准壮苗。

③应用　电热温床主要用于冬春季园艺作物的育苗和扦插繁殖,以果菜类蔬菜育苗应

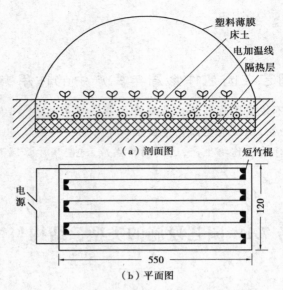

（a）剖面图

（b）平面图

图 7.1　电热加温温床断面及布线示意图（单位：cm）

用较多。由于其具有增温性能好、温度可精确控制和管理方便等优点，现在生产上已广泛推广应用。

**2）地面简易覆盖**

地面简易覆盖是设施栽培中的一种简单覆盖栽培方式，即在植株或栽培畦面上，用各种防护材料进行覆盖生产。现代简易覆盖主要指地膜覆盖和无纺布浮面覆盖。

（1）地膜覆盖的方式

地膜覆盖可分为地表覆盖、近地面覆盖和地面双覆盖等类型。

①地表覆盖　将地膜紧贴垄面或畦面覆盖，主要有以下几种形式：

a.平畦覆盖　利用地膜在平畦畦面上覆盖，也可以联畦覆盖。

b.高垄覆盖　栽培田经施肥平整后，进行起垄。一般垄宽 45～60 cm，高 10 cm 左右，垄面上覆盖地膜，每垄栽培 1～2 行作物。增温较平畦覆盖高些。

c.高畦覆盖　高畦覆盖是在菜田整地施肥后，将其做成底宽 1.0～1.1 m、高 10～12 cm、畦宽 65～75 cm、灌水沟宽 30 cm 以上的高畦，然后每畦上覆盖地膜。

②地面覆盖　将塑料地膜覆盖于地表之上，形成一定的栽培空间，主要有以下几种形式：

a.沟畦覆盖　栽培畦的畦面做成沟状，将栽培作物播种或定植于沟内，然后覆盖地膜，幼苗在地膜下生长，待接触地膜时，将地膜及时揭除，或在膜上开孔，将苗引出膜外，并将膜落为地面覆盖。主要有宽沟畦、窄沟畦和朝阳沟畦等覆盖形式。

b.拱架覆盖式　在高畦畦面上播种或定植后，用细枝条、细竹片等做成高 30～40 cm 的拱架，然后将地膜覆盖于拱架上并用土封严。

（2）地膜覆盖的效应

①提高地温；②提高土壤保水能力；③提高土壤养分含量；④改善土壤理化性状；⑤减轻盐碱危害；⑥增加近地面的光照；⑦防除杂草。

（3）地膜覆盖的应用

①露地栽培　地膜覆盖可用于果菜类、叶菜类、瓜菜类、草莓或果树等的春早熟栽培。

②设施栽培　地膜覆盖还用于大棚、温室果菜类蔬菜、花卉和果树栽培,以提高地温和降低空气湿度。一般在秋、冬、春栽培中应用较多。

③园艺作物播种育苗　地膜覆盖也可用于各种园艺作物的播种育苗,以提高播种后的土壤温度和保持土壤湿度。

### 7.1.2　越夏栽培设施

越夏栽培设施是指在夏秋季节使用,以遮阳、降温、防虫、避雨为主要目的的一类保护设施,包括遮阳网、防虫网、防雨棚等。

#### 1)遮阳网覆盖

遮阳网又称遮阴网、凉爽纱,是以聚乙烯、聚丙烯等为原料,经过加工编织而成的一种网状的农用塑料覆盖材料,具有量轻、高强度、耐老化、柔软、易铺卷的特点。

（1）种类

目前生产中使用的遮阳网有黑、银灰、白、黑绿等颜色,生产上应用最多的是35%~65%的黑网和65%的银灰网。覆盖各种遮阴物如苇帘、竹帘、遮阳网、不织布等。

（2）性能

①削弱光强,有利于园艺作物夏季生长,提高品质。

②降低地温、气温,黑色降温效果最明显。

③在高温强光下,土壤水分的蒸发量和蒸腾量都比较大,覆盖遮阳网后蒸发慢,蒸发量减少至少一半,因此就减少了浇水次数及浇水量。具有抑制蒸发、保墒的作用。

④减轻或避免暴雨、台风对园艺作物的损伤,防止土壤板结和灾后倒苗。

⑤减轻病虫害,显著降低植株受损害程度。

（3）应用

①夏季覆盖育苗　通常利用镀锌钢管塑料大棚的骨架,顶上只保留天幕薄膜,围裙幕全部拆除,在天幕上再盖遮阳网,称一网一膜法覆盖,实际上就是防雨棚上覆盖一张遮阳网,在其下进行常规或穴盘育苗或移苗假植。

②夏秋季节遮阳栽培　在南方地区夏秋季节采用遮阳网覆盖栽培喜凉怕热或喜阴的蔬菜、花卉,典型的如夏季栽培小白菜、大白菜、芫荽、伏芹菜以及非洲菊、百合等。遮阳方式有浮面覆盖、矮平棚覆盖、小拱棚或大棚覆盖。

根据天气进行揭盖,一般晴天盖,阴天揭。根据蔬菜种类和栽培季节选择遮阳网种类和覆盖方法。根据栽培目的选择遮阳网种类和覆盖方法。

#### 2)防虫网覆盖

防虫网是继农膜、遮阳网之后的一种新型的覆盖材料,具有抗拉强度大、抗紫外线、抗热、耐水、耐腐蚀、耐老化、无毒无味和使用年限长等特点。

（1）防虫原理

防虫网以人工构建的屏障,将害虫拒之网外,达到防虫保菜的目的。此外,防虫网反射、折射的光对害虫也有一定的驱避作用。

（2）种类

防虫网色泽有白色、银灰色等,以20目、24目最为常用。网目是表示标准筛的筛孔尺

寸的大小。在泰勒标准筛中,所谓网目就是2.54 cm长度中的筛孔数目,简称为目。使用寿命为3~4年。

（3）覆盖方式

防虫网可以采用完全覆盖和局部覆盖两种方式（见图7.2）。完全覆盖是将防虫网完全封闭地覆盖于栽培作物的表面或拱棚的棚架上。局部覆盖是只在大棚和日光温室的通风口、通风窗、门等部位覆盖防虫网。

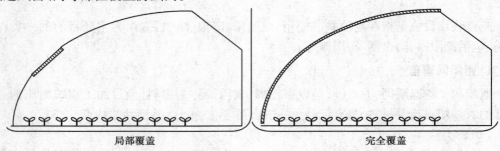

局部覆盖　　　　　　　　　　　　　　　完全覆盖

图7.2　防虫网覆盖方式

（4）主要性能

①根据害虫大小选择合适目数的防虫网,对于蚜虫、小菜蛾等害虫使用20~24目遮阳网即可阻隔其成虫进入网内。

②防暴雨、冰雹冲刷土壤,以免造成高温死苗。

③结合防雨棚、遮阳网进行夏、秋蔬菜的抗高温育苗或栽培,可防止病毒病发生。

（5）应用

防虫网可用于叶菜类小拱棚、大中棚、温室防虫覆盖栽培;茄果类、豆类、瓜类大中棚、日光温室防虫网覆盖栽培;特别适用于夏秋季节病毒病的防治,切断毒源;还可用于夏季蔬菜和花卉等的育苗,与遮阳网配合使用,效果更好。

**3）防雨棚**

防雨棚是利用塑料薄膜等覆盖材料,扣在大棚或小棚顶部,使棚内蔬菜作物在雨季免受雨水直接淋洗的栽培设施。

（1）类型

①大棚型防雨棚　即大棚顶上天幕不揭除,四周围裙幕揭除,以利通风,可用于各种蔬菜的夏季栽培。也可挂上20~22目目的是防虫网防虫,夏季高温还可以加盖遮阳网。

②小拱棚型防雨棚　主要用作露地西瓜、甜瓜早熟栽培。小拱棚顶部扣膜,两侧通风,使西瓜、甜瓜开雌花部位不受雨淋,以利授粉、受精,也可用来育苗。前期两侧膜封闭,实行促成早熟栽培是一种常见的先促成后避雨的栽培方式。

③温室型防雨棚　广州等南方地区多台风、暴雨,建立玻璃温室状的防雨棚,顶部设太子窗通风,四周玻璃可开启,顶部为玻璃屋面,用作夏菜育苗。

（2）作用

①防止暴风雨直接冲击土壤,避免水、肥、土的流失和土壤的板结,促进根系和植株的正常生长,防止作物倒伏。

②与遮阳网相结合,可有效地改善设施内的小气候条件和降低气温与地温,避免暴雨

过后因土壤水分和空气湿度过大而造成病害的发生和流行。

生产上防雨棚常用于夏秋季节瓜类、茄果类蔬菜、葡萄、油桃等果树以及高档切花、盆花的栽培。

### 7.1.3　塑料薄膜拱棚

塑料拱棚是以塑料薄膜作为透明覆盖材料的拱形或屋脊形的棚。按其规格尺寸可分为塑料小棚、塑料中棚、塑料大棚等。

**1）塑料小棚**

（1）结构和类型

小棚的规格高为 1～1.5 m,跨度为 1.5～3 m,长度为 10～30 m,单棚面积为 15～45 m²。内部难以直立行走。拱架多用轻型材料建成,如细竹竿、荆(树)条,直径为 6～8 mm 钢筋等,拱杆间距为 30～50 cm,上覆盖 0.05～0.10 mm 厚聚氯乙烯或聚乙烯薄膜,外用压杆或压膜线等固定薄膜而成,它具有结构简单、体形较小、负载轻、取材方便等特点。据其覆盖的形式可分为:

①拱圆形小棚　生产上应用最多的类型,多用于北方。高度 1 m 左右,宽 1.5～2.5 m,长度依地而定。因小棚多用于冬春生产,宜建成东西延长,为加强防寒保温,可在北侧加设网障成为网障拱棚,棚面上也可在夜间加盖草苫保温。

②半拱圆小棚　棚架为拱圆形小棚的一半,北面筑 1 m 左右高的土墙或砖墙,南面成一面坡形覆盖或为半拱圆棚架,一般无立柱,跨度大时加设 1～2 排立柱,以支撑棚面及保温覆盖物。棚的方向以东西延长为好。

③双斜面小棚　屋面成屋脊形或三角形。棚向东西或南北延长均可,一般中央设一排立柱,柱顶拉紧一道 8#铁丝,两边覆盖薄膜即成。适用于风少雨多的南方地区,因为双斜面不易积雨水。

④单斜面小棚　小拱棚的结构简单、取材方便、容易建造,又由于薄膜可塑性强,用架材弯曲成一定形状的拱架即可覆盖成型,因此在生产中的应用形式多种多样。无论何种形式,其基本原则应是坚固抗风,具有一定空间和面积,适宜栽培。

（2）性能

①温度

a.气温　一般条件下,小拱棚的气温增温速度较快,晴天最大增温能力为 15～20 ℃,在高温季节容易造成高温危害;但降温速度也快,有草苫覆盖的半拱圆形小棚的保温能力仅有 6～12 ℃,特别是在阴天、低温或夜间没有草苫保温覆盖时,棚内外温差仅为 1～3 ℃,遇有寒潮易发生冻害。

小棚内的热源来自太阳能,小棚空间小,缓冲能力差,容易受外界温度变化的影响。从季节变化来看,1 月上旬至 3 月上旬是冬季气温最低时期,棚内的最低温度有时降至 0 ℃以下,春季温度逐渐升高。如外界气温出现-18.1 ℃时,棚内最低温度为-0.2 ℃,内外相差17.9 ℃。从日变化看,小拱棚温度的日变化与外界基本相同,只是昼夜温差比露地大。此外,小拱棚内气温分布很不均匀,当从棚的顶部放风后,棚内各部位的温差也会逐渐减小。

b.地温　小拱棚内地温变化与气温变化相似,但不如气温剧烈。从日变化看,晴天大

于阴(雨)天,土壤表层大于深层,一般棚内地温比露地高 5~6 ℃。从季节变化看,据北京地区测定,1、2月份 10 cm 日平均地温为 4~5 ℃;3 月份为 10~11 ℃;3 月下旬达到14~18 ℃;秋季地温有时高于气温。

②湿度　小拱棚覆盖薄膜后,因土壤蒸发、植株蒸腾,棚内空气相对湿度可达 70%~100%;白天通风时,棚内相对湿度可保持在 40%~60%;夜间密闭时可达到 90% 以上。为避免通风造成温度变化剧烈,应在白天温度较高时段进行扒缝放风。

③光照　光照差异较小,一般上层的光强比下层的高,距地面 10~40 cm 处差异比较明显,近地面处差异不大。水平方向的受光,以南面大于北面,相差 7% 左右。小棚内的受光状况,决定于薄膜的质量和新旧程度,也和薄膜吸尘、结露有关,新薄膜的透光率可达 80% 以上。

（3）应用

早春,其栽培期可早于塑料大棚,主要用于耐寒性蔬菜的早春生产及喜温蔬菜的提早定植,也可用于花卉植物的提早种植。

### 2) 塑料中棚

常用的塑料中棚主要为拱圆形结构,是塑料小棚和塑料大棚的中间类型。

（1）结构和类型

①拱圆形　一般跨度为 3~6 m。在跨度为 6 m 时,以高度 2.0~2.3 m、肩高 1.1~1.5 m 为宜;在跨度为 4.5 m 时,以高度 1.7~1.8 m、肩高 1.0 m 为宜;在跨度为 3 m 时,以高度 1.5 m、肩高 0.8 m 为宜;长度可根据需要及地块长度确定。另外,根据中棚跨度的大小和拱架材料的强度,来确定是否设立立柱。以竹木或钢筋做骨架时,需设立柱;而用钢管作拱架则不需设立柱。

②半拱圆形　棚向为东西方向延长,北面筑 1.5 m 左右高的土墙和砖墙,南面设立拱架,拱架的一端插入地中,另一端搭设在墙上,形成半拱圆形拱架,上面覆盖塑料薄膜。

（2）性能与应用

塑料中棚可加盖草苫防寒。塑料中棚较小棚的空间大,其性能也优于塑料小棚。塑料中棚主要用于果菜类蔬菜及草莓和瓜果的春早熟和秋延后栽培,也可用于花卉植物的提早种植。

### 3) 塑料大棚

塑料薄膜大棚是用塑料薄膜覆盖的一种大型拱棚。它和温室相比,具有结构简单、建造和拆装方便,一次性投资较少等优点;与塑料中、小棚相比,又具有坚固耐用,使用寿命长,棚体空间大,作业方便及有利作物生长,便于环境调控等优点。

（1）塑料大棚的类型和结构

①塑料大棚的类型　按棚顶形状可以分为拱圆形和屋脊形,我国绝大多数为拱圆形。按骨架材料则可分为竹木结构、钢架混凝土柱结构、钢架结构、钢竹混合结构等。按连接方式又可分为单栋大棚、双连栋大棚和多连栋大棚(见图 7.3)。

根据使用材料和结构特点的不同,目前我国使用的塑料大棚主要有以下几种类型:

a.竹木结构大棚　是大棚初期的一种类型,在我国北方仍广为使用。其优点是取材方便,造价较低,容易建造;缺点是棚内立柱多,遮光严重,作业不方便,立柱基部易朽,抗风雪

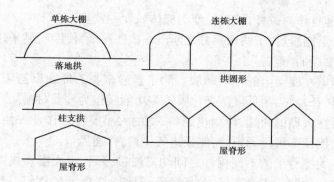

图 7.3 塑料薄膜大棚的类型

性能力较差等。为减少棚内立柱,建造了悬梁吊柱式竹木结构大棚,即在拉杆上设置小吊柱,用小吊柱代替部分立柱。小吊柱用 20 cm 长、4 cm 粗的木杆,两端钻孔,穿过细铁丝,下端拧在拉杆上,上端支撑拱杆。

b.混合结构大棚　棚型与竹木结构大棚相同,使用的材料有竹木、钢材、水泥构件等多种。一般拱杆和拉杆多采用竹木材料,而立柱采用水泥柱。混合结构的大棚较竹木结构大棚坚固、耐久、抗风雪能力强,在生产上应用得也较多。

c.钢架结构大棚　拱架是用钢筋、钢管或两者结合焊接而成的弦形平面桁架。拱架上覆盖塑料薄膜,拉紧后用压膜线固定。这种大棚造价较高,但无立柱或少立柱,室内宽敞,透光好,作业方便。现在北方已在生产上广泛推广应用。

d.装配式钢管结构大棚　由工厂按照标准规格生产的组装式大棚,材料多采用薄壁镀锌钢管。所有部件用承插、螺钉、卡槽或弹簧卡具连接。用镀锌卡槽和钢丝弹簧压固棚膜,用手摇式卷膜器卷膜通风。这种大棚优点和钢结构架大棚相同。

（2）塑料大棚的结构

塑料大棚的结构可分为骨架和棚膜。骨架由立柱、拱杆（拱架）、拉杆（纵梁）、压杆（压膜线）等部件组成,俗称"三杆一柱"（见图 7.4）,这是塑料大棚最基本的骨架构成,其他形式都是在此基础上演化而来的。为便于出入,在棚的一端或两端设立棚门。

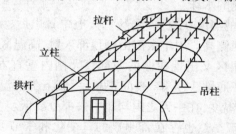

图 7.4 塑料大棚骨架各部位名称

①立柱　起支撑拱杆和棚面的作用,纵横成直线排列,立柱可采用竹竿、木柱、钢筋水泥混凝土柱等,使用的立柱不必太粗,但立柱的基部应设柱脚石,以防大棚下沉或被拔起。立柱埋置的深度要在 40~50 cm。

②拱杆（拱架）　起支撑棚膜的作用,横向固定在立柱上,两端插入地下,呈自然拱形,是大棚的骨架,决定大棚的形状和空间构成。由竹片、竹竿、或钢材、钢管等材料焊接而成。

③拉杆　起纵向连接拱杆和立柱,固定压杆,使大棚骨架成为一个整体的作用。用较

粗的竹竿、木杆或钢材作为拉杆,拉杆长度与棚体长度一致。

④压膜线　扣上棚膜后,于两根拱杆之间压一根压膜线,使棚膜绷平压紧,压膜线的两端,固定在大棚两侧设的"地锚"上。

⑤棚膜　是覆盖在棚架上的塑料薄膜。除了普通聚氯乙烯和聚乙烯薄膜外,目前,生产上多使用无滴膜、长寿膜、耐低温防老化膜等多功能膜作为覆盖材料。

⑥门窗　门设在大棚的两端,作为出路口,门的大小要考虑作业方便,太小不利进出,太大不利保温。大棚顶部可设天窗,两侧设进气侧窗,作通风口。

⑦连接卡具　大棚骨架的不同构件之间均需连接,除竹木大棚需线绳和铁丝连接外,装配式大棚均用专门预制的卡具连接,包括套管、卡槽、卡子、承插螺钉、接头、弹簧等。

(3)塑料大棚的性能

①温度　大棚有明显的增温效果,这是由于地面接受太阳辐射,而地面有效辐射受到覆盖物阻隔而使气温升高,称为"温室效应"。同时,地面热量也向地中传导,使土壤贮热。

a.气温变化　大棚内气温存在季节变化、昼夜变化和阴晴变化。我国北方地区,大棚内存在着明显的季节性变化。

大棚的冬季天数可比露地缩短 30~40 d,春、秋季天数可比露地分别增长 15~20 d。因此,大棚主要适于园艺作物春提早和秋延后栽培。

塑料大棚内气温的日变化规律与外界基本相同,即白天气温高,夜间气温低。日出后 1~2 h 棚温迅速升高,7~10 时气温回升最快,在不通风的情况下平均每小时升温 5~8 ℃,每日最高温出现在 12~13 时。15 时前后棚温开始下降,平均每小时下降 5 ℃左右。夜间气温下降缓慢,平均每小时降温 1 ℃左右。早春低温时期,通常棚温只比露地高 3~6 ℃,阴天时的增温值仅 2 ℃左右。

塑料大棚在 3~10 月夜间有时会出现棚温低于外界温度的"逆温现象",即棚内气温低于露地。逆温现象是由于大气的"温室效应"所致。大气逆辐射使近地面的空气层增温,而大棚内由于塑料薄膜的阻隔,使大气逆辐射热无法进入棚内,而棚内热量却大量向外界散失,造成了棚温稍低于外界温度的逆温现象。这种现象多发生在晴天的夜晚,天上有薄云覆盖,薄膜外面凝聚少量的水珠。

塑料大棚内不同部位的温度状况有差异,每天上午日出后,大棚东侧首先接受太阳光的辐射,棚东侧的温度较西侧高。中午太阳由棚顶部入射,高温区在棚的上部和南端;下午主要是棚的西侧受光,高温区又出现在棚的西部。大棚内垂直方向上的温度分布也不相同,白天棚顶部的温度高于底部 3~4 ℃,夜间正相反,棚下部的温度高于上部 1~2 ℃。大棚四周接近棚边缘位置的温度,在一天之内均比中央部分要低。

b.地温　大棚内的地温虽然也存在着明显的日变化和季节变化,但与气温相比,地温比较稳定,且地温的变化滞后于气温。从地温的日变化看,晴天上午太阳出来后,地表温度迅速升高,14 时左右达到最高值,15 时后温度开始下降。阴天大棚内地温的日变化较小,且日最高温度出现的时间较早。从地温的分布看,大棚周边的地温低于中部地温,而且地表的温度变化大于地中温度变化,随着土层深度的增加,地温的变化越来越小。从大棚内地温的季节变化看,在 4 月中下旬的增温效果最大,可比露地高 3~8 ℃,最高达 10 ℃以上;夏、秋季因有作物遮光,棚内外地温基本相等或棚内温度稍低于露地 1~3 ℃。秋、冬季节则棚内地温又略高于露地 2~3 ℃。10 月份土壤增温效果减小,仍可维持 10~20 ℃的地温。11月上旬棚内浅层地温一般维持在3~5 ℃。1月上旬至2月中旬是棚内土壤冻结时期,最冷时地温为-7~-3 ℃。

②湿度　在密闭的情况下,塑料大棚内空气相对湿度的一般变化规律是:棚温升高,相对湿度降低;棚温降低,相对湿度升高;晴天、风天时相对湿度降低,阴天、雨(雪)天时相对湿度增大。大棚内空气相对湿度也存在着季节变化和日变化,早晨日出前棚内相对湿度高达100%,随着日出后棚内温度的升高,空气相对湿度逐渐下降,12~13时为空气相对湿度最低时刻,在密闭大棚内达70%~80%,在通风条件下,可降到50%~60%;午后随着气温逐渐降低,空气相对湿度又逐渐增加,午夜可达到100%。从大棚湿度季节性变化看,一年中大棚内空气相对湿度以早春和晚秋最高,由于夏季温度高和通风换气,大棚内空气湿度较低。

③光照　大棚内光照状况与天气、季节及昼夜变化、方位、结构、建筑材料、覆盖方式、薄膜洁净和老化程度等因素有关。

a.光照的季节变化　不同季节太阳高度不同,大棚内的光照强度和透光率也有所不同。一般南北延长的大棚,其光照强度由冬→春→夏的变化是不断加强,透光率也不断提高,而随着季节由夏→秋→冬,其棚内光照则不断减弱,透光率也降低。

b.棚内的光照分布　大棚内光照存在着垂直变化和水平变化。从垂直看,越接近地面,光照度越弱;越接近棚面,光照度越强。据测定,距棚顶30 cm处的照度为露地的61%,中部距地面1.5 m处为34.7%,近地面为24.5%。从水平方向看,南北延长的大棚棚内的水平照度比较均匀,水平光差一般只有1%左右。但是东西向延长的大棚,不如南北延长的大棚光照均匀。

c.影响光照因素　大棚方位不同,太阳直射光线的入射角也不同,因此透光率不同。一般东西延长的大棚比南北延长的大棚的透光率要高,但南北延长的大棚与东西延长的大棚相比,在光照分布方面南北延长的大棚要均匀些。

大棚的结构不同,其骨架材料的截面积不同,因此形成阴影的遮光程度也不同,一般大棚骨架的遮阴率可达5%~8%。从大棚内光照来考虑,应尽量采用坚固而截面积小的材料作骨架,以尽可能减少遮光。

透明覆盖材料对大棚光照的影响,不同的透明覆盖材料其透光率也不同,而且由于不同透明覆盖材料的耐老化性、无滴性、防尘性等不同,使用后的透光率也有很大差异。目前,生产上应用的聚氯乙烯、聚乙烯、醋酸乙烯等薄膜,无水滴并清洁时的可见透光率在90%左右,但使用后透光率就会大大降低,尤其是聚氯乙烯薄膜,由于防尘性差,下降的较为严重。

(4)塑料大棚的应用

在蔬菜上主要是春季进行果菜类早熟栽培,秋季延后栽培,或春季为露地培育茄果类、瓜类、豆类蔬菜的幼苗;秋冬进行耐寒性蔬菜的加茬栽培,如莴苣、菠菜、油菜(南方小白菜)、青蒜等。

在花卉上,可在其内栽培菊花、观叶植物及盆栽花卉,或进行大面积草花播种和落叶花木的冬季扦插以及菊花等一些花卉的延后栽培。在南方则可用来生产切花,或供亚热带花卉越冬使用。在果树上,可用于草莓、葡萄、桃、樱桃、无花果等的春提早栽培和秋延后栽培,同时可用于多种果树的育苗。

### 7.1.4　温室

**1）温室的发展及类型**

（1）温室的发展

温室是结构比较完善的园艺设施，具有良好的采光、增温和保温性能。利用温室可以在寒冷季节进行蔬菜、果品和花卉的生产，这对于园艺产品的淡季供应和周年生产具有重要意义。

我国温室生产历史悠久，但其发展则是近百年的事，尤其是 20 世纪 80 年代以来，随着改革开放和农村产业结构的调整，以日光温室为主的温室生产得到了迅猛发展。此外，我国还引进了国外的大型现代化温室，并在消化吸收的基础上，初步研究开发出了我国自行设计制造的大型温室，促进了我国现代化设施园艺的发展。

（2）温室类型

我国温室结构和类型的发展与近代科学技术和材料工业的发展密切相关，经历了由低级、初级到高级，由小型、中型到大型，由简易到完善，由单栋温室到占地几公顷的连栋温室群。结构形式多样，温室类型繁多。

①按覆盖材料　可分为硬质覆盖材料温室和软质覆盖材料温室。硬质覆盖材料温室最常见的为玻璃温室，近年出现有聚碳酸树脂（PC 板）温室；软质覆盖材料温室主要为各种塑料薄膜覆盖温室。

②按屋面类型和连接方式　可分为单屋面、双屋面和拱圆形；又可分为单栋和连栋类型。

③按主体结构材料　可分为金属结构温室（包括钢结构、铝合金结构）和非金属结构温室（包括竹木结构温室、混凝土结构温室）。

④按有无加温　分为加温温室和不加温温室，其中日光温室是我国特有的不加温或少加温温室。

**2）日光温室**

日光温室是我国特有的园艺设施，已成为我国温室的主要类型，大多以塑料薄膜为采光覆盖材料，以太阳辐射为热源，靠采光屋面最大限度采光和加厚的墙体及后屋面、防寒沟、纸被、草苫等最大限度地保温，达到充分利用光热资源，创造植物生长的适宜环境，日光温室又称不加温温室。

（1）日光温室的基本结构

①前屋面（前坡，采光屋面）　前屋面是由支撑拱架和透明覆盖物组成的，主要起采光作用，为了加强夜间保温，在傍晚至第二天早晨用保温覆盖物，如草苫覆盖。前屋面的大小、角度、方位直接影响采光效果。

②后屋面（后屋面，保温屋面）　后屋面位于温室后部顶端，采用不透光的保温蓄热材料作成，主要起保温和蓄热的作用，同时也有一定的支撑作用。在纬度较低的温暖地区，日光温室也可不设后屋面。

③后墙和山墙　后墙位于温室后部，起保温、蓄热和支撑作用。山墙位于温室两侧，作用与后墙相同。通常在一侧山墙的外侧连接建造一个小房间作为出入温室的缓冲间，兼做工作室和贮藏间。

上述三部分为日光温室的基本组成部分,除此之外,根据不同地区的气候特点和建筑材料的不同,日光温室还包括立柱、防寒土、防寒沟等。立柱是在温室内起支撑作用的柱子,竹木温室因骨架结构强度低,必须设立柱;钢架结构因强度高,可视情况少设或不设立柱。防寒沟是在北部寒冷地区为减少地中传热而在温室四周挖掘的土沟,内填稻壳、树叶等隔热材料以加强保温效果。防寒土是指日光温室后墙和两侧山墙外堆砌的土坡以减少散热,增强保温效果。

(2)日光温室的主要类型

根据结构和保温性能的不同,日光温室可分为两类,一类是冬季只能进行耐寒性园艺作物的生产,称为普通日光温室或春用型日光温室;另一类是在北纬40°以南地区,冬季不加温可生产喜温蔬菜;北纬40°以北地区冬季可生产耐寒的叶菜类蔬菜,生产喜温蔬菜虽然仍需要加温但是可比加温温室节省较多的燃料,这类温室称为优型日光温室,又称为节能型日光温室或冬暖型日光温室。

①短后屋面高后墙日光温室  这种温室跨度 5~7 m,后屋面面长 1~1.5 m,后墙高 1.5~1.7 m,作业方便,光照充足,保温性能较好。潍坊改良型日光温室(见图7.5)等。

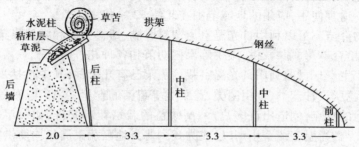

图 7.5  潍坊改良型日光温室(单位:m)

这种温室加大了前屋面采光屋面,缩短了后屋面,提高了中屋脊,透光率、土地利用率明显提高,操作更加方便,是目前各地重点推广的改良型日光温室。

②无后屋面日光温室  该类温室不设置后屋面,其后墙和山墙一般为砖砌,也有用泥筑的。有些地区则借用已有的围墙或堤岸作后墙,建造无后屋面的温室。该温室骨架多用竹木结构、竹木水泥预制结构或钢架结构作拱架。由于不设后屋面,温室造价降低,但是该温室对温度的缓冲性较差,只能用于冬季耐寒叶菜的生产,或用于早春晚秋,属于典型的春用型日光温室(见图7.6)。

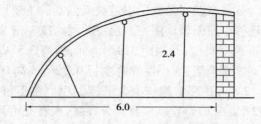

图 7.6  无后屋面日光温室(单位:m)

③琴弦式日光温室  这种温室跨度 7 m,后墙高 1.8~2 m,后屋面面长 1.2~1.5 m,每隔 3 m 设一道钢管桁架,在桁架上按 40 cm 间距横拉 8 号铅丝固定于东西山墙;在铅丝上每隔 60 cm 设一道细竹竿作骨架,上面盖薄膜,在薄膜上面压细竹竿,并与骨架细竹竿用铁丝固

定。该温室采光好,空间大,作业方便,起源于辽宁瓦房店市(见图7.7)。

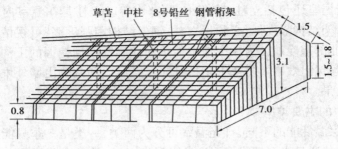

图7.7　琴弦式日光温室(单位:m)

(张振武,1999)

（3）日光温室的应用

日光温室由于其独特的保温效果,可以在冬季寒冷季节不需加温就能进行蔬菜等园艺作物的生产。但由于仅以太阳光能为热源并强调保温性能,因此,其使用也受到地域限制。如在光照充足、空气湿度较低、晴天多、阴雨雪天气少的北方地区应用普遍,而在长江流域及以南地区则不适宜使用,应用的地域范围在北纬32°~43°。

①园艺作物育苗　可以利用日光温室为塑料大棚、塑料小棚和露地果菜类蔬菜栽培培育幼苗,还可以培育草莓、葡萄、桃、樱桃等果树幼苗和各种花卉苗。

②蔬菜周年生产　目前利用日光温室栽培蔬菜已有几十种,其中包括瓜类、茄果类、绿叶菜类、葱蒜类、豆类、甘蓝类、食用菌类、芽菜类等蔬菜的春茬、冬春茬、秋茬、秋冬茬栽培。各地还根据当地的特点,创造出许多高产、高效益的栽培茬口安排,如一年一大茬、一年两茬、一年多茬等。日光温室蔬菜生产,已成为我国北方地区蔬菜周年均衡供应的重要途径。

③花卉栽培　日光温室花卉生产也得到了快速地发展,除了生产盆花外,还生产各种切花,如玫瑰、菊花、百合、康乃馨、剑兰、小苍兰、非洲菊等。

④果树栽培　近年来,日光温室果树生产也不断发展,如日光温室草莓、葡萄、桃、樱桃等,都取得了很好的经济效益。

3）现代化温室

现代化温室是目前园艺设施的最高级类型,又称为连栋温室、智能温室,其内部环境实现了自动化调控,基本不受自然条件的影响,是能全天候进行园艺作物生产的大型温室。

（1）主要类型

①芬洛型玻璃温室　芬洛型温室是我国引进玻璃温室的主要形式,是荷兰研究开发后流行全世界的一种多脊连栋小屋面玻璃温室。温室单间跨度一般为3.2 m的倍数,如6.4、9.6、12.8 m,近年也有8 m跨度类型;开间距3、4、4.5 m,檐高3.5~5.0 m。每跨由2个或3个双屋面的小屋脊直接支撑在桁架上,小屋脊跨度行3.2 m,矢高0.8 m。根据桁架的支撑能力,可组合成6.4、9.6、12.8 m的多脊连栋型大跨度温室。覆盖材料采用4 mm厚的园艺专用玻璃,透光率大于92%。开窗设置以屋脊为分界线,左右交错开窗,每窗长度1.5 m,一个开间(4 m)设两扇窗,中间1 m不设窗,屋面开窗面积与地面积比率(通风比)为19%。若窗宽从传统的0.8 m加大到1.0 m,可使通风比增加到23.43%,但由于窗的开启度仅0.34~0.45 m,实际通风比仅为8.5%和10.5%。

芬洛型温室在我国,尤其是我国南方应用的最大缺点是通风面积过小。由于其没有侧通风,且顶通风比仅为 8.5% 或 10.5%。在我国南方地区往往通风量不足,夏季热蓄积严重,降温困难。近年来,我国针对亚热带地区气候特点对其结构参数加以改进、优化,加大了温室高度,檐高从传统的 2.5 m 增高到 3.3 m,甚至 4.5、5 m,小屋面跨度从 3.2 m 增加到 4 m,间柱的距离从 4 m 增加到 4.5、5 m,并加强顶侧通风,设置外遮阳和湿帘降温系统,提高了在亚热带地区的效果。

②里歇尔温室　法国瑞奇温室公司研究开发的一种流行的塑料薄膜温室,在我国引进温室中所占比重最大。一般单栋跨度为 6.4、8 m,檐高 3.0~4.0 m,开间距 3.0~4.0 m,其特点是固定于屋脊部的天窗能实现半边屋面（50%屋面）开启通风换气,也可以设侧窗卷膜通风。该温室的通风效果较好,且采用双层充气膜覆盖,可节能 30%~40%。构件比玻璃温室少,空间大,遮阳面少,根据不同地区风力强度大小和积雪厚度,可选择相应类型结构。但双层充气膜在南方冬季多阴雨雪的天气情况下,透光性受到影响。

③卷膜式全开放型塑料温室　是一种拱圆形连栋塑料温室,这种温室除山墙外,顶侧屋面均可通过手动或电动卷膜机将覆盖薄膜由下而上卷起,达到通风透气的效果。可将侧墙和 1、2 屋面或全屋面的覆盖薄膜全部卷起成为与露地相似的状态,以利夏季高温季节栽培作物。由于通风口全部覆盖防虫网而有防虫效果,我国国产塑料温室多采用这种形式。其特点是成本低,夏季接受雨水淋溶可防止土壤盐类积聚,简易、节能,利于夏季通风降温,例如上海市农机所研制的 GSW7430 型连栋温室和 GLZRW7.5 智能型温室等,均是一种顶高 5 m、檐高 3.5 m、冬夏两用、通气性能良好的开放型温室。塑料薄膜连栋温室见图 7.8。

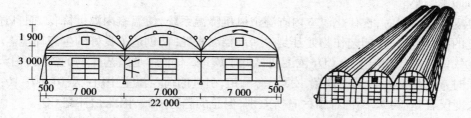

图 7.8　韩国双层薄膜覆盖三连栋温室示意图（单位:mm）
（章镇,2003）

④屋顶全开启型温室　最早是由意大利 Serre Italia 公司研制的全开放型玻璃温室,近年在亚热带地区逐渐兴起。其特点是以天沟檐部为支点,可以从屋脊部打开天窗,开启度可达到垂直程度,即整个屋面的开启度可从完全封闭直到全部开放状态。侧窗则用上下推拉方式开启,全开后达 1.5 m 宽。全开时可使室内外温度保持一致,中午室内光强可超过室外,也便于夏季接受雨水淋洗,防止土壤盐类积聚。其基本结构与芬洛型相似。

此外,一种适合南方暖地、自然通风效果优于一般塑料温室的锯齿形温室现正在推广应用中。

(2)现代化温室的性能

①温度　现代化温室有热效率高的加温系统,在最寒冷的冬春季节,无论晴好天气还是阴雪(雨)天气,都能保证园艺作物正常生长发育所需的温度,12 月至翌年 1 月份,夜间最低温不低于 15 ℃,上海孙桥荷兰温室,气温甚至达到 18 ℃,地温均能达到作物要求的适温范围和持续时间。炎热夏季,采用外遮阳系统和湿帘风机降温系统,保证温室内达到作物对温度的要求。北京顺义区台湾三益公司建造的现代化温室,1999 年 7 月,在夏季室外

温度高达 38 ℃时,室内温度不高于 28 ℃,蝴蝶兰生长良好,在北京花卉市场销售始终处在领先地位。采用热水管道加温或热风加温,加热管道可按作物生长区域合理布局,除固定的管道外,还有可移动升降的加温管道,因此温度分布均匀,作物生长整齐一致。此种加温方式清洁、安全、没有烟尘或有害气体,不仅对作物生长有利,也保证了生产管理人员的身体健康。因此,现代化温室可以完全摆脱自然气候的影响,一年四季全天候进行园艺作物生产,反季节栽培,高产、优质、高效。但温室加温能耗很大,燃料费昂贵,大大增加了成本。双层充气薄膜温室夜间保温能力优于玻璃温室,中空玻璃或中空聚碳酸酯板材(阳光板),导热系数最小,故保温能力最优。

②光照 现代化温室全部由塑料薄膜、玻璃或塑料板材(PC 板)透明覆盖物构成,全面进光采光好,透光率高,光照时间长,而且光照分布比较均匀。因此这种全光型的大型温室,即便在最冷的日照时间最短的冬季,仍然能正常生产喜温瓜果、蔬菜和鲜花,且能获得很高的产量。

双层充气薄膜温室由于采用双层充气膜,因此透光率较低,北方地区冬季室内光照较弱,对喜光的园艺作物生长不利。在温室内配备人工补光设备,可在光照不足时进行人工光源补光,使园艺植物高产。

③湿度 连栋温室空间高大,作物生长势强,代谢旺盛,作物叶面积指数高,通过蒸腾作用释放出大量水汽进入温室空间,在密闭情况下,水蒸气经常达到饱和。但现代化温室有完善的加温系统,加温可有效降低空气湿度,比日光温室因高湿环境给园艺作物生育带来的负面影响小。

夏季炎热高温时,现代化温室内有湿帘风机降温系统,使温室内温度降低,而且还能保持适宜的空气湿度,为园艺作物尤其是一些高档名贵花卉,创造了良好的生态环境。

④气体 现代化温室的 $CO_2$ 浓度明显低于露地,不能满足园艺作物的需要,白天光合作用强时常发生 $CO_2$ 亏缺的现象。据上海测定,引进的荷兰温室中,白天 10:00~16:00 时 $CO_2$ 浓度仅有 0.024%,不同种植区有所差别,但总的趋势一致,因此须补充 $CO_2$。

⑤土壤 国内外现代化温室为解决温室土壤的连作障碍、土壤酸化、土传病害等一系列问题,越来越普遍地采用无土栽培技术,尤其是花卉生产,已少有土壤栽培。果菜类蔬菜和鲜切花生产多用基质栽培,水培主要生产叶菜,以生菜面积最大。无土栽培克服了土壤栽培的许多弊端,同时通过计算机自动控制,可以为不同作物,不同生育阶段,以及不同天气状况下,准确地提供园艺作物所需的大量营养元素及微量元素,为园艺作物根系创造了良好的土壤营养及水分环境。国内外现代化温室的蔬菜或花卉高产样板,几乎均出自无土栽培技术。现代化温室是最先进、最完善、最高级的园艺设施,机械化、自动化程度很高,劳动生产率很高,它是用工业化的生产方式进行园艺生产,也被称为工厂化农业。

(3)现代化温室的应用

目前,现代化温室主要应用于科研和高附加值的园艺作物生产上,如喜温果类蔬菜、切花、盆栽观赏植物、果树、园林设计用的观赏树木的栽培及育苗等。其中具有设施园艺王国之称的荷兰,其现代化温室的 60%用于花卉生产,40%用于蔬菜生产,而且蔬菜生产中又以生产番茄、黄瓜和青椒为主。在生产方式上,荷兰温室基本上全部实现了环境控制自动化,作物栽培无土化,生产工艺程序化和标准化,生产管理机械化、集约化。

我国引进和自行建造的现代化温室除少数用于培育林业上的苗木以外,绝大部分也用于园艺作物育苗和栽培,而且以种植花卉、瓜果和蔬菜为主。一些温室已实现了园艺作物生产的工业化,并且运用生物技术、工程技术和信息管理技术,以程序化、机械化、标准化、集约化的生产方式,采用流水线生产工艺,充分利用温室的空间,加快蔬菜的生长速度,使蔬菜产量比一般温室提高10~20倍,充分显示了现代化设施园艺的先进性和优越性。

**案例导入**

### 覆盖材料的相关知识

我国设施园艺近年来发展速度非常迅速,覆盖材料也由传统的玻璃发展为各种塑料薄膜、无纺布、遮阳网、防虫网等。同时覆盖材料的功能也由单一的保温功能发展为减少病虫害、提高作物产品品质等方面。

## 任务 7.2　覆盖材料的种类与性质

### 1)覆盖材料分类

覆盖材料是进行设施园艺生产的基础。覆盖材料的种类繁多,性能各异。主要分为透明覆盖材料和不透明覆盖材料两大类,总的要求是性能优良、轻便耐用、价格合理。

（1）覆盖材料的种类

覆盖材料的种类很多,可以按原料材质、用途以及功能特性等分类（见表7.1）。

表 7.1　覆盖材料分类

| 分类依据 | 覆盖材料种类 |
|---|---|
| 原料材质 | 玻璃、薄膜、硬质塑料片、硬质塑料板、无纺布、遮阳网、防虫网等 |
| 原料种类 | 聚氯乙烯膜（PVC）、聚乙烯膜（PE）、乙烯-醋酸乙烯共聚物（EVA）、PO 系膜、氟素膜（ETFE）、聚碳酸酯板（PC）、聚丙烯板（MMA）;玻璃纤维强化聚丙烯板（FRA）、玻璃纤维强化聚酯板（FRP）,还有用不同原料制成的无纺布、遮阳网等 |
| 农膜的功能及特性 | 透光性相关联的有透明膜、半透明膜、梨纹（地）麻面膜、反光膜（网）、遮光膜（网）阻隔紫外光膜、光选择性透过膜、转光膜等 |
| | 与薄膜热、湿效应相关联的有保温膜、有滴膜、流滴膜、防雾膜等 |
| | 与生产密切相关的耐老化(耐候性长寿)膜、降解性薄膜等 |

（2）覆盖材料的特性

不同栽培方式与用途的园艺设施要求不同的覆盖材料,因此,要想正确地使用覆盖材料,必须了解其基本特性。

①透光性　透明覆盖材料的最主要功能是采光,要满足设施内作物对光量和光质的要求,其次要考虑透光性能的衰减速度。

②抗压性　覆盖材料必须结实、耐用,经得起风吹、雨打日晒和积雪的压力。

③耐候性　是覆盖材料经年累月之后表现不易老化的性能。这关系到它的使用寿命。它也是影响覆盖材料性能的因素之一。

④防雾、防滴性　园艺设施内经常是一种高湿环境,雾气弥漫或表面被水滴沾满,将大大降低覆盖材料的透光率,也影响室内增温。

⑤保温性　设施园艺生产要求具有较高的保温性能,以减少冬春生产的能源消耗。

**2)透明覆盖材料**

透明覆盖材料一般应具有良好的采光性、较高的密闭性和保温性、较强的韧性和耐候性以及较低的成本等。透明覆盖材料的原料各异,种类较多(见表7.2)。

表 7.2　透明覆盖材料的种类及原料

| 透明覆盖材料种类 | 主要原料 |
| --- | --- |
| 玻璃 | $SiO_2$ 等 |
| 塑料薄膜 | PE、PVC、EVA、农用 PO 系膜 |
| 硬质农膜 | PETP、ETTFE 等 |
| 硬质塑料板 | PC、FRP、ERA、MMA 等 |

**(1)塑料薄膜**

塑料薄膜是我国目前设施园艺中使用面积最大的覆盖材料。具有质地轻柔、性能优良、价格便宜、铺卷方便的特点,主要用于塑料温室、塑料大棚、中小棚的外覆盖及内覆盖。作为内覆盖材料又可进行固定式覆盖与移动式覆盖。塑料薄膜按其母料可分为聚氯乙烯(PVC)薄膜、聚乙烯(PE)薄膜和乙烯-醋酸乙烯(EVA)多功能复合薄膜三大类。

①聚氯乙烯(PVC)薄膜　聚氯乙烯薄膜是由聚氯乙烯树脂添加增塑剂、稳定剂、润滑剂、功能性助剂和加工助剂,经高温压延成膜。广泛应用于覆盖塑料大棚。

基本特性:透光性好,阻隔远红外线;保温性强;柔软易造型,好黏接,易修补;耐候性好;对酸、碱、盐抗性强,喷上农药、化肥不易变质。

使用注意事项:密度大(为 1.3 g/cm³),使用成本高(一定质量的该种膜覆盖面积较聚乙烯膜(PE)减少约 1/3);低温下变硬脆化,高温下又易软化松弛;由于加入了增塑剂,使用一段时间后,助剂析出后膜面容易吸附尘土,影响透光,透光率衰减很快,会缩短其使用年限;残膜燃烧会有氯气产生因而不能燃烧处理。

应用:目前,在我国东北用于覆盖大棚进行早熟栽培,在华北、辽东半岛、黄淮平原主要用于高效节能型日光温室冬春茬果菜类覆盖栽培。

②聚乙烯(PE)薄膜　聚乙烯薄膜是聚乙烯树脂经吹塑成膜。

基本特性:质地轻,柔软,易造型;透光性好;无毒,耐酸,耐碱,耐盐,而且喷上农药、化肥不易引起变质。

使用注意事项:耐候性差,保温性差,撕裂后不易黏接;如果生产大棚薄膜必须加入耐老剂、无滴剂、保温剂等添加剂改性,才能适应生产的要求。

应用:适于作各种棚膜、地膜,是我国当前主要的农膜品种。

③乙烯-醋酸乙烯(EVA)多功能复合薄膜　是以乙烯-醋酸乙烯(EVA)共聚物树脂为主体的三层复合功能性薄膜。密度为0.94 g/cm³,厚度为 0.1~0.12 mm。EVA 中 VA 的含

量多少对农膜质量有很大影响,一般 VA 含量高,透光性、折射率和"温室效应"强,该农膜的 VA 含量为 12%~14% 最好。

基本特性:透光性好,阻隔远红外线;保温性强;耐候性好,冬季不变硬,夏季不粘连;耐冲击;好黏接,易修补;对农药抗性强、喷上农药、化肥不易变质。无滴持效期在 8 个月以上。

应用:适于高寒地区做温室、大棚覆盖材料。

（2）硬塑料膜

硬塑料膜是指增塑剂在 15% 以上的塑料薄膜。有不含可塑剂的硬质聚氯乙烯膜和硬质聚酯膜两种。这类膜厚度为 0.1~0.2 mm,在可见光段透光性好,有流滴性,抗张力强,不易断裂,耐折强度高,但价格较贵。燃烧时有毒气释放,回收后需由厂家进行专业处理。使用年限 3~5 年。生产中多用于塑料温室大棚外覆盖。

（3）硬质塑料板材

硬质塑料板材厚度大多为 0.8 mm,具有耐久性强,透光性好,机械强度高（作为覆盖材料可以降低支架的投资费用）,保温性好等特点。有平板、波纹板及复层板。在园艺设施中使用的硬质塑料板材有四种类型:

①玻璃纤维强化聚酯树脂板（FRP 板）;

②丙烯树脂板（MMA 板）;

③玻璃纤维强化丙烯树脂板（FRA 板）;

④聚碳酸酯树脂板（PC 板）。

硬质塑料板不仅具有较长的使用寿命,而且对可见光也具有较高的通透性,一般可达 90% 以上,但对紫外线的通透性则因种类而异,其中 PC 板几乎可完全阻止紫外线的透过,因此,不适合用于需要昆虫来促进授粉受精和那些含较多花青素的作物。目前,由于硬质塑料板的价格较高,使用面积有限。

（4）玻璃

在塑料薄膜问世之前,玻璃几乎是唯一的园艺设施透明覆盖材料,用于园艺设施的玻璃主要有 3 种:即平板玻璃、钢化玻璃和红外线（热吸收）玻璃。所有设施园艺覆盖材料中玻璃的耐候性最强,耐腐蚀性最好,使用寿命达 40 年。普通平板玻璃透光紫外线能力低,对可见光,近红外光的透过率高,可以增温保温。

### 3）半透明和不透明覆盖材料

（1）半透明覆盖材料

半透明覆盖材料主要包括遮阳网、防虫网、无纺布等。我国于 20 世纪 80 年代中后期研制成功遮阳网,防虫网是 20 世纪 90 年代开发应用的覆盖材料,无纺布栽培技术和无纺布是我国于 1982 年引进的。

①半透明覆盖材料的种类及特性

a.遮阳网　又称寒冷纱,是以聚乙烯和聚丙烯等为原料经加工制作拉成扁丝后编织而成的一种网状覆盖材料。该材料重量轻、强度高、耐老化、柔软、便于铺卷,主要用于夏季的遮阳降温栽培。

b.防虫网　防虫网多以聚乙烯为原料,添加防老化、抗紫外线等助剂后经拉丝编制而成,也可用不锈光线或铜线、有机玻璃纤维、尼龙等材料编织。通常为白色、银灰色。具有抗拉强度大、抗紫外线、抗热、耐水、耐腐蚀、耐老化、无毒无味和使用年限长（使用寿命 3~5

年)等特点,在我国无公害生产中发挥越来越重要作用。

c.无纺布　又称为不织布,是由聚乙烯、聚丙烯、锦纶纤维等经熔融纺丝,堆积布网,不经纺织,而是通过热压黏合,干燥定型成棉布状的一种轻型覆盖材料,使用寿命一般为3~4年。主要用于蔬菜畦上直接覆盖,起到增温、防霜冻,促进蔬菜早熟、增产的作用,或者用于夏季防雨栽培。

②半透明覆盖材料的覆盖效应

a.温度调节　半透明覆盖材料可显著改善环境中的温度条件。在低温期覆盖无纺布等半透明覆盖材料后,不仅可以提高气温,还可显著提高覆盖下的土壤温度;在高温期覆盖遮阳网等,可以降低温度,促进植株的生长。

b.减轻冷害和冻害　保持半透明覆盖材料同植株之间一定的距离,同时使用对长波辐射透过率低的覆盖材料提高增温效果,都可以减轻冷害和冻害。

c.遮阳防热　我国南方在夏季存在不同程度的高温酷暑、暴雨和台风危害,严重地制约了农业生产。合理使用遮阳网等覆盖材料可以降低温度和减少光强,有效地调节环境因子,缓解不良环境对作物生长所造成的影响。

d.虫害防治　覆盖防虫网、遮阳网和无纺布后,植株同外界环境隔离,可有效地防治蚜虫等虫害的发生。

e.减轻台风危害　为了减轻台风的危害,大多数叶菜可以结合防虫,在播种后进行覆盖;其他多数果菜,一般在台风来临之前进行覆盖。

（2）不透明覆盖材料

主要用于温室和塑料棚的外覆盖保温,如草帘、草苫、纸被、棉被等不透明的外覆盖保温材料。

①不透明覆盖材料的种类及特性

a.草帘和草苫　草帘或草苫作为外覆盖材料,是中小拱棚和日光温室或改良阳畦覆盖保温的首选材料,需求量很大。草苫一般可使用3年左右。

南方多用草帘,保温效果为1~2℃;而北方多用草苫,保温效果达5~6℃。草帘和草苫是用稻草、谷草或蒲草等编成,取材方便,制作简单。制作时要求致密,捆扎紧实牢固。

b.纸被　纸被是一种防寒保温覆盖材料。纸被系由4~6层牛皮纸缝制成的与草苫相同长宽的覆盖材料。纸被质轻、保温性好,但冬、春季多雨雪地区,易受雨淋而损坏,在其外部罩一层薄膜可以起到防雨延寿的作用。

c.棉被　多用旧棉絮及包装布缝制而成。其特点是质轻、蓄热保温性好,保温效果强于草苫和纸被,在高寒地区保温效果最高可达10℃,但成本较高,应注意保管,如保管得好,可使用6~7年。

②不透明覆盖材料的使用与管理

草苫、纸被、棉被等覆盖材料的揭盖是调节日光温室温度的重要手段,尤其是对夜间温度高低至关重要。当日光温室夜间最低气温低于栽培园艺植物生长发育所需的适宜温度时,应及时将准备好的草苫等安放于温室上,安放时要互相重叠。草苫等覆盖材料的揭盖时间,要根据天气条件、栽培作物种类、栽培季节等灵活掌握。

晴天,只要揭开草苫可使棚温不降低,要早揭晚盖(日出揭日落盖),尽量延长设施的光照时间。阴天,只要温度在0℃以上就要按时揭盖。连续雨雪天气,要间歇性揭盖或揭盖前缘处。大风天,为防止大风刮坏大棚,可采取间隔揭盖的办法。

为了延长草苫、纸被、棉被等使用寿命,遇到雨雪天气时,用废旧塑料薄膜覆盖草苫等,可以防止草苫等因潮湿霉烂。揭盖草苫等要轻拉轻放。不用时,要将草苫、纸被、棉被等晒干,加防鼠药剂,用塑料布封严存放。

**4)其他覆盖材料**

(1)地膜

地膜的种类很多,性质各不相同,从1979年地膜试制成功后,接着又试制成功多种有色和线型低密度聚乙烯超薄地膜。20世纪80年代中期以后又开始生产降解地膜。地膜品种有普通地膜、有色地膜,还有功能性地膜和降解地膜。

①普通地膜 普通地膜是无色透明地膜。这种地膜透光性好,覆盖后在不遮阴的情况下,一般可使土壤表层温度提高2~4 ℃,不仅适用于我国北方寒冷低温地区,也适用于我国南方地区作物栽培,广泛地应用在各类农作物的早熟栽培上。普通地膜还可以分为高压低密度聚乙烯(LDPE)地膜、低压高密度聚乙烯(HDPE)地膜、线型低密度聚乙烯(LLDPE)地膜三种。除此之外,还有低压高密度聚乙烯与线型低密度聚乙烯共混的地膜。

②有色地膜 在聚乙烯树脂中加入有色物质,可制成不同颜色的地膜,如黑色地膜、绿色地膜、银灰色地膜(见表7.3)等。

表7.3 有色地膜的种类及应用

| 特性＼种类 | 黑色地膜 | 绿色地膜 | 银灰色地膜 |
|---|---|---|---|
| 厚度/mm | 0.01~0.03 | 0.015 | 0.015~0.02 |
| 透光率 | 10% | | 25.5% |
| 应用 | 夏季设施内地面覆盖。覆盖在不易进行除草操作的地方,杀草效果好 | 一般仅限于在蔬菜、草莓、瓜类等经济价值较高的作物上应用 | 适用于春季或夏、秋季节的防病抗热栽培 |

a.黑色地膜 黑色地膜除掉各种杂草的效果良好,其透光率仅为10%,使膜下杂草无法正常进行光合作用而死亡。黑色地膜对土壤的增温效果差,一般仅使土壤表层温度提高2.0 ℃左右。

b.绿色地膜 绿色地膜能够阻止光合有效辐射的透过量,从而造成地膜下的杂草因营养不良而死亡,抑制杂草和灭草的效果比较好。绿色地膜对土壤的增温作用不如透明地膜,但优于黑色地膜,对茄子、番茄和辣椒等果菜,具有明显的促进生长作用,并且果实着色好,色泽鲜艳。由于绿色染料价格高,绿色地膜价格贵,再加上绿色地膜的使用寿命比较短,一般仅限于在蔬菜、草莓、瓜类等经济价值较高的作物上应用。

c.银灰色地膜 又称防蚜膜。该地膜对紫外线的反射率较高,因而具有驱避蚜虫、黄条跳甲、象甲和黄守瓜等害虫和减轻作物病毒病的作用。

不同颜色的地膜增温、防病虫害、抑草除草、保水效应不同。与无色地膜相比,有色地膜对土壤的增温效果较差,但抑草、除草作用明显优于普通无色地膜。无色透明地膜透光率高,土壤增温效果最好;而黑色地膜透光率最低,土壤增温效果最差;但银灰色地膜反光

性能好,可改善作物近地面的光照条件,且对紫外线反射较强,可用于避蚜防病。黑色地膜和绿色地膜透光性差,有一定的降温作用,适用于夏季栽培,还有利于防除杂草。不同颜色的地膜保水效应不同,黑色、银灰色膜保持水分的能力较无色透明地膜强。

③具有特殊功能的地膜

a.耐老化长寿地膜 该膜强度高,使用寿命较普通地膜长45 d以上。非常适用于"一膜多用"的栽培方式,而且还便于旧地膜的回收、加工和再利用,不易使地膜残留在土壤中。但该地膜价格稍高。

b.除草地膜 除草地膜覆盖土壤后,其中的除草剂会迁移析出,并溶于地膜内表面的水珠之中,溶有药剂的水珠增大后,便会落入土壤中发挥作用而杀死杂草。除草地膜不仅降低了除草的成本投入,而且由于地膜的保护,除草剂挥发不出去,药效持续时间长,除草效果好。

c.有孔地膜 这种地膜在生产加工时,按照一定的间隔距离,在地膜上打出一定大小的播种用或定植用的孔洞。根据栽培作物的种类不同,在地膜上按不同的间隔距离进行单行或多行打孔。有孔地膜为专用膜,用于各种穴播和按穴定植的作物。使用这种地膜可确保株行距及孔径整齐一致,省工并保护地膜不被撕裂,便于实现地膜覆盖栽培的规范化。

d.黑白双面地膜 两层复合地膜一层呈乳白色,另一层呈黑色,该膜有反光、降温、除草等作用。使用时,乳白色的一面朝上,黑色的一面朝下。向上的乳白色膜能将透过作物间隙照射到地面的光再反射到作物的群体中,改善作物中下部的光照条件,而且能降低近地表面温度1~2 ℃。向下的黑色膜能够抑制杂草的生长。该膜主要用于夏、秋季节蔬菜的抗热降温栽培。

e.可控性降解地膜 地膜使用所造成的白色污染,不仅影响植物根系的生长,破坏土壤结构,影响耕作,而且对整个生态环境也造成了严重的污染。针对这种现状,人们研制了可控性降解地膜。可控性降解地膜分为光降解地膜、生物降解地膜和光、生可控双降解地膜三种(见表7.4)。

表 7.4　可控性降解地膜比较表

| 种类<br>比较点 | 光降解地膜 | 生物降解地膜 | 光、生可控双降解地膜 |
|---|---|---|---|
| 原料 | 聚乙烯树脂中添加光敏剂 | 聚乙烯树脂中添加高分子有机物(如淀粉、纤维素和甲壳素或乳酸脂等) | 聚乙烯树脂中既添加了光敏剂,又添加了高分子有机物 |
| 降解原理 | 自然光的照射下,加速降解,最后老化崩裂 | 借助于土壤中的微生物(细菌、真菌、放线菌)将地膜彻底分解,重新进入生物圈 | 由于自然光的照射,薄膜自然崩裂成为小碎片,而这些残膜可为微生物吸收利用 |
| 特性 | 具备普通地膜的功能。只有在光照条件下才有降解作用,而土壤之中的地膜降解缓慢 | 耐水性差,强度低,虽然能成膜但不具备普通地膜的功能 | 具备普通地膜的功能,对土壤、作物均无不良影响 |

(2)新型覆盖材料

①氟素农膜 氟素农膜是由乙烯与氟素乙烯聚合物为基质制成的新型覆盖材料。

1988 年面市,与聚乙烯膜相比,具有超耐候、超透光、超防尘、不变色等一般特性,使用期可达 10 年以上。主要产品有透明膜、梨纹麻面膜、紫外光阻隔性膜及防滴性处理膜等。

②新型铝箔反光遮阳保温材料　由瑞典劳德维森公司研制开发的 LS 缀铝反光遮阳保温膜和长寿强化外覆盖膜,产品性能多样化,达 50 余种,使用期长达 10 年。

LS 缀铝反光遮阳保温材料具有反光、遮阳、降温、保温节能、控制湿度、防雨、防强光、调控光照时间等多种功能,多用于温室内遮阳及温室外遮光。

用于温室内遮阳时,通过遮阳光,使短日照作物在长日照下生长良好。同时可作为温室内夏季反光遮光降温覆盖及冬春季节保温节能覆盖,还可用于温室、大棚外部反光降温遮阳覆盖以及作为遮阳棚用的外覆盖材料。

③多层复合型农膜(PO 系特殊农膜)　以 PE、EVA 优良树脂为基础原料,加入保温强化剂、防雾剂、光稳定剂、抗老化剂、爽滑剂等一系列高质量适宜助剂,通过二、三层共挤工艺生产的多层复合功能膜。PO 系特殊农膜具有多种特性,使用寿命 3~5 年。主要用于大棚、中小拱棚、温室的外覆盖及棚室内的保温幕。欧美国家所用的农膜多为复合功能膜,西班牙、法国、韩国、日本等都在生产销售,这是当今世界新型覆盖材料发展的趋势。

**案例导入**

园艺设施环境调控

园艺植物与人们的日常生活关系密切,以地面为界,地下部分为根系,地上部分为枝系,根据生理功能不同分为营养器官和生殖器官两大类,根、茎、叶为园艺植物的营养器官,花、果实和种子是园艺植物的生殖器官,各个器官都有不同的形态特征,作为一个整体,各个器官不是孤立的,而是相关联系、相互影响、相互依存,具有彼此的相关性。

## 任务 7.3　园艺设施环境调控

### 7.3.1　光照环境及其调控

植物的生命活动与光照密不可分,塑料拱棚和日光温室是以日光为唯一光源与热源的,因此,光照环境对设施园艺生产的重要性是必然的。设施内的光照条件受建筑方位、设施结构,透光屋面大小、形状,覆盖材料特性、干洁程度等因素的影响。设施内的光照环境主要包括光照强度、光照分布、光照时间与光质四个方面。其中,对设施生产影响较大的是光照强度、光照分布和光照时间,光质主要受覆盖材料特性的影响,变化比较简单。

#### 1)园艺设施光照环境的特点及其影响因素

(1)光照强度

①特点　园艺设施内的光照强度比自然光要弱,尤其在寒冷的冬春季节或阴雨天,透

光率只有自然光的 50%~70%,甚至有时不足 50%,这种现象在冬季往往成为喜光果菜类作物生产的主要限制因子。

②影响因素　设施内的光照强度主要受设施的透光率和气候变化的影响。

a.设施的透光率　设施的透光率是指设施内的光照强度与外界自然光照的强度比。透光率的高低反映了设施的采光能力好坏,透光率越高,说明设施的采光能力越强,设施内的光照条件也越好。设施透光率受到了许多因素的影响,主要有覆盖材料的透光特性、设施结构等。覆盖材料老化也会降低透光率,一般薄膜老化可使透光率下降 10%~30%。设施结构对透光率的影响,主要指设施的屋面角度、类型、方位等对设施透光率的影响。

b.气候条件对设施内光照强度的影响　设施内的光照具有明显的季节性变化。总体来讲,低温期大多数时间内,设施内的光照不能满足作物生长的需要,特别是保温覆盖物比较多的温室、阳畦等,其内的光照时间与光照量更为不足;春秋两季设施内的光照条件有所改善,基本上能够满足栽培需要;夏季设施内的光照虽然低于露地,但较强的光照却往往导致设施内的温度过高,产生高温危害。

(2)光照分布

① 光分布特征　设施内的太阳辐射量,特别是直射光日总量,在设施的不同部位、不同方位、不同时间和季节,分布都极不均匀。例如,单屋面温室的后屋面及东、西、北三面有墙,都是不透光部分,在其附近或下部往往会有遮阴。朝南的透明屋面下,光照明显优于北部。据测定,温室栽培床的前、中、后排黄瓜产量有很大的差异,前排光照条件好,产量最高,中排次之,后排最低,反映了光照分布不均匀。单屋面温室后屋面的仰角大小不同,对透光率的影响也不同。

②设施内的光照分布与设施结构的关系比较密切　大棚的南侧接受直射光多,光照最强,北侧接受的散射光比较多,光照也比较强。棚的中部远离棚膜,获得的直射光和散射光均较少,故离棚中部越近光照越弱,大棚的跨度和高度越大,棚的中部光照越弱。

(3)光质

光质主要受覆盖材料的种类、状态等的影响。

①覆盖材料的种类　塑料薄膜的可见光透过率一般为 80%~85%,红外光为 45%,紫外光为 50%,聚乙烯和聚氯乙烯薄膜的总透光率相近,所差无几。但聚乙烯膜的红、紫外光部分的透过率稍高于聚氯乙烯膜,散热快,因而保温性较差。玻璃透过的可见光为露地的85%~90%,红外光为 12%,紫外光几乎不透过,因此玻璃的保温性优于薄膜。

②覆盖材料的状态　膜面落尘能够降低红外光区的透过率,老化的薄膜主要降低紫外光区的透过率,膜面附着水滴后能够明显地降低 1 000~1 100 nm 的红外光区的透过率。

(4)光照时数

园艺设施内的光照时数,是指受光时间的长短,因设施类型而异。大型连栋温室,因全面透光,无外覆盖,设施内的光照时数与露地基本相同。但单屋面温室内的光照时数一般比露地要短,因为在寒冷季节为了防寒保温,覆盖的蒲席、草苫揭盖时间直接影响设施内受光时数。

**2)园艺设施光照环境调节控制技术**

(1)光照强度的调控

园艺设施内对光照条件的要求,一是光照充足,二是光照均匀。

①改进园艺设施结构,提高透光率

a.选择好适宜的建筑场地及合理建筑方位确定的原则是根据设施生产的季节,当地的自然环境,如海拔高度、周边环境等。

b.采用合理的屋面角　单屋面温室主要设计好后屋面仰角,前屋面与地面交角,后屋面长度,既保证透光率高也兼顾保温好。如我国北方日光温室南屋面角在北纬 32°～34°区域内应达到 25°～35°。

c.注意建造方位　北方日光温室宜选东西向,依当地风向及温度等情况,采用南偏西或偏东 5°～10°为宜,并保持邻栋温室之间的一定距离。

d.合理的透明屋面形状　从生产实践证明,拱圆形屋面采光效果好。

e.选择好骨架材料　在保证温室结构强度的前提下尽量用细材,以减少骨架遮阴,梁柱等材料也应尽可能少用,如果是钢材骨架,可取消立柱,对改善光环境很有利。

②保持透明覆盖物良好的透光性　选用透光率高且透光保持率高的透明覆盖材料,大型连栋温室有条件的可选用 PC 板材。

③利用反射光　可以在地面上铺盖反光地膜;或者在设施的内墙面或风障南面等张挂反光薄膜,使北部光照增加 50%左右;另外也可将温室的内墙面及立柱表面涂成白色。

④人工补充光照　人工补光的目的是满足作物光周期的需要,当黑夜过长影响作物生长时,应进行补光,同时对于抑制或促进花芽分化,调节开花期和成熟期,也需要补光,例如在菊花、草莓等冬季栽培上广为应用,通常称为电照栽培,一般要求光强较低。另一个人工补光的目的是促进光合作用,补充自然光的不足。连阴天以及冬季温室采光时间不足时,应进行人工补光。

（2）光照长度的调控

①短日照处理　短日照处理采用遮光率为 100%的遮光幕覆盖,如菊花遮光处理,可促进提早开花。

②长日照处理　长日照处理采用补光处理,如菊花电照处理可延长秋菊,开花期至冬季三大节日期间开花,实现反季节栽培,增加淡季菊花供应,提高效益。

## 7.3.2　温度环境极其调控

温度是影响园艺作物生长发育最重要的环境因子,它影响着植物体内一系列生理变化,是植物生命活动最基本的要素。在园艺设施环境中,温度对作物生育影响最显著。温度条件特别是气温条件的好坏,往往关系到栽培的成败。

### 1)设施内温度的变化规律

（1）气温

①日变化规律　一日中,设施内的最高温度值一般出现在 13—14 时,最低温度值出现在上午日出前或保温覆盖物揭起前。

设施内的日较差大小因设施的大小、保温措施、气候等的不同而异。一般大型设施的温度变化比较缓慢,日较差较小,小型设施的空间小,热缓冲能力比较弱,温度变化剧烈,日较差也比较大。据调查,在密闭情况下,小拱棚在春天的最高气温可达 50 ℃,大棚只有 40 ℃左右;在外界温度 10 ℃时,大棚的日较差约为 30 ℃,小拱棚却高达 40 ℃。

小型设施由于温度变化剧烈,夜间温度下降较快原因,有时夜间设施内的气温甚至低于露地气温,也即出现棚温逆转现象。该现象多发生于阴天后,有微风、晴朗的夜间。这是由于在晴朗的夜间,地面和棚的有效辐射较大(地面有效辐射=地面辐射-大气逆辐射),而棚内土壤由于白天积蓄的热量小,气温下降后,得不到足够的热量补充,温度下降迅速;露地由于有微风从其他地方带来热量补充,温度下降相对缓慢,从而出现棚内温度低于棚外的温度逆转现象。用保温性能差的聚乙烯薄膜覆盖时更容易发生此现象。

夜间对设施加盖保温覆盖物后,设施的日较差变小。晴天的日较差较阴天的大。

②季节变化规律　设施内温度受外界温度的季节性变化影响很大。低温期在不加温情况下,温度往往偏低,一般当外界温度下降到-3 ℃左右时,塑料大棚内就不能栽培喜温性蔬菜,当温度下降到-15 ℃以下时,日光温室也难以正常栽培喜温性蔬菜。晚春、早秋和夏季,设施内的温度往往偏高,需要采取降温措施,防高温。

(2)地温

①日变化规律　一日内,设施内的地温是随着气温的变化而发生变化。

最高地温一般比最高气温晚出现2 h左右,最低地温值较最低气温也晚出现2 h左右。一日中,地温的变化幅度比较小,特别是夜间的地温下降幅度比较小。

②季节性变化规律　冬季设施内的温度偏低,地温也较低。以改良型日光温室为例,一般冬季晴天温室内10 cm地温为10~23 ℃,连阴天时的最低温度可低于8 ℃。春季以后,气温升高,地温也随着升高。

(3)地温与气温的关系

设施内的气温与地温表现为"互利关系",即气温升高时,土壤从空气中吸收热量,地温升高;当气温下降时,土壤则向空气中放热来保持气温。低温期提高地温,能够弥补气温偏低的不足,一般地温提高1 ℃,对作物生长的促进作用,相当于提高了2~3 ℃气温的效果。

### 2)园艺设施内温度的分布

设施内由于受空间大小、接受的太阳辐射量和其他热辐射量大小,以及受外界低温影响程度等的不同,温度分布也不相同。在保温条件下,垂直方向上,白天一般由下向上,气温逐渐升高,夜间温度分布正好相反,温差可达4~6 ℃。

水平方向上,白天一般南部接受光照较多,地面温度最高;夜间不加温设施内一般中部温度高于四周,加温设施内的温度分布是热源附近高于四周。

中午12—13时,南部的地面上20 cm处的气温比其他部位平均高出4 ℃左右。然而夜间,由于南部的容热量小,加上靠近外部,降温较快,日最低气温较其他部位平均低2 ℃左右。一日内,温室南部的温度日变化幅度较大,温差也较大,这对培育壮苗、防止徒长十分有利,但是在高温、强光照时期,如果通风不良、降温不及时,中午前后也容易因温度偏高而对作物造成高温危害;冬季如果保温措施跟不上,也容易因温度偏低使作物遭受冻害。因此,在温室的温度管理上,要特别注意对南部温度的管理。温室北部的空间最大,容热量也大,再加上北部屋面的坡度小,白天透光量少,因此白天升温缓慢,温度最低。但夜间由于有后墙的保温,再加上容热量大等原因,温度下降较慢,降温幅度较小,温度较高。一日内,北部的温度日变化幅度较小,昼夜温差也较小,一般不会发生温度障碍,但作物生长不壮,易形成弱苗和早衰。温室中部的空间大小及白天的透光量介于南部和北部之间,所以白天的升温幅度也介于两者之间,但由于远离外部,夜间的降温较慢,因此夜温最高。

**3)园艺设施内温度环境的调节控制**

温度调控要求达到维持适宜于作物生长的设定温度,温度的空间分布均匀,时间变化平缓。园艺设施内温度的调节和控制包括保温、加温、降温等几个方面。

(1)保温

根据热收支状况分析,保温措施主要考虑减少贯流放热、换气放热和地中热传导,增大保温比和地表热流量。

①采用多层覆盖,减少贯流放热量。

②多层覆盖的保温效果好。

③多层覆盖材料　主要有塑料薄膜、草苫、纸被、无纺布等。

a.塑料薄膜　主要用于临时覆盖。覆盖形式主要有地面覆盖、小拱棚、保温幕以及覆盖在棚膜或草苫上的浮膜等。一般覆盖一层薄膜可提高温度 2~3 ℃。

b.草苫　覆盖一层草苫通常能提高温度 5~6 ℃。生产上多覆盖单层草苫,较少覆盖双层草苫,必须增加草苫时,也多采取加厚草苫法来代替双层草苫。不覆盖双层草苫的主要原因是便于草苫管理。草苫数量越多,管理越不方便,特别是不利于自动卷放草苫。

c.纸被　多用作临时保温覆盖或辅助覆盖,覆盖在棚膜上或草苫下。一般覆盖一层纸被能提高温度 3~5 ℃。

d.无纺布　主要用作保温幕或直接覆盖在棚膜上或草苫下。

④增大保温比　保护设施越大,保温比越小,保温越差;反之,保温比越大,保温越好。但日光温室由于后墙和后屋面较厚(类似土地),因此增加日光温室的高度对保温比的影响较小。而且,在一定范围内,适当增加日光温室的高度,反而有利于调整屋面角度,改善透光,增加室内太阳辐射,起到增温的作用。

⑤保持较高地温　主要措施有:

a.增大园艺设施透光率　正确选择日光温室建造方位,屋面进行经常性洁净,尽量争取获得大透光率,使室内土壤积累更多热能。

b.覆盖地膜　最好覆盖透光率较高的无滴地膜。

c.合理浇水　低温期应于晴天上午浇水,不在阴雪天及下午浇水。一般当 10 cm 地温低于 10 ℃时不得浇水,低于 15 ℃要慎重浇水,只有 20 ℃以上时浇水才安全。另外,低温期要尽量浇预热的温水或温度较高的地下水,不浇冷凉水;要浇小水、浇暗水,不浇大水和明水。

d.挖防寒沟　在设施的四周挖深 50 cm 左右、宽 30 cm 左右的沟,内填干草,上用塑料薄膜封盖,减少设施内的土壤热量散失,可使设施内四周 5 cm 地温增加 4 ℃左右。

e.在设施的四周夹设风障　一般多于设施的北部和西北部夹设风障,以多风地区夹设风障的保温效果较为明显。

(2)加温

我国传统的单屋面温室,大多采用炉灶煤火加温,也有采用锅炉水暖加温或地热水暖加温的。大型连栋温室和花卉温室,则多采用集中供暖方式的水暖加温,也有部分采用热水或蒸汽转换成热风的采暖方式。常见的加温方式有:

①火炉加温　用炉筒或烟道散热,将烟排出设施外。该法多见于简易温室及小型加温

温室。

②暖水加温　用散热片散发热量,加温均匀性好,但费用较高,主要用于玻璃温室以及其他大型温室和连栋塑料大棚中。

③热风炉加温　用带孔的送风管道将热风送入设施内,加温快,也比较均匀,主要用于连栋温室或连栋塑料大棚中。

④明火加温　在设施内直接点燃干木材、树枝等易于燃烧且生烟少的燃料,进行加温。加温成本低,升温也比较快,但容易发生烟害。该法对燃烧材料以及燃烧时间的要求比较严格,主要作为临时应急加温措施,用于日光温室以及普通大棚中。

⑤火盆加温　用火盆盛烧透了的木炭、煤炭等,将火盆均匀排入设施内或来回移动火盆进行加温。方法简单,容易操作,并且生烟少,不易发生烟害,但加温能力有限,主要用于育苗床以及小型温室或大棚的临时性加温。

⑥电加温　主要使用电炉、电暖器以及电热线等,利用电能对设施进行加温,具有加温快,无污染且温度易于控制等优点,但也存在着加温成本高、受电源限制较大以及漏电等一系列问题,主要用于小型设施的临时性加温。

⑦辐射加温　用液化石油气红外燃烧对设施进行加温。使用方便,有二氧化碳使用效果,但耗气多,大量使用不经济。主要用于玻璃温室以及其他大型温室和连栋塑料大棚临时辅助加温。

目前,国内加温棚室的面积占我国温室、大棚总面积还不到2%,绝大部分都是利用自然太阳光能的不加温日光温室和塑料大棚。在高档花卉、蔬菜栽培、工厂化育苗和娱乐型园艺上,现代加温温室的面积正在逐年增长中。

（3）降温

园艺设施内的降温最简单的途径是通风,但在温度过高,依靠自然通风不能满足园艺作物生育要求时,必须进行人工降温。主要措施:

①遮光降温法　在距温室大棚的屋脊40 cm高处张挂透气性黑色或银灰色遮阳网,遮光率达到60%左右时,室温可降低4~6 ℃,降温效果显著。室内在顶部通风条件下张挂遮阳保温幕,夏季内遮阳降温,冬季则有保温之效。

另外,也可在屋顶表面及立面玻璃上喷涂白色遮光物,但遮光、降温效果略差。在室内挂遮光幕,降温效果比挂在室外差。

②屋面流水降温法　流水层可吸收投射到屋面的太阳辐射8%左右,并能用水吸热冷却屋面,室温可降低3~4 ℃。

③蒸发冷却法　使空气先经过水的蒸发冷却降温后再送入室内,达到降温目的。

a.湿帘降温法　在温室进风口内设10 cm厚的纸垫窗或棕毛垫窗,不断用水将其淋湿,温室另一端用排风扇抽风,使进入室内空气先通过湿垫窗被冷却再进入室内。一般可使室内温度降到湿球温度。但冷风通过室内距离过长时,室温分布常常不均匀,而且外界湿度大时降温效果差。

b.细雾喷散法　在室内高处喷以直径小于0.05 mm的浮游性细雾,用强制通风气流使细雾蒸发达到全室降温,喷雾适当时室内可均匀降温。

④通风换气降温　通风包括自然通风和强制通风(启动排风扇排气)。自然通风与通风窗面积、位置、结构形式等有关,通常温室均设有天窗和侧窗,大型连栋温室因其容积大,

需强制通风降温。

### 7.3.3　湿度环境及其调控

园艺设施内湿度的主要特点是空气湿度大、土壤湿度容易偏高。设施内湿度的调控包括对设施内的水分状况和土壤水分状况进行合理有效的调节和控制,它们的表征指标分别是空气相对湿度和土壤湿度。

**1)设施栽培作物对湿度环境的基本要求**

(1)湿度与设施作物的生长发育

作物进行光合作用要求有适宜的空气相对湿度和土壤湿度。大多数花卉适宜的相对空气湿度为 60%~90%。多数蔬菜作物光合作用的适宜空气湿度为 60%~85%,低于 40%或高于 90%时,光合作用会受到障碍,从而使生长发育受到不良影响。水分严重不足易引起萎蔫和叶片枯焦等现象。水分长期不足,植株表现为叶子小、机械组织形成较多、果实膨大速度慢、品质不良、产量降低。开花期水分不足则引起落花落果。水分过多时,因土壤缺氧而造成根系窒息,变色而腐烂,地上部会因此而变得茎叶发黄,严重时整株死亡。

(2)湿度与病虫害的发生

当设施环境处于高湿状态时(90%以上)常导致病害严重发生。尤其在高湿低温条件下,水汽发生结露,会加剧病害发生和传播。但有些蔬菜病害易在干燥的条件下发生,如病毒病、白粉病等,虫害中如红蜘蛛、瓜蚜等。而蝼蛄则在土壤潮湿的条件下容易发生。

**2)设施内空气湿度环境及其调控**

(1)设施内空气湿度的形成

设施内的空气湿度是由土壤水分的蒸发和植物体内水分的蒸腾,而在设施密闭情况下形成的。设施内作物由于生长势强,代谢旺盛,作物叶面积指数高,通过蒸腾作用释放出大量水蒸气,在密闭情况下会使棚室内水蒸气很快达到饱和,空气相对湿度比露地栽培高得多。

在白天通风换气时,水分移动的主要途径是土壤→作物→室内空气→外界空气。早晨或傍晚温室密闭时,外界气温低,引起室内空气骤冷而发生“雾”。作物蒸腾速度比吸水速度快;如果作物体内缺水,气孔开度缩小,使蒸腾速度下降。白天通风换气时,室内空气饱和差可达 1 333~2 666 Pa,作物容易发生暂时缺水;如果不进行通风换气,则室内蓄积蒸腾的水蒸气,空气饱和差降为 133.3~666.5 Pa,作物不致缺水。因此,室内湿度条件与作物蒸腾,床面和室内壁面的蒸发强度有密切关系。

(2)设施内空气湿度环境的特点

空气湿度常用相对湿度或绝对湿度来表示。绝对湿度是指空气中水蒸气的密度,用 $1\ m^3$ 空气中含有水蒸气的量(kg)来表示。水蒸气含量多,空气的绝对湿度高。空气中的含水量是有一定限度的,达到最大容量时称为饱和水蒸气含量。当空气的温度升高时,它的饱和水蒸气含量也相应增加;温度降低,则空气的饱和水蒸气含量也相应降低。因此,冷空气的绝对湿度比热空气低,因而秧苗或植株遭受冷空气时容易失水而干瘪。

相对湿度是指空气中水蒸气的含量与同一温度下饱和水蒸气含量的比值,用百分比表示。空气的相对湿度决定于空气的含水量和温度,在空气含水量不变的情况下,随着温度的增加,空气的相对湿度降低。当温度降低时,空气的相对湿度增加。在设施内夜间蒸发量下降,但空气湿度反而增高,主要是温度降低的原因。

设施内空气湿度特点表现在以下3个方面:

①空气湿度大 温室大棚内相对湿度和绝对湿度均高于露地,相对湿度平均一般在90%左右,经常出现100%的饱和状态。

②具有明显的日变化和季节性变化

a.日变化 设施内的空气湿度日变化大。设施内空气相对湿度的日变化规律与温度相反,即白天低,夜间高。在日出后,随温度的升高,设施内的空气相对湿度呈下降趋势;下午,特别是气温开始下降后,空气相对湿度逐渐上升;夜间随着气温的下降相对湿度逐渐增大,往往能达到饱和状态。绝对湿度的日变化与温度的日变化趋势一致。

园艺设施内空气湿度变化还与设施大小有关。设施空间越小,日变化越大。空气湿度的急剧变化对园艺作物的生育是不利的,容易引起凋萎或土壤干燥。

b.季节性变化 一般是低温季节相对湿度高,高温季节相对湿度低。如在长江中下游地区,冬季(1~2月)各旬平均空气相对湿度都在90%以上,比露地高20%左右;春季(3~5月)则由于温度的上升,设施内空气相对湿度有所下降,一般在80%左右,仅比露地高10%左右。

c.随天气情况发生变化 一般晴天白天设施内的空气相对湿度较低,一般为70%~80%;阴天,特别是雨天设施内空气相对湿度较高,可达80%~90%,甚至100%。

③湿度分布不均匀 由于设施内温度分布存在差异,其相对湿度分布差异非常大。温度较低的部位,相对湿度较高,而且经常导致局部低温部位产生结露现象,对设施环境及植物生长发育造成不利影响。有以下几种:

a.温室内较冷区域的植株表面结露 当局部区域温度低于露点温度就会发生。因此,设施内温度的均匀性至关重要,通常3~4℃的温度差异,就会在较冷区域出现结露。

b.高秆作物植株顶端结露 在晴朗的夜晚,温室的屋顶将会散发出大量的热量,这会导致高秆作物顶端的温度下降。当植株顶端的温度低于露点温度时,作物顶端就会结露。

c.植物果实和花芽上的结露 植物果实和花芽上的结露常出现在日出前后,这是因为太阳出来后,棚室温度和植株的蒸腾速率均提高,使棚室内的温度和绝对湿度提高。但是植物果实和芽上的温度提高比棚室的温度提高滞后,从而导致温室内空气中的水蒸气在这些温度较低的部位凝结。

结露现象在露地极少发生,因为大气经常地流动,会将植物表面的水分吹干,难以形成结露。

(3)设施内空气湿度的影响因素

设施内的空气湿度变化除了受温度变化影响外,还受到以下因素的影响:

①土壤湿度 当土壤湿度增高时,地面以及作物向空中散放的水蒸气也增多,故空气湿度变大。一般以浇水后的第1~3 d内的空气湿度增大较为明显,主要表现为:薄膜和蔬菜表面上的露珠增多,温室内的水雾也较浓。

②植株的高度 由于植株的表面积随着植株的增高而增大,因此,空气湿度也因植株散水量的增多而增大。此外,植株增高时,设施内的通风排湿效果变差,也造成了内部的空气湿度增大。

③薄膜表面水滴 薄膜表面水滴增多时,上午设施升温时水滴汽化向空中散放的水蒸

气量也增多,白天的空气绝对湿度值增大。

④设施大小　大型设施内的空间较大,湿度变化相对平缓,空气湿度一般较小型设施的低。

⑤薄膜类型　有色膜覆盖设施内的空气湿度一般较无色膜的偏低,无滴膜覆盖设施内的空气湿度较普通薄膜的低。

(4)设施内空气湿度的调控技术

①除湿目的和除湿方法　从环境调控观点来说,除湿主要是防止作物沾湿和降低空气湿度,其最终目的,一是抑制病害发生,二是调整植株生理状态。除湿方法有被动除湿法和主动除湿法。

被动除湿法是在栽培过程中,湿度已超过适宜范围后,通过人为的措施,使湿度保持在适宜的范围的一种方法。

②加湿　作物的正常生长发育需要一定的水分,水分过高对作物不利,但过低同样不利。因此,当设施湿度过低时,应补充水分。另外,在秧苗假植或定植后 3~5 d,由于其根系尚未恢复生长,对水分的吸收能力弱,而叶子仍然进行蒸腾而消耗水分,这时需要保持一定的湿度。园艺设施在进行周年生产时,到了高温季节还会遇到高温、干燥、空气湿度不够的问题,当栽培要求空气湿度高的作物,如黄瓜和某些花卉,还需要提高空气湿度。提高空气湿度有 3 种方法:

a.喷雾加湿　喷雾器种类较多,如 103 型三相电动喷雾加湿器、空气洗涤器、离心式喷雾器、超声波喷雾器等,可根据设施面积选择合适的喷雾器。此法效果明显,常与降温结合使用。

b.湿帘加湿　主要是用来降温的,同时也可达到增加室内湿度的目的。

③温室内顶部安装喷雾系统　降温的同时可加湿。

**案例导入**

## 国内果树设施栽培的现状

我国果树设施栽培始于 20 世纪 80 年代,起初主要以草莓的促成栽培为主,进入 90 年代以后,设施栽培的种类逐渐增多,种植规模也逐渐扩大。尤其是近年来,我国北方落叶果树地区的果树设施栽培异军突起,迅速发展。据不完全统计,截至 2004 年底,全国果树设施栽培面积已达 6.67 万 $hm^2$,产量 48 万 t。设施栽培获得初步成功的树种有草莓、葡萄、桃、杏、樱桃与李等,其他树种如无花果等也有少量栽培,但多处于试验阶段。设施类型以日光温室为主,塑料大棚为辅。生产模式以促早栽培为主,延迟栽培为辅。目前,辽宁、山东、河北、北京、河南、吉林、江苏、上海、浙江等地已发展果树设施栽培面积(包括草莓)超过 37 000 $hm^2$,其中山东省为 9 600 $hm^2$,辽宁省为 4 800 $hm^2$,河北省 3 400 $hm^2$,河南省 2 600 $hm^2$。设施栽培的种类以草莓为最多,约占总面积的 60%;其次是葡萄,约占 18%,桃和油桃约占 17%,其他约占 5%。设施栽培的单位面积经济效益也很高,一般比露地栽培可提高 2~10 倍。

## 任务 7.4  园艺设施栽培技术

### 7.4.1  蔬菜设施栽培

**1)蔬菜设施栽培概况**

目前世界上发达国家的蔬菜设施栽培技术日趋成熟,例如,荷兰是世界上温室生产技术最发达的国家,现代化玻璃温室生产蔬菜和花卉的面积年已达到 12 000 hm²,温室种植每平方米年平均产量番茄 60 kg,甜椒 24 kg,黄瓜 81 kg,果菜大多为一年一茬基质栽培。

自 20 世纪 80 年代中期开始,我国的设施园艺以前所未有的速度发展至今已呈现喜人的局面。设施蔬菜发展尤为迅速,到 2006 年,全国各类设施蔬菜面积已达 250 万 hm²,比 1980 年增长约 350 倍。人均拥有设施面积达 19.4 m²,设施生产的蔬菜人均占有量已突破 80 kg,比 1980 年增长近 400 倍。但与发达国家相比,人均占有保护地面积,日本是我国的 12.5 倍,荷兰是我国的 13 倍,每平方米效益是我国的几倍,发达国家产品的商品率 100%,优等率 90%以上。这些数据从侧面反映了我国设施蔬菜栽培远落后于发达国家,具有非常大的进步空间。

随着科学技术的进步和发展,在蔬菜设施栽培过程中,夏季遮阴降温技术设备的改善,设施环境和肥水调控技术的不断优化和改善,有机生态型无土栽培技术,人工授粉技术的应用,病虫害预测、预报及防治等综合农业高新技术的应用等,将使蔬菜设施栽培的经济效益和社会效益不断提高。

**2)设施栽培蔬菜的主要种类**

用于蔬菜设施栽培的设施类型多种多样,适合设施栽培的蔬菜种类也很多,主要有茄果类、瓜类、豆类、葱蒜类、绿叶蔬菜、芽菜类和食用菌类等。

(1)茄果类

茄果类蔬菜主要有番茄、茄子、辣椒等,同属茄科,产量高,供应期长,南北各地普遍栽培。设施栽培条件下,这类蔬菜在我国的大部分地区能实现多季节生产和周年供应,其中栽培面积最大的是番茄。

(2)瓜类

设施栽培的瓜类蔬菜主要是黄瓜,面积居瓜类之首。此外,西葫芦、西瓜、甜瓜、苦瓜、丝瓜等也可设施栽培,但面积均不及黄瓜。

(3)豆类

适于设施栽培的豆类蔬菜主要有菜豆、豌豆。在蔬菜的夏淡季供应中有重要作用,特别是在冬季早春露地不能生产的季节,更受人们的欢迎,近年棚室栽培有了较大发展。

(4)白菜类

主要有:大白菜、普通白菜、菜心等。

（5）甘蓝类

甘蓝、花椰菜、青花菜、芥蓝等。

（6）绿叶菜类

设施栽培的绿叶蔬菜有：西芹、莴苣、油菜、小白菜、菠菜、蕹菜、苋菜、茼蒿、芫荽、冬寒菜、落葵、紫背天葵、荠菜、豆瓣菜等。绿叶菜类，一般植株矮小，生育期短，适应性广，在设施栽培中既可单作还可间作套种。北方单作面积较大的绿叶菜为西芹、莴苣（结球）；油菜、茼蒿、菠菜、芫荽、苋菜、蕹菜、荠菜等在间作套种中利用较多。

（7）葱蒜类

主要有：韭菜、大蒜、葱等。

（8）芽菜类

豌豆、香椿、萝卜、荠菜、苜蓿、荞麦等种子遮光发芽培育成黄化嫩苗或在弱光条件下培育成绿色芽苗，作为蔬菜食用称为芽菜类。芽菜含丰富的维生素、氨基酸，质地脆嫩容易消化，在设施栽培条件下适于工厂化生产，是提高设施利用率、补充淡季的重要蔬菜。

（9）食用菌类

大部分的食用菌类需要设施栽培，其中大面积栽培的食用菌种类有双孢蘑菇、香菇、平菇、金针菇、草菇等；特种食用菌鸡腿菇、鸡松茸、灰树花、木耳、银耳、猴头、茯苓、口蘑、竹荪等近年来设施栽培面积也不断扩大；双孢蘑菇、金针菇、灰树花、杏鲍菇等工厂化生产技术发展很快。

此外，萝卜、草莓、茭白等也有一定的栽培面积。

**3）设施栽培方式及茬口类型**

（1）设施栽培方式

按栽培时间和季节划分，主要有以下4种方式：

①越冬栽培　又称冬春茬长季节栽培，是指利用温室等设施进行越冬长季节栽培蔬菜的方式。如在节能型日光温室和一些大型连栋温室内进行的果菜类的长季节栽培。播种期一般在8—11月，始收期一般在12月至翌年2月。

②春早熟栽培　又称春提前栽培，指早春利用设施栽培条件提早定植蔬菜，生育前期在设施内生长，而生育后期改为在露地条件继续生长或采收的栽培方式。如我国北方番茄、辣椒、茄子等于冬季11月至翌年1月用电热线加温，于日光温室或塑料大棚内育苗，2—3月定植于日光温室或塑料棚内，采收期较露地栽培能提早1~2月。

③秋延迟栽培　指一些喜温性蔬菜如黄瓜、番茄等，秋季前期在未覆盖的棚室或在露地生长，晚秋早霜到来之前扣薄膜生产，使之在保护设施内继续生长，延长采收时间，它比露地栽培延迟供应期1~2个月。

④越夏遮阳栽培　指夏季利用大棚温室骨架上覆盖遮阳网，以遮阴降温、防暴雨和台风为主的设施蔬菜栽培方式。这种设施栽培方式很好地解决了南方夏季一些喜凉叶菜、茎菜的夏季安全生产问题和北方一些地区果菜的安全越夏问题。

（2）设施栽培的茬口类型

我国地域辽阔，各地气候条件各异，因此不同地区的设施栽培茬口差异较大。由北向南可划分为四个气候区，不同气候区设施栽培茬口大致如下：

①东北、蒙新北温带气候区　本区无霜期仅3~5个月，一年内只能在露地栽培一茬喜

温或喜凉蔬菜,喜温蔬菜设施栽培主要茬口类型为:

a.日光温室秋冬茬　主要解决喜温果菜深秋初冬淡季问题。一般在7月下旬至8月上旬播种育苗,9月初定植,10月中旬至11月上旬开始收获,新年前后拉秧。

b.日光温室早春茬　目的在于早春提早上市,解决早春淡季问题。喜温果菜一般12月中旬至翌年1月中旬在日光温室内利用电热温床播种育苗,2月中旬至3月上旬定植,一直到7月中下旬拉秧。

c.塑料大棚春夏秋一大茬栽培　该茬口2月上旬至3月中旬在日光温室或加温温室内播种育苗,4月上旬至5月上旬大棚内定植,6月上旬开始采收上市的茬口类型。夏季顶膜一般不揭,只去掉四周裙膜,防止植株早衰,秋末早霜来临前将棚膜全部盖好保温,使采收期后延30 d左右。

②华北暖温带气候区　本区全年无霜期200~240 d,冬季晴日多,主要设施类型为日光温室和塑料拱棚(大棚和中棚),对应的设施栽培主要茬口有日光温室或现代温室早春茬、秋冬茬、冬春茬和塑料拱棚(大棚、中棚)春提前、秋延迟栽培。

a.日光温室早春茬　一般是初冬播种育苗,1—2月上中旬定植,3月始收。早春茬是目前日光温室生产采用较多的茬口,几乎各类蔬菜均可生产。

b.日光温室秋冬茬　一般是夏末秋初播种育苗、中秋定植、秋末到初冬开始收获,直到深冬的1月结束。栽培的蔬菜作物主要有番茄、黄瓜、西芹等。

c.日光温室冬春茬　冬春茬是越冬一大茬生产,一般是夏末到中秋育苗,初冬定植到温室,冬季开始上市,直到第二年夏季,连续采收上市,其收获期一般是120~160 d。目前有冬春茬黄瓜、冬春茬番茄、冬春茬茄子、冬春茬辣椒、冬春茬西葫芦等。这是该地区目前日光温室蔬菜生产应用较多、效益也较高的一种茬口类型。

d.塑料拱棚春提前栽培　一般于温室内育苗,苗龄依据不同蔬菜种类30~90 d不等,据此合理安排播种期。在3月中旬定植,4月中下旬开始供应市场,一般比露地栽培可提早收获30 d以上。目前许多喜温果菜如黄瓜、番茄、豆类蔬菜及耐热的西瓜、甜瓜等均有此栽培茬口。

e.塑料拱棚秋延迟栽培　一般是7月上中旬至8月上旬播种,7月下旬至8月下旬定植,9月上中旬以后开始供应市场,12月至翌年1月结束。一般可比露地延后采收30 d左右,大部分喜温果菜和部分叶菜均有此栽培茬口。

③长江流域亚热带气候区　本区无霜期240~340 d,年降雨量1 000~1 500 mm且夏季雨量最多。本地区适宜蔬菜生长的季节很长,一年内可在露地栽培主要蔬菜三茬,即春茬、秋茬、越冬茬。这一地区设施栽培方式冬季多以大棚为主,夏季则以遮阳网、防虫网覆盖为主,还有现代加温温室。其喜温性果菜设施栽培茬口主要有:

a.大棚春提前栽培　一般是初冬播种育苗,翌年2月中下旬至3月上旬定植,4月中下旬始收,6月下旬至7月上旬拉秧。栽培的主要蔬菜种类有黄瓜、甜瓜、西瓜、番茄、辣椒等。

b.大棚秋延迟栽培　此茬口类型一般采用遮阳网加防雨棚育苗,定植前期进行防雨遮阳栽培,采收期延迟到12月至翌年1月。后期通过多层覆盖保温及保鲜措施可使番茄、辣椒等的采收期延迟至元旦前后。

c.大棚多层覆盖越冬栽培　此茬口多用于茄果类蔬菜,一般在9月下旬至10月上旬播种育苗,12月上旬定植,翌年2月下旬至3月上旬开始上市,持续到4—5月结束。

d.遮阳网、防雨棚越夏栽培　此茬口是南方夏季主要设施栽培类型。一般在大棚果菜类春早熟栽培结束后,将大棚裙膜去除以利通风,保留顶膜,上盖黑色遮阳网(遮光率60%以上),进行喜凉叶菜的防雨降温栽培。

④华南热带气候区　本区1月月均温在12 ℃以上,全年无霜,由于生长季节长,同一蔬菜可在一年内栽培多次,喜温的茄果类、豆类,甚至西瓜、甜瓜,均可在冬季栽培,但夏季高温,多台风暴雨,形成蔬菜生产与供应上的夏淡季。这一地区设施栽培主要以防雨、防虫、降温为主,故遮阳网、防雨棚和防虫网栽培在这一地区有较大面积。

此外,在上述四个蔬菜栽培区域均可利用大型连栋温室进行果菜一年一大茬生产。一般均于7月下旬至8月上旬播种育苗,8月下旬至9月上旬定植,10月上旬至12月中旬始收,翌年6月底拉秧。

## 7.4.2　花卉设施栽培技术

### 1)花卉设施栽培的特点与现状

20世纪70年代以后,随着国际经济的发展,花卉业作为一种新型的产业得到了迅速的发展。荷兰花卉发展署的分析数据表明,70年代世界花卉消费额仅100亿美元,80年代后进入平均每年递增25%的飞速发展时期,90年代初世界花卉消费额达1 000亿美元,2000年达到2 000亿美元左右。据有关资料显示,各国每年人均消费鲜花数量为:荷兰150枝,法国80枝,英国50枝,美国30枝,而中国1998年鲜花产量20.3亿枝,人均消费1.7枝。荷兰是世界上最大的花卉生产国。1996年仅花卉拍卖市场总成交额就高达31亿美元,每年出口鲜花和盆栽植物的总价值为50亿荷兰盾。荷兰的农业劳动力为29万人,占社会总劳动力的4.9%,从事温室园艺作物生产的企业1.6万家,平均每年出口鲜花35亿株,盆栽植物3.7亿盆。

与其他园艺作物不同的是,花卉是以观赏为主,它主要是为了满足人们崇尚自然、追求美的精神需求,因此生产高品质的花卉产品是花卉商品生产的最终目的。为保证花卉产品的质量,做到四季供应,温室设施栽培是最可靠的保障。在花卉王国荷兰,2000年花卉栽培面积为7 328 hm²,其中温室面积5 387 hm²,占总面积的73.4%,除繁殖种球等在露地生产外,切花和盆栽观赏植物几乎全部在温室生产。设施栽培在花卉生产中的作用主要表现在以下几个方面:

(1)加快花卉种苗的繁殖速度,提早定植

在园艺设施内进行三色堇、矮牵牛等草花的播种育苗,可以提高种子发芽率和成苗率,使花期提前。在设施栽培的条件下,菊花、香石竹可以周年扦插,其繁殖速度是露地扦插10~15倍,扦插的成活率提高40%~50%。组培苗的炼苗和驯化也多在设施栽培条件下进行,可以根据不同种、不同品种以及瓶苗的长势进行环境条件的人工控制,有利于提高成苗率,培育壮苗。

(2)提高花卉的品质

花卉的原产地不同,具有不同的生态适应性,只有满足其生长发育不同阶段的需要,才能生产出高品质的花卉产品,并延长其最佳观赏期。如高水平的设施栽培,温度、湿度、光照的人工控制,解决了上海地区高品质蝴蝶兰生产的难题。与露地栽培相比,设施栽培的

切花月季也表现出开花早、花茎长、病虫害少、一级花的比率提高等优点。

（3）进行花期调控

以前花卉的周年供应一直是一些花卉生产中的"瓶颈"，通过设施环境调控可以满足植株生长发育不同阶段对温度、光照、湿度等环境条件的需求，达到调控花期，实现周年供应的目的。如唐菖蒲、郁金香、百合、风信子等球根花卉种球的低温贮藏和打破休眠技术，牡丹的低温春化处理，菊花的光照结合温度处理可解决周年供花问题。

（4）提高花卉对不良环境条件的抵抗能力，提高经济效益

花卉生产中的不良环境条件主要有夏季高温、暴雨、台风，冬季冻害、寒害等，不良的环境条件往往给花卉生产带来严重的经济损失，甚至毁灭性灾害。如广东地区1999年的严重霜冻，种植业损失上百亿。陈村花卉种植在室外的白兰、米兰、观叶植物等损失超过60%，而大汉园艺公司的钢架结构温室由于有加温设备，各种花卉几乎没有损失，取得了良好的经济效益和社会效益。

（5）打破花卉生产和流通的地域限制

花卉和其他园艺作物的不同在于观赏上人们追求"新、奇、特"，各种花卉栽培设施在花卉生产、销售各个环节的运用，使原产南方的花卉如猪笼草、蝴蝶兰、杜鹃、山茶等顺利进入北方市场，丰富了北方的花卉品种。在设施栽培条件下进行温度和湿度控制，也使原产北方的牡丹花开在南国。

（6）进行大规模集约化生产，提高劳动生产率

设施栽培的发展，尤其是现代温室环境工程的发展，使花卉生产的专业化、集约化程度大大提高。目前，在荷兰、美国、日本等发达国家从花卉的种苗生产到最后的产品分级、包装均可实现机器操作、自动化控制，提高了单位面积的产量和产值，人均劳动生产率大大提高。

我国花卉业于20世纪80年代开始起步，设施栽培的面积在60%以上。90年代中期以后，花卉产业进入快速发展时期，从国外引进许多花卉新品种，与国际花卉业间的交流也与日俱增。截至2006年年底，我国花卉种植面积已达14.75万 $hm^2$，是世界花卉种植面积最大的国家。花卉的栽培设施从原来的防雨棚、遮阴棚、普通塑料大棚、日光温室，发展到加温温室和全自动智能控制温。

我国的花卉种植面积居世界前列，而贸易出口额还不到荷兰的1/100，这与我国的花卉生产盲目追求数量、质量差有很大的关系，另外，我国的花卉生产结构性、季节性和品种性过剩问题非常突出。为了解决这些问题，生产出高品质的花卉成品，提高中国花卉在世界花卉市场中的份额，都必须充分利用我国现有的设施栽培条件，并继续引进、消化和吸收国际上最先进的园艺设施及栽培技术。

**2）设施栽培花卉的主要种类**

设施栽培的花卉按照其生物学特性可以分为一、二年生花卉、宿根花卉、球根花卉、木本花卉等。按照观赏用途以及对环境条件的要求不同，可以把设施栽培花卉分为切花花卉、盆栽花卉、室内花卉、花坛花卉等。设施栽培的花卉种类十分丰富，栽培数量最多的是切花和盆花两大类。

（1）切花花卉

切花花卉是指用于生产鲜切花的花卉，它是国际花卉生产中最重要的组成部分。切花类花卉又可分为切花类、切叶类和切枝类。切花类如非洲菊、菊花、香石竹、月季、唐菖蒲、

百合、安祖花、鹤望兰等;切叶类如文竹、肾蕨、天门冬、散尾葵等;切枝类如松枝、银牙柳等。

（2）盆栽花卉

盆栽花卉是国际花卉生产的第二个重要组成部分,盆栽花卉多为半耐寒和不耐寒性花卉。半耐寒性花卉一般在北方冬季需要在冷床或温室中越冬,具有一定的耐寒性,如金盏花、紫罗兰、桂竹香等。不耐寒性花卉多原产热带及亚热带,在生长期间要求高温,不能忍受 0 ℃以下的低温,这类花卉也叫做温室花卉,如一品红、蝴蝶兰、花烛、球根秋海棠、仙客来、大岩桐、马蹄莲等。

（3）室内花卉

室内花卉泛指可用于室内装饰的盆栽花卉。一般室内光照和通风条件较差,应选用对两者要求不高的盆花进行布置,常用的有散尾葵、南洋杉、一品红、杜鹃花、柑橘类、瓜叶菊、报春花等。

（4）花坛花卉

花坛花卉多数为一、二年生草本花卉,作为园林花坛花卉,如三色堇、旱金莲、矮牵牛、五色苋、银边翠、万寿菊、金盏菊、雏菊、凤仙花、鸡冠花、羽衣甘蓝等。许多多年生宿根和球根花卉也进行一年生栽培,用于布置花坛,如四季秋海棠、地被菊、芍药、一品红、美人蕉、大丽花、郁金香、风信子、喇叭水仙等。花坛花卉一般抗性和适应性强,进行设施栽培,可以人为控制花期。

### 7.4.3　果树设施栽培技术

#### 1）概述

果树设施栽培是根据果树生长发育的需要,调节光照、温度、湿度和二氧化碳等环境生态条件,人为调控果树成熟期,提早或延迟采收期,可使一些果树四季结果,周年供应,显著提高果树的经济效益,同时通过设施栽培提高抵御自然灾害的能力,防止果树花期的晚霜危害和幼果发育期间的低温冻害,还可以极大地减少病虫鸟等的危害。可使一些果树在次适宜或不适宜区成功栽培,扩大果树的种植范围,如番木瓜等热带果树,在温带地区的山东日光温室条件下引种成功;欧亚种葡萄在高温多雨的南方地区获得成功。

作为果树栽培的一类特殊形式,设施栽培已有 100 多年的历史。20 世纪 70 年代以后,随着果树栽培集约化的发展、小冠整形和矮密栽培的推广,工业化为种植业提供了日益强大的资金、材料和技术上的支持,加上果品淡季供应的高额利润。促进了果树设施栽培的迅猛发展。与此相适应,世界各国陆续开展了果树设施栽培理论和技术的研究,经过 20 多年的发展,目前,果树设施栽培的理论与技术已成为果树栽培的一个重要类型,并已形成促成、延后、避雨等栽培技术体系及相应模式,成为 21 世纪果树生产最具活力的有机组成部分和发展高效农业新的增长点。

#### 2）果树设施栽培的作用

（1）调控果实成熟,延长鲜果供应期

在果树设施栽培条件下,可以人为调控栽培环境条件,使果实成熟期提前或延后,供应水果淡季市场。例如,在人工控制条件下,可使樱桃、杏和李等果树的果实在 2—4 月份成熟,桃的果实在 4—5 月份成熟。一般露地栽培的巨峰葡萄,于 6 月初开花,果实 8 月中、下旬成熟;而在设施栽培条件下,可以提前到 2 月下旬开花,4 月下旬甚至更早果实成熟上市,

提早 60~120 d。一些晚熟葡萄品种(如晚红、秋黑)和巨峰、玫瑰香等中、早熟品种所结的 2~3 次果,可在设施中延后 30~60 d(10 月下旬至 11 月中、下旬)采收上市。此外,还可使一些水果如草莓四季结果,周年供应。

(2)果实鲜美质优无污染

在设施中栽培果树,环境条件相对稳定,与外界比较隔绝,一些外界病虫害难以在其内传播蔓延。同时集约化经营,投入高,管理细致,使果树生长健壮,抗逆性增强,因而病虫害较露地少而轻。只要注意早期防治,即易于控制全年的病虫害。这样可大大地减少了打药次数和农药污染,有利于生产绿色食品,从而提高果品档次和质量,生产出鲜美、质优、无污染的果实。

(3)改善果树生长的生态条件

果树设施栽培可以根据果树生长发育需要,调节光照、温度、湿度和气体等环境生态条件,果树的物候期提早,生长期延长,制造的光合产物多,成花一般较好。如葡萄和桃等果树,均能当年定植,当年成花,次年结果或丰产。据河北省抚宁县林业局报道,第一年春栽植桃树成品苗,次年春每 667 m$^2$ 产量可达 1 000~1 500 kg,产量通常要比露地高 1~2 倍。此外,由于果实提前采收或生长期拉长,使植株营养积累较多,花芽分化早而完善,对次年开花、坐果和新梢生长有利,为连年丰产稳产奠定了良好基础。

(4)预防自然灾害,扩大栽植区域

由于设施的保护,果树可免受许多自然灾害的影响和侵袭。例如我国南方,夏季高温、多雨,不利于果实生长,有了设施条件,便可以避雨、防风、遮阴、降温和防病,使难于在南方落户的葡萄等得以正常生长结果。而在北方,可以防御风、雪、霜、冻和雹等自然灾害,使南方果树向北转移或在夏季结果的果树改在冬季结果。这样就使许多果树由原产地向南或向北扩展,栽植区域不断扩大,使我国南方或北方增加种植树种,吃到当地产的、价廉的和充分成熟的新鲜水果。同时由于设施保护,可在果树花期有效防御低温、降雨和大风的侵袭,从而使授粉受精过程能在这些不良条件下正常进行,实现坐果良好,产量较高的栽培目的。

(5)提高果树的经济效益

虽然设施栽培成本高,但其目的是以满足淡季水果供应和提高果实品质为目标,因此同露地相比其经济效益高得多。一般比露地栽培增加产值 2~10 倍以上。如果与农业观光旅游业结合,冬季早春观花,春季采果,经济收入还可提高。

**3)果树设施栽培的主要树种和品种**

目前世界各国进行设施栽培的果树有落叶果树,也有常绿果树,涉及树种达 35 种之多,其中落叶果树 12 种,常绿果树 23 种。落叶果树中,除板栗、核桃、梅、寒地小浆果等未见报道外,其他均有栽培,其中以多年生草本的草莓栽培面积最大,葡萄次之。树种和品种选择的原则是:需冷量低,早熟,品质优,季节差大,通过设施栽培可提高品质,增加产量以及适应栽培等。

**4)葡萄设施栽培**

(1)葡萄促成栽培的类型

根据催芽开始时期的早晚,可分为:早促成栽培型、标准促成栽培型、一般促成栽培型。葡萄开始升温催芽时期的确定,又与葡萄植株的休眠生理和保护设施种类及其性能有关。

①早促成栽培型　是指在葡萄还没有解除休眠或休眠趋于结束的早些时候即开始升温催芽。是以高效节能日光温室、加温日光温室等为保护设施，白天靠太阳辐射热能给温室加温，夜间加盖草帘、纸被等覆盖物保温。加温温室温度水平较高，促成效果较好。约比露地栽培提早 60~90 d。

②标准促成栽培型　是指在葡萄休眠结束后才开始升温催芽。主要以节能日光温室为保护设施，在葡萄休眠完全解除后的 2 月上中旬升温催芽，只靠太阳辐射热能给温室加温，夜间保温覆盖最少两层草帘或一层草帘加一层牛皮纸被。提早效果在 45 d 左右。这种栽培型果实成熟时期正值外界高温季节，昼夜温差小，不利于果实积累糖分，着色不好是其缺点，巨峰品种尤其明显。

③一般促成栽培型　是指葡萄休眠结束后的晚些时候再进行升温催芽。主要以塑料大棚为保护设施，中、早熟品种的果实可在 8 月上中旬成熟上市。

（2）葡萄栽培设施

①塑料薄膜温室　可分为加温薄膜温室和不加温薄膜温室（即日光温室）。薄膜温室根据其形状可分为一斜一立式、拱圆式和三折式三种，其中以一斜一立式为主。

②塑料大棚　塑料大棚保温性能不及日光温室，昼夜温差较大，且春季地温回升缓慢。因而在进行果树栽培时，其生长的日期与薄膜温室相比要延后很多。一般栽培葡萄，需在露地日平均气温为 5 ℃时，方可扣棚，出土上架。

（3）葡萄促成栽培的品种选择

在设施内种植葡萄，投入的财力和人力较多，种植成本高，选择品种时宜选择早熟性状好、品质优良、耐弱光、耐潮湿、低温需求量低、生理休眠期短的品种。

（4）葡萄设施栽培管理技术

①扣棚前准备　为了使葡萄促成栽培顺利进行，一般应在扣棚升温前，进行打破休眠处理。只有打破休眠，才能正常升温，否则升温后，发芽不整齐，生长结果不良，产量不高。生产上常用打破休眠的方法有：

a.温度处理　低温和高温处理对打破葡萄休眠都具有一定的效果。生产实践中一般采用"人工低温集中处理法"。即当深秋平均温度低于 10 ℃时，最好在 7~8 ℃，开始扣棚，白天棚室薄膜外加盖草苫或草帘遮光，夜晚揭开草苫，通风降温处理，一般按此种方法集中处理 20~30 d 的时间，便可顺利通过自然休眠，以后进行保护栽培。

b.化学药剂处理　根据日本研究报道，石灰氮（氰氨化钙）对打破休眠有良好的效果。葡萄经石灰氮处理后，可比未经处理的提前 20~25 d 发芽。施用时可用旧毛笔或布条涂抹，涂抹时应仔细均匀涂抹枝蔓体，涂抹后可将葡萄枝蔓顺行放贴到地面，盖塑料薄膜保湿。涂抹时间一般在葡萄休眠进行到 2/3 时（约 12 月中旬）。也可用乙烯氨醇 5~10 倍的溶液，在根部活动旺盛时期涂抹枝条，涂后 7~15 d 即可看到芽的萌发。

c.摘叶+药剂处理　生长季白天 30 ℃的高温下，先进行摘叶，然后用氰氨态氮处理。叶柄的有无对处理影响不大，摘叶后的芽和叶柄痕涂抹药剂，萌芽率可达85%，不摘叶直接喷布的萌芽率达 80%，节间涂抹效果差，仅 60%。

②土肥水管理技术

a.土壤管理　根据杂草发生和土壤板结情况，及时中耕除草，一般每次灌水后结合中耕除草，深度为 10~15 cm，消灭杂草，改善土壤通气状况，利于土壤微生物的活动。

b.施肥管理

基肥:施肥时期以采收后和 8 月底至 9 月中旬为宜,每 667 m² 施充分腐熟的有机肥 4 000~5 000 kg,加复合肥 15 kg,发酵好的豆饼 200 kg,充分混拌后施入。

追肥:当苗木长到 40 cm 左右时,每 667 m² 追复合肥 20 kg,并进行叶面喷施高美施或磷酸二氢钾等肥料,促进植株生长和形成花芽。在温室升温后葡萄萌芽前追施尿素 15 kg,可促进萌芽整齐和花芽继续分化;在开花前喷布 0.2% 硼砂或 0.3% 硼酸溶液,可提高坐果率 20% 左右;在浆果膨大期为促进果粒加速生长,追复合肥 15 kg;当浆果开始着色时,追施硫酸钾 15 kg,过磷酸钙 10 kg,也可以叶面喷施高美施、磷酸二氢钾等液体肥料,促进浆果着色,提高含糖量。

c.水分管理　灌水应根据土壤、气候和葡萄生长等具体情况进行,开始升温时,开花前,果实膨大期,浆果开始着色时,果实采收前各灌一次水。非一年一栽的葡萄,在采收结束并修剪后结合追肥灌一次透水。

③花果管理技术

a.定量挂果　葡萄花序出现以后根据负载量要求,疏去过多、过弱、过小和位置不当的花序,提高叶果比,使养分集中供应选留的花序。落花后 10~15 d 根据坐果情况进行疏穗,生长势强壮的结果枝,一般留 2 穗,生长势中庸的结果枝保留 1 穗,生长势弱的结果枝不留果。经过疏穗后使 2 年生葡萄每株保留果穗 4~6 个,多年生葡萄每平方米架面上保留 6~8 个果穗。一般产量控制在 1 500 kg/667 m²。

b.整穗　为节约营养,提高坐果率,使果粒大小整齐,果穗紧凑,穗形美观,可在花序展开尚未开花时(花前 1 周左右)剪去花序上的副穗及花序顶端(约花序全长的 1/4)。

c.疏粒　在生理落果后用手轻抖果穗,震落发育差、受精不充分的果粒,再用疏果剪或镊子疏粒。疏果粒在谢花后 10~15 d 进行,此时果粒为黄豆粒大小。去除小粒、病、伤、畸形粒及过密的果粒,原则上大粒品种每穗留 40~60 粒,小粒品种留 80~100 粒。成熟时每穗重为 0.5~0.7 kg 为宜。果实生长后期、采收前还需补充 1 次果穗整理,主要剔除病粒、裂粒和伤粒。

d.套袋　纸袋的选择和套袋前准备:选用葡萄专用纸袋,果袋的选择还要根据地区日照强度及品种的果实颜色进行。套袋前疏掉畸形果、小果及过密的果粒,并细致喷施一次杀菌剂,待药液干后即可开始套袋。

套袋的时间和方法:葡萄套袋在第一次果穗整理后坐果稳定时(幼果黄豆粒大小时)进行。套袋时先把袋鼓起,小心将果穗套进,扎紧袋口绑在穗柄所着生的果枝上。

摘袋时间与方法:摘袋应根据品种及地区确定摘袋时间。不需着色或袋内即着色品种可带袋采收;有色品种宜在采前 15 d 左右逐渐撕袋以利充分着色。摘袋时首先将袋底打开,经过 5 d 左右的锻炼,再将袋全部摘除。

此外,采用花期放蜂或人工辅助授粉可明显提高坐果率。有的地方还采用生长季枝干环剥、顺穗、转穗、剪梢、根外补肥、摘老叶、铺反光膜等措施来促进浆果品质提高。

④采收、包装及保鲜　设施葡萄主要供鲜食,当果实达到固有风味和色泽时采收,注意轻拿轻放,果穗整形后包装,以 1 kg/盒的包装为宜。短期保鲜可用冷库或窖藏保鲜。

## 项目小结 )))

园艺设施是指在不适宜园艺作物生长发育的寒冷或炎热季节,人为地进行保温、防寒或降温的防御设施、设备,创造适宜园艺作物生长发育的小气候环境,使其生长不受或少受自然季节的影响而进行园艺作物生产,达到周年供应,这些用于保温、防寒的设施和设备就是园艺设施。本项目重点介绍了简易设施的类型、结构、性能。越夏栽培设施;塑料拱棚的结构、类型与性能。温室的类型、结构和应用。覆盖材料的种类与性能;园艺设施环境的调控,园艺设施栽培技术。

## 复习思考题 )))

1.园艺植物根系分布有何特点?

2.园艺植物的生理作用有哪些? 有何意义?

3.试述园艺植物叶片形成与生长发育规律。

4.园艺植物花芽分化特点是什么? 如何调控?

5.园艺植物花的结构特点是什么?

6.试述园艺植物落花落果原因与调控途径。

7.试述园艺植物果实形成与生育规律。

8.园艺植物高低温、低温障碍产生原因是什么? 怎样克服?

9.园艺植物器官生长之间有哪些相关性? 各有何特点? 生产上如何应用?

10.木本园艺植物生长发育周期包括哪些主要内容? 各有何特点?

## 项目8 园艺植物保护

**项目描述**

　　本项目是园艺工作者在工作过程中一定要面临的主要问题,本教材以技能鉴定为依据,以工作过程为参照,注重以工作任务来引领专业知识,简明、扼要地介绍了园艺植物病害知识与诊断、昆虫识别及病虫害发生规律、病害、虫害的综合防治管理以及草害的相关知识和内容,同时介绍了部分自然灾害的发生与防御。

 ### 学习目标

- 了解植物病害的危害性,诊断出植物病害的类型。
- 掌握植物病害发病的原因,能够分析植物的不良表现。
- 识别常见的园艺植物病害。
- 了解植物病害防治的方法。

 ### 能力目标

- 区别植物病害的病状和病症。
- 掌握植物病害类型及其诊断。
- 非生物病原的类型;真菌引起的病害特征。

**案例导入**

## 植物病害对人类的影响

植物病害曾对人类产生过重大影响。如1845年,马铃薯晚疫病在爱尔兰大暴发,使以马铃薯为食的800多万居民中,数十万人死于饥饿和营养不良,100多万人背井离乡逃亡美洲;19世纪70—80年代,葡萄霜霉病在欧洲大流行,导致重大经济损失;1904年,传入美国的板栗疫病,席卷美国东部天然栗树林,致使美国的栗树所剩无几。

# 任务 8.1　园艺植物病害与防治

## 8.1.1　植物病害的表现与识别

园艺植物的生长发育,给我们提供了各种营养丰富的水果蔬菜和农产品,同时也装点了我们的生活,起到了美化环境、净化空气、调节气候的作用。但是,当园艺植物在生长过程中,受到环境的影响或是各种不良生物的侵害时,其生长就会出现异常状态——植物病害,如植物表现出腐烂、卷叶、霉烂等现象,会给生产造成巨大的经济损失,甚至是灾难性的后果。因此了解植物病害,并采取适宜的措施,减少损失是园艺工作人员和植保从业者必须掌握的一门技术。

**1)植物病害的概念**

植物在生长发育或储运过程中,受到外界不良环境因子的影响,或有害生物的侵染,在生理上、组织上和形态上使植物受到破坏或发生一系列不正常的变化,造成产量降低、品质变劣,甚至出现死亡的现象,这种变化称为植物病害。

**2)植物发病的原因**

病原按性质分为两大类:非生物性病原和生物病原。植物病原(或称主导因素)是指引起植物生病的原因。能够引起植物病害的病原种类很多,依据性质不同可以分为生物因素和非生物因素两大类。生物因素导致的病害称为传(侵)染性病害。非生物因素导致的病害称为非传(侵)染性病,又称生理病害。

(1)生物性病原

寄生性病害和传染性病害是由生物病原物引起的一类病害。由于寄生物可以繁殖,因此,病害能不断积累和蔓延,其危害性较生理性病害更大。习惯上将植物浸染性病害分为八类,即真菌、放线菌、细菌、类菌质体、病毒、类病毒、线虫和寄生性种子植物。最大一类是真菌。由它引起的病害占80%以上,其次是细菌和病毒。

生物性病原物的种类很多,有动物界的线虫、植物界的寄生性种子植物、菌类的真菌、原核生物界的细菌以及非细胞形态病毒界的病毒和类病毒等。生物病原又叫寄生物、病原

物(真、细菌称病原菌);发病的植物叫寄主。但是有的寄生物并不形成病害,如豆科植物的根瘤菌和豆科植物的菌根菌,与寄主是共生关系。

(2)非生物性病原

非生物性病原是由于植物自身的生理缺陷或遗传性疾病,或由于在生长环境中有不适宜的物理、化学等因素直接或间接引起的一类病害。它和侵染性病害的区别在于没有病原生物的侵染,在植物不同的个体间不会互相传染,因此又称为非传染性病害或生理病害。各种不良的(有害的)理化因子较多。物理因素又包括低温、冻害;日灼、日烧;水分:旱害、涝害;养分:营养不良、肥害;化学因素包括营养的不均衡、大量和微量元素、空气污染、缺素症、化学毒害等。还有盐害、毒害、污水、药害等因素。如高温、强光照导致的向阳面果实的日灼病、低湿引起的冬青叶缘干枯、弱光引起的植物黄化、徒长等。

### 3)植物病害的类型

(1)按植物病害病原的性质分类

可分为非侵染性病害(生理性病害)和侵染性病害两大类,其特点是:

①非侵染性病害特点:a.不传染;b.常成片发生;田间分布均匀;相邻植株表现一致;c.清除病害后,有时能复原。

例如:白菜缺钙(干烧心)就是由于作物营养失调(营养缺乏与过剩)。

②侵染性病害特点:a.能传染;b.田间发病由个别、局部开始,后蔓延全园,分布不均匀,相邻植株表现不一致;c.发病后,一般不能复原。

如真菌病:霜霉、晚疫、白粉等;细菌病:软腐、角斑等表现;病毒病:条斑、花叶等;还有线虫、菟丝子等引起植物的侵染性病害。

生理病害是植生、土肥、栽培、环保等研究的主要任务,植保以侵染性病害为重点。

(2)按照寄主作物类别分类

植物病害可以分为大田作物病害、果树病害、蔬菜病害、花卉病害以及林木病害。

(3)按照病害传播方式分类

植物病害可以分为气传病害、土传病害、虫传病害、种苗传播病害等。

(4)按照受害的器官类别分类

植物各种器官的结构和功能有较大的差别,以致危害的病害种类、发生规律和防治方法都有不同。例如,果树病害按照寄主器官可以划分为叶部病害、果实病害、树干病害、根部病害等。

### 4)植物病害的表现与识别

植物病害主要是依据植物表现出的不正常的症状来诊断识别的。各种植物发病后所表现出的症状是不同的。植物发生病害后,植株内外出现的不正常的表现称为植物病害的症状。由两类不同性质的特征→病状和病症组成。

(1)病状识别与命名

病状系发病植物本身的不正常状态,其特征比较稳定且具有特异性。常见的病状主要包括变色、坏死、腐烂、萎蔫、畸形五大类型。植物病害按病状命名:如软腐、枯萎、条斑、黄萎、紫斑等。

①变色 植物生病后局部或全株失去正常的颜色称为变色。变色主要是由于叶绿素

或叶绿体受到抑制或破坏,色素比例失调造成的。(局部或全株)褪色或黄化(失绿、黄绿、黄白等);花叶(深浅不均、相间、斑驳);着色(花脸)等引起的表观变色,其细胞未死亡。

植物病毒病和有些非侵染性病害,尤其是缺素症,常常表现以上两种形式的变色症状。变色发生在花朵上称为碎色,大多是病毒侵染造成的,病害提高了花卉的观赏价值,如碎色的郁金香、虞美人、香石竹。

②坏死　是指植物细胞和组织的死亡。由于病原物杀死或毒害植物或是寄主植物的保护性局部自杀造成的。植物因受害其细胞和组织死亡后,仍保持原有细胞和组织的外形轮廓。如:病斑、(局部性)叶(叶斑、穿孔);穿孔、枯焦、叶枯、溃疡、立枯、猝倒茎(斑点、条斑、浓创);幼苗(猝倒、立枯)等。

坏死在叶片上表现为坏死斑和叶枯。有的坏死斑周围有一圈变色环,称为晕环。大部分病斑发生在叶片上,早期是褪绿或变色,后期逐渐变为坏死。叶枯是指叶片上较大面积的枯死。枯死的轮廓有的不像叶斑那样明显。叶尖和叶缘的大块枯死,一般称作叶烧。植物叶片、果实和枝条上还有一种称作疮痂的症状,病部较浅而且是很局限的,斑点的表面粗糙,有的还形成木栓化组织而稍为突起。幼苗茎基部组织的坏死,引起所谓猝死,幼苗在坏死处倒状和立枯,幼苗枯死但不倒状。

③腐烂　植物组织体较大面积地分解和破坏,细胞死亡。造成根(根腐),花果(干腐、软腐、僵果)腐烂等。腐烂是整个组织和细胞受到破坏和消解。而坏死则多少还保持原有组织和细胞的轮廓。腐烂可以分为干腐、湿腐和软腐。

a.组织腐烂时,随着细胞的消解而流出水分和其他物质。细胞的消解缓慢,腐烂组织中的水分能及时蒸发而消失则形成干腐。

b.腐烂组织不能及时失水则形成湿腐。

c.软腐则主要先是中胶层受到破坏,腐烂组织的细胞离析,以后不再发生细胞的消解,根据腐烂的部位,分别称为根腐、基腐、茎腐、果腐、花腐等。

d.流胶的性质与腐烂相似,是从受害部位流出的细胞和组织分解的产物。

④萎蔫　多种原因造成(多为全株性)。茎基部、根部坏死或腐烂,可引起地上部的萎蔫(猝倒、立枯);根茎部维管囊受侵染引起萎蔫(枯萎、黄萎);缺水干旱也可引起萎蔫(生理萎蔫)。植物的整株或局部因脱水而树叶下垂的现象。由于植物根部受害,水分吸收和运输困难或病原毒的毒害、诱导的导管堵塞物造成。病原物侵染引起的凋萎一般是不能恢复的。而萎蔫期间失水迅速、植株仍保持绿色的称为青枯。不能保持绿色的又分为枯萎和黄萎。

⑤畸形　指植物受害部位的细胞分裂和生长发生促进性或抑制性的病变,致使植物整株或局部的形态异常。植物不同组织、器官发生增生性或抑制性病变,如细胞体积增大或变小,数目增多或减少等。全株性:如徒长、矮化、丛生等;局部性:如小叶、卷叶、皱缩等。

全株生长不正常的畸形,常见的有矮化和矮缩。矮化是植株各个器官的生长成比例地变小,病株比健株矮小得多。矮缩则是指植株不成比例变小,主要是节间的缩短。枝条不正常地增多,形成成簇枝条的称作丛枝。叶片的畸形也很多,如叶片的变小和叶缺的深裂皱缩等。皱缩植物的根、茎、叶上可以形成瘤肿等。

(2)病症识别与命名

病症是由生长在植物病部的病原物群体或器官构成。即发病植物上病原物表现出来

的特征,如霉状物、粒状物、脓状物等。植物病害按病症命名:如霜霉、白粉、锈病、菌核、灰霉、绵疫等。

（3）病症的表现

一般只在发病后期出现,历时短(白粉病例外)。真菌病病症多样,大多明显;细菌病病症大致相同,有的不明显。

①霉状物　是真菌和菌丝、各种孢子梗和孢子在植物表面构成的特征。如霜霉、(如黄瓜霜霉病、月季霜霉病)等灰霉、霉层(如柑橘青霉、番茄灰霉病等)、绵霉(如茄绵疫病、瓜果腐烂病等)。

②粉状物　直接产生于植物表面、表皮下或组织中,以后破裂而散出。如白粉(如黄瓜白粉病、黄芦白粉病等)、黑粉(如禾谷类植物的黑粉病和黑穗病)、锈粉(如菜斗锈病等)。

③粒状物　如小粒点(多为黑色)。

④菌核　真菌菌体的特征组织、大小、形状多样、硬、色深等。

⑤脓状物(溢脓、菌脓)　细菌病有白或黄色水珠胶状、病症常在湿度大的时候表现。

**5) 病害的诊断**

（1）诊断步骤

诊断步骤分为田间观察、室内鉴定和人工诱发三个步骤。

①田间诊断　田间诊断一般先根据植物受害发展变化的过程、症状特点和病症有无,区分是虫害、伤害还是病害。若确定是病害,再进一步通过观察病害分布情况以及调查病害发生时间,对可能影响病害发生的气候、地形、地势、土质、农药和栽培管理条件等进行综合分析,根据经验或者查阅有关文献对病害作出初步判断,找出病害发生的原因,诊断是侵染性病害还是非侵染性病害。

②症状观察　植物发生病害,应从症状等表型特征来判断其原因,确定病害种类。具有典型症状的植物病害在田间即可作出正确判断。对有些症状不够典型,无法直接判断的病害,应作进一步诊断。

③病原鉴定　由于不同的病原可以产生相同的症状,而相同的病原也可导致不同的症状,同时,植物的种类和环境条件也会影响症状的表现,因此,对有些病害需要进行病原物鉴定才能确诊。先通过显微镜观察、认同接种、营养诊断和治疗实验等确定病原物类型,在排除非生物性病原的可能性之后,再进行生物性病原的鉴定。生物性病原鉴定是将病原物种类与已知种类的形态特征、生物学特征和生理生化反应等进行详细比较,以确定其科学名称或分类学上的地位。

④确定病害的病原物　对不熟悉的或新的病害,应通过柯赫氏法则(Kochs postulates )的4个步骤完成诊断与鉴定。柯赫氏法则又称柯赫氏证病律,是确定侵染性病害病原物的操作程序:

a.在某种植物病害上常伴有一种病原微生物存在。

b.该微生物可在离体的或人工培养基上分离纯化而得到纯培养。

c.将纯培养接种到相同品种的健株上,可诱发出与原来相同症状的病害。

d.从接种发病的植物上能再分离到其纯培养,形状与接种物相同。

进行上述4步鉴定工作得到确实的证据,就可以确认该微生物即为这种植物病害的病原物。但有些病原物,如病毒、类菌原体、霜霉病、白粉菌等,目前还不能在人工培养基上培养,可以采用其他实验方法来加以证明。所有侵染性病害的诊断与病原物的鉴定都必须按照柯赫氏法则来验证。

柯赫氏法则同样也适用于非侵染性病害的诊断,只是以某种怀疑因素来代替病原物的作用。例如,当判断是缺乏某种元素引起植物病害时,可以补施这种元素来缓解或消除其症状,即可确认是某元素的作用。

（2）诊断方法

①侵染性病害与非传染性病害的诊断方法

a.侵染性病害的诊断

症状表现:侵染性病害特有的病症是被害部出现斑点、溃疡、萎蔫、菌丝体等,病毒性病害往往也表现出与非传染性病害相同的症状,如黄化、花叶、畸形等。

发生规律:侵染性病害在林间分布初期往往是点发性的,有明显的发病中心和扩散趋势。

b.非侵染性病害的诊断

症状表现:病株常表现全株性发病,如缺素症,水害等。除了高温热灼等能引起局部病变外,株间不互相传染;病株只表现病状,无病症。病状是黄化、花叶、变色,枯死、落花落果、畸形和生长不良、落花、落果和其他生长不正常的表现,有时也表现为枯枝和叶片上的枯斑等。

发生规律:病株在田间的分布具有规律性,一般大面积成片发生,比较均匀,没有先出现中心病株,也没有从点到面扩展的过程。与一定的环境条件(如低洼积水、易受冻、灼、干旱的地形,特殊的地质,临近工矿区等)相联系,发病范围比较稳定,扩展趋势不显著,植株与植株之间差异不大。

②真菌、细菌、病毒、类菌质体病害的识别方法　真菌病害特有的症状标志,是被害部出现繁殖体、菌丝体、菌核或菌索等,病部组织干燥;细菌病害的主要症状有斑点、溃疡、萎蔫等,这些症状的共同特点是:病部组织呈水渍状、病斑透光、潮湿时外溢细菌黏液并有特殊臭味,这是诊断细菌病害简单而可靠的方法。

病毒病害在木本植物上,主要危害阔叶树,如枣疯病、柑橘黄龙病等,针叶树种则很少受害,其主要症状是黄化、花叶、畸形、生长停滞(表现为植株矮小、缩叶、裂叶、小叶等);类菌质体病害大多表现为黄化、丛枝和萎缩等现象,如泡桐丛枝病等。病毒病在症状上易与非传染性病害,特别是缺素症、环境污染所至病害相混淆,但受病毒为害的植株在林间的分布是分散的,病株周围常可发现完全健康的植株,且感病后一般不能恢复健康;而非传染性病害则往往成片发生,通过增加营养或改变环境后,可能使病株恢复健康。

## 8.1.2　植物病原及其所致病害识别

### 1）植物生物性病原及其所致病害识别

（1）真菌的作用

真菌无叶绿素、不能进行光合作用,必须依赖其他生物才能生存,故为异养生物,其中以活的生物为营养的称为寄生,以死的有机体为营养的为腐生。

①真菌的有利作用

a.工业、医药与食品　发酵工业(酒精、甘油)、有机酸医用抗生素(青霉素、土霉素)、食

用菌(平菇、木耳)。

b.提高土壤肥力　粪肥腐熟、有机物分解。

c.防治病虫害　农用抗生素、真菌杀虫剂。

②真菌的有害作用

a.储物霉烂、粮食和食品霉变(黄曲霉素)。

b.人、动物、植物的病害。

c.在植物病中真菌约占80%,每种蔬菜均有几到十几种主要病害。

(2)真菌的形态

真菌的个体分为营养体和繁殖体两部分,营养体一般相似,繁殖体形态各异,是分类的重要依据。

①营养体　除少数种类外,大多是相似的丝状体,叫菌丝。(丝状细胞,有壁,有核,无叶绿素,多数为多细胞,直径为5~10 μm)菌丝分枝生长,交错密集,称为菌丝体。

真菌的营养体无根、茎、叶的分化,无维管束,任何一个小破碎的菌丝均可以发展成为一个新的个体(菌丝体)。有的真菌的菌丝体上长出吸盘,伸入寄主的细胞中吸取营养。

有的真菌的菌丝体发生变态,形成一些特殊的组织(如菌核、菌索、子囊等),以度过不良的环境。

②繁殖体　在营养体上产生,由子实体和孢子两部分组成。

a.子实体　相当于果实,是产生孢子的器官,有许多种类型和形状。主要有分生孢子梗、分生孢子囊、分生孢子器、分生孢子盘、子囊果、担子果等。

b.孢子　相当于种子,是真菌繁殖的基本单位;根据繁殖方式而分为有性孢子和无性孢子。

(3)真菌的繁殖

它分为有性和无性两种。一般是菌丝体生长到一定阶段,先进行无性繁殖,产生无性孢子;到后期,在同一菌丝体上进行有性繁殖,生成有性孢子。

①无性繁殖　在菌丝体上直接产生无性孢子的繁殖方式,没有两性的过程。无性孢子在一个生长季中可重复产生,但抗逆力弱,大多短期即死去,无性孢子有多种。

a.游动孢子　是产生于游动孢子囊中的内生孢子。游动孢子囊由菌丝或菌丝上分化出的孢囊梗顶端膨大而成。游动孢子特点是无细胞壁,有1~2鞭毛,能游动。

b.孢囊孢子　形成同a,但有细胞壁,无鞭毛,不能游动,释放后可随风飞散。

c.分生孢子　产生于菌丝分化而成的分生孢子梗上,有的在菌丝上先形成子实体,再在其中产生分生孢子,子实体为分生孢子梗、分生孢子囊、分生孢子盘、分生孢子器。

②有性繁殖　经过两性结合,形成有性孢子的繁殖方式。相当于种子。有性孢子一生只产生一次,但抗逆力强,寿命长。有不少真菌,很少进行或不进行有性繁殖。真菌的性细胞称为配子,性器官称为配子囊。

多数真菌由营养体上分化形成的性器官(配子囊)进行交配。有的真菌由性器官中产生性细胞(配子)。有的真菌由营养体直接联合完成性结合。由此看来,真菌有性繁殖十分复杂。

真菌繁殖的特点是两种繁殖方式交替进行,一生中无性可重复多次,有性繁殖只一次不少真菌很少或不进行有性繁殖。

（4）真菌的生活史

真菌的生活史是指从一种孢子开始,经过萌发、生长和发育,最后产生同一种孢子为止的个体发育周期。

①典型生活史　从有性孢子萌发,长成菌丝体,菌丝体上产生无性孢子,无性孢子萌发,长成菌丝体,无性孢子可重复产生多次(无性阶段),到生长后期,在菌丝体上进行有性繁殖,产生有性孢子(有性阶段)。

②不少真菌只有无性阶段,极少或不进行有性繁殖(半知)。

③有些真菌以有性繁殖为主,很少或不进行无性繁殖。

④少数真菌不形成任何孢子。

（5）真菌的主要类群

真菌属菌物界、真菌门,有10万多种,分5亚门,18纲。

真菌种类的识别,主要依据繁殖体的形态,因为营养体无法识别,真菌用双名命名,与昆虫学名基本相同。

①鞭毛菌亚门　营养体无隔,多核的菌丝体,少数为单细胞。无性阶段产生孢子囊和游动孢子,有性阶段产生卵孢子。本门中低等的水生、高等的陆生,引起的病害不多,但有的十分重要。

②接合菌亚门　大多是腐生菌,少数为弱寄生,引起的病害很少。只是在分类上重要,有性是接合孢子,无性包囊孢子。主要1个属。根腐属:瓜果储运期软腐病(黑根霉属)。

③子囊菌亚门　形态复杂、种类繁多、陆生、有许多植物病原菌,除酵母菌为单细胞外,菌丝发达、有隔、并可产生菌核、子座等,无性为分生孢子,并有各种子实体(分生孢子梗、囊、盘、器)、有性为子囊孢子、子囊、子囊果等。

④担子菌亚门　担子菌为主要真菌,大多腐生,也有十分重要的病原菌。担子菌中的主要种类,腐生的多,如各种食用菌(蘑菇、木耳、银耳、猴头、灵芝等)寄生的少如引起果树根部病害的真菌,它们的特点是产生担子果。担子菌中的低等种类,不产生担子果,有两类最为重要的病原菌,黑粉菌和锈菌,引起各种黑粉病、黑穗病和锈病。

⑤半知菌亚门　菌丝发达,有隔,无性为分生孢子。有性少或无。无性子实体有分生孢子梗束、盘、器。半知菌的无性阶段大多数与子囊菌同,现已陆续发现了一些半知菌的有性阶段,归入子囊菌(少数为担子菌),但由于这些真菌的有性阶段不易见到,为了实用方便,做保留其半知菌中的地位,因此不少真菌有两个学名。半知菌根据子实体类型,形状,分生孢子梗,分生孢子形状分为四类菌:丛梗菌(梗束)、球壳孢菌(器)、黑盘菌属(盘)、无孢菌(无孢子)。

### 2）植物病原原核生物

细菌为单细胞,有胞壁,无胞核(有核质),属原核生物界。植物细菌病害种类不多,重要性占第三位,但有的细菌病发生普遍,为害严重,如大白菜(十字花科)软腐病、黑腐、黄瓜角斑、斑点、菜豆疫病、辣椒疮痂、土豆环腐;柑橘黄龙病等。

（1）形态与繁殖

①形态　细胞形状有球状、杆状、螺旋状,而植病细胞均为杆状,叫杆菌。一般大小为$1\sim3~\mu m \times 0.5\sim0.8~\mu m$(约为真菌直径1/10)大多有鞭毛,能游动。

②繁殖　细菌的繁殖方式为裂殖,当菌体长到一定大小时,其中部发生缢缩,并形成新

壁,最后断裂为两个菌体,条件适宜 20 min 断裂一次。

（2）植病细菌的特征

①全为兼性寄生,均可人工培养。

②大多好气性,少数嫌气性。

③生长适温 20~30 ℃,耐低温,不抗高温,至死温度 50 ℃（约 10 min）要求有水滴或水膜,才能生长繁殖、传播、侵染。

④对紫外线敏感,阳光直射容易死亡。

⑤能产生各种水解酶、毒素、激素等,造成危害。

（3）主要类群

植物病害细菌集中在以下 5 个属中:

①假单胞杆菌属　黄瓜角斑病（斑点）;

②黄单胞杆菌属　黄瓜斑点病（斑点）;

③野杆菌属　果树根癌病;

④欧氏杆菌病　大白菜软腐病（腐烂）;

⑤棒状杆菌病　马铃薯坏腐病（萎蔫）、番茄溃疡病（萎蔫）。

（4）细菌病害症状

①病状　斑点、腐烂、萎蔫、肿瘤等。

②病征　溢脓。

③植物细菌病害的特点:症状有斑点、溃疡、萎蔫、穿孔、腐烂、畸形等,症状共同的特点是病状上多表现急性坏死型;病斑初期呈水渍状,边缘常有褪绿的黄晕圈。病症方面,气候潮湿时,从病部的气孔、水孔、皮孔及伤口处溢出黏稠状菌脓,干后呈胶粒状或胶膜状。如美人蕉芽腐病、鸢尾细菌性叶斑病、栀子花叶斑病、榆叶梅穿孔病、樱花细菌性根癌病等。

（5）放线菌

①放线菌　属原核生物界,细菌门,是一类较低级的细菌（介于细、真菌之间）,因培养时菌落是放射状而得名。

②菌体大多数是腐生的,有益于土壤中分解有机物。有的能产生抗生菌素,因此是抗生菌素的主要种类,如四环素、多抗霉素、新植霉素、农抗 120 等。人医和植物防病上均有应用。仅有两种是植病病原物,引起土豆、辣椒、甘薯的病害（土豆疮痂病）。

**3）植物病毒**

病毒在植物病原物中的重要性占第二位（仅次真菌病害,约 300 种病毒,为害上千种植物）,尤其是蔬菜上病毒病较多,发生病毒病的植物如:蔬菜——茄科、葫芦科、豆子科、十字花科等,大田——禾本科,果树——蔷薇科等。

（1）病毒形态和组成

病毒是一种极小的、非细胞形态的专性寄生物。在几万倍的电子显微镜下,可以看到病毒粒子的形态为杆状、球状、纤维状 3 种。病毒粒子由核酸和蛋白质组成。蛋白质在外形成衣壳,核酸在内构成心轴。植物病毒的核酸绝大多数为单链 RNA。

（2）病毒的特征

①寄生性　病毒的寄生性极强,离开寄主活体就不能生长,增殖,并失去侵染力,病毒不能人工培养,病毒的寄主范围广,一种病毒能寄生多种植物。

②增殖　病毒以复制的方式繁殖,叫增殖。其过程如下:在寄主体内的病毒颗粒,由核酸提供遗传信息使寄主细胞按照病毒的分子结构进行复制,产生大量新的病毒核酸和蛋白质,再由这些新产生的核酸和蛋白质,组成新的病毒颗粒,速度极快。

③传染性　把病株的体液射到健株上,可使健壮植株发病。

④遗传性和变异性　由复制而增殖的新的病毒,能保持其原有的一切特征;又因增殖力强,速度快,因此容易发生变异。

⑤稳定性　对外界环境的抵抗力,比其他微生物强。鉴定一种病毒的稳定性可以从以下几个方面进行(标准):

a.体外保毒期　在室温(20 ℃)下,带毒汁液能保持其传染性时间的长短,一般为几天,有的为几小时甚至1个月以上。

b.稀释温度　带毒汁液加水稀释到能保持侵染力的最大稀释倍数,一般为1 000~10 000。

c.失毒温度　带毒汁液加热10 min,使病毒失去致病力的最低温度,一般为60 ℃。

d.对化学物质的反应　抗一般杀菌剂对磷酸钠肥皂较敏感,常用作消毒。

(3)病毒病害症状

只有病状,没有病症(变色,坏死、畸形)。

①变色　花叶、黄化、着色明脉。

②畸形　皱缩、丛枝、矮化、卷叶、蕨叶、肿瘤。

③坏死　坏死斑、坏死条纹(茎、叶、果都有)。

(4)植物病原线虫

①线虫属线形动物门,线虫纲,种类多,分布广,大多腐生,有的为害动、植物,蔬菜,农作物线虫病不少,如茄果病、瓜类、豆类、小麦、水稻、花等都有线虫病。

②线虫有卵,幼虫,成虫两头尖。少数种类雌虫成虫球形成熟型。大小约为1~2 MM×20~30 U。世代虫,一年多代(少一代)。

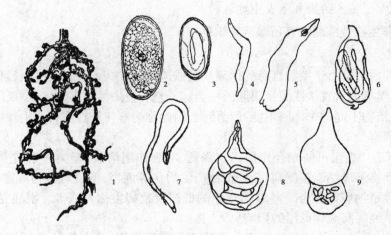

图8.1

1—幼苗根部被害状;2—卵;3—卵内孕育的幼虫;4—性分化前的幼虫;5—成熟的雌虫;
6—在幼虫包皮内成熟的雄虫;7—雄虫;8—含有卵的雌虫;9—产卵的雌虫

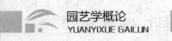

③线虫为害地下部分为主,使寄主生长衰弱,似缺肥壮,有的根部长瘤(蔬菜根部有线虫)[失绿、矮化、早衰]。

(5)寄生性(种子)植物

①有寄生能力的高等植物(双子叶)有上千种,重要的有菟丝子、列当、桑寄生等。分为:全、半、茎根寄生。

②菟丝子　为害豆科、茄科作物,全寄生、茎寄生。叶呈鳞冲状,黄色,茎丝状,茬明显,种子卵圆形,小,略扁,表面粗糙,褐色,种子落入土中或混入作物种中。

防治要点:深翻地,早拔等。

③列当　全、根寄生为害瓜、向日葵、豆茄科等。

④桑寄生:半寄生、茎寄生,为害林果,南方山区有。

桑寄生科植物为常绿小灌木,有 30 属 500 多种,多分布在热带和亚热带地区。最常见的为桑寄生属和槲寄生属。

桑寄生和槲寄生的浆果,鸟类喜欢啄食,但种子不能被消化,鸟吐出或经消化道排出的种子黏附在树皮上,在适宜条件下萌发,先长吸器,后产生吸根,侵入寄主(山茶、石榴、木兰、蔷薇、金缕梅等)植物上。发育成绿色丛枝状枝叶。桑寄生科植物有叶绿素,能进行光合作用,但没有根系而寄生在其他植物上,其导管与寄主的导管相连,夺取部分营养物质,因此,称为半寄生。

a.识别　比较简单,无论是全寄生还是半寄生性种子植物均与寄主植物有明显的形态区别。危害寄主植物时,半寄生的种子植物都是常绿的,能开花结果,当寄主植物落叶后,很明显树干上有几簇生的小枝梢。全寄生的菟丝子呈金黄色或略带紫红色丝状藤茎,常缠绕寄主的部分枝条,甚至整个树冠,一眼就可看到。

b.防治　应勤检查,勤清除是最有效的手段;用"鲁宝一号"菌剂、五氯酚钠,防治效果较好。(桑寄生,应清除病枝。桑寄生在寄主落叶后易于辨认,因此,最好在冬季或其果实成熟前铲除,特别要注意铲除其吸根和匍匐茎。防治菟丝子主要应精选种子和实行种苗检疫,防止将菟丝子带入苗圃和未发生地区。)

**4)植物非生物性病原及其所致病害识别**

(1)病原

非生物性病害是由于植物自身的生理缺陷或遗传性疾病,或由于在生长环境中有不适宜的物理、化学等因素直接或间接引起的一类病。它和侵染性病害的区别在于没有病原生物的侵染,在植物不同的个体间不能互相传染,因此称为非传染性病害或生理病害。

①物理因素

a.温度不适　高温可使光合作用迅速降低,呼吸作用增强,糖类积累减少,生长缓慢,使植物矮化和提早成熟。温度高,会使植物产生灼伤等危害;低温对植物危害也很大,0 ℃以上低温所致植物病害称为冷害,0 ℃以下的低温所致病害称为冻害。剧烈变温对植物的影响往往比单纯的高温和低温的影响更大。

b.水分湿度不适　植物在长期水分供应不足的情况下,营养生长受到抑制,各种器官的体积减小、数量减少和品质变劣,导致植株矮小,细弱。缺水严重时,可引起植株萎蔫、叶缘焦枯等症状,造成落叶、落花和落果,甚至整株凋萎枯死。地下水位高、地势低洼、雨后不排涝、大水漫灌等,容易造成根系氧气不足,腐烂、死亡。

c.光照不适　光照过强:露地植物日灼病;光照不足:保护地植物徒长。

②化学因素　土壤中的养分失调、空气污染和农药等化学物质的毒害等。营养失调,缺素症植物所需营养:大量元素:N、P、K、Ca、Mg、S,微量元素:Fe、Mn、Zn、Cu、B、Mo。缺乏这些元素影响植株的正常生理机能;过量则对植物产生毒害作用。

化学物质的药害:各种农药、化肥、除草剂和植物生长调节剂使用不当均可造成植物化学伤害。急性药害:施药后 2~5 d 发生。一般在植物幼嫩组织发生斑点或条纹斑。无机铜、硫制剂容易发生,如石硫合剂。慢性药害:逐渐影响植物的生长发育。植物幼苗和开花期比较敏感。高温环境下容易发生药害。除草剂和植物激素使用不当极易发生药害。

③营养失调　包括营养缺乏、养分比例失调或营养过剩等。

④缺素症　指植物体内某一时期,或某一段时间内某种元素供应不足,而发生的缺素症状。

⑤有毒物质的污染　空气污染(水银蒸汽、乙烯、氨、氯气、氟化氢、二氧化硫、二氧化氮、臭氧等)、水污染、土污染、酸雨。

⑥植物自身　植物自身遗传因子或先天性缺陷引起的遗传性病害,虽然不属于环境因子,但由于没有侵染性,也属于非侵染性病害。

(2)非侵染性病害的诊断及防治

①诊断目的:查明和鉴别植物发病的原因,进而采取针对性的防治措施。

②诊断方法:现场调查、排除侵染性病害、治疗诊断。

③非侵染性病害的特点:没有病症、成片发生、没有传染性、可以恢复。

④生理性病害与病毒病因为均无病症,容易混淆,区别是一般病毒病的田间分布是分散的,且病株周围可以发现完全健康的植株,生理病害常常成片发生。

⑤治疗

a.营养缺乏:增施缺乏的元素,改善土质或根外施肥等;

b.土壤水分多:排涝、防止曝晒;

c.干旱地区:加强土壤保水及加强灌溉;

d.大气污染:消除污染源。

植物非侵染性病害主要从栽培管理方面来防治,加强土肥水的管理,是减少非侵染性病害的最有效措施。

### 8.1.3　侵染性病害的发生与发展

#### 1)病害的侵染过程

病害的侵染过程是指病原物从与寄主接触、侵入到寄主发病的过程。侵染是一个连续性的过程,为了分析不同阶段各个因素的影响,一般将侵染过程分为接触期、侵入期、潜育期、发病期 4 个阶段。

(1)接触期

病原物与寄主体接触,时间长短因病害种类而不同,大多数接触期短,此外,接触部位特别重要,只有与侵入点(感病点)接触,才能发生侵入。这个时期病原物的活动主要有两种方式,一种是被动活动,另一种是主动活动。

（2）侵入期

侵入期是指病原物从侵入到与寄主建立寄生关系的时期。

①病原物的侵入途径 病原物的侵入途径因其种类不同而异,主要有伤口、自然孔口和直接侵入3种途径。

a.伤口 植物表面的机械伤、灼伤、冻伤、虫伤、生理裂口、软腐部位等。

b.自然孔口 如气孔、水孔、皮孔等。真菌、细菌中相当一部分是从自然孔口侵入的,病毒、类病毒、原核生物的植原体一般不能从自然孔口侵入。

c.直接侵入 直接侵入是指病原物直接突破植物的保护组织,如穿透表皮（机械压力,熔化蜡层）而侵入寄主。许多病原真菌,线虫及寄生性种子植物,如菟丝子等具有这种能力。

②侵入条件 湿度、温度、营养和病原物数量。

a.湿度 许多真菌,细菌霉在高湿度有水膜时才能侵入,病毒在较干燥时发生严重。

b.温度 孢子萌发,菌丝生长,细菌繁殖要求在一定温度范围。

c.营养 植物体表的外渗物是许多真菌孢子萌发的条件。

d.数量 真菌需上百个孢子才能侵入。

（3）潜育期

潜育期是指病原物从与寄主建立寄生关系到开始表现明显症状的时期,也就是在寄主体内的生长和扩展过程（阶段）。潜育期是寄主和病原物激烈斗争的阶段,是病原物对寄主建立寄生关系的过程,潜育期的长短由病害种类和环境条件决定。病原物在寄主体内的扩展,分局部扩展和系统扩展。局部扩展:范围小,在侵入点附近,多数是表皮下,薄壁组织下;系统扩展范围大,可达部分至全株,少数是生长点、维管束中。

（4）发病期

发病期是指从出现症状到寄主生长期结束,甚至植物死亡为止的一段时期。发病期是病原物大量繁殖、扩大为害的时期。

**2）病害的侵染循环**

病害循环是指侵染性病害从一个生长季节开始发生,到下一个生长季节再度发生的过程。它包括病原物的越冬和越夏、病原物的传播以及病原物的初侵染和再侵染等环节,切断其中任何一个环节,都能达到防治病害的目的。共分5个环节:病原物来源、传播方式、病程、侵染次数、发病时期。

（1）病原物来源

土壤中病原物多,是重要来源。（越冬、越夏）病源、侵染源。田间病株:已发病的植株（发病中心,中心病株）种苗及繁殖材料:种子（带菌）,黄瓜,番茄,茄子,大白菜菜苗;块茎:马铃薯环腐病残体;病株残余组织;肥料（农家肥）:病残体混入、病株作饲料、使粪肥带菌,如软腐病等。

（2）病原物的传播

病原物的传播可以分为主动传播和被动传播,主动传播方式是依靠病原物本身的运动或扩展蔓延进行传播,其传播距离较短,仅起到一定的辅助作用;病原物主要依赖自然因素和人为因素进行传播。即以下4种传播方式:

①风传 又叫气流传播,是多数真菌的传播方式。真菌孢子小而轻,适合气流传播。

气流传播一般距离较远,覆盖面积大,容易引起病害流行。如霜霉、叶霉、白粉病等,防治风传难,防治措施选育抗病品种,提高抗病力,及时喷药等。

②水传　(雨水、流水)不少真菌的孢子胶粘成团(孢子团),需要水溶化才能分共散,如大多数半知菌、斑枯菌。雨水溅起传绵疫病、黑腐病等。流水传软腐病、菌核病、枯萎病等。防止水传措施:防雨溅(地膜、套袋)、多垄、滴灌等。

③虫传　多数植物病毒、类病毒、病原物等都可借助昆虫传播,其中以蚜虫、飞虱、叶蝉为主,桃蚜可传50种病毒,其他昆虫如跳甲、菜青虫可传播细菌病。昆虫传病还与造成伤口有关,伤口有利于病菌侵入。

④人传　人类的经济活动和农事操作(施肥、灌溉、播种、移栽、嫁接、修剪、整枝、运输等)常导致病原物的传播。防治措施:检疫、种苗处理、轮作、净肥等。

（3）初侵染和再侵染

病原物越冬或越夏后所引起的首次寄主发病过程称为初侵染,即病原在播种后的第一次侵染(多年生作物是早春发芽后)有些病只有初侵染,一个生长季只发病一次。受到初侵染的植株上产生的病原物,在同一生长季节经传播引起寄主再次发病的过程称为再侵染。如菌核病、枯萎、黄萎等再侵染,就是在发病的植株上,病原物产生繁殖体,经传播,再次侵染植物。在田间逐步扩展蔓延,由少数中心病株发展到点片发生,进一步扩展蔓延导致普遍流行。大多病害有再侵染,一年中发病常由点到面,由轻到重发展,如霜霉病、叶霉病、灰病、晚疫等。

### 3）病害的流行与防治

（1）病害的流行

一种病害在一个地区、一个时期内大量发生,严重为害叫流行,发生不一定流行,流行是发生的继续和发展。病害流行的条件有以下3个:

①寄主条件　品种病株面积大,植物生长衰弱,抗性丧失等。

防治对策:a.选育新的抗病品种;b.加强栽培管理,保持和提高品种的抗病性;c.调整播期,利用避病现象;d.避免品种单一化。

②病原物条件　病原物致病力强,数量大,再侵染次数多的病害易流行。

流行性强的病害包括霜霉、晚疫、白粉、锈病等。

病原物的特点：a.潜育期短,再侵染次数多;b.风雨传;c.受环境影响大,年份间波动性大;d.初侵染少,有发病中心,由点到面。

防治对策:a.选育抗病品种;b.加强栽培管理(提高抗病力,恶化病原环境);c.消灭发病中心,推迟流行。

流行性弱的病害包括黄萎、枯萎、根肿、菌核、线虫病以及大田作物的黑粉病等。

病原物的特点:a.潜育期长,一般无再侵染;b.大多土传,种传;c.受环境影响小;d.发病轻重决定于初侵染的数量;e.病害逐年加重。

防治要点:消灭病原物来源,减少初侵染。

措施:a.种子处理(种传);b.轮作,土壤处理(土传);c.拔病株(在繁殖体产生之前)。

③环境条件

a.温度和湿度影响发病时期和发病速度;多数病害是在高温多湿的条件下发生的。

b.光照不足,影响作物抗病力,易发病。

c.栽培管理,如肥水失调、过密、田园不清洁、连作等。

若品种不抗病,有大量病原物时,环境条件就是病害能否流行的主要因子。园艺植物病害的防治,必须十分强调栽培防病,目的是通过栽培措施的改进,来保护和提高植株的抗病力,同时创造不利于病原物的环境条件,从而减轻和控制病害的发生和流行。

(2)病害的防治途径

①直接消灭病原物　通过农事操作,如轮作、深翻、清园、施净肥、早摘病叶、病果、种苗处理等措施,减少病原物数量,以达到防治目的。

②恶化病原物的环境条件　田间降湿(南北行、大小垄、高垄等)保护地放风、调节播期、合理轮作、慎选邻作物等(高矮间作),使得病原物没有生存空间和环境,降低其危害和发生。

③保持和提高植株抗病力　抗病育种、轮作、加强肥水、中耕除草、及时绑整等措施能提高植株的抗病性。

④药剂保护　植株喷药等措施。

### 8.1.4　园艺植物主要病害及其防治

#### 1)苹果树主要病害及其防治

(1)苹果腐烂病

苹果腐烂病俗称烂皮病、臭皮病、串皮病,是我国北方苹果的主要病害。造成树势衰弱、枝干枯死、死树,甚至毁园。

①症状识别　有溃疡型、枝枯型和表面溃型3种类型。

溃疡型在早春树干、树枝、树杈上出现红褐色、水渍状、微隆起、圆至长圆形病斑。质地松软,手压凹陷,流出黄褐色汁液,有酒糟味。后干缩,边缘有裂缝,病皮长出小黑点。潮湿时小黑点喷出金黄色的卷须状物。枝枯型多发生在弱树或小枝条上;表面溃疡型在夏秋落皮层上出现稍带红褐色、稍湿润的小溃疡斑。边缘不整齐,一般2~3 cm深,指甲大小至几十厘米,腐烂。后干缩呈饼状。晚秋以后形成溃疡斑。

②防治

a.壮树防病　腐烂病菌是弱寄生菌,具有潜伏侵染的特点。实行科学施肥、合理灌水、控制结果量和及时防治叶部病虫害等,可增强树势、提高树体抗病力,是防治腐烂病的根本措施。

b.减少病菌来源　病菌以菌丝体、分生孢子器、子囊壳和孢子角等在病树组织内或病残枝干上越冬。及时清除病、死枝和病斑,并烧毁或深埋以减少果园菌量等这些措施成为防治腐烂病的主要环节。

c.减少病菌侵染机会　腐烂病菌主要通过伤口侵入已经死亡的皮层组织,侵入的伤口包括冻伤、修剪伤、机械伤、病虫伤和日灼等,也能经叶痕、果柄痕、果台和皮孔侵入。随时剪除病枯枝、干桩枯橛及病果台、病剪口等,可减少树体被病菌侵染机会。带有死亡组织的伤口易受腐烂病菌侵染,修剪时要尽量减少伤口,对剪、锯口等较大的伤口用煤焦油或油漆进行保护。

d.消除潜伏侵染的病原物　苹果树腐烂病菌夏季先侵染树体表面处于死亡状态的落皮层,形成很小的表层溃疡斑,处于潜伏侵染状态;晚秋冬初向纵深扩展为害,形成秋季发病高峰;早春病斑扩展加速,形成溃疡性病斑,进入春季发病高峰;树体进入旺盛生长期后,病斑扩展渐趋停止,发病盛期结束。

在苹果树旺盛生长期,用刀将主干、主枝的树皮外层刮去约 1 mm 厚,刮面呈黄绿相间状,可彻底铲除树皮累积的病变组织和侵染点,刺激树体愈伤,形成新皮层,2~3 年内不形成落皮层,促进树体的抗病性;在树体新落皮层形成,尚未出现新的表面溃疡时,刷涂 40% 福美胂可湿性粉剂 50~100 倍液或 5%菌毒清水剂 50 倍液,可防止产生表层溃疡斑及晚秋出现新的坏死组织。早春树体萌动前刮除粗翘皮后,全树喷以上 2 种药剂或 3~5°Bé 石硫合剂等,可铲除落皮层上的浅层病菌。

e.预防冻害及日灼　发生冻害或日灼的果树极易发病。避免后期施肥、灌水,防止晚秋徒长,秋季对主干和中心干进行绑草、培土、树干涂白、有降低树皮温度,减少冻害和日灼的作用。涂白剂配方为生石灰 10 份、硫黄或石硫合剂渣 1 份、食盐 2 份、动物油 0.2 份、水40 份混合而成。

f.治疗病斑　彻底刮净病部组织(含带菌木质部)、在其周围刮去 0.5~1 cm 好皮,刮成梭形、不留死角,不拐急弯,不留毛茬,刮掉的病皮带出果园烧毁。病斑刮除后涂抹药剂消毒。春、夏季各涂抹 1 次,可降低复发率。割治法是将病部用刀纵向划 5 mm 宽的痕迹,然后于病部周围健康组织 1 cm 处划痕封锁病菌以防扩展,划痕后涂抹药剂。

病斑刮治或割治后,涂强渗透性或内吸性药剂处理,如 40¥福美胂 50 倍液+2%平平加(煤油或洗衣粉)、托福油膏(甲基硫菌灵 1 份、福美胂 1 份、黄油 2~8 份混匀)、50%腐必清油乳剂 2~5 倍液、10°Bé 石硫合剂、30%福美胂·腐殖酸钠可湿性粉剂 20~40 倍液等。

g.桥接或脚接　利用枝条(或萌蘖)作为桥梁接于在病疤上、下部,使养分和水分得以运输,挽救濒临死亡的重病树,加速恢复树势,延长果树寿命。

(2)苹果白粉病

苹果白粉病是世界性病害,近年来,该病发展趋势越来越严重。病菌主要危害新梢、芽、花、叶及幼果。受害严重的果树,叶片提前脱落,新梢干枯死亡,不仅影响苹果的产量和质量,对果树的生长发育也影响极大。

①症状识别　嫩梢染病,生长受抑制,节间缩短,其上着生的叶片变得狭长或不开张,变硬变脆,叶缘上卷,初期表面被覆白色粉状物,之后逐渐变为褐色,后期白色粉层逐渐蔓延到叶正反两面,叶正面色泽浓淡不均,叶背产生白粉漏斑,病叶变得狭长,边缘呈波状皱缩或叶片凹凸不平;严重时,病叶自叶尖或叶缘逐渐变褐,最后全叶干枯脱落。春季病芽萌动后,生长迟缓,不易展开。花芽受害,轻者花瓣变为淡绿色,变细变长,萼片、花梗畸形;严重的花蕾萎缩枯死。幼果受害,多发生在萼的附近,萼洼处产生白色粉斑,病部变硬,果实长大后白粉脱落,形成网状锈斑。变硬的组织后期形成裂口或裂纹。果梗受害,幼果萎缩早落。果实受害果面呈木栓状花纹。

②防治　苹果白粉病病菌主要以菌丝体在芽鳞内越冬,其中顶芽带菌率最高。休眠期剪除病枝梢,萌芽至开花期复剪,减少病菌侵染源。苹果树发芽前喷布 3~5°Bé 石硫合剂或 40%福美胂 100 倍液,铲除病芽内越冬病菌。加强栽培管理,提高抗病力。在开花前、落花 70%和落花后 10 d 用 25%三锉酮可湿性粉剂 1 500 倍液、50%硫悬浮剂 500 倍液、6%氯苯嘧啶可湿性粉剂 1 500 倍液等喷雾。

**2)梨主要病害及其防治**

梨黑星病又叫梨疮痂病、雾病、黑霉病、乌玛等,是梨树主要病害。它造成叶片早落,大量病果,降低果品产量品质,使果园减少收入,甚至树势衰弱而毁园。我国北方梨区普遍发生。

①症状识别　主要为害叶片和果实,也对新梢、花序、叶柄和芽造成危害。被害芽鳞片茸毛多,表面产生黑色霉层。春天病芽所抽出的新梢,基部产生淡黄色病斑和黑色霉层。病梢的病斑后期龟裂成溃疡斑。如扩展到叶柄基部,叶即变黑枯死。叶柄上有长椭圆形凹陷斑,有黑霉层。叶部病斑在叶背面,沿主脉产生不定型斑,具黑霉层。严重时扩及叶正面,叶片变色脱落。果上产生褐色斑和黑霉层。幼果早落或长成畸形;大果出现多个疮痂状凹斑,龟裂,或长成青疗和畸形果。有的病斑呈放射线状黑点,病斑伤口染上杂菌而腐烂。

②防治

a.清除越冬病菌　在病芽鳞片、病枝梢上越冬的分生孢子或菌丝体,春季长出病芽梢,成为病害的主要初侵染来源。病菌分生孢子及未成熟的假囊壳也可在落叶上越冬。冬季清除残枝落叶,剪除病枝、病芽并集中烧毁或深埋,减少越冬病菌。梨芽萌动初期,对树体及地面喷尿素或硫黄氨10~15倍液,铲除越冬病菌。

b.加强果园管理　梨树生长衰弱,易被病菌侵染。增施有机肥,可增强树势,提高抗病力,疏除徒长枝和过密枝,增强树冠通风透光性,可减轻病害。

c.生长期及时摘除病源　第2年病芽梢产生的分生孢子和病叶产生的字囊孢子侵染新梢,出现发病中心后所产生的分生孢子,通过风雨传播,引起多次再侵染。发病初期摘除病梢、病花丛,生长期及时摘除病叶及病果并集中处理,减少再侵染。

d.喷药保护　药剂防治的关键时期为病梢初现期、落花后30~45 d的幼叶幼果期和采收前30~45 d的成果期。梨黑星病菌借雨水传播,降雨是侵染为害的必要条件,具体喷药时间应根据病情和降雨情况确定。药剂一般用1:2:200波尔多液、10%苯醚甲环唑水分散粒剂3 000倍液、40%氯硅唑乳油8 000倍液、12.5%烯唑醇可湿性粉剂2 500倍液、50%甲基硫菌灵可湿性粉剂800倍液等。

### 3)葡萄主要病害及防治

葡萄霜霉病是一种世界性的葡萄病害,在葡萄生长季节多雨潮湿、暖和的地区发生,为害较重,常造成葡萄早期落叶,损失很大。

(1)症状识别

图 8.2

叶片:受害后病部角型,淡黄至红褐色,限于叶脉。发病4~5 d后,病斑部位叶背面形成幼嫩密集白色似霜物,这是本病的特征,霜霉病因此而得名。病叶是果粒的主要侵染源。严重感染的病叶造成叶片脱落,从而减少果粒糖分的积累,降低越冬芽的抗寒力,从而影响来年产量。

新梢:上端肥厚、弯曲,由于形成孢子变白色,最后变褐色而枯死。

果粒:幼嫩的果粒感病后果色变灰,表面满布霜霉;较大的果粒感病后果粒保持坚硬,提前着色变红,霉层不太明显,成熟时变软,病粒脱落。

(2)防治

a.选用抗病品种　病害发生与品种的抗病性有明显差异,美洲种葡萄、圆叶葡萄、沙地葡萄等较抗病。利用抗病砧木可影响接穗的抗病性,嫁接时尽可能用美洲系列的品种。

b.栽培防治　病菌主要以卵孢子和菌丝体在病组织内或随病残体遗落土壤中越冬,翌春卵孢子萌发产生孢子囊,再由孢子囊产生游动孢子,借风雨传播,从气孔侵入致病。病部形成的孢子囊产生游动孢子可多次侵染。多雨、多雾的潮湿天气有利于该病发生,果园地势低洼、排水不良、土质黏重或枝蔓徒长荫蔽发病较重。应及时摘心、绑蔓和中耕除草,冬季修剪清除病残体。

c.避雨栽培 在降雨频繁地区搭建塑料拱棚,避免雨水直接落到葡萄植株上,可降低果园湿度,阻止病菌传播、侵染和繁殖、控制霜霉病的发生和为害。

d.药剂防治 葡萄展叶后至果实着色前,在病菌侵染前喷药防治。可选用 1∶1∶240 波尔多液、69%烯酰吗啉可湿性粉剂 2 000 倍液、72.2%霜霉威水剂 500 倍液、40%三乙膦酸铝可湿性粉剂 300 倍液等。

#### 4)蔬菜主要病害及其防治

（1）白菜霜霉病

十字花科蔬菜真菌性病害主要有:霜霉病、黑斑病、白斑病、炭疽病、褐斑病、白粉病、根肿病、菌核病、白锈病、灰霉病等。

霜霉病是十字花科蔬菜主要病害之一,全国各地均有发生,在沿江、沿海和气候潮湿、冷凉地区易流行。一般在气温较低的早春和湿度较大的晚秋时节发病较重。长江中下游地区,以秋播大白菜和青菜受害严重。病害流行年份大白菜株发病率可达 80%～90%,减产 30%～50%,且病株不耐贮存。油菜、花椰菜、甘蓝、萝卜、芥菜和荠菜上也有发生,造成不同程度的损失。

图 8.3

①症状识别 整个生育期都可受害。主要危害叶片,其次危害留种株茎、花梗和果荚。成株期叶片发病,多从下部或外部叶片开始。发病初期叶片正面出现淡绿色小斑,扩大后病斑呈黄色,因其扩展受叶脉限制而呈多角形。空气潮湿时,在叶背对相应位置布满白色至灰白色稀疏霉层(孢囊梗和孢子囊)。病斑变成褐色时,整张叶片变黄,随着叶片的衰老,病斑逐渐干枯。大白菜包心期以后,病株叶片由外向内层层干枯,严重时只剩下心叶球。

花轴受害后呈肿胀弯曲状畸形,故有"龙头病"之称。花器受害后经久不凋落,花瓣肥厚、绿色、叶状,不能结实。种荚受害后瘦小,淡黄色,结实不良,空气潮湿时,花轴、花器、种荚表面可产生较茂密的白色至灰白色霉层。

花椰菜花球受害后,其顶端变黑,芜菁、萝卜肉质根部的病斑为褐色不规则斑痕,易腐烂。

②防治

a.利用抗病品种 一般青帮品种、疏心直筒型品种抗霜霉病,抗病毒病的品种也能减轻霜霉病的为害。

b.轮作 病菌主要以卵孢子随病残体在土壤中越冬,可与非十字花科蔬菜轮作,减轻发病。

c.精选种子或药剂拌种 病菌还可凭菌丝体在留种株上越冬,或附着在种子表面或随病残体混杂在种子中越冬。在无病株留种,或用种子质量 0.3%～0.4%的 25%甲霜灵可湿性粉剂、40%三乙膦酸铝可湿性粉剂拌种。

d.加强栽培管理 勿在地势低洼的地块种植,精细整地,合理密植,避免田间小气候湿度过大。调整播期,使包心期避开多雨季节,均可减轻霜霉病的为害。

e.喷药防治 霜霉病主要在苗期、莲座初期及包心初期发病。在发病初期用 69%烯酸吗啉可湿性粉剂 2 000 倍液、72.2%霜霉威水剂 800 倍液、25%甲霜灵可湿性粉剂 2 000 倍

液、70%代森锰锌可湿性粉剂 500 倍液等喷雾防治。

（2）番茄早疫病

早疫病又称轮纹病、夏疫病露地、保护地均有发生。北京北部郊区县、河北、山西等海拔较高的地区发生严重。

①症状识别　叶、茎、果均可染病。叶片染病初出现水渍状暗褐色小圆点，逐渐扩大成圆形或椭圆形黑褐色斑，并有同心轮纹。在潮湿条件下，病部长出黑色霉状物。病害由下向上发展，严重时植株下部枝叶全部枯死。茎和叶柄染病，初为灰褐色椭圆形斑，稍凹陷，逐渐发展扩大成长圆形或梭形斑，凹陷加深，并有同心轮纹，导致植株从凹陷的病部折断。染病果多为青果，病从萼柄处侵入，病斑圆形或椭圆形，黑色，明显凹陷，有同心轮纹。染病果提前红熟，失去商品价值。

②防治

a.选用抗病品种。

b.轮作、种子或土壤处理　病菌主要以菌丝体或分生孢子随病残体在土壤中越冬，或以分生孢子附着在种子表面越冬。与非茄科作物轮作 2 年以上。用 52 ℃ 温水浸种 30 min，冷却后催芽播种；或用 0.1%的高锰酸钾浸种 30 min，清洗后播种。

c.熏蒸消毒　保护地在定植后、发病前或发病初期，可用烟剂熏蒸。

d.加强栽培管理　高温（26～28 ℃）、高湿（相对湿度 80%以上）有利于发病、土壤贫瘠、管理粗放发病较重。勿栽植过密，及时浇水追肥，增强植株抗性，防止早衰，及时摘除病叶、病果。保护地控制温湿度，减轻病害蔓延。

e.带药移栽或发病初期喷药防治　发病初期及时喷药，可选用 10%苯醚甲环唑水分散粒剂 1 500 倍液、25%嘧菌酯悬浮剂 1 500 倍液、70%代森锰锌可湿性粉剂 500 倍液等。

**5）观赏植物主要病害及其防治**

（1）月季白粉病

月季白粉病是月季上普遍发生的病害，在部分地区为害严重。

①症状　叶片、叶柄、花蕾及嫩梢等部位均可受害。初期，叶上出现褪绿黄斑，逐渐扩大，以后着生一层白色粉状物，严重时全叶披上白粉层。嫩叶染病后叶片反卷、皱缩、变厚，有时为紫红色。叶柄及嫩梢染病时，被害部位稍膨大，向反面弯曲。花蕾染病时，表面被覆白粉霉层，花姿畸形，开花不正常或不能开花。传染途径以菌丝体在病芽、病叶或病枝上越冬，有些地区可以闭囊壳越冬，翌年以子囊孢子或分生孢子作初次侵染。随风传播，直接从表皮侵入或气孔侵入。温暖潮湿的季节发病迅速。月季的不同品种对白粉病抗性存在差异，一般光生、蔓生、多花品种较抗病，但抗病性常因产生新的生理小种而丧失。土壤中氮肥过多、钾肥不足时发病较重。

②防治方法

a.早春修剪和销毁所有死亡的感病枝梢，可以减少侵染来源。初期病叶应及早摘除。

b.温室栽培时，应增加通气，使湿度不致过高。施肥时应避免氮肥过多，适当增施磷钾肥。

c.使用药剂防治时，喷药要全面周到，保护好幼嫩部位，新梢生长盛期和雨季应增加喷药次数，发病初期可选用 15%粉锈宁可湿性粉剂 1 500 倍液，或 20%粉锈宁乳油 2 000 倍液，或 25%敌力脱乳油 1 500 倍液，或 50%多硫悬浮液 300 倍液，或 50%甲基托布津可湿性粉剂 800 液，或 75%百菌清可湿性粉剂 600 倍液等，每隔 7～10 d 喷 1 次，连喷 2～3 次。

（2）仙客来灰霉病

①症状　叶片叶柄和花梗、花瓣均可发病。叶片发病，先使叶缘呈水浸状斑纹，逐渐蔓延到整个叶片，造成全叶变褐干枯或腐烂。叶柄和花梗受害后，发生水浸状腐烂，并生有灰霉。在湿度大时，各发病部位均生有灰色霉层，是温室、大棚栽培中的主要病害。

②防治方法

a.控制大棚和温室的温、湿度：保护地栽培通过提高温度，来控制病菌的发生和侵染。一般采取上午迟放风，使大棚和温室内温度提高到31～33 ℃，超过33 ℃开始放风。如果近中午时仍在25 ℃以上，可以继续放风，但下午温度需要维持在20～25 ℃，降至20 ℃时必须闭风，以使夜间温度保持在15～17 ℃。

b.加强栽培管理，采取园艺防病：定植时施足底肥，促进植株发育，增强抗御能力。避免阴雨天浇水；浇水结束时应放风排湿；发病后控制浇水，必要时实行根茎周围淋浇。发现病果、病叶及时摘除，不可随意乱丢，集中起来进行高温堆沤或深埋。同时清除遗留地里的病残体。注意园艺操作卫生，防止管理过程中传病。

c.抓准时机进行药剂防治：初发病时施药，轮换用药或混合用药，以利延缓病菌抗药性的发生。喷雾可选用50%速克灵可湿性粉剂2 000倍液，50%朴海因可湿性粉剂1 500倍液，70%甲基托布津可湿性粉剂1 000倍液，65%甲霉灵可湿性粉剂1 500倍液，60%防霉宝超微粉剂600倍液，45%喷菌灵悬浮剂4 000倍液，或40%施佳乐800倍液，或50%农利灵1 500倍液。

**案例导入**

### 园艺植物虫害防治的意义

地球上动物种类繁多，已知约250万种，其中，昆虫越150万种。昆虫属于动物界，节肢动物门，昆虫纲。昆虫个体数量大，分布广，适应性强。昆虫与人类的关系复杂而密切，一些昆虫为人类提供丰富的资源，或给人类带来益处，如蜜蜂、蚕等。仅有少数昆虫对人类有害而成为害虫，如蝗虫、蚜虫等。昆虫形态各异，描述、鉴定和命名昆虫，对利用昆虫资源，保护生物多样性，以及控制害虫危害保障农业生产安全等，具有十分重要的意义。

## 任务8.2　园艺植物虫害与防治

### 8.2.1　昆虫的形态识别

为害园艺植物的动物，绝大多数是昆虫，其次是螨类。二者分别属于动物界节肢动物门的昆虫纲和蛛形纲。

#### 1）昆虫的特征

昆虫在动物界中属于节肢动物门中的昆虫纲。节肢动物门主要的特征是身体左右对

称,体躯由一系列体节组成,某些体节上着生成对分节的附肢,皮肤硬化为外骨骼。除了昆虫纲外,还有甲壳纲(虾、蟹)、多足纲(蜈蚣、蚰蜒)、重足纲(马陆)和蛛形纲(蜘蛛、蝎子)。

昆虫纲主要特征是:成虫体躯明显分为头、胸、腹3个体段;头部有口器和1对触角,通常还有复眼和单眼;

胸部有3对胸足,还有2对翅;腹部包含生殖器和大部分内脏,末端有外生殖器,有时还有1对尾须。在生长发育过程中经过一系列内部器官及外部形态上的变化,才能成为成虫。外表皮特化为体壁,有保护作用。

**2)昆虫的头部**

头部是昆虫的感觉和取食中心,有口器、触角、复眼及单眼等。

(1)头部的构造

头部呈圆形或椭圆形,在头壳形成过程中,形成许多沟缝,将头壳划分为若干小区,分别是头顶、额、唇基、颊和后头五个区。这些小区是昆虫分类的重要依据。

(2)头部的附器

①触角

a.触角的构造

多数种类有一对触角,生于头顶两复眼之间或两复眼之下的触角窝内,基部有膜与头壳相连可动,触角的基本构造为3节:基部第1节叫柄节,通常短而粗,第2节称梗节,较小,第3节称鞭节,鞭节又分为许多亚节,较长。多数昆虫的鞭节因种类和性别不同而外形变化很大,常作为识别昆虫种类的主要依据。

b.触角的类型

刚毛状(蝉、飞虱)、丝状(蝗虫、蟋蟀)、羽毛(蚕蛾、毒蛾)、栉状(甲虫)、膝状(蜜蜂、胡蜂)、具芒状(蝇)、环毛状(雄蚊)、球杆状(蝶类)、锤状(瓢虫)、鳃片状(金龟)、念珠状(白蚁)。

c.触角的功能

触角是昆虫的重要感觉器官,趋化性、触觉、抱握、同类交流、分辨雄雌等。

d.触角的利用

根据趋化性,设计诱杀器来引诱和消灭害虫(糖醋诱、性诱)。

根据触角的形态可进行昆虫分类。

②昆虫的眼　昆虫的眼一般分为复眼和单眼。复眼在头顶上方左右两侧,由许多小眼集合而成,是昆虫的主要视觉器官;单眼通常有3个,呈三角形排列于头顶和复眼之间。

利用:a.灯光诱杀;b.利用眼的形状及小眼的数量进行分类。

③口器　口器是昆虫的取食器官,昆虫由于食性和取食方法的不同,口器变化很大。农业害虫的口器类型主要是咀嚼式口器和刺吸式口器两大类。

a.咀嚼式口器

取食特点:为害部位多、范围广,根、茎、叶、种子等,取食特点是造成植物组织和器官的残缺破损。

危害状:典型的危害症状是造成各种形式的机械损伤。

食叶性:开天窗、缺刻、孔洞,或将叶肉吃去,仅留网状叶脉,或全部吃光。

卷叶性:将叶片卷起,然后藏匿其中危害。

潜叶性:断根或断茎,枯死,吐丝、卷叶、缀叶等。

钻蛀性:钻蛀根、茎、果等。

常见的种类有:直翅目的成虫、若虫,如蝗虫;鞘翅目的成虫、幼虫,如天牛、金龟子等;鳞翅目的幼虫,如刺蛾、蓑蛾等;膜翅目的幼虫,如叶蜂等。

使用药剂类型:胃毒剂、触杀剂、微生物农药。

b.刺吸式口器

昆虫用以吸食动、植物汁液的口器,如蚜虫、蝉、蚧壳虫、蝽象等的口器。危害植物时是借肌肉动作,将口针刺入组织内,吸取汁液。

取食特点:作物组织不破碎,只造成生理伤害,如变色、斑点、皱缩、卷曲、瘿瘤等,另外还能传播植物病毒造成损失。

危害状:

失绿斑点:在叶面上形成各种失绿褪色斑点,严重时黄化。

畸形:叶片卷曲、皱缩等。

虫瘿:如榆瘿蚜与桃瘤蚜的危害状。

传播病毒病(如蚜虫、叶蝉、蝽象等):

常见昆虫:蚜、螨、蚧、粉虱、叶蝉、网蝽、木虱、蝉、蜡蝉等。

使用药剂类型:内吸剂、触杀剂、熏蒸剂和生物制剂。

### 3)昆虫的胸部

(1)胸部基本构造及功能

胸部由3个体节组成,依次称为前胸、中胸和后胸。每个胸节各有1对胸足,分别称为前足、中足和后足。多数昆虫的中胸和后胸还各有1对翅,分别称为前翅和后翅。足和翅是昆虫的主要行动器官,因此,胸部是昆虫的运动中心。

(2)胸足的基本构造和类型

①构造:基节、转节、腿节、胫节、跗节及前跗节

许多昆虫的跗节和中垫表面都有一些感觉器官,能够感触环境物体的理化性质、温度状况等,由于足上感觉器官的存在,那里的表皮就薄,就成为杀虫剂进入体内的"门户",害虫在喷布有药剂的植物表面上爬行时,药剂便很快进入体内,中毒死亡。

②类型:由于昆虫的种类、生活方式和居住环境不同,胸足发生种种特化形成不同功能的类型。

步行足:步行虫、蝽象、瓢虫

捕捉足:螳螂、猎蝽

携粉足:蜜蜂

跳跃足:蝗虫、蟋蟀

开掘足:蝼蛄、金龟

游泳足:龙虱

### 4)翅

昆虫的翅一般呈三角形,是昆虫的飞行器官,除少数种类退化外,绝大多数昆虫都具有二对翅。

（1）基本构造

昆虫的翅多为膜质特化，一般呈三边三角四区（前缘、外缘、后缘，基角、顶角、臀角，腋区、轭区、臀区、臀前区）。

（2）翅的脉序

翅脉有支撑作用，脉序（翅脉分布形式）是研究昆虫进化和分类的重要依据。

### 5）昆虫的腹部

腹部是昆虫的第 3 体段，前面与胸部紧密相连，由 9~11 节组成，节与节之间以节间膜相连，腹部末端有外生殖器和尾须。腹腔内有消化系统、生殖系统和呼吸器官。因此，腹部是昆虫生殖和新陈代谢的中心。

### 6）昆虫的体壁（外骨骼）

体壁是昆虫身体最外层的组织，除具有供肌肉着生的骨骼功能外，还具有皮肤的功能，可防止水分蒸发，保护内脏免受机械损伤以及防止微生物和其他有害物质侵入。

（1）体壁的结构和特征及其衍生物

基本构造：由内向外分为底膜、皮细胞层、表皮层 3 部分。表皮层又分内表皮（延展性）、外表皮（坚硬性）、上表皮（疏水亲脂性），这些特征均增强了昆虫对环境的适应性。

昆虫由于适应各种特殊需要，体壁向外形成各种外长物，如棘、刚毛、刺和鳞片等，向内凹入形成各种腺体，如唾液腺、丝腺、蜡腺和臭腺等。衍生物有些是昆虫生活所必需，有些用来攻击外敌。

（2）体壁构造与防治的关系

影响杀虫剂侵入体壁的因素有：

①表皮的厚薄与骨化程度：表皮厚、骨化程度高的不易侵入，凡是体壁薄的部分、翅节间膜、中垫等药剂易侵入，对刚蜕皮的昆虫药剂也易侵入。

②上表皮的亲脂性：有利于具有脂溶性的有机杀虫剂 1605、乐果等杀虫力高。同一药剂，乳油剂型比可湿性粉剂、粉剂效力高，使用杀虫剂时，加入一些矿物油，也可提高药效。

③可利用破坏蜡层的惰性粉等防治仓库害虫。

④覆盖物的有无（蜡腺—分泌蜡质、茸毛等附属物）也影响侵入杀虫效力。

接触杀虫剂必须接触虫体并透过体壁渗入体内，才能发挥毒效。因此，药剂能否黏着展布并穿过虫体，是能否发挥毒效的先决条件。

昆虫和药剂接触有两种情况，一种是药剂直接喷到虫体上，对昆虫来说是被动接触；另一种是把药剂喷洒到昆虫活动的植物表面上，当昆虫运动时，才与药剂发生接触，是一种主动接触。在实践中，主动接触比较普遍，因此要求在喷洒触杀剂时，做到药剂喷洒均匀，使害虫有充分的机会与药剂发生有效接触，取得较好的防治效果。

昆虫的种类和龄期不同，它的体壁构造和厚薄程度也不一样，因而使用接触剂的效果也不一样。体壁坚硬，蜡层发达的，药剂难以穿透；体壁比较柔软的，药剂易于透过体壁。同一种昆虫，幼龄幼虫比其老龄幼虫体壁薄，容易中毒致死。"消灭幼虫于 3 龄之前"同一虫体体壁的不同部位，厚度不一，感觉器是最薄的部分，是药剂进入的重要孔道。有些昆虫的口器、触角、翅、跗节、节间膜和气孔等，都是药剂的易透部位。

对触杀剂来说，最重要的是上表皮。上表皮是由表皮质组成的，表皮质是蛋白质与聚合酚形成的角质层,在角质层外面有一层薄的蜡质层,蜡质层虽然很薄,但对药剂与害虫的接触和穿透起着决定性的作用。蜡质层是由长碳链的脂肪酸与脂肪酸或这两种物质形成的酯组成,是不能被水润湿的蜡状物质。因此,昆虫的体壁有很强的拒水性,但油类却能与蜡质层互相亲和,称为亲脂性,因此触杀剂一般应有亲脂性,但如果在水中加入具有润湿展布性能的物质,如肥皂、洗衣粉就能使水在蜡质层上润湿和展散,这类物质称为润湿展布剂,是农药喷雾中很重要的辅助物质。很多油类能很好地和蜡层接触,破坏蜡层的排列结构,有利于药剂的进入。

　　昆虫体躯的节间膜也很容易受伤,粉剂的粉粒进入节间膜会擦伤膜的表面,使药剂更易侵入虫体,膜体受伤还会引起昆虫体内水分丧失,使昆虫难以维持生命。如在仓库害虫的防治中,过去常用惰性粉加在粮堆里。人工合成破坏几丁质的药剂,如灭幼脲类,昆虫吃下后,体内几丁质的合成受阻,不能生出新表皮,使幼虫蜕皮受阻而死亡。

### 8.2.2　昆虫的繁殖与发育

#### 1)昆虫的繁殖方式

　　昆虫的繁殖方式可分为两性生殖、孤雌生殖、多胚生殖和卵胎生等方式。了解昆虫的生殖方式,对昆虫的广泛分布和保持种群的生存很重要,也为防治打下基础。

　　(1)两性生殖

　　昆虫经过雌雄交配、卵受精后产出体外,然后每个卵才能发育成为新个体,这种生殖方式称为两性生殖,是昆虫繁殖后代最普遍的方式,如粘虫、蝗虫等。

　　(2)孤雌生殖

　　有些种类的昆虫,不经过雌雄交配或卵不经过受精,条件合适时就能发育成新的个体称为孤雌生殖,分为两种:

　　①孤雌胎生(卵胎生)　雌雄不经过交配可直接产下新的个体,如蚜虫(蚜虫一个时期可进行两性生殖,一个时期可进行孤雌胎生)。

　　②孤雌卵生　许多膜翅目昆虫包括蜜蜂不经过交配或受精,雌虫产下卵,发育成新个体,如蜜蜂的雄蜂(受精卵发育成雌蜂,有蜂王和工蜂,非受精卵发育成雄蜂,单倍染色体)。

　　(3)多胚生殖

　　一个成熟的卵就可以发育成多个新的个体的生殖方式称为多胚生殖。常见于膜翅目的寄生蜂类。

　　(4)卵胎生

　　昆虫的卵在母体内孵化后,由母体直接产生出幼体的生殖方式称为卵胎生,如蚜虫和一些蝇类。

#### 2)昆虫的个体发育

　　昆虫的个体发育分为两个阶段:即胚胎发育和胚后发育。胚胎发育是指从卵发育成为幼虫(或若虫的发育期),又称卵内发育;胚后发育是从卵孵化后开始至成虫性成熟的整个发育期。孵化是胚胎发育完成后,幼虫从卵中破壳爬出。

（1）卵期

卵从母体产下到卵孵化所经历的时期，是一个不活动的时期。

①卵的大小和形状：种类不同，大小和形状也有所不同。

②产卵场所：植物表面、土中、植物组织、地面或粪便等腐烂物中，如蝗虫、蝼蛄—土中，潜叶蝇—植物叶内，金龟—粪便，大青叶蝉—果树、树枝的皮下，蛾蝶类——植物表面。

③产卵方式：散产、集中成卵块状（苹小卷、褐卷），有的有鳞毛片或卵囊、卵鞘等（如螳螂）。

（2）幼虫（若虫）期

由卵孵化到幼虫化蛹（完全变态）或羽化为成虫（不全变态）所经历的时间称为幼虫期。其特点是取食、生长和蜕皮，是主要为害时期。

蜕皮：昆虫体壁的表皮层骨化，生长受到限制，脱去旧皮才能继续生长，这种现象称蜕皮。

龄期：幼虫（若虫）期要脱几次皮，才生成蛹或成虫，两次脱皮之间的时期称龄期。卵孵化出来的幼虫，称为 1 龄幼虫，经过第 1 次脱皮的幼虫称为 2 龄幼虫，以此类推。

老熟幼虫：昆虫一般脱皮 4~5 次，最后一龄幼虫，经过一段时间，不再取食和生长，称老熟幼虫。

全变态昆虫幼虫根据足的数目（即胸足和腹足的有无和数量）可分为 3 类：

多足型：幼虫除有三对胸足外，还有若干对腹足，如蛾蝶类 2~5 对、叶蜂类 6~8 对。

寡足型：只有三对胸足，无腹足，如甲虫类、草蛉等。

无足型：无胸足也无腹足，如天牛、吉丁虫、地蛆、象甲（生于食物充足的地方）。

（3）蛹期

全变态的幼虫老熟后脱掉最后一次皮变成蛹，由幼虫转变为蛹的过程为化蛹。从化蛹到成虫羽化所经历的时间称为蛹期。蛹期表面是一个静止的时期，实质上内部进行着激烈的变化过程，即幼虫的旧器官构造消失或退化，成虫的新器官重新形成。

蛹的类型可分为 3 种：

离蛹（裸蛹）：蛹的触角、口器、翅、足等与体分离，可活动，而腹节也能自由活动，如金龟、蜂、草蛉的蛹。

被蛹：蛹的触角、口器、翅、足等紧贴于蛹体上，外有一层薄的蛹壳包裹着，大多数腹节不能活动，少数能扭动，如蛾、蝶类的蛹，蛹皮较厚、色泽深。

围蛹：蛹体是离蛹，外面被幼虫脱下的皮形成的硬壳包住，外形似桶形，如蝇、虻类。各类不同昆虫，化蛹的场所不同，有着不同的保护物，化蛹前吐丝作茧，有的纯丝，有的丝+食物碎屑+体毛+排泄物，或土里化蛹作土室：分泌黏液+土粒+或间有丝筑成有光滑的土室。

（4）成虫期

昆虫由若虫或蛹最后一次蜕皮变为成虫的过程称为羽化。成虫是昆虫个体发育史的最后一个虫态，这个时期的主要任务是交配、产卵和繁殖后代。

大多数昆虫羽化为成虫后，性腺还未成熟，需要继续取食，以完成性的发育，否则不能交配、产卵，因此这类昆虫的成虫往往也有为害，如蝗虫、蝼蛄、蚊等。

### 3）昆虫的变态及其类型

昆虫从卵孵化到成虫的生长发育过程中，要经过一系列外部形态和内部器官的变化，才成为有生殖能力的成虫，这种现象称为变态。根据昆虫个体发育过程中成虫期和幼虫期的发育特点,可将变态分为不完全变态和完全变态两大类。

(1)不完全变态

昆虫一生有 3 个虫期:即卵期、若虫期和成虫期,若虫与成虫的外部形态和生活习性很相似,仅个体大小、翅及生殖器官发育程度不同。这种若虫实际上相当于幼虫,如蝗虫、蝼蛄、椿象、叶蝉、蚜虫等。

(2)完全变态

此类昆虫具有卵、幼虫、蛹、成虫 4 个时期,昆虫的幼虫不仅外部形态和内部器官与成虫有很大不同,而且生活习性也不相同。此类昆虫主要有蛾蝶类、甲虫类、蜂类和蝇类。

### 4)昆虫的季节发育

(1)世代和生活年史

①世代　昆虫自卵或幼体产下到成虫性成熟为止的个体发育周期称为世代,简称一代。各种昆虫世代的长短和一年内世代数,受环境条件和遗传性的影响而不同。

一年发生一代:大豆食心虫、天幕毛虫、舟形毛虫等称一代性昆虫。一年发生多代:粘虫、玉米螟、小地老虎、黄地老虎等。多年发生一代:华北蝼蛄、钩金针虫(三年)、美洲十七年蝉、木橐蛾(两年发生一代),称多年性。

②生活年史　昆虫在一年内的发育史,即昆虫从越冬虫态活动开始到第二年越冬终止的发生活动史称生活年史。包括昆虫一年中各代的发育期、历期、代数、有关习性、越冬虫态、场所等叫生活年史,简称生活史。

(2)休眠和滞育

①休眠　只是由于不良环境条件引起的,当不良环境消除后就可恢复生长称休眠。引起休眠的主要环境因素是温度和湿度。当不良环境解除后,休眠即可以解除。

②滞育　是由昆虫的遗传性决定的,在不良环境还没有到来之前就进入停育状态,即使给予适当的条件,也不会马上恢复生长发育,必须经过一定的外界刺激,如低温、光照等,才能打破停育状态,这种现象称滞育。滞育机制受激素控制。

(3)越冬、越夏

①越冬　昆虫由于冬季的低温加之食料不足,使许多昆虫进入不吃不动、终止生长发育的休眠状态,以安全度过冬季,这种现象称为越冬(秋温高,可推迟越冬,早春暖,可提前解除越冬)。

②越夏　夏季的高温引越某些昆虫休眠,称越夏,如蝼蛄、大地老虎,越冬越夏均有一定的场所,往往有一定的越冬虫态。

### 5)昆虫的行为

昆虫由于外界环境的刺激或内部的生理刺激所引起的各种反应与活动的综合表现称为行为。昆虫的行为是建立在复杂的神经活动的基础上,包括食性、假死性、趋性、本能、群集性和迁飞性等。

(1)食性

昆虫在长期演化过程中形成的选择取食对象的习性称为食性。根据食物来源分五大类:即植食性、肉食性、粪食性、腐食性、杂食性。昆虫在上述食性分化的基础上,根据取食范围的广窄,进一步可分为:单食性、寡食性、多食性。

（2）假死性

昆虫受到刺激后，全身表现反射性抑制状态的现象称假死性。许多金龟子、瓢虫、叶甲、条甲或某些蛾类幼虫—小地老虎、粘虫等。这种习性有助于逃避敌害，我们也可利用这种习性来消灭幼虫。

（3）趋性

昆虫接受某种外界刺激后所做的定向运动称为趋性。趋向刺激源的称为正趋性，反之为负趋性。按照外界刺激的性质，将趋性分为许多种。

①趋光性　对光源的刺激，很多表现为正趋性，即有趋光性蛾类，蝼蛄、金龟等。有些昆虫却表现为负避趋性，即有背光性，如臭虫、米象。趋光或背光都是通过昆虫的视觉器官产生的反应。

②趋化性　是昆虫对化学物质的刺激所产生的反应。有趋避之分，是通过昆虫的嗅觉器官而产生的反应（主要是触角），在寻食、求偶、避敌寻找产卵场所等方面表现明显。如菜粉蝶对十字花科蔬菜产生的芥子油有强烈的趋性，因此菜粉蝶对甘蓝类趋性强，根据害虫对化学物质的正负趋性，发展了诱集和趋避等防治方法。

此外，还有趋湿性（粘虫、小地老虎、蝼蛄喜潮湿环境）和趋地性（某些昆虫入土化蛹，一些储粮害虫向粮堆高处爬；许多害虫喜爬向植株上部为害幼嫩部分等）。

（4）本能

内部刺激所引起的复杂神经运动，本能行为很多，如蜂类筑巢、蚕吐丝作茧，许多蛾类的老熟幼虫在化蛹前作茧或筑蛹室留下羽化孔或羽化道等。这对于利用益虫（如人工帮助蜂类筑巢），消灭害虫（破坏土室）有一定意义。

（5）群集性

同种昆虫的大量个体高密度聚集在一起的现象称为群集性。只是在某一虫态（产卵、越冬）和一段时间内群集在一起，过后就分散的称为临时性群集。如一些瓢虫和叶甲等往往在越冬时群集在一起，当度过寒冬后即行分散生活。终生群集在一起的称为永久性群集，如社会性昆虫蜜蜂、蚂蚁等。

（6）迁飞性

往往由于昆虫数量很大，食料不足，或性成熟的需要进行迁移、迁飞活动，粘虫吃光一块地作物后，成群向邻近地块迁移为害。蚜虫在田间扩散为害，因此防治时，应消灭在迁移、迁飞之前。

### 8.2.3　昆虫与外界环境

#### 1）气象因子

气象因子包括温度、湿度、光、风、雨等，它们对昆虫的影响很大。

（1）温度

昆虫是变温动物，它们的体温基本上决定于环境温度，适当的环境是生存的条件。

环境温度 { 直接作用：对昆虫的生长发育和繁殖有极大影响，是最为显著的一个因子。

间接作用：通过食物、天敌和基本气候因子作用于昆虫。

①昆虫对温度的要求　昆虫的生长发育和繁殖要求一定的温度范围，这个范围称作有

效温区。通常在 8~40 ℃;在有效温区内对昆虫生长发育和繁殖最适宜的温度范围称为最适温区 22~30 ℃;有效温区的下限温度即开始生长的温度,称发育起点 8~15 ℃;有效温区的上限温度即生长发育显著受到限制的温度,称临界高温 38~45 ℃;温度过高(或过低)使昆虫死亡,称为致死温度。致死低温不超过−15 ℃,致死高温 48 ℃。

②昆虫对温度的反应　不同种类对温度反应不同,粘虫产卵最适温度:20~22 ℃。棉铃虫产卵最适温度:25~28 ℃。

同种不同虫期对温度的反应不同,粘虫卵发育起点:13.1 ℃,粘虫幼虫发育起点:7.7 ℃,粘虫蛹发育起点:12.6 ℃。

同种同虫期而不同的生理状态,对温度反映不同,玉米螟的越冬老熟幼虫在越冬前和越冬后,对低温的抵抗力较越冬时期的抗寒力差得多。

温度的变化速度和持续时间:温度突然升高或降低。常使昆虫对低温的适应范围变小。

温度影响害虫的发生期及代数(世代数):环境温度对昆虫的生长发育和繁殖有很大的影响,具体来讲,影响它的新陈代谢快慢和发育进度,在有效温区范围内,发育速率与温度成正比,温度越高,发育速率越快,发育所需天数越少,因此,春季暖和,害虫发生早,秋季暖和,延长为害时期,甚至增加代数。总之,温度影响昆虫的发生时期、生长发育速度、繁殖力等。

(2)湿度和降雨

昆虫体内水分的含量一般较高,为 50%~90%。昆虫通过排泄、呼吸、体壁蒸发散失水分。湿度对昆虫的影响包括空气相对湿度和降雨等。对湿度的要求不像温度那样明显和严格。

①湿度对发育进度的影响　一般来说,湿度低则延长发育;反之,能加速发育。

②繁殖力的影响　一般湿度大、产卵量高、卵的成活率和卵孵化率也高。如粘虫在 25 ℃条件下,RH 为 90% 时的产卵量比在 60% 以下时约多一倍。

综上所述:较多的湿度,有利于一般昆虫的存活,发育和繁殖;也有相反的情况:大多数刺吸口器的害虫,对湿度变化的反应不敏感。因此蚜虫、介壳虫、螨类经常在干旱(RH<75%)的年份为害严重。降雨直接影响害虫数量的变化,但要看降雨时间、次数和雨量。遇大雨,虫口下降,暴雨对小型害虫有机械、冲刷作用、虫口显著下降。降雨还可以调节环境湿度,植物含水量、湿度、天敌间接影响害虫。

(3)温湿度的综合影响

温湿度是相互影响和制约,综合作用于昆虫的,而昆虫对温湿度的反应也是综合要求的,因此温湿度二者要综合起来考虑,往往用温湿度系数来表示。温湿度对昆虫的综合作用:温湿系数(湿度/温度)= 相对湿度/日平均温度的反应。在一定温度范围内,不同的温湿度对害虫的影响可以产生相似的结果,如蚜虫适宜温湿系数秋 2.5(2.5 = 62.5/25 ℃,2.5 = 50%/20 ℃)。

(4)光

光对昆虫生命活动的影响主要取决于光的性质、光照度和光周期的变化。

光周期是指一昼夜中光照与黑暗交替的节律,一般用光照时数表示。光周期的年变化是逐日地有规律地增加或有规律地减少,具有稳定性,对昆虫的生命活动起着重要的信息作用,是引起昆虫滞育的主要信号。如蚜虫在长日照时进行孤雌生殖,到短日照时产生雌雄个体,进行两性生殖。

①光的强度 可见光的强度对昆虫的生长发育没有直接关系,但一定剂量以上的 X 射线和 γ 射线对昆虫有杀伤、抑制和不育的效应。

②光的性质 光的波长不同,其颜色也不同,而夜出性昆虫的活动情况主要是光的波长。可见光波长 7 700~4 000 埃(1 埃=1×10~8),昆虫可见光波长 7 000~2 500 埃即可以看见人眼不能看到的紫外光,而不能看见红光。许多农业害虫对 3 300~4 000 埃的紫外光最敏感,夜间活动的昆虫多趋向这个光源,黑光灯 3 600 埃左右诱虫最多。蚜虫是日出性的,可见波长 5 500~6 000 埃的黄光,因此可用黄板诱蚜。

③昼夜交替支配了昆虫的活动 光照度主要影响昆虫的节律和习性,对昆虫的活动或行为影响明显,表现在对昆虫的日出性和夜出性、趋光性和背光性等昼夜活动规律的影响。日出性昆虫:蝶类、苹毛金龟;夜出性昆虫:蛾类、铜绿金龟。

(5)风和气流

风对昆虫的迁飞和扩散起着重要的作用。影响了昆虫的传播和活动。如粘虫可顺风传到 1 220~1 440 km 远,蚜虫的迁飞主要是靠风,传播方向和风向是一致的,但风太大,4 级以上昆虫就不大活动了。风还可以影响温度和湿度,在无风的晚上,温度较高,昆虫活动较多。

(6)农田小气候

作物层的小气候,决定于植株的高度、密度、浇水、中耕等栽培管理,不同的地块,小气候也不同,如田间浇水多,作物生长茂密,则温度低、湿度增高、通风透光差,就有利于粘虫的发生。

**2)土壤因子**

土壤因子包括土壤温、湿度、质地、RH、有机质含量等。土壤是许多害虫的生活环境,有 95%以上的昆虫,生活与土壤有关,如蝼蛄整个除交尾以外都生活在土壤中;许多昆虫化蛹、产卵、越冬都在土壤中。

**3)食物因子**

(1)食性分化

根据食物来源可分为以下五大类:

植食性:以植物为食料,绝大多数农林害虫和少数益虫,如家蚕等。

肉食性:以动物为食料,绝大多数是益虫,可分为捕食性(如瓢甲、草蛉)和寄生性(如赤眼蜂、金小蜂两种)。但寄生在益虫或人、畜体上的则是害虫。

粪食性:专以动物的粪便为食,如蜣螂。

腐食性:以死亡的动植物组织及其腐败的物质为食,如埋葬甲。

杂食性:既吃植物性食物,又吃动物性食物,如胡蜂。

(2)食性的再分化

昆虫在上述食性分化的基础上,根据取食范围的广窄,进一步可分为:

单食性(专食性):只取食一种动物或植物的昆虫,如三化螟。

寡食性:能取食同属、同科和近缘的几种植物,如菜粉蝶能取食十字花科蔬菜,也可取食近缘木樨科和白菜花科。

多食性(杂食性):能取食很多科、属的植物,如小地老虎。

(3)食性分化的意义

不同种类的昆虫取食不同的食物种类,这样避免了昆虫为争夺食物而发生的斗争,有利于种的生存和发展,是对环境的一种适应。

### 4)天敌因子

在自然界中,昆虫常因其他生物的捕食或寄生而引起死亡,使种群的发展受到抑制,昆虫的这些生物性自然敌害通称为昆虫天敌。大致可分为3类:

(1)天敌昆虫

可分为捕食性天敌和寄生性天敌两大类。捕食性天敌,体形较大,一生能捕食许多头害虫,如瓢甲、草蛉等。寄生性天敌体形较小,一生只寄生一头害虫,一般幼虫寄生在害虫体内,成虫不再取食,如赤眼蜂、金小蜂等。

(2)昆虫病原微生物(病原天敌)

有些微生物可以寄生昆虫,导致昆虫死亡,包括一些细菌、真菌、病毒和线虫等。

(3)其他有益动物

除昆虫外,自然界有些动物以害虫为食物,如一些捕食性的螨类、蜘蛛、鸟类、鱼类和一些蛙类等。

昆虫通过一个生物群落中,取食和被取食的食物关系,与其他生物间建立了相对固定的联系,这种联系使自然界各种生物之间像一个链条一样,环环相连,机会紧密,这种现象称为食物链(营养链)。

生物防治的理论基础:人工创造有利于害虫天敌的环境或引进新的天敌种类及增加某种天敌的数量就可有效地抑制害虫这一环节,并会改变整个食物链的组成。

### 5)人为因子

人为因子是指人的农业生产活动对害虫的影响。在农事活动中,常常无意造成对害虫有利的条件。如耕作不当、耕作粗放、杂草丛生、药杀天敌、运输、传播等都加重害虫的发生。如掌握害虫的发生规律,就可以有目的地改变害虫的有利条件创造不利于害虫的条件(即恶化害虫的环境条件)达到控制害虫的目的。

## 8.2.4　园艺植物主要虫害及其防治

### 1)苹果树主要虫害

(1)桃小食心虫

桃小食心虫又名桃蛀果蛾、桃蛀虫、桃小食蛾、桃姬食心虫、桃小,危害苹果、梨、海棠、花红、槟子、榲桲、木瓜、枣、桃、李、杏、山楂以及酸枣等。在没有套袋的果园,受害常比较严重。

①为害特点　果形变畸,果内虫道纵横,并充满大量虫粪,完全失去食用商品价值。

②特征识别　桃小食心虫属于昆虫纲,鳞翅目,蛀果蛾科。

成虫:雌虫体长 7~8 mm,翅展 16~18 mm;雄虫体长 5~6 mm,翅展 13~15 mm,全体白灰至灰褐色,复眼红褐色。雌虫唇须较长向前直伸;雄虫唇须较短并向上翘。前翅中部近

前缘处有近似三角形蓝灰色大斑,近基部和中部有7~8簇黄褐或蓝褐斜立的鳞片。

卵:椭圆形或桶形,初产卵橙红色,渐变深红色,近孵卵顶部显现幼虫黑色头壳,呈黑点状。卵顶部环生2~3圈"Y"状刺毛,卵壳表面具不规则多角形网状刻纹。

幼虫:体长13~16 mm,桃红色,腹部色淡,无臀栉,头黄褐色,前胸盾黄褐至深褐色,臀板黄褐或粉红。无臀栉。

蛹:长6.5~8.6 mm,刚化蛹黄白色,近羽化时灰黑色,翅、足和触角端部游离,蛹壁光滑无刺。茧分冬、夏两型。冬茧扁圆形,直径6 mm,长2~3 mm,茧丝紧密,包被老龄休眠幼虫;夏茧长纺锤形,长7.8~13 mm,茧丝松散,包被蛹体,一端有羽化孔。两种茧外表粘着土砂粒。

③防治措施

a.消灭越冬幼虫　桃小食心虫1年发生1~2代,以老熟幼虫在树下土里做冬茧越冬,越冬幼虫出土与土壤温、湿度关系密切。每年发生时期不一致。在上年桃小食心虫危害严重,园选5~10株树,整平地面,清除杂物,沿树干周围0.5 m摆放一圈瓦块或砖块,5月初起每3 d调查1次,发现出土幼虫时1 d调查1次,幼虫出土量突然增加时,即进行地面药剂防治。苹果落花后半月选5株间隔50 m以上,距地面1.5 m树荫处悬挂性诱捕器。诱捕器可用大碗或罐头瓶,盛满0.1%洗衣粉水,诱芯用铁丝横穿距水面高度1.5~2.0 cm。每日检查1次,并及时补充水分,诱到蛾后,即进行地面药剂防治。用50%辛硫磷乳油或25%辛硫磷微胶囊剂3~7 kg/hm$^2$,兑水300倍树下地面喷雾,或配药土(药:水:细土比例为1:5:30)撒施地面。

b.诱杀成虫　可用糖醋液诱蛾器进行诱杀。

c.树上喷药杀卵和初孵幼虫　喷药时期应在成虫产卵和有虫孵化期,一般在成虫发生盛期后3~5 d。桃小食心虫从性外激素诱捕器诱到成虫时开始,在苹果园调查卵果率,每个果园随机调查500~1 000个果,每3 d调查一次,当卵果率达到防治指标时即进行树上药剂防治。杀卵和初孵幼虫的药剂有108%阿维菌素乳油2 000倍液、48%毒死蜱乳油200倍液、50%杀螟硫磷乳油1 000倍液、10%氯氢菊酯乳油3 000倍液、25%灭幼脲3号胶悬剂1 000倍液等,一般喷药2~3次,视虫口密度而定。

d.摘除虫果　在幼虫蛀果为害期间(幼虫脱果前)摘除虫果。

e.套袋保护　在成虫产卵前对果实套袋保护。

(2)苹果山楂叶螨

苹果山楂叶螨又名山楂红蜘蛛。在我国梨和苹果产区均有发生,为害梨、苹果、桃、山楂等多种果树。

①为害特点　刺吸芽、叶和果的汁液,叶受害初呈很多失绿小斑点、逐渐扩大成片,严重时全苍白叶焦枯变褐,叶背面拉丝结网,导致早期落叶,常造成二次发芽开花,削弱树势。

②特征识别　苹果山楂叶螨属于蜱螨目,叶螨科。

成螨:雌成螨分冬、夏二型,冬型体长0.4~0.6 mm,朱红色有光泽;夏型体长0.5~0.7 mm,紫红或褐色,体背后半部两侧各有一黑斑,足浅黄色。

幼螨:足3对,体圆形黄白色,取食后卵变为浅绿色,体背两侧出现深绿长斑。若螨足4对,淡绿全浅黄色,体背出现刚毛,沟侧有深绿斑纹,后期与成螨相似。

卵:球形,浅黄白至橙黄色,孵化前为橘红色。

③防治措施

a.杀灭越冬螨　苹果害螨均以雌成螨在寄主枝干树皮裂缝内、根际周围的土缝隙及落叶、杂草下下群集潜越冬。害螨越冬前在根茎处覆草，在越冬雌成螨出蛰前，刮除树干上的老翘皮，并将覆草及根茎周围杂草收集烧毁，可大大降低越冬雌成螨基数。

b.生长期药剂防治　当越冬雌成螨开始出蛰时，按5点式取样法选上年发生严重的5株树，每株树在树冠内膛和主枝中段随机标定10个顶芽，每3 d查一次，统计芽上的螨数。越冬雌成螨出蛰数量逐日增多，同时气温也逐日上升的情况下，出蛰数量突然减少时，即预报出蛰高峰期并立即进行药剂防治。也可根据物候期预测，当苹果芽萌动时，越冬的雌成螨开始出蛰上树，晚熟品种苹果展叶至花序分离期是出蛰盛期，盛花初期出蛰结束，一般可在苹果开花前至初花期用0.2~0.5°Bé石硫合剂进行防治。

苹果盛花期前后为越冬雌成螨产卵盛期，第一代卵发生相当整齐，第一代幼螨和若螨发生也较为整齐。因此，在"国光"品种落花后7~10 d，第一代卵基本孵化完毕，第一代雌性成螨没有出现时，是药剂防治的一个关键时期。即落花后一周用0.1~0.3°Bé石硫合剂进行防治。

第二代以后世代重叠，且随着气温升高，发育速度加快，到7~8月常猖獗为害。从落花后到7月中旬，当叶螨达到平均3~5头/叶，7月中旬后平均7~8头/叶时，天气炎热干旱，天敌数量又少时，应立即开展药剂防治，可选用1.8%阿维菌素乳油3 000倍液、10%浏阳霉素乳油1 000倍液20%双甲脒乳油1 500倍液、20%单甲醚+哒螨灵悬浮剂1 000倍液、20%四螨嗪悬浮剂2 000倍液、73%炔螨特乳油2 000倍液等喷雾。

c.保护和利用天敌　果园杂草，为天敌提供补充食料和栖息场所。化学防治尽量避开主要天敌的大量发生期或选用对天敌安全的药剂。

**2)梨树主要虫害及其防治**

**(1)梨星毛虫**

梨星毛虫俗称饺子虫、梨苞虫。此虫发生普遍，主要为害梨、苹果、沙果、山楂、樱桃、桃、杏、山荆子等果树。在管理粗放的梨园发生严重，可造成梨树开二次花。影响下年产量。

①为害特点　以幼虫食害芽、花蕾、嫩叶等。幼虫出蛰后钻入花芽内为害，使花芽中空，变黑枯死，而后继续为害花蕾，展叶后幼虫转移到叶片上吐丝，将叶片缀连成饺子状叶苞，幼虫在虫苞内为害。取食叶肉，仅残留叶背的表皮层。夏季孵化的幼虫不包叶，在叶背面食叶肉，严重时可吃光叶片。

②特征识别　梨星毛虫属城鳞翅目，斑蛾科。

成虫：体长9~13 mm，翅展22~30 mm，全身黑色，翅半透明，翅脉明显。雄蛾触角短，羽毛状，雌蛾触角呈锯齿状。

卵：椭圆形，长0.7 mm，初产白色，渐变黄白色，孵化前紫褐色，数十粒至百余粒卵密集排列成近圆形卵块。

幼虫：老熟幼虫体长20 mm左右，黄白色，纺锤形，背线黑褐色，体背各节两侧各有一个圆形黑斑，各体节背面还有横列的6个白色毛瘤。初孵化幼虫和越冬幼虫，均呈淡紫色。

蛹：白色，渐变黑褐色，长12 mm左右。蛹外有较密实的白茧。

③防治措施

a.消灭越冬幼虫　梨星毛虫一年发生1~2代，以2~3代龄幼虫在树干粗翘皮、根茎部

等缝隙中做白色薄茧越冬。越冬前绑草把幼虫诱杀。冬、春季刮除枝干上粗翘皮,刮下的碎皮残物集中烧毁,以消灭越冬幼虫。

b.药剂防治　梨花芽膨大期,越冬幼虫开始出蛰,花芽露白至花序分离期为出蛰盛期。越冬幼虫出蛰期及第一代幼虫孵化期(越冬代成虫发生期后 10 d 左右),是喷药防治的有利时机。

c.人工防治　夏季及时摘除虫包叶的幼虫或蛹。老熟幼虫、成虫均有假死性,在发生季节清晨气温低时振落捕捉。

(2)梨小食心虫

梨小食心虫又名梨小蛀果蛾、东方果蠹蛾、梨姬食心虫、桃折梢虫、小食心虫、桃折心虫,简称"梨小"。

①为害特点　果实受害初在果面现一黑点,后蛀孔四周变黑腐烂,形成黑疤,疤上仅有 1 小孔,但无虫粪,果内有大量虫粪。

②特征识别　梨小食心属于鳞翅目,卷蛾科。

成虫:体长 6~7 mm,翅展 11~14 mm,全体暗褐或灰褐色。触角丝状,下唇须灰褐上翘。前翅灰黑,其前缘有 7 组白色钩状纹;翅面上有许多白色鳞片,中央近外缘 1/3 处有 1 白色斑点,后缘有一些条纹,近外缘处有 10 个黑色小斑,是其显著特征,可与苹小食心虫区别。后翅暗褐色,基部色淡,两翅合拢,外缘合成钝角。足灰褐,各足跗节末灰白色。腹部灰褐色。

卵:扁椭圆形,中央隆起,直径 0.5~0.8 mm,半透明。刚产卵乳白色,渐变成黄白稍带红色,近孵时可见幼虫褐色头壳。

幼虫:末龄幼虫体长 10~14 mm,淡红至桃红色,腹部橙黄,头褐色,前胸背板黄白色,透明,体背桃红色。腹足趾钩 30~40 个,与桃蛀果蛾幼虫趾钩 10~20 个有明显区别。臀栉 4~7个刺。小幼虫头、前胸背板黑色,前胸气门前片上有 3 根刚毛,体白色。

蛹:长 6~7 mm,黄褐色。腹部 3~7 节背面各具 2 排短刺,8~10 节各生一排稍大刺,腹末有 8 根钩状臀棘。茧丝质白色,长椭圆形,长约 10 mm。

③防治措施

a.合理建园　梨小食心虫一年发生 3~6 代,春、夏季节主要为害桃、梨、李、苹果等嫩梢,8—9 月间转害苹果和梨的果实,在桃、梨、李、杏、苹果等混栽的果园发生为害较重。建园时尽量避免与桃、杏混栽或近距离栽植,杜绝害虫在寄主间相互转移。

b.消灭越冬成虫　梨小食心虫以老熟幼虫在枝皮缝隙和主干根茎部周围的土中结茧越冬。在秋季树干及主枝处绑麻袋片或束草诱集越冬幼虫,集中消灭。也可晚秋与早春彻底刮除老树翘皮及树缝里的越冬幼虫。

c.诱杀成虫　梨小食心虫成虫有趋光性和趋化性,结合预测预报,用黑光灯、糖醋液和性诱剂诱杀成虫。

d.摘除虫梢　梨小食心虫的一头幼虫在春、夏季节可蛀害 3~4 个新梢,被害嫩梢叶片逐渐凋萎下垂,最后枯死。发现新梢被害时及时剪除,深埋处理,将幼虫消灭在转梢为害前。

e.喷药保护新梢和果实　梨小食心虫有转主为害习性,一般 1、2 代主要为害桃、李、杏的新梢,前期虫口密度大时,应及时施药护梢。3、4 代为害梨、桃、苹果的果实,应在成虫产卵期和幼虫孵化期施药保果。选择上年梨小食心虫为害严重的果园作为调查地点,于成虫羽化前挂梨小性诱剂诱捕器或糖醋液诱蛾器诱集并记录成虫数量,用期距法推测各代成虫产卵和卵孵化盛期,必要时调查田间卵果率以确定树上喷药时期。

f.套袋保护 在成虫产卵前套袋保护果实。

### 3)桃树主要虫害及其防治

桃红颈天牛(Aromia bungii Faldermann)国内分布广泛。北起辽宁、内蒙古,西至甘肃、陕西、四川,南至广东、广西,东达沿海及湖北、湖南、江西等地。为害桃、李、碧桃、樱桃、梅、梅花、杏、郁李、垂柳等植物。

①为害特点 幼虫蛀入木质部危害,造成枝干中空,树势衰弱,严重时可使植株枯死。桃树一般可活 30 年左右,但遭受桃红颈天牛桃树的寿命缩短到 10 年左右,因其以幼虫蛀食树干,削弱树势,严重时可致整株枯死。

②特征识别 桃红颈天牛属于鞘翅目,天牛科。

成虫:体长 26~37 mm。体黑色,有光泽,前胸部棕红色,故名红颈天牛。前胸两侧各有刺突,背面有瘤状突起。鞘翅表面光滑,基部较前胸为宽,后端较狭。雄虫体小,前胸腹面密被刻点。触角超体长 5 节;雌虫前腹面有许多横纹,触角超体长 2 节。

卵:长椭圆形,乳白色。

幼虫:老熟幼虫体长 50 mm,黄白色,前胸背板前半部横列 4 个黄褐斑块,每块前缘有凹缺,侧缘各 1 块呈三角形。

蛹:淡黄白色,前胸两侧和前缘中央各有突起 1 个。

③防治措施 成虫羽化后有一个补充营养阶段,可以适时进行人工捕捉;从下向上,向虫孔注射敌敌畏 50 倍液,后用泥浆封口;保护天牛天敌。

### 4)十字花科蔬菜主要虫害

为害十字花科蔬菜的主要害虫有:菜粉蝶、菜蚜、小菜蛾、4 种夜蛾、黄曲条跳甲、蛴螬、地老虎等,软体动物害虫有蛞蝓。

(1)菜粉蝶

菜粉蝶(Pieris rapae Linnaeus),别名:菜白蝶、白粉蝶。幼虫称菜青虫。寄主:油菜、甘蓝、花椰菜、白菜、萝卜等十字花科蔬菜,尤其偏嗜含有芥子油醣苷、叶表光滑无毛的甘蓝和花椰菜。

①为害特点 幼虫食叶。2 龄前只能啃食叶肉,留下一层透明的表皮;3 龄后可蚕食整个叶片,轻则虫口累累,重则仅剩叶脉,影响植株生长发育和包心,造成减产。此外,虫粪污染花菜球茎,降低商品价值。在白菜上,虫口还能导致软腐病。

图 8.4

②特征识别 菜粉蝶属于鳞翅目,粉蝶科。

成虫:体长 12~20 mm,翅展 45~55 mm;体灰黑色,翅白色,顶角灰黑色,雌蝶前翅有 2 个显著的黑色圆斑,雄蝶仅有 1 个显著的黑斑。

卵:瓶状,高约 1 mm,宽约 0.4 mm,表面具纵脊与横格,初产乳白色,后变橙黄色。

幼虫:体青绿色,背线淡黄色,腹面绿白色,体表密布细小黑色毛瘤,沿气门线有黄斑。共 5 龄。

蛹:长 18~21 mm,纺锤形,中间膨大而有棱角状突起,体绿色或棕褐色。

③防治措施

a.捕(诱)杀成虫　桃红颈天牛 2~3 年发生一代,以幼龄幼虫(第一年)和老熟幼虫(第二年)越冬。成虫自南至北依次于 5—8 月间出现,成虫出现期比较整齐,在一个果园一般不超过 10 天,成虫多于雨后晴天 10~15 时在树干和枝条活动、栖息。外出活动 2~3 d 后开始交尾产卵。利用成虫午间在枝干静息的习性,在成虫出现期的白天,最好在雨后晴天捕杀。也可利用成虫对糖醋有趋性,用糖 2 份、醋 1 份,或用糖:醋:酒为 1:0.5:1.5、敌百虫(或其他杀虫剂)0.3 份、水 8~10 份配成诱杀液,装于盆罐中,挂在离地 1 m 处诱杀成虫。

b.树干涂白阻止成虫产卵　成虫卵多产于距地面 1.2 m 内的主干、主枝的树皮缝隙中,近地面 35 cm 以内树干产卵最多。老树皮粗糙缝多时产卵多被害重,幼树及光皮品种被害轻。在成虫产卵前,在树干主枝上涂刷白涂剂,阻止成虫产卵。白涂剂为生石灰 10 份、硫黄或石硫合剂渣 1 份、食盐 2 份、动物油 0.2 份、水 40 份混合而成。

c.药剂防治初孵幼虫　成虫产卵期 1 周左右,每雌产卵量平均 170 粒,卵期 7~9 d。在成虫卵盛期或幼虫孵化期,用 50%杀螟硫磷乳油 1 000 倍液、10%吡虫啉可湿粉剂 2 000 倍液、5%高效氯氢菊酯乳油 1 000 倍液喷树干和主枝,隔 12~15 d 喷一次,连喷 2 次,杀死初孵幼虫。

d.钩杀幼虫　初孵幼虫向下蛀食韧皮部,秋末在被害皮层下越冬。幼虫孵化后检查枝干,发现排粪口可用铁丝钩杀幼虫,或用接枝刀在幼虫危害部位顺树干划 2~3 道杀死幼虫。

e.药剂熏杀大龄幼虫　次年春季在被害层下越冬的幼虫活动继续向下蛀食至木质部为害,由上向下蛀食成弯曲的隧道,隔一定距离向外蛀一通气排粪孔;蛀道可至主干土面下 8~10 cm 处,常在树干的蛀孔外及地面上堆积大量红褐色粪屑。幼虫老熟后于蛀道内作蛹室化蛹,蛹室在蛀道末端,化蛹前先做羽化孔,但孔外韧皮部仍保持完好。对已注入木质部的大龄幼虫,可用 10%吡虫啉可湿性粉剂 30 倍液。每孔 5 mL(注射或用浸药的棉棒),或将 56%的磷化铝片剂分成 6~8 小粒,每粒塞入一虫孔中,再用黏泥将蛀口或排气孔封严,熏杀幼虫。

f.保护和利用天敌　寄生蜂、寄生蝇、鸟类和白僵菌等对桃红颈天牛有一定的自然控制力,应注意保护和利用。

(2)菜蚜

菜蚜俗称腻虫、蜜虫等,是为害十字花科蔬菜多种蚜虫的总称。主要有桃蚜(Myzus persicae Sulzer,又称桃赤蚜、烟蚜)、萝卜蚜(Lipaphis erysimi Kalt,又称菜缢管蚜)和甘蓝蚜(Brevicoryne brassicae L.)3 种。

①为害特点　菜蚜以成、若虫群集寄主的叶片、花梗、种荚等上面,从寄主的幼苗期就开始刺吸植物汁液,使叶片变黄、卷缩变形,生长不良,影响包心,产量和品质大大降低。叶背常聚集有成团块的菜蚜堆,分泌稠粘的黄蜜露,诱发煤烟病。留种植株的嫩茎、花梗和嫩荚被害时,影响抽苔、开花和结籽,花梗扭曲畸形。菜蚜还能传播多种病毒病,其造成的危害常大于蚜害本身的危害。

②特征识别　菜蚜属于同翅目、蚜科。成虫形态多样有具翅的和无翅的个体。触角细长、

丝状,上有感觉圈;腹背有一对腹管,腹末突起称尾片。前翅大而后翅小,前翅只有 1 条粗的纵脉,端部有 1 粗大的翅痣,腹部稍后有 1 对腹管和 1 个尾片。甘蓝蚜腹管很短,中部膨大,近末端收缩成花瓶状,无翅胎生雌蚜黄绿色,有白色蜡粉;有翅胎生雌蚜绿色,触角第三节有 50 多个次生感觉孔。萝卜蚜和甘蓝蚜很相似,但有翅胎生雌蚜触角第三节只有 15 个次生感觉孔。无翅胎生雌蚜黄绿色,体上有白色蜡粉。桃蚜体不被蜡粉,桃蚜头部在触角内侧有明显的疣状突起,有翅胎生雌蚜此疣倾向内方;腹管中等长,圆柱形。无翅胎生雌蚜绿色,触角第三至第六节有覆瓦状纹。有翅胎生雌蚜淡褐色,触角第三节有 12 个次生感觉孔。

③防治方法　消灭越冬虫源,冬季在寄主上喷洒波美 5 度石硫合剂;为害期喷施 2.5%功夫 3 000~4 000 倍液或 40%菊马乳油 2 000~3 000 倍液;保护七星瓢虫、食蚜蝇等蚜虫天敌。

## 任务8.3　园艺植物草害与防治

### 8.3.1　园林植物杂草的种类

#### 1)园林植物常见杂草的分类

杂草除了按植物分类学分成不同的科、属、种外,还可按如下方式对杂草进行分类:

(1)按生育期分类

按生育期的长短,杂草可分为一年生、二年生和多年生杂草。

①一年生杂草　一年生杂草是指在一个生长季节内完成其生活史,即从种子发芽到成熟结实在一年内完成。在一年生杂草中,大部分种类在春天发芽而在夏天或秋天结籽,称为夏季一年生杂草,如牛筋草、反枝苋等;也有一些杂草在夏末或秋天发芽,植株处于未成熟的状态度过冬季的几个月,再来年春天进一步进行因营养生长、开花、结籽,称为冬季一年生杂草,如独行菜、看麦娘等。

②二年生杂草　二年生杂草需要 2 个生长周期才能完成其生长发育。其种子在春季萌发,第一年仅发育营养器官,并在根内积累贮存大量的营养物质,秋季地上部分干枯,翌年春季从根茎处长出植株,开花、结实后全株死亡。

③多年生杂草　该类杂草生长期较长,能存活多年,既可以种子繁殖又能以根茎等营养器官繁殖,通常以营养器官休眠越冬。根据其营养繁殖方式的不同又可分为:匍匐根状茎类,如狗牙根等;地下根状茎类,如芦苇、箭叶旋花、苣荬菜等。多年生杂草耐药性比一年生杂草要强,防除难度较大。

(2)按植物的形态和对除草剂的敏感性分类

在杂草学中,按植物的形态不同将杂草分为:阔叶草、禾草、莎草三类。这三类杂草对除草剂的敏感性不同。有些除草剂只对禾草有效,有些除草剂则只对阔叶草有效。

①阔叶草　包括双子叶的杂草和部分单子叶杂草。主要形态特征为叶片宽大,有柄;茎常为实心,如反枝苋、苘麻、马齿苋、荠菜等。

②禾草　属于禾本科植物。主要形态特征为叶片狭长、叶脉平行、无叶柄;茎圆形或扁

形,分节,节间中空,如马唐、稗草、牛筋草、狗尾草等。

③莎草 属于莎草科植物,其叶片形态与禾草相似,但叶片表层有蜡质层,较光滑;茎三棱,形不分节;茎为实心,如香附子、异型莎草等。

**2)园林植物苗圃、草坪常见杂草**

为了防除方便,人们常将草坪杂草分为以下3个类型:一年生杂草(多为夏季一年生禾草,也有少数冬季一年生禾草及一年生莎草)、多年生杂草(主要为禾草,有冷季型和暖季型之分,另有少数多年生莎草)、阔叶杂草(分夏季一年生、冬季一年生及多年生3个类型)。

(1)一年生杂草

①一年生早熟禾 Poa annua L.

禾本科一年生或二年生杂草。秆丛生,直立,基部稍向外倾斜;叶片光滑柔软,顶端呈船形,边缘微粗糙。叶舌圆形,膜质。圆锥花序开展,塔形,小穗绿色有柄,有花3~5朵,外稃卵圆形,先端钝,边缘膜质,5脉明显,脉下部均有柔毛,内稃等长或稍短于外稃,颖果纺锤形。

②牛筋草 Eleusine indica (L.) Gaertn.

又名蟋蟀草。禾本科1年生晚春杂草,茎扁平直立,高10~60 cm,韧性大。叶光滑,叶脉明显,根须状,发达,入土深,很难拔除。穗状花序2~7个,呈指状排列于秆顶,有时1~2枚生于花序之下。小穗无柄,外稃无芒。颖果三角状卵形,有明显的波状皱纹。

③马唐 Digitaria sanguinalis (L.) Scop.

别名抓根草、万根草、鸡爪草,禾本科一年生晚春杂草,株高40~60 cm,茎多分枝,秆基部倾斜或横卧,着土后节易生不定根。叶片条状披针形,叶鞘无毛或疏毛,叶舌膜质。花序由2~8个细长的穗集成指状,小穗披针形或两行互生排列。

④狗尾草 Setaria viridis (L.) Beauv

别名谷莠子、青狗尾草、狗毛草。禾本科一年生晚春性杂草。出苗深度2~6 cm,适宜发芽温度15~30 ℃。植株直立,茎高20~120 cm,叶鞘圆筒状,边缘有细毛,叶淡绿色,有绒毛状叶舌、叶耳,叶鞘与叶片交界处有一圆紫色带。秆直立或基部屈膝状,上升,有分枝。穗状花序排列成狗尾状,穗圆锥形,稍向一方弯垂。小穗基部刚毛粗糙,绿色或略带紫色,颖果长圆形,扁平。

⑤稗 Echinochloa crusgalli (L.) Beauv

别名稗子、稗草、野稗、水稗子,属禾本科一年生杂草,水、旱、园田都有生长,也生于路旁田边、荒地、隙地,适应性极强,既耐干旱、又耐盐碱,喜温湿,能抗寒,繁殖力惊人,一株稗有种子数千粒,最多可结一万多粒。种子边成熟边脱落,体轻有芒,借风或水流传播。种子发芽深度为2~5 cm,深层不发芽的种子,能保持发芽力10年以上。

(2)多年生杂草

①香附子 Cyperus rotundus L.

别名回头青。莎草科多年生杂草。匍匐根状茎较长。有椭圆形的块茎。有香味,坚硬,褐色。秆锐三棱形,平滑。叶较多而短于秆,鞘棕色。叶状苞片2~3枚,比花序长。聚伞花序,有3~10个辐射枝。小穗条形,小穗轴有白色透明的翅;鳞片覆瓦状排列;花药暗红色,花柱长,柱头3个,伸出鳞片之外。小坚果矩圆倒卵形,有3棱。夏、秋间开花,茎处叶丛中抽出。种子细小。

②狗牙根　Cynodon dactylon

暖季型多年生禾草,具有根状茎和匍匐枝,秆平卧部分可达1 m,并在节间产生不定根和分枝;叶扁平线条形,色浓绿;穗状花序,小穗排列成指状。常生长于光照较强、温暖的地方,经过培育修剪可成为很好的草坪,在其他草坪中把狗牙根作为杂草。

(3)阔叶杂草

①藜　Chenopdium　album　L.

别名灰菜,灰条菜。藜科一年生早春杂草。茎光滑,直立,有棱,带绿色或紫红色条纹。株高70~80 cm。叶互生,有细长柄,叶形有卵形、菱形或三角形,先端尖,基部宽楔形,边缘具有波状齿。幼时全体被白粉。花顶生或腋生,多花聚成团伞花簇。胞果扁圆形,花被宿存。种子黑色,肾形,无光泽。

②马齿苋　Portulaca　oleracea　L.

别名马齿菜、马杓菜、长寿菜、马须菜。马齿苋科一年生杂草。肉质匍匐,较光滑,无毛;茎带紫红色,由基部四散分枝;叶呈倒卵形,光滑,上表面深绿色,下表面淡绿色。花黄色,花腋簇生,无梗;蒴果圆锥形,盖裂;种子极多,肾状卵形,黑色,直径不到1 mm。

③反枝苋　Amaranthus　retroflexus　L.

别名苋菜、野苋菜、西风谷、红枝苋。苋科一年生杂草。株高80~100 cm,茎直立,梢有钝棱,密生短柔毛。叶互生,有柄,叶片倒卵或卵状披针形,先端钝尖,叶脉明显隆起。花簇多刺毛,集成稠密的顶生和腋生的圆锥花序,苞片干膜质。胞果扁小球形,淡绿色。种子倒卵圆形,表面光滑黑色有光泽。

④地锦　Euphorbia　humifusa　Wild.

别名红丝草,奶疳草,血见愁。大戟科一年生夏季杂草。匍匐伏卧,茎细,红色,多叉状分枝,全草有白汁。叶通常对生,无柄或梢具短柄,叶片卵形或长卵形,全缘或微具细齿,叶背紫色,下具小托叶。杯状聚伞花序,单生于枝腋和叶腋,花淡紫色。蒴果扁圆形,三棱状。

⑤小旋花　Calystegia　hederacea　Wall.

别名打碗花、常春藤打碗花、兔耳草。旋花科一年生杂草。茎蔓生、缠绕或匍匐分枝,茎具白色乳汁,叶互生,有柄;叶片戟形,先端钝尖,基部常具4个对生叉状的侧裂片。花腋生,具长梗,有二片卵圆形的苞片,紧包在花萼的外面,宿生;花冠淡粉红色,漏斗状。蒴果卵形,黄褐色。种子光滑,卵圆形,黑褐色。

⑥独行菜　Lepidium　apetalum　Willd.

别名辣辣根、辣根菜、芝麻盐。十字花科一年生或二年生杂草。株高10~30 cm。主根白色,幼时有辣味。茎直立,上部多分枝。基生叶狭匙形,羽状浅裂或深裂,茎生叶条形,有疏齿或全缘。总状花序顶生,花瓣白色。角果椭圆形,扁平,先端凹缺。种子椭圆形,棕红色。

⑦刺儿菜　Cephalanoplos　segetum　Kitam.

别名小蓟、刺蓟。菊科多年生根蘖杂草。茎直立,上部疏具分枝,株高30~50 cm。叶互生,无柄,叶缘有硬刺,正反两面具有丝状毛,叶片披针形。头状花序,鲜紫色,单生于顶端,苞片数层,由内向外渐短,花两性或雌性,两种花不生于同一株上。生两性花序短;生雄花的花序长。果期冠毛与花冠近等长;瘦果长卵形,褐色,具白色或褐色冠毛。

⑧苦菜  Lxeris  chinesis（Thunb.）  Nakai

别名山苦荬、苦荬菜、苦麻子、奶浆草。菊科多年生杂草。株高 20~40 cm，直立或下部稍斜，茎自基部多分枝，全株具白色乳汁，叶片狭长披针形，羽裂或具浅齿，裂片线状，幼时常带紫色；茎叶互生，无柄，全缘或疏具齿牙。头状花序排列成稀疏的伞房状的圆锥花丛，花黄色或白色，瘦果棕色，有条棱，冠毛白色。

⑨蒲公英  Taraxacum  mongolicum  Hand.-Mazz.

别名婆婆丁。菊科多年生直根杂草。株高 20~40 cm，全草有白色乳汁，根肥厚，圆锥形，叶莲座状平展，长圆状倒披针形或倒披针形，倒向羽状深裂、浅裂或只有波状齿。头状花序总苞片上部有鸡冠状突起，全为舌状花组成，黄色。瘦果有长 6~8 mm 的喙；冠毛白色。

⑩荠菜  Capsella  bursa-pastoris  （L.）  Medic.

别名荠、吉吉菜。十字花科越年生杂草。全株稍被白色的分枝或单毛。株高 50~60 cm，茎直立，有分枝；基生叶丛生，平铺地面，大羽状分裂，裂片有锯齿，有柄；茎生叶不分裂，狭披针形，基部抱茎，边缘有缺刻或锯齿。总状花序多生于枝顶，少数生于叶腋。花白色，有长梗。短角果呈倒三角形，扁平，先端微凹，种子 2 室，每室种子多数。种子椭圆形，表面有微细的疣状突起。

⑪车前草  Plantago  asiatica  L.

别名车前子。车前科须根杂草。株高 10~40 cm，具粗壮根茎和大量须根。根叶簇生，有长柄，伏地呈莲座状；叶片广椭圆形，肉质肥厚，先端钝圆或微尖，基部微心形，全缘或疏具粗钝齿。花茎数条，小花多数，密集于花穗上部呈长穗状；花冠白色或微带紫色，子房卵形。蒴果卵形，果盖帽状，成熟时横裂。种子长卵形，黑褐色。

### 3) 不同的生态小环境杂草种类不同

如在草坪中，新建植草坪与已成坪草坪由于生态环境、管理方式等方面的差异，主要杂草的种类也不同。如北方地区新建植草坪杂草的优势种群为：马唐、稗草、藜、苋菜、莎草和马齿苋等；已成坪老草坪的主要杂草种类是：马唐、狗尾草、蒲公英、苦荬菜、苋菜、车前草、委陵菜及荠菜等。

地势低洼、容易积水的园圃以香附子、异型莎草、空心莲子草、野菊花等居多；地势高燥的园圃则以马唐、狗尾草、蒲公英、堇菜、苦菜、马齿苋等居多。

### 4) 不同季节杂草优势种群不同

不同的杂草由于其生物特性不同，其种子萌发、根茎生长的最适温度不同，因而形成了不同季节杂草种群的差异。一般春季杂草主要有蒲公英、野菊花、荠菜、附地菜及田旋花等；夏季杂草主要有稗草、牛筋草、马唐、莎草、藜、苋、马齿苋、苦荬菜等；秋季杂草主要有马唐、狗尾草、蒲公英、堇菜、委陵菜、车前等。

## 8.3.2  除草剂基本知识

### 1) 除草剂分类

随着除草剂的生产与应用的不断发展，新型除草剂不断涌现，除草剂种类越来越多，为了比较各种除草剂的相似性及差异性,可按其作用方式,在体内运转情况等几方面进行分类。

（1）按作用方式分类

①选择性除草剂 除草剂在不同的植物间具有选样性。即能毒害或杀死杂草而不伤害作物,甚至只能杀某种或某类杂草,不损害其他植物,凡具有这种选择性作用的除草剂称为选择性除草剂,如西玛津、阿特拉津只杀一年生杂草,2,4-D丁酯只杀阔叶杂草。

②灭生性除草剂 这类除草剂对一切植物都有杀灭作用,即对植物没有选择能力,如草甘膦、克芜踪等。这类除草剂主要在植物栽植前,或者在播种后出苗前使用,也可以在休闲地、道路上使用。

（2）按除草剂在植物体内移动（运转）情况分类

①触杀性除草剂 这类除草剂的特点是只起局部杀伤作用,不能在植物体内传导。药剂接触部位受害或死亡,没有接触部位不受伤害。这类药剂虽然见效快,但对地下部分作用不大,主要用于防除由种子繁殖的一年生杂草。使用时必须喷洒均匀、全面,才能收到良好效果,如百草枯、除草醚等。

②内吸传导性除草剂 这类除草剂的特点是被茎、叶或根吸收后通过传导而被杀,药剂作用较缓慢,一般需要15~30 d,但除草效果好,可以进行一年生和多年生杂草的防除,如草甘膦、阿特拉津等。内吸传导性除草剂有三种类型:

a.能同时被根、茎、叶吸收的除草剂,如2,4-D丁酯。这类药剂可作叶面处理,也可作土壤处理。

b.主要被叶片吸收,然后随光合作用产物运输到根、茎及其他叶片。这类药剂主要作茎、叶处理,如草甘膦、茅草枯、甲砷钠等。

c.主要通过土壤被根系吸收,然后随茎内蒸腾流上升,移动到叶片,产生毒杀作用。这类药剂主要作土壤处理,如阿特拉津、敌草隆等。

**2）除草剂的使用方法**

除草剂剂型有水剂、颗粒剂、粉剂、乳油等,水剂、乳油主要用于叶面喷雾处理,颗粒剂主要用于土壤处理,粉剂应用较少。

（1）叶面处理

叶面处理是将除草剂溶液直接喷洒在杂草植株上,这种方法可以在播种前或出苗前应用,也可以在出苗之后进行处理,但苗期叶面处理必须选择对苗木安全的除草剂,如果是灭生性除草剂,必须有保护板或保护罩之类将苗木保护起来,避免苗木接触药剂。叶面处理时,雾滴越细,附着在杂草上的药剂越多,杀草效果越好。但是雾滴过细,易随风产生飘移,或悬浮在空气中。对有蜡质层的杂草,药液不易在杂草叶面附着,可以加入少量展着剂,以增加药剂附着能力,提高灭草效果。展着剂有羊毛脂膏、农乳6201、多聚二乙醇、柴油、洗衣粉等。

（2）土壤处理

土壤处理是将除草剂施于土壤中（毒土、喷浇）,在播种之前处理或在苗木生长期处理。土壤处理多采用选择性不强的除草剂,但在苗木生长期则必须用选择性强的除草剂,以防苗木受害。土壤处理应注意两个问题:一是要考虑药剂的淋溶,在沙性强、有机质含量少、降水量较多的情况下,药剂会淋溶到土壤的深层,苗木容易受害,施药量应适当降低;二

是土壤处理要注意除草剂的残效期(指对植物发生作用的时间期限)。除草剂种类不同,残效期也不同,少则几天,如五氯酚钠,3~7 d,除草醚,20~30 d,多则数月至一年以上,如西玛津残效期可达1~2年。对残效期短的,可集中于杂草萌发旺盛期使用,残效期长的,应考虑后茬植物的安全问题。

**3)环境条件对除草效果的影响**

除草剂的除草效果与环境条件关系密切,主要与气象因子和土壤因子有关。

(1)温度

一般情况下,除草效果随温度升高而加快,气温高于15 ℃时,效果渐好,用药量也省;低于15 ℃时,除草效果缓慢,有的15 d才达到除草高峰。

(2)光照

有些除草剂在有光照的条件下效果好,如利用除草醚除草,晴天比阴天效果快10倍,因此喷药应选择晴天进行。

(3)风、雾、露

晴天无风时喷药效果好,以上午9时至下午16时喷药为好。大风、有雾、有露水的早晨不宜喷药,因为风大容易造成药物飘移,有雾、有露水的早晨会稀释药剂,影响喷药效果。

(4)土壤条件

土壤的性质及干、湿状况,影响用药量及除草效果。一般来讲,沙质土、贫瘠土比肥沃土及黏土用药量宜少,除草效果也不及肥沃土壤。这是由于沙土及贫瘠土对药剂吸附力差,药剂容易随水下渗。用药过大时,容易对苗木产生药害。

干燥的土壤,杂草生长缓慢,组织老化,抗药性强,杂草不易被灭杀;土壤湿润,杂草生长快,组织幼嫩,角质层薄,抗药力弱,灭杀容易。此外,空气干燥,杂草气孔容易关闭,也会影响除草效果。

综上所述,为了充分发挥除草效果,应在晴天无风、气温较高的条件下施药。

### 8.3.3　园林植物苗圃、观赏树木间杂草的化学防除

园林植物园圃内杂草种类繁多,为害严重,不仅与园林植物争肥、争水、争空间,影响花木的正常生长,而且还会因杂草丛生,降低整体的园林绿化效果。园林苗圃植物及绿化区观赏树木大都为深根性的木本植物,化学除草相对较易。现就园林苗圃及观赏树木间杂草的化学防除作一简要介绍。

**1)园林苗圃、观赏树木间化学除草实例**

(1)大苗、乔灌木园林植物的除草方法

由于含有叶绿素的植物组织离地面较高,不会附着药滴,树皮部位因为不含叶绿素且组织老化,因此对于园林苗圃中的大苗、绿地观赏乔木间的除草,可采用灭生性除草剂进行定向喷雾处理。如采用草甘膦在白榆、悬铃木、棕榈、柳杉、水杉、池杉、香樟、夹竹桃、青桐、速生柏、女贞等树木间进行定向喷雾,除防治香附子有效外,对多种其他的一年生和多年生杂草也显示出了强大的杀草活性。在田间条件下,采用1~2 kg/hm² 的剂量喷射多种杂草,在喷药后1~10 d内检查除草效果,发现旱稗、看麦娘、野苋、马唐、狗尾草、牛筋草、佛座、加

拿大蓬、繁缕、蒲公英、喜旱莲子菜、细叶千金子、千金子、碎米莎草及小蓟等已干枯死亡;小叶藜、灰藜、小旋花、卷耳等也已植株全黄倾向于死亡。

另外,也可在春天杂草出苗初期采用敌草隆等药剂进行喷洒,若雨季草多,可在雨季来临前再喷一次药。具体用量为敌草隆 3.75~7.50 kg/hm² 或扑草净 3.75~5.25 kg/hm²、西玛津或莠去津 4.50~5.25 kg/hm²,也可与除草醚等混用。

(2)杂草萌发期,用除草剂进行土壤处理防除一年生杂草的方法

苗圃中苗木大多是深根性的,且有树皮保护,所以除草剂在防除一年生杂草时,一般在其萌发期,选用土壤处理类除草剂进行苗前处理,具体用量为西玛津、莠去津 2.25~3.00 kg/hm²、敌草隆、灭草隆、利谷隆、绿麦隆、非草隆 4.5~6.0 kg/hm² 或除草醚 7.5 kg/hm²,进行土壤处理,可以有效地保持一个季度至一年内不受此类杂草的为害。它们对常绿针叶树,如松、柏、云杉,以及深根性树种,如苹果、梨、核桃、柿、白蜡、槐等都比较安全。柳、臭椿只对除草醚有耐性,对敌草隆、扑草净、西玛津较敏感。

(3)休眠期园林植物萌芽前进行土壤处理

如对于蔷薇类、花椒等灌木来讲,采用定向喷雾往往不太容易,因而可在早春,树木萌芽前用除草剂喷于地表,控制杂草。药剂可用除草醚、绿麦隆等对园圃地进行封锁性防治。用量为除草醚 7.5 kg/ hm²、绿麦隆 6.0 kg /hm²,在 3 月份杂草尚未萌芽时喷施土表,喷后 1 个月防治区只有少数杂草萌发,而对照区则杂草萌生,差异十分明显。

(4)采用毒土法防除杂草

对于刚刚扦插、压条的苗木来讲,因苗小根浅、组织幼嫩,一般的喷雾法往往容易使得植株表面附着药剂而产生药害,使用毒土法用药则较为安全。

**2)一年生草本花卉的化学除草方法**

花卉植物种类繁多,生物学特性各异,栽植方式多样,生长环境不同,圃地内所发生的杂草类型也各各不一,因而对除草剂选择、抗性及使用方法也都有所差异,必须做到有的放矢,因圃施药。

(1)播种圃(花坛)化学除草技术

许多花卉如鸡冠花、一串红、凤仙花、地肤、石竹、雏菊、蛇目菊、百日草、金鱼草、虞美人、翠菊、雁来红、紫茉莉、醉蝶花、地被石竹等常常是露地苗床播种或露地花坛直播,可在播前或播后和出苗前进行各种药剂处理。

①播前土壤处理　地面整好后,用48%氟乐灵乳油 1~2 kg/hm²,对水 600 L 对地表进行喷雾处理,施药后随即掺入表土。

②播后苗前土壤处理　播后苗前采用60%丁草胺乳油 1.5 kg/hm²、70%都尔乳油 1~1.5 kg/hm²、50%大惠利可湿性粉剂 1.5~2.25 kg/hm²,对水 600~900 L 喷雾。注意花卉种子一定要覆土盖严,否则容易产生药害。

③苗后茎叶处理　若圃地内的杂草以禾本科杂草为主时,在其 2~4 叶期采用专杀禾草而对双子叶植物安全的药剂,常见的品种为:35%稳杀得乳油或 15%精稳杀得乳油 0.75 kg/hm²、10%禾草克乳油或 5%精禾草克乳油 0.75 kg/hm²、12.5%盖草能乳油 0.6~1 kg/hm²、对水 600~900 L 后进行茎叶喷雾处理。

(2)移栽圃(花坛)化学除草技术

菊花、彩叶草、石榴、木槿、紫薇、迎春、茉莉、扶桑、橡皮树、三色堇、矮牵牛、羽衣甘蓝等

花卉多采用扦插繁殖或营养钵育苗,尔后向苗圃或花坛移栽,可在移栽前后进行药剂处理。

①移栽前土壤处理　移栽前采用48%氟乐灵乳油1.8~2.25 kg/hm²、33%除草通乳油2.25 kg/hm²,对水600~900 L喷雾。施药后浅混土2~3 cm后即可移栽,除草通也可以不混土。移栽时尽可能不让药土落入根部,否则会对根系抑制作用。

②移栽后土壤处理

a.毒土法:有的花卉植株之间空隙小、不均匀,无法进行土表喷雾处理,只能采用毒土法。即采用23.5%果尔乳油0.6~0.9 kg/hm²或60%丁草胺乳油3~4.5 kg/hm²,放入75 L清水中摇匀,然后用喷雾器均匀喷雾于已过筛的450~600 kg细土(细沙)中,边喷边搅拌,使药剂与细土混合均匀,再封闷2~3 h,让药剂充分被土壤吸附,随后均匀撒到苗床上(露水干后),然后用小竹枝或树枝轻扫沾有药土的苗木,使药土落入土表。

b.定向喷雾法:花卉植株之间空隙大,条行明显,此时可采用定向喷雾法。具体操作为:苗高在30 cm以下时,先将圃地内的杂草人工清除,然后采用60%丁草胺乳油1.5~2.25 mL,兑水600~900 L,在花木行间进行定向喷雾。使用丁草胺优点是:安全,即使药液触及花木茎叶,也不会造成严重药害。

苗高在30 cm以上时,且有少量杂草情况下,采用20%克芜踪水剂3~4.5 kg/hm²与60%丁草胺乳油1.5~2.25 kg/hm²混合,兑水600~900 L,采用带防护罩喷头在花木行间进行定向喷雾,操作时喷头离地面要低,尽量避免药液溅及花木茎叶,尤其是幼叶与幼芽。

③茎叶处理　参考播种圃(花坛)化学除草技术中"苗后茎叶处理"。

一些球根、宿根类花卉,如美人蕉、大丽花、石蒜、郁金香、花毛莨、风信子、唐菖蒲、百合、葱兰、韭兰、鸢尾、萱草、荷兰菊、宿根福禄考等,其栽植方式与菊花、彩叶草等相似,因而可参照上述除草方案。

(3)扦插花圃化学除草技术

茶花、三角梅、桂花、杜鹃、紫薇、木槿、栀子、月季、扶桑、迎春、连翘、夹竹桃、九里香、金叶女贞、红叶小檗、二色茉莉等采用扦插法育苗,可在扦插后芽萌动前采用23.5%果尔乳油0.75~1.2 kg/hm²、50%扑草净可湿性粉剂2.25 kg/hm²,兑水均匀喷雾于床面进行土壤处理。

有的花圃需要扦插后及时盖膜,可在插前将床土整细,浇透水,然后采用33%除草通乳油1.5 kg/hm²、23.5%果尔乳油2.25 kg/hm²,兑水均匀喷雾,3~5 d后扦插盖膜。扦插后不需盖膜的,可在插面喷洒上述药剂,插后马上浇水。

若圃地内的杂草以禾草为主时,在其2~4叶期采用专杀禾草而对双子叶植物安全的药剂,常见的品种及用量为:35%稳杀得乳油或15%精稳杀得乳油0.75~1 kg/hm²、10%禾草克乳油或5%精禾草克乳油0.75~1 kg/hm²,兑水600~900 L后进行茎叶喷雾处理。

### 3)盆花圃地化学除草技术

(1)盆花露地场所化学除草

将场地内的花盆移出或在花盆放置前,可喷洒灭生性除草剂进行杂草的茎叶处理。也可采用上述药剂直接向盆花放置场所用药,但需采取撒毒土法或定向喷雾法。

(2)盆面杂草的化学防除

花盆表面常常着生一年生早熟禾、牛筋草、马唐、马齿苋、繁缕、酢浆草,不仅与花卉争夺水分、养分,而且容易招致螨虫、蚜虫、蛞蝓等害虫的产生,祸及花卉植株。可采用的化学除草方法有:

①若盆花为木本花卉,且茎干基部已变为非绿色(无叶绿素,表现为褐色或其他颜色),基部枝条与杂草易隔离时,可采用灭生性除草剂进行定向喷雾处理,采用的药剂为41%农达水剂100~200倍液、20%克芜踪水剂200倍液、10%草甘膦水剂100~150倍液。

②若花盆表面为牛筋草、马唐、一年生早熟禾等禾本科杂草时,可采用专杀禾本科杂草的除草剂进行喷雾处理(盆花须为非禾本科的阔叶花卉),即采用10.8%高效盖草能乳油或5%精禾草克乳油稀释800~1 000倍均匀喷雾,该法不仅可以有效地防除一年生禾本科杂草,而且对花木安全。

(3)保护地盆花圃化学除草技术

蝴蝶兰、大花蕙兰、仙客来、火鹤、一品红、丽格海棠等花卉多在保护地内(智能连栋大棚、日光温室等)采用床面栽培或铁丝吊植等方式,床下及四周常常会有各类杂草的产生(酢浆草、繁缕、益母草等),招致白粉病、叶螨、蛞蝓等病虫害发生,因而必须彻底清除。可采用灭生性除草剂进行定向喷雾处理。

保护地内常年温度高、湿度大且通风也不如露地场所理想,因而在喷洒除草剂时,除了适当降低使用浓度外,还须加强通风管理,尤其在寒冷季节或花卉小苗期用药时,一定要在放风时间进行,并根据保护地内药味的大小慎重处理,以防药害的发生。

## 任务 8.4　自然灾害及其防御

**案例导入**

### 自然灾害

自然灾害是人类经济社会和未来发展所面临的最大威胁,是实施可持续发展战略最严重的阻碍。自然灾害防治是可持续发展总体战略中的一个极其尖锐的问题。这是当代人类与自然的矛盾发展的重要表现,它内在本质是人与自然发展关系的严重危机,它已成为我国"生态—经济—社会"三维复合系统健康运行与可持续发展的严重障碍。我国是多灾的农业大国,农业灾害所带来的一系列问题一直困扰着我国农村经济乃至整个国民经济的发展。

### 8.4.1　自然灾害概述

#### 1)自然灾害的定义及类型

(1)自然灾害的定义

自然灾害是指由于自然异常变化造成的人员伤亡、财产损失、社会失稳、资源破坏等现象或一系列事件。凡危害人类生命财产和生存条件的各类事件,统称自然灾害。

(2)自然灾害的类型

自然灾害根据其特点和灾害管理及减灾系统的不同,可分为以下七大类:

①气象灾害:包括热带风暴、龙卷风、雷暴大风、干热风、暴雨、寒潮、冷害、霜冻、雹灾及

干旱等。

②海洋灾害:包括风暴潮、海啸、潮灾、赤潮、海水入侵、海平面上升和海水回灌等。

③洪水灾害:包括洪涝、江河泛滥等。

④地质灾害:包括崩塌、滑坡、泥石流、地裂缝、火山地面沉降、土地沙漠化、土地盐碱化、水土流失等。

⑤地震灾害:包括由地震引起的各种灾害以及由地震诱发的各种次生灾害,如沙土液化、喷沙冒水、城市大火、河流与水库决堤等。

⑥农作物灾害:包括农作物病虫害、鼠害、农业气象灾害、农业环境灾害等。

⑦森林灾害:包括森林病虫害、鼠害、森林火灾等。

### 2) 我国自然灾害多发的地理背景

(1)自然背景

①气候背景

a.我国东部濒临太平洋,面对世界上最大的台风源区(西北太平洋台风区)。

b.位于最大的季风气候区,受强大的季风环流控制,降水时空分布极为不均。

c.气候复杂多变,气候稳定性弱。

②地形地质背景

a.地形复杂多样,西高东低,起伏较大,以山地丘陵为主。

b.太平洋板块俯冲,印度洋板块碰撞,地壳运动活跃。

c.处在环太平洋地震带和地中海-喜马拉雅地震带之间。

③生物背景　地域辽阔,气候多样,土壤和植被类型多样,滋生和繁殖了多种有害生物。

(2)人文背景

①过度利用,生态环境脆弱　我国是一个历史悠久,人口众多的农业大国,长期积累的对自然的过度利用,形成了脆弱的生态环境。人类活动对自然环境造成的破坏效应往往以各种灾害的形式表现出来。

②承受能力和抵御能力差　社会经济系统对自然灾害的承受能力和防御能力低下。

③人口和经济密集区和灾害多发区重合　人口和经济密度高度集中在灾害多发、易损的东部地区,这种地理分布的不平衡性在很大程度上加剧了自然灾害的严重性。

### 3) 自然灾害的预防及如何减少农业自然灾害

我国环境形势严峻,人类掠夺性的开采破坏了生态平衡;我国必须坚持保护环境的基本国策,走可持续发展道路;正确处理经济发展与人口、资源、环境的关系;坚持可持续发展;发展经济不能以牺牲环境为代价;要走生产发展、生活富裕、生态良好的文明发展之路;要建设环境友好型社会等。地球上的生命丰富多彩,人类应和大自然和谐相处。人类必须尊重自然规律,善待大自然,与大自然共生共存,和谐相处,建设一个生态良好的世界。

贯彻落实可持续发展观,坚持走可持续发展道路;提倡低碳经济;坚持保护环境、节约资源的基本国策,转变经济发展方式;完善环境保护方面的法律法规,加大对破坏环境行为的打击力度。

公民必须提高环保意识,做低碳生活方式的宣传者,积极向他人宣传节约资源、保护环境的重要性;做低碳生活的践行者,节约用纸、节约用水、节约用电,绿色消费,积极参加植树造林活动,爱护花草树木等。

### 8.4.2　水文灾害

**1)水文灾害的简介**

我国危害最大的两种水文灾害——洪涝灾害和风暴潮灾害。其中洪涝灾害是经济损失最严重的自然灾害之一。

我国东部地区处在季风气候区,降水变率大,而西高东低的地形地势特点又决定了我国河流自西向东流的水文特点。因此东部季风区降水多,且暴雨集中,加上地势低平,河流排水不畅,洪涝灾害严重,而东部地区是我国人口密集区,乱砍滥伐,植被破坏,导致水土流失加剧,泥沙淤积,河床抬高,围湖造田,使湖泊对干流的调蓄能力也在下降,洪涝灾害越来越严重。我国东部海岸地带同时还受台风带来的风暴潮的影响,这里人口密集、经济繁荣,又加大了灾情的严重性。因此,联系中国的气候、地貌和水文等知识以及人类活动影响分析中国水文灾害的特点、分布和形成原因是本节的重点,而中国水文灾害的形成原因又是本节内容的难点。

**2)洪水灾害**

(1)洪水灾害的灾情特点

我国洪涝灾害的灾情特点——范围广、发生频繁、突发性强,而且损害大。其中,农业受洪水灾害影响最为严重。东部平原受洪水灾害威胁严重。

(2)洪水灾害对我国农业生产的影响及防治措施

我国洪水灾害的灾情特点是范围广、发生频繁、突发性强,而且损害大。其中,农业受洪水灾害影响最为严重。洪水往往造成大面积农田被淹、农作物被毁,从而造成作物减产,甚至绝收,直接经济损失严重。我国东部平原是农业的精华地带,主要商品粮基地均位于此。此外,这里也是城市密集、交通便利、工业发达的地区,受洪水灾害威胁严重。我国长江流域水文灾害多发的原因既有自然因素,又有人为因素。

虽然人类难以改变自然规律,但我们可以从减少人为不合理的开发利用、降低脆弱性等方面减轻灾情。人类的合理活动,如生物措施(种树种草)、工程措施(修建水库,打坝淤地)、保护水域和合理利用土地等,都能最大限度地减少洪水灾害的威胁。

**项目小结 )))**

园艺植保部分内容突出体现"必需、够用",从病害、虫害、草害、自然灾害四个方面来简明扼要地介绍了相关的知识和理论体系,提高学生分析问题、解决问题的能力,针对园艺植物的病虫害能够诊断识别,并进行综合防治,科学安全用药。

**复习思考题 )))**

1.在你的日常生活中,最常见的或常听说的生物病虫害是什么? 危害程度怎样?

2.消灭病虫害的有效办法,一是利用天敌,二是依靠农药。那么,你在洗菜或吃水果的

时候应如何清除残留的农药？

3.我国鼠害严重的主要原因有哪些？

4.根据苹果树腐烂病的发病特点设计综合防治措施。

5.葡萄霜霉病症状有何特点？发病与环境条件有何关系？综合防治方案应包括哪些内容？

6.清洁果园对防治哪些果树病虫害有效？

7.杂草的种类有哪些？

8.如何铲除园林苗圃中的杂草？

9.草坪杂草的综合防治措施有哪些？

10 自然灾害的种类有哪些？

11.对我国造成危害最严重的自然灾害种类是哪种？

12.如何减少或降低自然灾害的发生次数和危害程度？

# 项目9 园艺植物品种改良

**项目描述**

本项目主要介绍园艺植物种质资源的种类,种质资源的收集、保存和利用,品种改良的方法——引种、选种、杂交育种的基本知识、方法、步骤和操作要求,良种繁育技术和品种审定。

 **学习目标**

- 掌握园艺植物品种改良的方法、步骤。
- 了解园艺植物种子资源的种类,熟悉种质资源的收集、保存和利用的途径。

 **能力目标**

- 能够进行园艺植物的引种、选择育种、杂交育种。
- 会进行园艺植物的选择育种和杂交育种,能够独立操作园艺植物的选择育种。

**案例导入**

### 种质资源有什么作用?

种质资源是地球生命的基础;是人类赖以生存和发展的基础,是最为宝贵的自然财富;是利用和改良生物的物质基础,是育种的原始材料及生命科学研究的基础材料。新品种不能凭空产生,它必须有种质资源作为原始材料。一个基因或者一个物种可以影响一个国家的有关的经济发展;一个优良的生态群落的建立可以改善一个地区的环境。拥有种质资源的数量和质量,以及对其研究的程度是决定育种效果的重要条件,也是衡量一个国家或研究单位育种水平的重要标志。

## 任务 9.1 种质资源

### 9.1.1 种质资源概述

**1)基本概念**

**(1)种质**

种质也叫基因,是指控制生物遗传性,并将其丰富的遗传信息从亲代传递给后代的遗传物质的总体。种质是客观存在的实体,其表现形式可能是种、品种、植株、种子、枝条、细胞和 DNA 片断等。

**(2)种质资源**

种质资源也叫遗传资源,是指携带有不同种质(基因)的各种栽培植物及其近缘种和野生种。其实质是基因资源,是种质或遗传物质的源流、育种工作的物质基础。

**(3)种质库**

种质库也叫"基因库",是指以种为单位的全部遗传物质的总和。"种质库"与"种质资源"是两个不同的概念,两者不能混淆。

**2)园艺植物种质资源的种类**

**(1)本地种植资源**

本地种质资源包括古老的地方品种或称"农家品种"和当前推广的改良品种。古老地方品种对本地环境条件有高度的适应性,并且包含丰富的基因型。新推广的改良品种在适应新的条件和要求上都优于古老的地方品种。因此,研究和利用种质资源时,首先必须以本地区的古老品种和新推广的优良品种为最主要和最基本的对象。

**(2)外地种质资源**

外地种质资源是指引自外地区的品种或材料,来自起源中心或生态环境,集中体现了遗传的多样性。育种上可有目的地选用某些有利基因的品种,通过一定的手段,将有利用价值的基因导入到要改良的品种之中。对有些来自生态型相近地区的优良品种,经试验适宜本地者可直接推广利用。

（3）野生种质资源

野生种质资源是指野生的、未经人工栽培的植物资源。这些野生或半野生植物是在严酷的自然条件下长期自然选择形成的,具有广泛的适应性和抗逆力(抗寒、抗热、抗盐碱和抗病虫害等)。除此之外,还可通过一定的手段将其优良的抗性基因转移到栽培植物中。

（4）人工创造的种质资源

人工创造的种质资源是指人工诱变产生的各种突变体、远缘杂交创造的新类型、基因工程创造的新种质等。

### 9.1.2　种质资源收集、保存和利用

#### 1) 种质资源收集

园艺植物种质资源收集的原则是应该尽可能地广泛收集。收集对象是目前正在栽培的品种,尤其是那些濒临绝种的优稀地方品种;过去栽培但现在生产上已淘汰的品种;栽培作物的近缘野生种;一些特殊的遗传种质,如突变体、育种系,纯合自交系、远缘杂交的中间类型;对人类可能有利用价值的野生物种。收集范围包括植物起源中心、栽培中心和遗传育种中心。收集方法包括征集、野外采集和考察、交换。

种质资源收集时应注意不要遗漏收集对象的类型;具有尽可能大的遗传变异度;明确记录名称、产地、自然环境条件、来历与现状、主要特征、经济性状和群众反映。种质资源的登记包括护照数记录、永远不变的记录和可以变化的记录。其中,永远不变的记录包括采种日期、地点、采集人、产地环境、植株性状;外来的还要有原编号、来源;变化的记录包括入库日期、发芽率、净度、种子数、含水量、下次测定日期等。需要注意的是一个编号的材料全部死亡后,编号永不再用。

#### 2) 种质资源保存

种质资源保存实质上指的是保存那些携带种质的植物体。它可以是一个群体、一个植株、一部分器官或组织(如根、茎、种子和花粉),也可以是细胞或 DNA 片段等。保存的方法主要有就地保存、种质圃保存和种质库保存。就地保存是通过保护种质资源所处的生态环境达到保护种质的目的,如划定自然保护区。种质圃保存是将种质材料迁出自然生长地,集中改种在植物园、资源圃等地保存。种质库保存是指绝大数种质可在低温干燥的条件下保存。种质资源的其他保存方法还有离体保存和基因文库保存。离体保存是在适宜条件下,用离体的分生组织、花粉和休眠枝条等保存种质资源。最适合离体保存的植物是顽拗性植物、水生植物和无性繁殖植物。基因文库保存是利用 DNA 重组技术,将种质材料的总DNA 或染色体所有片段,随机连接到载体上,然后转移到寄主细胞中,通过细胞增殖,构成各个 DNA 片段的克隆系。该种方法不仅可以长期保存该物种的遗传资源,而且还可以通过反复的培养繁殖、筛选,来获得各种基因。

#### 3) 种质资源的利用

园艺植物种质资源的利用有 3 种:即直接利用、间接利用和潜在利用。直接利用是将

种质资源直接用于生产,适用于那些对本地气候、土壤、环境等条件表现出很好适应性的材料。间接利用是将种质资源作为育种材料创造出新品种,适用于对在当地表现不很理想或不能直接利用于生产,但具有明显优良性状的种质材料。如美国以从印度收集的抗白粉病的野生甜瓜作抗病种质,和栽培品种杂交后,选育出抗白粉病的甜瓜品种,在生产上起到了很大的作用。有些种质材料既可直接利用,也可间接利用。如我国的月季传入欧洲后,既作直接观赏,又作育种材料,通过杂交,培育出了新的品种和新的月季类型。潜在利用是对有育种价值但目前还未利用的资源加以保存,以待以后利用的方法。

**案例导入**

## 什么是引种?

引种是指人类为了某种需要将植物的种、品种或品系从其原分布区引进种植到新的地区,通过实验鉴定,选择其优良者繁殖推广。

## 任务 9.2　引种

### 9.2.1　引种应考虑的关系

引种主要考虑三种关系:一是不同地理位置与引种的关系。一般从气候条件相似的地区间引种易成功。二是不同生态环境、生态类型与引种的关系。其中,对作物生长发育有明显影响和直接被作物同化的因素成为生态因子。而生态型是通过长期的自然选择和人工选择形成与该地区生态环境及生产要求相适应的品种类型。三是不同作物种类和品种组成与引种的关系。各地栽培作物的种类、品种组成,虽受人的影响,但在一定程度上也像野生植物群落一样,反映环境条件的影响。如果原栽培地区有许多其他作物种类、品种与引入地区相似,则所引种类、品种的适应可能性就较大。

### 9.2.2　引种方法和程序

**1)引种方法**

园艺植物引种方法有五种:一是种子引种;二是逐渐迁移;三是引种驯化栽培技术研究;四是引种结合选择;五是引种结合育种。

**2)引种程序**

(1)确定引种目标

主要根据引种的可行性、市场需求和经济效益来确定引种目标。要分析植物的生活习性;植物的分布区;气候相似性;主导生态因子;引种地栽培技术条件等。仔细研究市场对引进园艺植物的需求情况,带来的经济效益等,确定引进园艺植物的数量等。

（2）收集和整理引种材料

一般简单引种可应用无性的营养器官或营养繁殖苗,而驯化引种多选用能产生丰富变异的种子材料。引种材料收集的途径有交换、购买、赠送和考察收集。整理引种材料主要是编号登记。登记的内容包括:材料名称编号,来源地,引种时间,引入人和材料状况等。

（3）检验引种材料和隔离种植

对引种材料要严格按照植物检疫的规定,避免外国或外地的检疫性病虫害进入。对于已发现的检疫性病虫害要进行隔离种植。

（4）驯化引种材料

通过引种驯化试验,对生物学特性和生态习性的观测,选择出适宜新引种地气候土壤条件的优良品种。

（5）引种试验

引种试验一般包括三个步骤:一是观察试验:对初引进品种,必须先在小面积上进行试种观察,用当地主栽品种作对照,初步鉴定其对本地区生态条件的适应性和直接在生产上的利用价值。对于符合要求的、优于对照的品种材料,选留足够的种子,以供进一步比较实验。二是品种比较试验和区域试验:将通过观察鉴定表现优良的品种,参加面积较大的、有重复的品种的比较试验,进一步作更精确的比较鉴定。经过二、三年品种比较试验后,将个别表现优异的品种参加区域试验,测定其适应的地区和范围。三是栽培试验:对于通过试验初步肯定的引进品种,应根据所掌握的品种特性,联系生态环境进行栽培试验,制订品种的栽培技术措施,使其得到合理的利用,做到良种结合良法进行推广。

**案例导入**

### 什么是选择育种?

选择育种简称选种,是利用现有品种或类型在繁殖或生长发育过程中自然产生的遗传变异,通过选择、淘汰等手段而育成新品种的途径。

## 任务 9.3　选择育种

### 9.3.1　选择育种概述

**1）选种和选择区别**

选种是利用群体中存在的自然变异,将符合要求的优良单株选出来,经过比较而获得新品种的途径。而选择是一种方法手段,是育种工作的中心环节,其实质就是差别繁殖,各种育种方法都需要。选择能定向改变品种的遗传组成,具有创造性的作用。

### 2) 选择育种原理

**(1) 遗传变异来源**

植物在生长发育过程中产生许多变异,其中自然遗传的变异主要来源于天然杂交和天然突变(基因突变和染色体畸变),这些变异可以通过选择将可遗传的变异保留下来。除此之外,在自然界中,还存在许多可能引起基因突变的因素,如射线、高温等。

**(2) 嵌合体与芽变的发生**

园艺植物大多属于被子植物。被子植物顶端分生组织都有几个相互区分的细胞层,即组织发生层。各组织发生层在衍生组织时,物种间有一定的差异。在正常情况下,组织发生层细胞具有相同的遗传物质基础。如果层内或层间不同部分之间含有不同的遗传物质基础,这种情况就称为嵌合体。其中层间不同的叫周缘嵌合体,层内不同的叫扇形嵌合体,嵌合体的形成与突变细胞所处的位置和突变发生的时间有关,突变发生的越早,嵌合体的扇面就越宽,甚至形成周缘嵌合体。扇形嵌合体是不稳定的,在发生侧枝时,由于芽位不同,可形成不同类型的嵌合体、同质突变体或非突变体。

### 3) 基本要素

选择育种的基本要素有 5 个:一是供选择的群体内有可遗传的变异;二是供选择的群体足够大;三是选择要在相对一致的条件下进行;四是选择的单位是个体;五是选择要根据综合性状有重点地进行。

## 9.3.2 选择育种方法和程序

### 1) 选择育种方法

**(1) 有性繁殖植物的选择方法**

园艺植物有性繁殖植物选择育种的基本选择法有混合选择法和单株选择法两种。

①混合选择法 是从一个原始混杂的群体中选取符合育种目标的优良单株,混合留种,次年播种于同一圃地,与标准品种即当地优良品种及原始群体小区相邻种植,进行比较鉴定的选择法。由于混合选择法是根据表型进行选择留种,故又叫表型选择法。混合选择法可进行一次或多次,因此就有一次混合选择和多次混合选择。该法简便易行,获得材料较多,能够保持较丰富的遗传多样性,省时省力,但无法鉴别单株基因型,对劣变基因淘汰速度较慢,选择效果相对较低。

②单株选择法 是从原始群体中选取单株分别编号,分别留种,次年单独种植成一个小区,根据各株系的表现进行鉴定的选择方法。在该法中,由于一个单株就是一个基因型,中选的单株形成了一个系谱,故又叫系谱选择法或基因型选择法。单株选择法有一次单株选择法和多次单株选择法之分。一次单株选择法是指在整个育种过程中,只进行一次以单株为对象的选择,然后再以各家系为取舍单位进行选择育种的方法。多次单株选择法是指在整个育种过程中,先进行连续多次的以单株为对象的选择,然后再以各家系为取舍单位进行选择。单株选择法可对所选优株的基因型进行鉴定,选出可遗传的变异,有效淘汰劣变基因,提高选择效率,并且多次单株优选可定向积累变异,从而形成新品种。但单株选择法占用较多的土地,进行选择需要较长的时间,比较费工。

（2）授粉习性与选择法

育种中常用的选择法因植物的授粉习性不同而不同。植物的授粉习性包括自花授粉、常异花授粉和异花授粉三种。

①自花授粉　自花授粉植物是指同一品种、品系花内或同一植株内的花粉进行授粉而繁殖后代的植物，如番茄、豆类等自花授粉植物其自然异交率仅在5%以内。对于这类园艺作物可进行单株选择法。当结合生产进行品种提纯复壮时，为大量获得生产用种，也可采用混合选择法。常异花授粉植物是指以自花授粉为主但有相当高的异花授粉率的植物。如辣椒，一般自然杂交率在5%～50%。这类园艺作物品种在选育时常采用控制自交和单株选择方法，次数可多些。具体应用可根据生产需要及种子繁殖系数大小采用混合选择法，也可两种方法相间可进行多次应用。

②异花授粉　异花授粉植物是指通过不同品种、品系植株花朵的花粉进行授粉而繁殖后代的作物。如瓜类、十字花科蔬菜、苹果、桃、梨等，其自然杂交率在50%以上。对于这类园艺作物一般采用由两种基本方法衍生出来的选择法，主要有单株-混合选择法、母系选择法、亲系选择法（留种区法）、剩余种子法（半分法）、集团选择法。单株-混合选择法是指先进行一次单株选择，然后进行一次或多次混合选择。混合-单株选择法是多次混合选择后进行一次单株选择。母系选择法又称无隔离系谱选择法，就是对所选植株不进行防止异花授粉的隔离，而只是根据母本的性状进行单株选择，对花粉来源未加选择控制。亲系选择法与多次单株选择相似，区别主要是该种选择法不在系统比较试验圃内留种，而在另设的留种区内留种。系统比较试验圃内各系统间不隔离，而在留种区各系统间要隔离。剩余种子法将单株选择的种子分成两份，一份播于系统比较圃，另一份包装储藏于种子柜中，下一年或下一代播种时当选种子柜中的种子。集团选择法则根据原始群体的特征特性，如植株高低、果实大小、颜色、成熟期选出优良单株，把性状相似的优良单株归并到一起，形成几个集团，集团内混合播种，而集团间分小区隔离播种，淘汰不良集团，选出优良集团，多次进行直到选出新品种。

（3）无性繁殖植物选择方法

无性繁殖植物选择方法有营养系混合选择法、营养系单株（穴）选择法和有性后代单株选择法三种。其中，前两种选择法的程序与有性繁殖植物的相应选择法相同，差别只是选择材料为营养繁殖体，如鳞茎、块茎等；而营养系单株（穴）选择法一般只进行一次选择。有性后代单株选择法可用于能结种子的无性繁殖植物，通过自交或杂交获得种子，播种于实生选种圃小区，在此小区内按单株选择法选取优良单株，分别收获其营养繁殖体、编号、提纯，形成营养系。每一营养系再分别播种进行比较鉴定。

**2）选择育种程序**

在整个选种过程中，选育出一个新品种要先后经过原材料收集、优系选择鉴定等一系列工作程序。这种按照一定先后步骤一次进行的工作环节就叫选种程序。以单株选择为例（见图9.1），选种程序一般分为选择单株、选择株系、品种比较试验、生产试验和区域试验及品种审定和推广。开展这些工作需要设置原始材料圃、株系圃或选种圃、品种比较预备试验圃、品种比较试验圃、生产试验与区域试验等圃地。

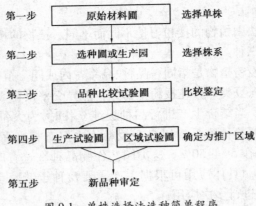

图 9.1　单株选择法选种简单程序

□ **案例导入**

什么是杂交育种?

杂交是指不同基因型配子结合产生杂种。杂交育种也叫有性杂交育种,是指通过人工杂交的手段,将分散在不同亲本上的优良性状组合到杂种中,对其后代进行多代培育选择,比较鉴定,获得遗传性相对稳定,有栽培利用价值的定型新品种的育种途径。杂交是目前国内外应用最广泛而且成效最显著的育种方法之一。由于2个不同性状的个体来源、组合方式以及杂交结果的利用方式不同,使杂交出现多种不同的杂交类型。

**任务 9.4　杂交育种**

### 9.4.1　杂交类别

#### 1)近缘杂交和远缘杂交

(1)近缘杂交

一般指不存在杂交障碍的同一物种内,不同品种或变种之间的杂交,常规的杂交育种都属该范畴。由于两亲本的遗传物质差异小,其生理上也类似,在生产上有一定优势。近缘杂交优点主要表现为三点:一是两亲本的杂交亲和力高。杂交亲和力是指两亲本授粉受精后产生杂交种子的能力,近缘杂交容易获得杂种。二是杂种后代分离幅度小,杂种的遗传稳定性较高。三是杂种后代能在较短时间内稳定下来,缩短选育时间。

(2)远缘杂交

通常是指植物分类学上不同种、属以上类型之间,或地理上相距很远的不同生态类型之间的杂交。由于两亲本遗传物质差别较大,形态结构及生理上不协调,形成了生殖隔离,造成两亲本的杂交亲和力小,远缘杂交容易出现杂交不孕、杂种不育、杂种后代分离复杂、幅度大,世代长等现象,因此远缘杂交育种难度较大。但远缘杂交可产生出多种多样的变异类型,为新品种培育提供丰富的物质基础,甚至创造出新物种。有时还会创造出雄性不育的个体,利于培养不育系,为杂种优势的利用提供方便。

#### 2)自然杂交和人工杂交

（1）自然杂交

自然杂交又叫天然杂交,是指由于自然因素的作用,使植物发生杂交的现象。如昆虫、风等引起的自然授粉,均为自然杂交。自然杂交会引起植物种群的生物学混杂,影响品种的纯度,造成种性退化,在良种繁育时通常要采取隔离措施,以防止自然杂交。但是自然杂交又是自然变异的重要来源,可以拓宽种群的遗传背景,提高生活力和适应性。播种自然杂交的种子,可以选育出新品种、新类型。

（2）人工杂交

人工杂交是指在人工控制的条件下,按照一定的程序,采用一定的方法,按预定的计划、目标所进行的杂交过程。人工杂交能够根据育种目标,正确选配符合要求的亲本,使亲本双方拥有的优良性状聚合在杂交后代中,从而培育出人类期望的新品种。因此,人工杂交是人们有目的、有计划地创造新品种、新物种的有效方法。

#### 3)组合育种和优势育种

（1）组合育种

通过杂交,使不同亲本的遗传物质发生重组,对其后代进行多代选择培育,从而获得具有双亲优良基因组合的基因型纯合的新品种育种过程。对于一、二年生有性繁殖植物,需要进行几代选择,选出有利的基因组合,并使基因型纯合。组合育种特点是"先杂后纯",就是先杂交获得基因型杂合的优良杂种,然后将杂种基因型纯合,再繁殖推广。组合育种培育的新品种在遗传上是纯合体,后代稳定,不易出现分离。其种子可连续种植若干年,不需要年年制种。如半支莲、紫罗兰、凤仙花等许多植物新品种都是采用这种技术路线育成的。

（2）优势育种

通过选择配合力良好、产生非加性效应的亲本组合进行杂交,从而获得杂合程度很高、表现出很强杂种优势的 F1 代杂种,并将 F1 代杂种直接用于生产的育种过程。对于一、二年生有性繁殖植物,主要是选配优良的亲本组合,优势育种特点是"先纯后杂",就是先使亲本基因型纯合,并大量繁殖,然后两亲本杂交获得 F1 代种子用于生产。优势育种培育的新品种在遗传上是杂合体,后代容易发生性状分离,不稳定,其种子只能用 1 年,需要年年制种,如 F1 代球根海棠、F1 带三色堇、F1 代石竹等。

### 9.4.2　杂交育种方法步骤

#### 1)确定育种目标

育种目标确定可根据上级部门下达的任务或生产经营的要求、当前园艺植物的实际需要、本单位实际情况等确定。育种目标要重点突出,统筹兼顾,要具体,有针对性。

**2)原始材料收集和研究**

(1)原始材料收集

根据育种目标,确定杂交过程中所需亲本的种类和数量。收集材料时,要优先考虑本地种质资源,选择收集与目标性状相关的、尽量多的品种或野生种,再收集外地的优良种类。可采用直接收集、交换或购买的方式进行原材料的收集工作,收集时要做好记录,并用适当的方法对收集到的材料进行保存。

(2)原始材料研究

在原始材料的研究过程中,要观察细致,记载周详。研究越细、越深,记录越全面,对原始材料的利用就越完全,就越利于亲本的正确选择。

原始材料研究包括:主要性状、生育特性、经济品质、抗逆性和适应性、亲缘关系、遗传特性等。

**3)杂交亲本选择与配置**

(1)杂交亲本选择与配置的重要性

育种目标确定之后,要根据目标从原始材料中选出最适合作亲本的类型。杂交是把父母本双方控制的不同性状的有利基因综合到杂种个体上的过程,杂交亲本遗传性状的优劣,直接影响到杂种后代的性状。因此,杂交亲本的选择和配置是杂交育种工作成败的关键因素之一。

(2)亲本选择原则

亲本选择是根据育种目标从原始材料中选择优良的品种或类型作为杂交的父母本。

亲本选择中要掌握以下原则:明确亲本选择的目标性状,突出重点,以多基因控制的综合性状为主,充分利用原始材料,精选亲本,尽可能选用优良性状多的种质材料作亲本,注意亲本的遗传特性,优先考虑具有重点性状、珍稀性状的材料作亲本,重视选用地方品种。

(3)亲本配置原则

亲本配置是指从入选的亲本中选择适合的品种或类型进行配组杂交。

亲本配置的原则是亲本优缺点互补,应考虑主要性状的遗传规律,选择地理上起源较远、生态型差别较大的亲本组合,选择具有较多优良性状的亲本作母本。

**4)杂交方式选择**

杂交方式是指在一个杂交方案中,参与杂交的亲本数目以及各亲本杂交的先后次序。它是由育种目标和亲本特点确定的,是影响杂交育种成败的重要因素之一。为了将各种亲本的优良性状综合到杂种后代中,达到最佳杂交效果,常采用不同的杂交方式。常用的杂交方式有简单杂交、复合杂交、回交和多父本混合授粉等。

(1)简单杂交

简单杂交又称单交、成对杂交、两亲杂交,是指参加杂交的亲本只有两个。两亲杂交可以互为父母本,因此,又有正反交之分,二者是相对而言的,如 A(♀)×B(♂)为正交,则 B(♀)×A(♂)为反交。一般情况下,多数性状正反交结果相同,即 F1 代表现一致。但也有些植物正交的杂种后代和反交的杂种后代会出现较大的差异。如紫茉莉的彩斑性状、耧斗菜的重瓣性状便表现为倾母遗传,因此杂交时要予以注意,在对某些材料的遗传规律不清楚的情况下,最好能正反交同时进行。

简单杂交如果亲本选配得当,可以使两亲本基因分离和重组,使杂种后代综合两个品种的优点,弥补缺点,从而获得兼具两个亲本优良性状的新品种。单交方法简便,需要时间短,见效快,后代选择相对容易;而且单交只涉及两个亲本,容易对杂种后代进行遗传分析。因此,单交是育种中常用和基本的杂交方式,在园艺植物育种实践中运用较多。如武汉植物研究所选育出的"友谊牡丹莲"就是用中国原产的莲花与美洲原产的黄莲杂交,培育成世界第一个黄色重瓣大花的荷花新品种。

(2)复合杂交

复合杂交是指在多个亲本之间进行多次杂交,故也称为复交、添加杂交。一般是先将两亲本配成单交种,再将单交种与另一个或多个亲本杂交,或者是两个单交种进行杂交。采用复交的目的是要把多个亲本的优良性状综合起来,创造一个由丰富遗传组成、优良性状更多的杂种后代。

①三交　先进行一次单交,再将其杂种后代与另一亲本杂交,即(A×B)×C。经过三交选育出来的品种称为三交种,也叫顶交种。添加杂交是其一种特殊形式,就是多个亲本逐个参与杂交的方式。每杂交1次,添入1个亲本性状。一般添加杂交以三、四个亲本为宜。如先 A(♀)×B(♂)→F1,然后 F1×C→F1′,再 F1′×D1→F1″等。

②双交　也叫合成杂交,就是先进行两组单交,然后将两组单交的杂种后代进行一次杂交,即(A×B)×(C×D)或(A×B)×(A×C),经过双交选育出来的品种称为双交种。

③四交　将三交的杂种后代,再与另一亲本杂交,即[(A×B)×C]×D。以此类推,还有五交、六交等方式。

④多父本混合授粉杂交　就是用一个以上父本品种的混合花粉授给一个母本品种的方式称为多父本混合授粉杂交。如 A(♀)×B、C、D(♂)→F1。该种方式可减少多次杂交的麻烦。同时,可解决远缘杂交不孕的困难,能提高杂种亲和性和结实性。这种多父本混合授粉方法简单易行,后代类型比单交丰富,有利于选择。

⑤回交　是指杂交第一代及其以后世代与其亲本之一再进行杂交。采用多次回交方法育成新品种(系)称为回交育种。其中参加回交的亲本称为轮回亲本,由于是有利性状(目标性状)的接受者,又称受体亲本;只参加1次杂交的亲本称为非轮回亲本,它是目标性状的提供者,故又称供体亲本。如果输出性状为显性时,可直接进行回交,即 A(♀)×B(♂)→F1,F1×A→BF1,BF1×A→BF2,BF2×A→BF3。如果输出性状为隐性时,需将 F1 和每次回交后代进行一次自交,使隐性性状表现出来后再进行回交,即 A(♀)×B(♂)→F1,F1×F1→F2,F2×A→BF1,BF1×BF1→BF2,BF2×A→BF2,BF2×A→BF3。回交可直接进行1次,也可以进行多次,回交次数应根据实际需要而定。回交属于近亲繁殖,其遗传效应是每回交一次,杂种后代可增加轮回亲本的1/2遗传物质。因此,多次回交可使轮回亲本的优良性状在杂种后代中逐渐加强,结果是最终获得的杂种除了获得要转移的目标性状以外,其他综合性状都与轮回亲本相似。回交育种法目前主要用于培育抗性品种或用于远缘杂交中恢复可孕性以及恢复栽培品种优点等方面。在用于克服优良品种的个别缺点中,要求轮回亲本综合性状好,适应性强。如 A 为月季优良品种,但抗白粉病差,B 为抗白粉病很强,但其他性状不如 A 品种,可用 B 作母本,A 作父本进行杂交,得到的杂交种再与 A 品种多次回交,从而选出具有 A 品种优良性状,并且抗白粉病的新品种。例如:日本用"鹿子百合"×"山百合",得到杂种后,再和"鹿子

百合"进行一次回交,得到了花大,花瓣翻卷、花色艳丽的新品种"美百"。

**5) 杂交技术**

(1) 亲本植株的培育与选择

杂交要选择健壮无病、具有亲本典型性状的代表植株。亲本选定后,用适当的栽培条件和栽培管理技术,使植株生长健壮,能充分表现出亲本的特性。种株如果生长瘦弱,不仅会影响柱头接受花粉的能力以及父本花粉的生活力,而且会影响杂交种子的发育,严重时得不到杂交种子。杂交应选择健壮的花枝和花蕾,疏去过多的花蕾、花朵和果实,一般每株母本选 3~5 朵花蕾。要尽量避免在初花期与末花期进行杂交。

(2) 花期调整

通过调节温差、调节光照、栽培措施、应用化学药剂、花粉技术等调节花期。

(3) 授粉技术

①去雄和隔离  两性花植物杂交前需将花蕾中未成熟的花药除去;单性花植物不去雄,但应隔离。去雄时间在雄蕊尚未成熟时或花药尚未开裂散粉时。一般去雄应在蕾期进行,去雄后立即套袋隔离。纸袋应选防水、透气、透光的硫酸纸或玻璃纸。虫媒花可用细纱布袋,套袋时将袋口扎住,然后挂牌,注明去雄日期。

②授粉  去雄后当柱头分泌出黏液发亮时授粉。授粉时将套袋打开,用毛笔、海绵球或橡皮头等蘸取花粉涂抹于柱头上。对于虫媒花,可用喷粉器授粉。使用喷粉器时,可不解除套袋而在套袋上方钻一小孔喷入。授粉后立即将袋套好、封紧,并在标牌上注明杂交组合名称及授粉日期。为确保授粉成功,可每天授粉 1 次,重复 2~3 d。授粉工具每次都要严格用酒精消毒。授粉数日后,柱头萎蔫,子房膨大,说明已杂交成功,可除去套袋。

③杂交后管理  授粉后要经常检查,如果套袋不严或纸袋脱落、破碎,应重新补作杂交。杂交后,要加强母本的肥、水管理,增施磷钾肥,修剪病、弱枝,去除萌蘖。有的还需要采取防冻或保暖措施,要防治病虫害、防止人为破坏。随时做好观察记载。要根据不同植物、不同品种种子成熟期适时采种。对种子细小而又易飞落的植物,或幼果易被鸟兽危害的植物,在种子成熟前应用纱布袋套袋隔离。种子采收后,自然晾干,不可暴晒,按杂交组合,分别装入种子袋。种子袋一般用防潮牛皮纸制成。要求在袋上注明杂交组合的名称、采收期、数量、颜色,并编号登记,置于干燥处贮藏,对种子失水后影响种子发芽的,采用湿沙贮藏,有的应在采收后立即播种。

(4) 室内切枝杂交

对于种子小而成熟期短的某些园艺植物,如菊花等可剪取枝条在温室内水培杂交。

①花枝采集和修剪  从已选定的母本植株上剪取无病虫害、生长粗壮的枝条,父本枝条可稍短。采回的枝条水培前要先进行修剪,除去无花芽的徒长枝,母本花枝保留花朵不宜过多。菊花每组合 3~4 个花蕾,多余的除去。父本雄花应尽量保留全部花芽。

②水培和管理  将修剪好的枝条,插在盛有清水的广口瓶中,每隔 2~3 d 换 1 次水,如发现枝条切口变色或黏液过多,必须在水中修剪切口。培养花枝期间要注意保持适当温、湿度,保持室内空气流通。

③去雄、隔离、授粉和种子采收  方法同前。但要注意单性花的隔离,如果室内条件允许,可将不同的组合或不同的父本,分别放在不同房间。

### 6）杂交后代培育和选择

（1）杂种培育

①播种　播种地选择阳光充足，土壤疏松、肥沃的土地，进行整畦作床，然后对土壤消毒。种子播种前编号。播种按组合进行，播种后插好标牌，标记杂交组合的名称、数量，绘制田间种植图，做好记载工作。采用温室盆播、箱播或营养钵育苗等方法。常采用赤霉素浸种。播种的土壤条件要均匀一致。

②播后管理　对杂种苗要精心培育，加强肥水管理，控制适宜的温度和充足的光照，注意病虫害防治，使幼苗健壮生长。为确保选择的正确性，减少试验误差，要保持栽培条件的一致性。各杂交组合、对照的播种期、播种方式、播种密度，移栽日期、株行距、土壤条件，水肥条件、光照条件、空气湿度都要保持均匀一致。

在培育过程中，从杂种一代开始就要进行系统的观察记载，要做好资料积累和统计分析。对果树植物主要记载内容有萌芽期、抽条展叶期、开花初期、开花盛期、开花末期、落叶期、休眠期等物候期，还要记载植株高度、花枝长度、叶形、茎态、花径、花型、瓣型、花色、花瓣数、雌雄蕊育性、香味、有无皮刺等植物学性状。对杂种苗的抗性特点也应记载：抗寒性、抗旱性、抗污染等性状。还要注重产花量、品质、综合观赏性、贮运特性等经济性状的记载。

（2）杂种选择

异花授粉园艺植物和无性繁殖园艺植物育种材料基因多为杂合，杂种第一代就会发生剧烈分离。因此，杂种一代起就应进行选择。自花授粉园艺植物育种材料基因多为纯合，杂种第二代就会发生剧烈分离，从杂种二代开始株选。有性繁殖园艺作物杂种后代选择常用的方法是系圃法（单株选择法）、混合-单株选择法和单子传代法。单子传代法是自 F2 或 F3 开始，从每株上留一颗种子混合播种，到 F4 或 F5 性状基本稳定时进行一次单株选择，下一代分别播种，进行株系间的比较鉴定，一次选出符合要求的整齐一致的品系。该种方法只用于自花授粉植物。对于多年生无性繁殖的园艺作物可同时采用直接选择和间接选择。直接选择是根据性状在自然条件下或人工提供的诱发条件下实际表现所进行的选择。如在田间条件下，根据冻害程度进行抗寒性选择；根据结果期果实的性状表现所进行的商品性选择等。间接选择又称相关选择，是根据性状之间存在的相关性，包括由杂种实生苗早期某一性状表现来推断后期的另一性状，并据此进行早期预先选择。该种选择工作贯穿于杂种培育的全过程，包括杂交种子的选择、苗期的选择、幼树期的选择和开花结果期的选择，其中以开花结果期的选择最为重要。在该期可根据花、果的性状表现进行直接选择，如木本花卉的花器特征、开花习性、开花期、果树果实的外观品质和内在品质、生长结果习性、产量、成熟期以及生长势、抗逆性等。

经过 3～5 年对杂种实生树的全面鉴定后对每一杂种单株作出最后的评价并决定其保留或淘汰。对选出的优良单株与当地生产上的主栽品种即标准品种进行比较，选出综合性状优良的单株进入品种试验或区域试验。

为加速育种过程，缩短育种周期，对选出的优良杂种可结合胚培养、花粉培养等技术。也可南繁北育，有条件的地方，可利用温室，创造杂种生长发育的优良条件，提高育种效率。

### 7）回交育种

（1）应注意问题

回交育种应注意四个问题：一是轮回亲本综合性状优良，仅一两个性状需要改良。二

是非轮回亲本输出性状优良,且由少数基因控制。三是轮回亲本在生产上应具有较长的预期使用寿命。四是为了保持轮回亲本综合优良性状在回交后代中的强度,防止多代近交导致生活力下降,可选用同类型的其他品种作为轮回亲本。

(2)回交次数

在基因不存在连锁的情况下,若双亲间有 $n$ 对基因差异,则回交 $r$ 次后,从轮回亲本导入基因的纯合体比率可按公式 $(1-1/2^r)^n$ 计算。若轮回亲本目标性状基因与不良性状基因存在连锁时,则轮回亲本优良性状基因置换非轮回亲本基因的进程将减缓,其减缓程度依连锁的紧密程度,即交换价($C$)的大小而不同。在不施加选择的情况下,轮回亲本的相对基因置换非轮回亲本不良基因,获得重组的概率可用公式 $1-(1-C)^r$ 计算。当输出性状为不完全显性,或存在修饰基因,或为少数基因控制的数量性状时,回交次数不宜过多,可在进行少数几次回交后自交,即"有限回交"。有限回交次数通常是 $1\sim3$ 次。转育雄性不育性时进行"饱和回交",连续回交一直到出现既具有雄性不育性,又具有轮回亲本全部优良性状的个体为止。饱和回交通常需回交 $4\sim6$ 次。

(3)回交后代群体规模

回交后代群体规模主要决定于轮回亲本优良性状所涉及的基因对数。涉及的基因对数多,则回交后代的群体规模大;反之,则回交后代的群体规模小。

(4)应用

在育种中,回交育种法主要用于增强抗性、转育雄性不育系、创造新种质和改善杂交材料的性状。

### 9.4.3 远缘杂交育种

#### 1)远缘杂交不亲和性及其克服

(1)远缘杂交不亲和

远缘杂交不亲和是指远缘杂交时,常表现不能结籽或结籽不正常(种子极少或只有瘪子)等现象,就是交配不成功。远缘杂交不亲和的表现有六点:一是种间柱头环境及柱头分泌物差异太大,导致花粉在异种植物的柱头上不能发芽;二是花粉能发芽,但花粉管不能进入柱头;三是花粉管生长缓慢、花粉管太短,无法进入子房到达胚囊;四是花粉管虽然能进入子房到达胚囊,但不能受精;五是受精后的幼胚不发育或发育不正常或发育中途停止;六是杂交种子幼胚、胚乳和子房组织之间缺乏协调性,胚乳不能为杂种胚提供正常生长所需的营养,影响杂种胚的发育。

(2)克服远缘杂交不亲和性的措施

①选择适当亲本,并注意正反交

a.在选定亲本的种属内,选择亲和性较好的种类作为杂交亲本。经选定作母本的某一物种内的不同类型,对于接受不同物种的雄配子和它的卵核、极核的融合能力有很大的遗传差异。如山荆子作母本与梨进行杂交,若用西洋梨作父本,其亲和性极好,但若用秋子梨作父本,杂交则很难成功。桃与山桃、甘肃桃、光核桃以及扁桃杂交易结实,而与矮扁桃杂交,获得杂种较为困难。蔷薇科内不同属间杂交结实率较低,苹果与草莓不能杂交结实。远缘杂交还常常出现正反交结果不同现象。西洋梨和苹果杂交时,以西洋梨作母本获得成功的希望较大。葡萄中两个亲缘关系很远的种,圆叶葡萄与欧洲葡萄杂交,以圆叶葡萄作母本杂交不能成功;反之则能成功。因此,在选配亲本时,还必须注意正反交亲和性的差异。

b.采用染色体数较多或染色体倍数性高的种作为母本。两亲染色体数目是否相同与杂交是否成功并无绝对关系。苹果与梨染色体数目相同,但杂交却很困难。必要时,将双亲或某一亲本类型转变为较高的多倍体水平,有可能提高其结实率。

c.选择氧化酶活性强的种作为父本。在父本氧化酶活性强于母本时,杂交较易结实,若母本强于父本,则结实不好或者完全不能结实。如果父本氧化酶活性超过母本,则不仅杂交成功的可能性大,而且杂种的能育性比较高。

d.花粉与柱头间渗透压差异的选择。一般选作父本的种,其花粉的渗透压稍大于母本的柱头渗透压时,将更利于花粉管的伸长和参与受精,有利于杂交的成功。

e.选择第一次开花的幼龄杂种实生苗作母本。以第一次开花的幼龄杂种实生苗作母本,有利于克服远缘杂交的不亲和性。如果双亲都是第一次开花的幼龄杂种,则更为有利。

②混合花粉和多次重复授粉　混合花粉是指在选定的父本类型的花粉中,掺入少量其他品种甚至包括母本的花粉,然后授于母本花朵柱头上。在应用混合花粉授粉时,应注意避免盲目地增加混合花粉成员的数目,并应注意控制混合花粉的数量。混合花粉的组成,最好能预先作发芽试验。混合成员数一般在3~5个为宜。重复授粉就是在同一母本花的花蕾期、开放期和花朵即将凋谢期等不同时期,进行多次重复授粉。雌蕊发育成熟度不同,其生理状况有所差异,受精选择性也有所不同。

③预先无性接近法　在进行远缘杂交前,预先将亲本相互嫁接在一起,使它们彼此的生理活动得到协调,或改变原来的生理状态,而后进行有性杂交,较易成功。

④媒介法　当远缘杂交亲本直接杂交不易成功时,可寻找能分别与双亲杂交的第三种植物作媒介,使杂交获得成功。如米丘林用矮生扁桃与普通桃进行杂交,未获得成功。后代采用矮生扁桃和山毛桃先进行杂交,再用获得的杂种后代与普通桃进行杂交,最终获得了成功。

⑤柱头移植、花柱短截法　为了排除雌蕊对远缘花粉的不亲和性,可采取柱头切割的方法。通常有两种方式:一是将父本花粉先授于同种植物柱头上,在花粉管尚未伸长之前切下柱头,移植到异种的母本柱头上;二是先将父本柱头嫁接于母本柱头上,待1~2 d愈合后再进行授粉。花柱短截是把母本雌蕊的柱头短截,有的在柱头上放置父本柱头碎块,然后再授粉。或将花粉悬浮液注入子房内使之受精。需注意的是使用该种方法必须细致小心,通常在具有较大柱头的植物中使用。

⑥化学药剂处理　应用赤霉素、萘乙酸、硼酸等或生长素涂抹或喷洒,能促进花粉发芽和花粉管的伸长,有利于完成受精作用。

⑦应用组织培养技术　随着组织培养研究的深入,已经开始研究应用人工培养基,从母本花朵中取出胎座或没有带胎座的胚珠,置于试管中培养,并在试管中进行人工授粉、受精,以克服远缘杂交中花粉未萌发、花粉不能伸长或无法达到胚珠所造成的不亲和状况。

⑧改变授粉条件　利用温室或保护地进行杂交,改善授粉受精条件,以及在某些情况下预先采用辐射处理花粉或植株等,都在不同程度上有利于克服远缘杂交的不亲和性。

⑨花粉预先用低剂量辐射处理　花粉用低剂量射线处理后,活性增加,表现花粉发芽率提高,花粉管生长迅速,再行杂交可以提高杂交成功率。

**2)远缘杂交不育性及其克服**

远缘杂种不育性是指远缘杂交虽产生了受精卵,但因其与胚乳或母本生理机理不协

调,在个体发育中表现出一系列不正常的发育,以致不能长成正常植株的现象。

（1）远缘杂种不育的表现

受精后幼胚不发育,发育不正常或中途停止;杂种幼胚、胚乳和子房组织之间不协调,特别是胚乳发育不正常,影响胚的正常发育,致使杂种胚部分甚至全部坏死;有的虽发育为成熟种子,但种子不能发芽;或虽发芽但在苗期夭亡;杂种植株成熟后不能开花,或雌雄配子不育,因而造成杂种育性差甚至完全不育。

（2）克服远缘杂种不育的方法

①幼胚离体培养　有些远缘杂种的幼胚发育不正常,或还未发育成有生活力的种子就半途夭折,可通过幼胚离体培养,促进杂种胚、胚乳和母体之间逐渐协调,提高幼胚成活率。具体方法是在无菌条件下,将授粉十几天以上的幼胚,接种在适当的培养基上,加少量植物生长调节物质,在室温、弱光条件下培养,使其形成完整的植株。如将授粉 66 d 后的北京玉蝶梅×山桃的属间杂种幼胚进行离体培养,获得成功。

②嫁接　幼苗出土后,如果发现是由于根系发育不良而引起死亡,可将杂种幼苗嫁接在母本幼苗上,使之正常生长发育。

③改善发芽和生长的条件　对种皮厚或秕子的杂种,可创造适宜杂种发芽的温湿度和通气条件,使杂种适时发芽,生长健壮。

### 3) 远缘杂种的不稔性及其克服

远缘杂种的不稔性是指远缘杂交后代由于生理上的不协调而不能形成生殖器官,或由于减数分裂过程中,染色体不能正常联会,不能产生正常配子而不能结子的现象。

（1）表现及其原因

营养体虽生长正常,但不能正常开花。虽能开花,但其结构功能不正常,不能产生有生活力的雌雄配子;配子虽有活力,但不能完成正常的受精过程,不能结子。远缘杂交不稔性是基因和染色体或二者综合作用造成的。

（2）克服远缘杂种不稔性的方法

①杂种染色体加倍　对于亲缘关系较远的二倍体杂种,在种子发芽的初期或苗期,用 0.1%~0.3% 秋水仙素碱液处理若干时间,使体细胞染色体数加倍,获得异源四倍体（双二倍体）。双二倍体在减数分裂过程中,每个染色体都有相应的同缘染色体可以正常进行配对联会,产生具有二重染色体组的有生活力的配子,可大大提高结实率。需要指出的是杂种亲本间系统发育的联系越少,双亲间染色体的同源性也越小,其杂种一代在减数分裂时,来自双亲的能配对联会的染色体就越少,通过加倍后的双二倍体的减数分裂则能恢复得更加正常,能育性大大提高。

②回交法　远缘杂种产生的雌雄配子并不是完全无效的,其中有些配子可以接受正常花粉受精结实,或能产生少数有活力的花粉。用亲本之一与之回交,可获得少量杂交种子。如湖北百合×王百合的杂交后代与任一亲本回交都可部分结实。不同回交亲本提高杂种结实率的能力有一定差别,回交时不必局限于原来的亲本,可用不同品种作为回交亲本。

③蒙导法　将远缘杂种嫁接在亲本或第三种类型的砧木上,可诱导杂交植株正常开花结实。如米丘林用斑叶稠李和酸樱桃杂交所得的杂种只开花不结实,后来将杂种嫁接在甜樱桃上,第二年便结果了。

④延长培育世代,逐代加强选择　远缘杂种的结实性,往往随着生育年龄的增加而提

高,也随着有性世代的增加而逐步提高。如树莓与黑树莓的远缘杂种,大多数只开花而不结实,只有少数能结少量的果实,但经过四个世代的连续选择,终于获得了丰产、优质、大果的新品种。延长培育世代所以能提高远缘杂种的结实性,这与减数分裂过程染色体的重新分配有关。

⑤改善营养条件　远缘杂种由于生理机能不协调,当提供优良的生长条件时,可能逐步恢复正常。因此必须加强栽培管理,从幼苗开始的各个生育阶段,都应加以精心培育。开花结实期间,还可用根外追肥方法,喷施 P、K、B 等以及具有高度生理活性的微量元素等,以促进杂种生理机能的逐渐恢复。

### 4)远缘杂种的返亲遗传

返亲遗传是指由于亲缘关系远,受精过程中两性配子不能正常结合,卵细胞受花粉刺激,孤雌生殖形成种子,产生母本个体的现象。在杂种后代中注意采用选择和回交等措施,注意选择杂种稳性高的系统,使远缘杂交育成的品种具有较高的繁殖力等可克服返亲遗传。

### 5)远缘杂种后代性状分离和遗传的特点

（1）分离的剧烈和无规律性

后代中出现杂种类型,与亲本相似的类型,或亲本的祖先类型,或亲本所没有的新类型,这种"剧烈分离"现象往往延续许多世代而不易稳定。"剧烈分离"产生近缘杂交所不能产生的新类型,从而为选育特殊的新品种提供了宝贵的原始材料。

（2）分离世代长,稳定慢

远缘杂种的性状分离并不完全出现在 $F_2$ 代,有的要在 $F_3$ 代或以后世代才有明显表现。同时,在某些远缘杂交中,由于杂种染色体消失、无融合生殖、染色体自然加倍等原因,常出现母本、父本的单倍体、二倍体或多倍体;在整倍体的杂种后代中,也还会出现非整倍体等。这样,性状分离会延续多代而不易稳定。

### 6)远缘杂种后代的选择

（1）扩大杂种的群体数量

远缘杂种由于亲本的亲缘关系较远,分离更为广泛,一般杂种中具有优良的新性状组合所占的比例不会很多。如与野生亲本远缘杂交,常伴随产生一些野生的不利性状。因此,尽可能提供较大的杂种群体,以增加更多的选择机会。

（2）增加杂种的繁殖世代

远缘杂种往往分离世代甚长,有些杂种一代虽不出现变异,而在以后的世代中仍有可能出现性状分离,因此,一般不易过早淘汰。但是,对于那些经过鉴定,证明是由于无融合生殖的发生,从母本胚囊内卵核以外的细胞以及珠新层细胞发育成胚胎,或由于卵细胞在精核的刺激作用下单独发育为胚,发生了孤雌生殖,因而长成的植株完全与母本一样。这样的植株,不能作为远缘杂种,而应加以淘汰。

（3）早期选择标准不宜过高

虽然对远缘杂种经过某些特殊的处理,如染色体加倍或回交等,但后代自交的早期世代中,仍表现出一定程度的结实不良和生育期延长等特征。但这些现象往往随世代的增加

而逐渐减少。

（4）灵活选用适当的选择方法

育种时，对杂种后代选择采用最多的是系谱选择法。系谱选择法虽然有许多优点，但选择的高世代群体过于庞大，往往使工作量增加很多。由于杂交种需要选择的世代过多，往往不宜机械采用单一的选择方法，在具体育种中，可以采用改良选择法，如混合-单株选择法、集团选择法等。如果要把不同种或亚种的一些优良性状和适应性组合起来，培育出生产力和适应性都较好的品系时，可采用混合种植法。

（5）培育与选择相结合

对于远缘杂种应注意培育，给予杂种充分的营养和优越的生育条件，促进优良性状的充分发育，再结合细胞学的鉴定方法，严格进行后代的选择，以便获得符合育种目标，具有较多优良性状的杂种后代。

（6）再杂交选择

远缘杂种后代分离延续世代较长，对杂种一代，除了一些比较优良类型可以直接利用外，还可进行杂种单株间再杂交或回交，并对以后世代继续进行选择。随着选择世代的增加，优良类型出现率也将会提高。特别是在利用野生资源作杂交亲本时，野生亲本往往带来一些不良性状，因此，还常将 $F_1$ 与某一栽培亲本回交，以加强某一特殊性状，并去除野生亲本伴随而来的一些不良性状，以达到品种改良的目的。

**案例导入**

### 什么是园艺品种审定？

品种审定是指对新选育或新引进的品种由权威性的专门机构对其进行审查，并作出能否推广和在什么范围内推广的决定。实行品种审定制度后，原则上只有经审定合格的品种，由农业行政部门公布后，才可正式繁殖推广。

目前，蔬菜类除大白菜以外的蔬菜，不需要审定就可推广，其责任由育种者承担。中国园艺植物中的蔬菜类最先实行品种审定制度；果树植物也已初步实行品种审定制度；观赏植物由于种类繁多，情况复杂，加之原有的工作基础较薄弱，近几年才在少数种类中开始试行。

## 任务 9.5　品种审定与良种繁育

### 9.5.1　品种审定

#### 1）基本知识

（1）品种审定制度的作用

实行品种审定制度，有利于加强对品种的管理，有计划、因地制宜地推广优良品种，充分发挥良种的作用,实现品种布局区域化,从而可避免品种繁育推广中的盲目性,促进生产的发展。

（2）品种审定的依据

品种审定的依据是品种试验。新品种必须经过2年多点区域试验和1年生产试验。掌握其特征特性,从中选出合乎要求的优秀者,经过审定合格后在适应的地区推广。品种试验是新品种从育种到生产必不可少的中间环节,而品种审定则是对经过试验的品种作出是否符合推广要求的决定。

**2）审定机构及其工作内容**

（1）机构组成

我国现阶段在国家和省（直辖市、自治区）两级均设置农作物品种审定委员会（简称品审会）,地（市）级设农作物品种审定小组（简称品审小组）。审定结构通常由农业行政部门、种子部门、科研单位、农业院校等有关单位的代表组成。全国品种审定委员会下设包括蔬菜、果树等各作物专业品审会,省品审会下设各作物专业组。品审会的日常工作,由同级农业行政部门设专门机构办理。

（2）主要工作任务

①领导和组织品种区域试验、生产试验。

②对报审品种进行全面审查,并作出能否推广和在什么范围内推广的决定,保证通过审定的新品种在生产上能起较大作用。

③贯彻《中华人民共和国种子管理条例》,对良种繁育和种子推广工作提出意见。

（3）品审会职责

全国农作物品种审定委员会负责全国性的农作物品种区域试验和生产试验,审定适合于跨省（自治区、市）推广的国家级新品种;省（直辖市、自治区）农作物品种审定委员会负责本省（市、自治区）的农作物品种区域试验和生产试验,审定本省（市、自治区）育成或引进的新品种,地（市）品审小组对本地区育成或引进的新品种进行初审,对省负责审定以外的小宗作物品种承担试验和审定任务。

**3）报审条件和程序**

（1）报审条件

①经过连续2~3年的区域试验和1~2年生产试验,在试验中表现出性状稳定、综合性状优良的特点。申报国家级品种审定的需参加全国农作物品种区域试验和生产试验、表现优异并经一个省级品审会审定通过的品种,或经两个省级品审会审定通过的品种。

②报审品种

a.产量上要求高于当地同类型的主要推广品种10%以上。

b.其他性状与对照相当,或产量虽与当地同类型的主要推广品种相近,但成熟期、品质、抗性等有一项乃至多项明显优于对照品种。

（2）申报材料

按申报审定申请书各项要求认真填写,通常要求附有的材料为:

①每年区域试验（2份）和生产试验（1份）年终总结报告。

②指定专业单位的抗病（虫）性鉴定报告。

③指定专业单位的品质分析报告。

④品种特征标准图谱照片和实物标本。

⑤栽培技术及繁制种技术要点(纯育品种)。

⑥下一级品审会(小组)审定通过的品种合格证书复印件。

⑦足够数量的原种。

(3)申报程序

①育种单位或个人提出申请并签章。

②育种者单位审核并签章。

③主持区域试验、生产试验单位一并签章。

④育种者所在地区的品审会(小组)审查同意并签章。

### 4)品种审定、定名和登记

(1)审定

①各专业委员会(小组)召开会议,对报审的品种进行认真讨论审查,用无记名投票的方法决定是否通过审定。凡票数通过法定委员(到会委员须占应到委员的 2/3 以上)总数的半数以上的品种为通过审定,并整理好评语,提交品审会正副主任办公会议审核批准后,发给审定合格证书。

②对审定有争议的品种,须经实地考察后提交下一次专业委员会复审。如审定未通过而选育单位或个人有异议时,可进一步提供有关资料申请复审。如复审未通过,不再进行第二次复审。

(2)定名、编号登记和公布

①定名 新品种的名称由选育单位或个人提出建议,由品审会审议定名。引进品种一般采用原名或确切的译名登记编号。

②编号登记和公布 经全国农作物品种审定委员会通过审定的品种,由农业部统一编号登记并公布,由省级审定通过的品种,由省(直辖市、自治区)农业厅统一编号登记、公布,并报全国农作物品审会备案。

《全国农作物品种审定办法》(试行)规定:凡是未经审定或审定不合格的品种,不得繁殖、经营和推广,不得宣传、报奖,更不得以成果转让的名义高价出售。但蔬菜等小作物除外。

## 9.5.2 良种繁育

### 1)基本概念

良种繁育就是运用遗传育种的理论和技术,在保持并提高良种种性和生存力的前提下,迅速扩大良种数量,不断提高良种品质的一整套科学的种子、苗木生产技术。

园艺植物良种繁育不是单纯的种子、苗木繁殖,而是品种选育工作的继续和扩大,是育种工作中不可分割的一个重要组成部分。培育出优良品种后必须经过良种繁育,才能使之在生产上发挥应有的作用。良种繁育还是育种和生产之间的桥梁,直接影响到优良品种的推广以及生产单位、企业的经济效益。

### 2)良种繁育的任务

(1)在保证质量的前提下,迅速扩大良种数量

良种繁育的首要任务就是在较短时间内繁殖出大量优良品种、苗木,从而使优良品种

迅速得到推广。

（2）保持和提高良种种性,恢复已退化良种的种性

优良品种在投入使用后,在缺乏良种繁育制度或一般的栽培管理条件下,常常发生生活力降低、抗性和产量下降等现象,甚至完全丧失栽培价值,最后不得不从生产中淘汰,在一、二年生草本花卉中表现尤为严重。通过良种繁育可保持和不断提高品种的优良种性。对于已经退化的良种,要采取一定的措施,恢复其良种种性,从而延长良种的使用年限。

### 3) 良种的加速繁殖

（1）提高种子繁殖系数的措施

提高种子繁殖系数的措施有以下5种:一是避免直播,尽可能采用育苗移栽。二是宽行稀植。三是栽培技术方面进行植株摘心处理,人工辅助授粉,合理施肥来提高种子的产量和品质。四是利用设施栽培或特殊处理如春化、光照处理。利用中国各地自然条件的差异,采取北种南繁。五是结合运用无性繁殖的各种方法,如茄果类、瓜类的侧枝扦插,甘蓝、结球白菜的侧芽扦插;韭菜、石刁柏、金针菜等分株法及组织培养等。

（2）提高营养器官系数的措施

①在利用常规的营养繁殖方法的同时,充分利用器官的再生能力来扩大繁殖数量。

②以球茎、鳞茎、块茎等特化器官进行繁殖的园艺植物,提高繁殖系数必须提高这些用于繁殖的变态器官的数量。

③应用组织培养技术,使无性繁殖植物的良种繁育能在较短时间内实现几十倍、几百倍的增殖。

### 4) 繁育无病毒苗

（1）热处理法

热处理法就是对感染病毒的种苗、接穗、插条等进行热处理。处理方法有干热空气、湿热空气或热水浴等。处理温度和时间有较高温度与较短时间组合,较低温度与较长时间组合。热处理时间长短应依不同病毒种类对高温的敏感程度而定,敏感的时间短些,迟钝的时间长些。

（2）组织培养法

组织培养脱毒培育无病毒苗的方法有茎尖培养、愈伤组织培养、珠心胚培养、花药培养和茎尖微体嫁接等。茎尖培养是应用最广的脱毒培养方法。结合热处理法将盆栽富士苗在30 ℃预备处理,芽萌发时再在37 ℃下处理2周以上,然后切取0.8~1.0 mm茎尖,继代培养4次,可有效脱除SGA病毒。热处理的新梢生长量与脱毒率成正比。

### 项目小结 )))

本项目主要介绍了园艺植物种质资源的基本概念,作用、种类、收集、保存、利用等方面的基本知识,简要介绍了种质资源研究的基本情况,阐述了相关的基本知识,引入了许多典型的案例。分析了园艺植物资源现状与存在的问题,提出了今后的发展趋势。

较详细地阐述了园艺植物品种改良的途径和方法:引种的基本概念、意义和作用,引种相关知识和成功案例;引种的原理、方法和程序及相关基础知识,园艺植物引种应注意的问

题及途径。介绍了选择育种的基本概念,选择与选种的区别,选择育种基本原理、基本要素及方法和程序,阐述了有性繁殖园艺植物和无性繁殖园艺植物选择育种的相关情况,介绍了相关知识及成功案例。详细介绍了杂交育种的概念、分类及意义,具体介绍了杂交育种的方法步骤。介绍了杂种优势的概念、类型、特点及产生的原因,提出了利用杂种优势的基本原则、途径、程序及生产方法,阐述了相关基本知识和成功案例。生物技术育种方式,常规生物技术育种和现代生物技术育种方式,介绍了基因工程与分子标记技术的相关知识。品种审定基本概念,审定机构及其工作内容,报审条件和程序,品种审定、定名和登记。园艺植物良种繁育的基本概念,良种繁育的任务,品种退化的原因及对策,加速良种繁育的措施和繁育无病毒苗的方法。

## 复习思考题 )))

1.园艺植物种质资源分为哪几种类型? 如何进行收集、保存和利用?

2.如何进行园艺植物的引种?

3.园艺植物选择育种的基本要素是什么? 如何进行选择育种?

4.园艺植物杂交育种分为哪几种类型? 如何进行杂交育种?

5.园艺植物利用杂种优势的途径和程序是什么?

6.如何进行园艺植物的品种审定?

7.如何加速园艺植物良种的繁育?

# 项目10 园艺产品的采收和处理

**项目描述**

　　介绍园艺产品采收时期,主要的采收方法,采收后的分级、包装、贮藏,特殊产品的催熟和脱涩方法,园艺产品加工前原料的检测处理及干制、腌制等的方法。

 **学习目标**

- 了解园艺产品采收的时期,熟悉采收的方法及采收后的分级、包装、贮藏,特殊产品的催熟和脱涩方法。
- 掌握园艺产品的贮藏与加工的方法。

 **能力目标**

- 能够进行园艺产品的适时采收,采收方法准确、合理,会进行园艺产品加工前的检测处理,能独立进行园艺产品的贮藏与加工。

## 园艺产品采后处理的意义

园艺产品采后处理就是为保持和改进产品质量并使其从农产品转化为商品所采取的一系列措施的总称。许多园艺产品采后预处理是在田间完成的,可有效地保证产品的贮藏保鲜效果,极大地减少采后的腐烂损失,减少城市垃圾。

## 任务 10.1　园艺产品采收的时期与方法

### 10.1.1　园艺产品的采收

**1)采收期的确定**

园艺产品采收时期的确定,应根据品种本身遗传特性、产品采后用途、采后运输距离、贮藏和销售时间以及产品生理特点和市场需求等综合因素来确定。具体采收时期确定必须综合考虑各方面因素。

(1)采收成熟度划分

水果都是以果实供食用,根据果实的成熟特征,一般可分为三个阶段:一是可采成熟度,贮运及特定加工果蔬产品,在果形大小已基本确定,但果实尚未完全成熟,果实的应有风味还未充分表现出来,肉质硬时采收。二是食用成熟度,在果实完全成熟,品种特有的色、香、味表现最佳,营养价值和化学成分达到极点。可供鲜销及做加工果汁、果酱、果酒的原料,但不宜长途运输和长期贮藏。三是生理成熟度,果实在生理方面达到充分成熟,种子充分成熟。但果实的风味与营养价值急剧下降,不宜贮运或食用,一般只作为采种使用。以种子作为食用的种类在此时采收最佳。

(2)果蔬成熟度确定

可以根据园艺产品表面色泽显现和变化、饱满程度和果实硬度、果梗脱离果实的难易程度、主要化学物质含量、生长期和成熟特征、果实形态等进行判断果实的成熟度。

**2)采收方法**

园艺产品采收方法可分为人工采收和机械采收两种。以新鲜园艺产品形式进行销售的产品,基本都是以人工采收为主;以加工为目的园艺产品大都进行机械采收。园艺产品采收时期宜在晴天上午、露水已干时进行。

(1)人工采收

园艺产品人工采收包括用手摘、采、拔,用刀割、切,用镢、锹挖等。人工采收可边采边选,可满足一些特殊园艺产品的采收要求,如苹果带梗、黄瓜带花、草莓带萼等。

(2)机械采收

机械采收适于那些成熟时果梗与果枝间形成离层的果实。园艺植物种类不同,需要机械各异,很难有通用机械。现有采收机械主要有振动机械、台式辅助采收机械、地面拾取机械和挖掘机械等。

### 10.1.2　园艺产品的采后处理

#### 1) 整理和挑选

(1) 整理

园艺产品从田间收获后,往往带有残叶、败叶、泥土、病虫污染等,必须进行适当的处理。清除残叶、败叶、枯枝后,有的产品还需进行进一步修整,并去除不可食用的部分,如去根、去叶、去老化部分等。

(2) 挑选

挑选是在整理基础上,进一步剔除受病虫侵染和受机械损伤的产品。挑选一般采用人工方法进行。挑选过程中必须戴手套,注意轻拿轻放,尽量剔除受伤产品,同时尽量防止造成新的机械伤害。

#### 2) 预冷

预冷是指将采收后的产品迅速除去田间热,使其温度降低到适宜温度的措施。大多数园艺产品都需要进行预冷,恰当的预冷可减少产品的腐烂,延缓其成熟衰老的速度,最大限度地保持产品的新鲜度和品质。

预冷分为自然预冷和人工预冷。人工预冷中有冰接触预冷、风冷、水冷和真空预冷等方式。

#### 3) 清洗

园艺产品受生长或贮藏环境的影响,表面常带有大量的泥土污物,严重影响其商品外观。因此,园艺产品在上市销售前常需进行清洗,改善商品外观。

#### 4) 涂蜡

涂蜡就是人为地在园艺产品表面涂一层蜡,增加产品光泽,改进外观,同时,也有利于园艺产品保存。

#### 5) 分级

分级是根据特定的标准进行级别划分,并除去残、次、劣、畸等不合格产品。园艺产品分级指标包括大小、形状、色泽、风味、质地、病虫害、机械伤、新鲜度、整齐度、清洁度等,应根据具体产品选择其合适的指标。如水果分级,我国目前的标准做法是:在果形、新鲜度、颜色、品质、病虫害和机械伤等方面已符合要求基础上,再按大小进行分级,就是根据果实横径最大部分直径,分为若干等级。

#### 6) 包装

(1) 包装材料要求

包装材料应具有保护性,具有一定的通透性和防潮性。包装材料还应该具有清洁、卫生、美观、重量轻、成本低、便于取材与加工、易于回收及处理等特点。

(2) 包装标志识别

为便于识别,在包装外注明商标、品名、等级、重量、产地、特定标志、包装日期及保存条

件等。

**（3）包装种类**

包装分为外包装和内包装，园艺产品外包装材料有高密度聚乙烯、聚苯乙烯、纸箱、木板条等。内包装，在良好的外包装条件下，内包装可进一步防止产品受震荡、碰撞、摩擦而引起的机械伤害。可通过在底部加衬垫、浅盘杯、薄垫片或改进包装材料，减少堆叠层数来实现。内包装还具有一定的防失水，调节小范围气体成分浓度的作用，且便于零售，为大规模自动售货提供条件。内包装一般为小包装，主要包装容器有纸盒、塑料盒、塑料框、纸或塑料托盘、塑料薄膜袋、塑料网眼袋等。

产品装箱完毕后，还必须对重量、质量、等级、规格等指标进行检验，检验合格后捆扎、封钉成件。包装箱封口原则上要简便易行、安全牢固。纸箱多采用黏合剂封口，木箱则采用铁钉封口。木箱、纸箱封口后还可在外面捆扎加固，多用材料为铝丝、尼龙编带，该项工作完成后对包装进行堆码。

**7）园艺产品其他采后处理**

**（1）预贮**

预贮是在采收后，将园艺产品松散地放置在冷凉干燥、通风良好的场所，经 3~5 d 自然降温。预贮多用于含水量很高、生理作用旺盛的产品。预贮时注意防止产品受冻，防止预贮过度。一般产品预贮失水 3%~5% 为宜，要根据收获时的气温、风速以及产品的含水量来确定预贮的时间，一般预贮 1~2 d 为宜。

**（2）愈伤**

园艺产品采收后若受到机械损伤，在预贮过程中，条件适宜，伤口会自然产生木栓愈伤组织，逐渐使伤口愈合，这是生物体适应环境的一种特殊功能。利用这种功能，对采收后的园艺产品给予适当的条件，可加速愈伤组织的形成，这就是愈伤处理。愈伤主要应用于薯类和葱蒜类园艺产品，如马铃薯、洋葱、大蒜、芋和山药等。就大多数种类的园艺产品而言，愈伤的适宜条件为 25~30 ℃，空气相对湿度为 85%~90%，通气条件良好，环境中有充足的氧气，大约存放 4 d。

**（3）催熟**

催熟是为了促使园艺产品上市前成熟度达到一致或符合上市要求所采用的促进产品成熟的措施。催熟的基本条件是适宜的高温、充足的氧气和催熟剂处理。催熟应具备的条件有四个方面：一是用来催熟的园艺产品必须达到生理成熟。二是催熟时一般要求较高的温度、湿度和充足的氧气。不同的园艺产品最佳催熟温度和湿度不同，一般以温度为 21~25 ℃，相对湿度为 85%~90% 为宜。三是要有适宜的催熟剂，催熟过程中催熟剂应达到一定浓度。四是催熟环境应有良好的气密性。

常用的催熟剂有乙烯、丙烯、丁烯、乙炔、乙醇、溴乙烷、四氯化碳等化合物。

**案例导入**

**园艺产品贮藏保鲜的意义**

新鲜果蔬贮藏时，应提供有利于产品贮藏所需的适宜环境条件，降低导致果蔬产品质量下降的各种生理生化及物质转变的速度,抑制水分的散失、延缓成熟衰老和生理失调的发生,控制微生物的活动及由病原微生物引起的病害,达到延长新鲜果蔬产品的贮藏寿命、延长市场供应期和减少产品损失的目的。

### 任务 10.2　园艺产品的贮藏

### 10.2.1　常温贮藏

#### 1) 简易贮藏

简易贮藏是利用自然低温来维持和调节贮藏适宜温度的贮藏方式。它是传统的园艺产品贮藏方式,在我国许多水果和蔬菜产区非常普遍。简易贮藏主要包括堆藏、沟藏(埋藏)和窖藏3种基本方式以及由此而衍生的假植贮藏和冻藏。

（1）堆藏

堆藏是将水果或蔬菜产品直接堆码在地面或浅坑中,或在荫棚下,表面用土壤、薄膜、秸秆、草席等覆盖,以防止风吹、日晒、雨淋的一种短期贮藏方式。

选择地势较高的地方,将水果或蔬菜就地堆成圆形或长条形的垛,或者装筐堆成4~5层的长方形。注意在堆内要留出通气孔以便通风散热。随着外界气候的变化,可逐渐调整覆盖的时间和覆盖物的厚度,以维持堆内适宜的温湿度。常用的覆盖物有席子、作物秸秆或泥土等,以维持适当的温、湿度,并减少干耗。在贮藏初期,白天气温较高时覆盖,晚上打开放风降温,当果蔬温度降到接近0 ℃,则应随着外界温度的降低来增加覆盖物的厚度,防止产品受冻。

（2）沟(埋)藏

沟藏是将水果或蔬菜堆放在沟或坑内,达到一定的厚度,上面一般用土壤覆盖,利用土壤的保湿保温性进行贮藏的一种方法。

将采收后的水果或蔬菜进行预贮降温;按要求挖好贮藏沟,在沟底平铺一层洁净的干草或细沙,将经过严格挑选的产品分层放入,也可整箱、整筐放入。对于容积较大较宽的贮藏沟,在中间每隔1.2~1.5 m插一捆作物秸秆,或在沟底设置通风道,以利于通风散热。随着外界气温的降低逐步进行覆土。可用竹筒插一只温度计来观察沟内的温度变化,随时掌握沟内的情况。沿贮藏沟的两侧设置排水沟,以防外界雨、水的渗入。

（3）窖藏

窖藏是利用深入地下的地窖进行贮藏,窖内留有活动空间,结构上留有供人员进出的门洞等,可供贮藏期间人员进出检查贮藏情况之用。另外,窖内配备了一定的通风、保温的设施,可以调节和控制窖内的温度、湿度、气体成分。

在水果或蔬菜入窖前,空窖应进行彻底清扫消毒,果蔬经挑选预冷后,即可入窖贮藏。在窖内堆码时,要注意留有一定的间隙,以便翻动和空气流动。窖藏期分三个阶段管理:入窖初期,窖内温度升高很快,要在夜间全部打开通气孔,达到迅速降温的目的,通风换气时

间以凌晨效果最好。贮藏中期,主要是保温防冻,应关闭窖口和通气口。贮藏后期,窖内温度回升,应选择在温度较低的早晚进行通风换气。贮藏期间应随时检查产品,发现腐烂果蔬需及时除去,以防交叉感染。果蔬全部出窖后,应立即将窖内打扫干净,同时封闭窖门和通风孔,以便秋季重新使用时,窖内能保持较低的温度。

### 2) 通风库贮藏

通风库贮藏是在隔热建筑内,利用库内外温度和昼夜温度的变化,以通风换气的方式来维持库内比较稳定、适宜的温度的贮藏方式。通风库具有良好的隔热库和通风设施,降温和保温性能都优于简易贮藏。

(1) 类型和性能

通风贮藏库可分为地上式、半地下式和地下式 3 种类型。地上式库体全部在地面上,受气温的影响最大。半地下式约有一半的库体在地面以下,增大了土壤的保温作用。地下式库体全部深入土层,仅库顶露出地面,保温性能最好。此外,地上式通风贮藏库可把进气口设置在库墙的底部,在库顶设置排气口,两者有最大的高差,有利于空气的自然对流,通风降温效果好。地下式相反,进出气口的高差小,空气对流速度慢,通风降温效果差。为了秋季获得适当的低温,冬季又便于保温,在温暖地区宜用地上式,酷寒地区宜用地下式,半地下式介于两者之间。

(2) 通风库的管理

通风库管理工作的重点是创造库内适宜的贮藏温度和相对湿度。

通风贮藏库在产品入库之前和结束贮藏之后,都要进行彻底清扫和消毒,一切可移动、拆卸的设备、用具都要搬到库外进行日光消毒,以减少果蔬贮藏中因微生物感染引起的病害。库房的消毒可用福尔马林、漂白粉喷洒,或用硫黄燃烧熏蒸。

产品入库和码垛:各种果蔬最好先包装,再在库内堆成垛。垛的四周要可以通气或放在贮藏架上,通风库贮量大时,要避免产品入库过于集中,多种果蔬原则上应该分库存放,避免相互干扰。

温度管理:温度管理大体上可以分为前、中、后三期,前期和后期以通风降温为主,中期则以防冻保温为主。总之,通风库只要精心管理,合理地利用气候条件,就可达到较好的效果。

湿度管理:保持库内较高的相对湿度,减少产品因水分蒸发而增加失重的损耗,也是通风贮藏库管理中的一项重要措施。对大多数果蔬而言,库内相对湿度需保持在 90%～95%。加湿是必要的管理措施,常用的方法是在库内地面泼水,可用塑料薄膜袋包装果品和蔬菜,保持袋内较高的相对湿度。

## 10.2.2 机械冷藏

### 1) 基本概念

机械冷藏是指在利用良好隔热材料建筑的仓库中,借助机械冷凝系统的作用,将库内的热空气传送到库外,使库内温度降低并保持一定相对湿度的贮藏方式。优点是受外界环境影响较小,可终年维持库内需要的低温。库内温度、相对湿度及空气流量都可人为控制,以适应产品的贮藏。不足之处是投资大,贮藏成本高。

### 2) 机械冷库的使用和管理

冷藏库管理主要包括温度、湿度和气体的管理。温度控制应根据不同产品所忍受的低温而定,保持恒定的库温,尽量避免库温波动;对于绝大多数新鲜园艺产品,相对湿度应控制在80%~95%,较高的相对湿度对于控制新鲜园艺产品的水分散失十分重要。如果湿度低,可在库内喷雾或直接引入蒸汽等方法进行增湿;库内气体成分的控制主要靠冷风机引入新鲜空气,或采用自然换气控制。此外,产品的入库贮藏及堆放对控制库内温湿度及保持气流循环也有影响。新鲜园艺产品入库贮藏时,如已经预冷,可一次性入库后建立适宜的条件贮藏;若未经预冷处理则应分次、分批进行。商品入贮时堆放要求是"三离一隙"。"三离"指的是离墙、离地坪、离天花板。"一隙"是指垛与垛之间及剁内,要留有一定的空隙。

### 案例导入

园艺产品加工预处理有哪些?

园艺产品加工原料的预处理,包括挑选、分级、清洗、去皮、切分、修整、烫漂、硬化、护色、半成品保存等处理,尽管果蔬原料种类和品种不同,组织特性相差很大,加工方法各不相同,但加工前的预处理过程基本相同。

## 任务 10.3　园艺产品加工前处理

### 10.3.1　加工品的种类及对原料的要求

#### 1) 园艺产品加工的作用

园艺产品生产中存在的地域性、季节性及易腐性,是影响园艺产品质量及生产效益的主要原因。而解决易腐性,是打破地域性与季节性的基础与必要条件。园艺产品加工的作用就是通过各种手段,最大限度地防止产品的败坏。

#### 2) 园艺加工品败坏的原因

园艺加工品败坏是指改变了园艺加工品原有的性质和状态,使质量劣变的现象。造成园艺加工品败坏的原因主要是由于园艺产品本身所含的酶及周围理化因素引起的物理、化学和生化变化,微生物活动引起的腐烂。

#### 3) 防止败坏的加工方法及原理

有效控制微生物败坏是防止园艺加工品败坏的主要手段,根据使用方法的不同,其原理也不相同。

(1)抑菌保存

利用低温原理、干制原理、高渗透压原理、速冻原理、化学防腐原理进行保存。

（2）杀菌保存

杀菌保存是指杀死制品中的微生物，防止它的生命活动引起食品的败坏，考虑到高温对食品品质的影响，现在的杀菌保存也称为商品无菌，其原理是通过热处理、微波、辐射、过滤等工艺手段，使制品中腐败菌数量减少或消灭到能使制品长期保存所允许的最低限度，杀灭所有致病微生物。

（3）发酵保存

又称生物化学保藏，是园艺产品内所含的糖在微生物的作用下发酵，产生具有一定保藏作用的乳酸、酒精、醋酸等的代谢产物来抑制有害微生物的活动，使产品得到保藏。园艺产品加工中的发酵保藏主要有乳酸发酵、酒精发酵、醋酸发酵等，发酵产物乳酸、酒精、醋酸等对有害微生物的毒害作用十分显著。果酒、果醋、酸菜及泡菜等就是利用发酵保藏的原理来保藏的。

### 10.3.2　加工原料处理

#### 1）果蔬加工原料的预处理

（1）原料分级

原料进厂后首先进行粗选，剔除霉烂及病虫害果实，对残、次及机械损伤类原料要分别加工利用。然后按大小、成熟度及色泽进行分级。

①成熟度和色泽的分级　成熟度和色泽的分级在大部分果品蔬菜中是一致的，常用目视估测法进行。成熟度的分级一般是按照人为制定的等级进行分选。色泽常按深浅进行分级，除目测外，也可用灯光法和电子测定仪装置进行色泽分辨选择。

②大小分级　大小分级是分级的主要内容，几乎所有的加工品类型均需进行大小分级。方法有手工分级和机械分级两种。手工分级一般在生产规模不大或机械设备较差时使用，同时也可配以简单的辅助工具，如圆孔分级板、分级筛及分级尺等。而机械分级法常用滚筒分级机、振动筛及分离输送机。在果蔬加工中还有许多专用分级机，如蘑菇分级机、橘片专用分级机和菠萝分级机等。对无需保持形态的制品如果蔬汁、果酒和果酱等，则不需要进行形态及大小的分级。

（2）原料清洗

原料洗涤用水，除制果脯和腌制类原料可用硬水外，其他加工原料最好使用软水。水温一般是常温，有时可用热水，但不适于柔软多汁，成熟度高的原料。洗前用水浸泡，必要时用热水浸渍。原料上残留的农药，还需用化学药剂洗涤。一般常用的化学药剂有 $0.5\%\sim 1.5\%$ 的盐酸溶液、$0.1\%$ 的高锰酸钾溶液等。在常温下浸泡数分钟，再用清水洗去化学药剂。清洗必须用流动水或使原料振动及摩擦。

（3）果蔬去皮

除叶菜类外，大部分果蔬外皮较粗糙、坚硬，对加工制品有一定的不良影响，一般要求进行去皮。只有在加工某些果脯、蜜饯、果汁和果酒时，不用去皮。此外，加工腌渍蔬菜也无需去皮。去皮时，只要求去掉不可食用或影响制品品质的部分，不可过度。果蔬去皮方法有：手工去皮、机械去皮、碱液去皮、热力去皮、酶法去皮、冷冻去皮、真空去皮和表面活性剂去皮。生产中应用时应根据实际生产条件、果蔬的状况来选用，并且许多方法可以结合在一起使用,如碱液去皮时可将原料预先进行热处理,再进行碱处理。

(4)原料切分、破碎、去心(核)、修整

①切分 体积较大的果蔬原料在罐藏、干制、腌制及加工果脯、蜜饯时,需要进行适当切分。切分形状根据产品标准和性质而定。制果酒、果蔬汁等制品,加工前需破碎。核果类加工前需去核、仁果类则需去心。有核柑橘类果实制罐时需去种子。枣、金柑、梅等加工蜜件时需划缝、刺孔。罐藏或果脯、蜜饯加工时需对果块在装罐前进行修整。全去囊衣橘瓣罐头则需除去未去净的囊衣。上述工序小量生产或设备较差时一般手工完成,常借助于专用的小型工具,如枇杷、山楂、枣的通核器;匙形的去核心器;金柑、梅的刺孔器等。规模生产常用的专用机械主要有劈桃机、多功能切片机和专用的切片机。

②破碎 果蔬的破碎常由破碎打浆机完成。刮板式打浆机也常用于打浆、去籽。制造果酱时果肉的破碎也可采用绞肉机。果泥加工还用磨碎机或胶体磨。葡萄的破碎、去梗、送浆联合机为葡萄酒厂的常用设备,成穗的葡萄送入进料斗后,经成对的破碎辊破碎、去梗后,再将果浆送入发酵池中。

**2)果蔬加工对其他辅料的要求**

为了改善果蔬制品的色、香、味,提高制品品质,延长保质期及加工工艺的需要而添加的天然物质或人工合成的化学物质等辅料,统称为食品添加剂。食品添加剂的使用,必须遵循《食品添加剂使用卫生标准》的要求,不能破坏加工品的营养和性质,也不能掩盖加工品本身的变质。

食品添加剂的种类很多,按照其来源的不同可分为天然食品添加剂和化学合成食品添加剂两大类,目前使用化学合成食品添加剂较多,为了食品安全和人们的身体健康提倡使用天然食品添加剂,常用添加剂有甜味剂、酸味剂、增稠剂、着色剂、增香剂、防腐剂等。

**案例导入**

什么是园艺产品加工?

以新鲜园艺产品为原料,根据各种园艺产品的理化性质,通过不同的加工工艺,制成营养丰富、不易败坏的工业食品的过程称为园艺产品加工,所得到的制品称为园艺加工品。

## 任务 10.4 园艺产品的加工技术

### 10.4.1 果蔬糖制加工

果蔬糖制品是以果蔬为原料,与糖或其他辅料配合加工而成。食糖的保藏作用在于高浓度糖液会形成较高的渗透压,微生物在高渗压下会发生细胞脱水而生理干燥直至质壁分离而无法活动;糖具有较强的保水力,束缚水分子,高浓度的糖液使水分活度大大降低,可被微生物利用的有效水分减少;糖制时氧在糖液中的溶解度降低,也使微生物的活动受阻,

有利于制品保存。

**1）糖制品分类及特点**

蜜饯类一般按产品加工方式和风味形态特点可分为以下两类：

①干态蜜饯　糖制后经干燥处理，传统上又分为果脯和返砂蜜饯两类产品。果脯产品表面干燥，不黏手，呈半透明状。色泽鲜艳，含糖高，柔软而有韧性，甜酸可口，有原果风味。代表品种有苹果脯、梨脯、桃脯、杏脯等。

返砂蜜饯产品表面干燥，有糖霜或糖衣，入口甜糯松软，原果风味浓。代表品种有橘饼、蜜枣、冬瓜条等。

②湿态蜜饯　糖制后不经干燥，产品表面有糖液，果形完整、饱满，质地脆或细软，味美，呈半透明状。如糖渍板栗、蜜饯樱桃、蜜金橘等。

**2）果脯蜜饯类加工**

（1）原料选择、分级

果蔬原料应选择大小和成熟度一致的新鲜原料，剔除霉烂变质、生虫的次果。在采用级外果、落果、劣质果、野生果等时，必须在保证质量的前提下加以选择。

（2）洗涤

原料表面的污物及残留的农药必须清洗干净。

（3）原料预处理

去皮、去核、切分、画线、护色、硬化处理、预煮等处理。

（4）糖制

糖制是蜜饯加工的主要操作，大致分为糖渍、糖煮和两者相结合三种方法。也可利用真空糖煮或糖渍，这样可加速渗糖速度和提高制品质量。

糖渍（蜜制）方法，分次加糖，加热，逐步提高糖浓度，在糖渍过程中取出糖液，经加热浓缩回加于原料中，利用温差加速渗糖，在糖渍过程中结合日晒提高糖浓度（凉果类）。真空糖渍，抽真空降低原料内部压力，加速渗糖。

糖渍由于不加热或加热时间短，能较好地保持原料原有质地，形态及风味。缺点是制作时间长，初期容易发酵变质。凉果的制作多用此法，加工过程主要是坯脱盐、加料蜜制和曝晒或烘制等。

糖煮方法，糖煮前多有糖渍的过程。在煮制过程中，组织脱水吸糖，糖液水分蒸发浓缩，糖液增浓，沸点提高。由于原料不同，糖煮要求也不同，可分一次煮制，多次煮制，快速煮制和真空煮制等。

掌握糖制时糖液的浓度、温度和时间是蜜饯加工的三个重要因素。蜜饯品种虽多，但其生产工艺基本相同，只有少数产品、部分工序、造型处理上有些差异。

（5）装筛干燥

糖制达到所要求的含糖量后，捞起沥去糖液，可用热水淋洗，以洗去表面糖液、减低黏性和利于干燥。干燥时温度控制在 60～65 ℃，其间还要进行换筛、翻转、回湿等控制。烘房内的温度不宜过高，以防糖分结块或焦化。

（6）整理包装

干态蜜饯成品含水量一般为 18%～20%。达到干燥要求后，进行回软、包装。干燥过程中果块往往由于收缩而变形,甚至破裂,干燥后需要压平,如蜜枣、橘饼等。包装以防潮防霉为主,可采取果干的包装法,用PE(聚乙烯)袋或PA/PE(尼龙/聚乙烯)复合袋作50、100、250 g等零售包装,再用纸箱外包装。

### 10.4.2　蔬菜腌制加工

凡将新鲜果蔬经预处理后,再用盐、香料等腌制,使其进行一系列的生物化学变化,制成鲜香嫩脆、咸淡或甜酸适口且耐保存的加工品,统称腌制品。其中以蔬菜制品居多,水果只有少数品种适宜腌制。

**1)果蔬腌制品分类及特点**

蔬菜腌制是一种生物化学的保藏方法,一方面,利用有益微生物活动的生成物以及各种配料来加强制成品的保藏性;另一方面,利用高渗透性物质的溶液抑制有害微生物生命活动来加强其保藏性。低盐、增酸、适甜是蔬菜腌制品发展的方向,低盐化咸菜、乳酸发酵的蔬菜腌制品被誉为健康腌菜。蔬菜腌制品可以分为发酵性腌制品和非发酵性腌制品两大类。

（1）发酵性腌制品

发酵性腌制品可分为半干态发酵和湿态发酵两类。这类腌菜食盐用量较低,往往加用香辛料,在腌制过程中,经过乳酸发酵,利用发酵所产生的乳酸与加入的食盐及香辛料等的防腐作用,来保藏蔬菜并增进其风味,这一类产品都具有较明显的酸味,如泡酸菜、咸菜。

（2）非发酵性腌制品

非发酵性腌制品可分盐渍品、酱渍品、糖醋渍品、酒糟制品4种。这类腌菜食盐用量较高,间或加用香辛料,不产生乳酸发酵或只有极轻微的发酵,主要是利用高浓度的食盐、糖及其他调味品来保藏和增进其风味。

腌制品含盐量一般为:泡酸菜0~4%,咸菜类10%~14%,酱渍菜8%~14%,糖醋菜1%~3%,盐渍菜25%。

**2)泡菜腌制**

（1）原料选择

凡是组织紧密、质地脆嫩、肉质肥厚且在腌制过程中不易软化的新鲜蔬菜均可作为泡菜的原料。例如,大头菜、球茎甘蓝、萝卜、甘蓝、嫩黄瓜等。也可以选用几种蔬菜混合泡制。

（2）原料处理

新鲜原料充分洗涤后,将不宜食用的部分剔除,根据原料的体积大小决定是否切分,块形大且质地致密的蔬菜应适当切分,特别是大块的球茎类蔬菜应适当切分。清洗、切分的原料沥干表面水分后即可入坛泡制。

（3）盐水的配制

盐水对泡菜的质量影响很大,泡菜用水要求符合饮用水标准,如井水、泉水或硬度较大的自来水均可用于配制泡菜用的盐水,因为硬水有利于保持泡菜成品的脆性。经处理的软水用于配制泡菜用的盐水时,需加入比原料重0.05%的钙盐。

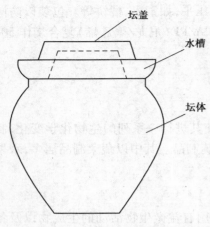

坛盖

水槽

坛体

图 10.1　泡菜坛的结构示意图

盐水的含盐量为 6%~8%,为了增进泡菜的品质,还可在盐水中加入 2%的红糖,3%的红辣椒以及其他香辛料,香辛料应用纱布包装后置于盐水中。将水和各种配料一起放入锅内煮沸,冷却后备用。冷盐水中也可以加 2.5%的白酒与 2.5%的黄酒。

（4）泡菜坛及其准备

泡菜坛用陶土烧制而成,抗酸碱、耐盐。其口小肚大,距坛口 6~15 cm 处有一水槽,槽缘略低于坛口,坛口上放一小碟作为假盖,坛盖扣在水槽上,其结构见图 10.1。泡菜坛的大小规格不一,小的泡菜坛可容纳 1~2 kg 菜,大的可容纳 10~50 kg 菜。这种结构的泡菜容器能有效地将容器内外隔离,又能自动排气,而且在发酵过程中可形成厌氧环境,这样不仅有利于乳酸发酵,而且可以防止外界杂菌的侵染。

泡菜坛在使用前必须清洗干净,如果泡菜坛内壁黏有油污,应用去污剂清洗干净,然后再用清水冲洗 2~3 次,倒置沥干坛内壁的水后备用。

（5）入坛泡制与管理

将准备就绪的蔬菜装入泡菜坛内,装至半坛时,将香辛料包放入,再装原料至坛口 6 cm 处即可。用竹片将菜压住,以防腌渍的原料浮于盐水面上。随后注入配置好的冷盐水,要求盐水将原料淹没。首次腌制时,为了使发酵迅速,并缩短成熟时间,可将新配置的冷盐水在注入泡菜坛前进行人工接入乳酸菌,或加入品质优良的陈泡菜汤。将假盖盖在坛口,坛盖扣在水槽上,并在水槽内注入清水或食盐溶液。最后将泡菜坛置于室内的阴凉处自然发酵。

根据微生物的活动和乳酸积累多少,发酵过程一般可分为三个阶段:

①初期　异型乳酸发酵为主,伴有微弱的酒精发酵和醋酸发酵,产生乳酸、乙醇、醋酸及 $CO_2$,逐渐形成嫌气状态。乳酸积累约为 0.3%~0.4%,pH 4.5~4.0,是泡菜的初熟阶段,时间 2~5 d。

②中期　正型乳酸发酵,嫌气状态形成,乳杆菌活跃。乳酸积累达 0.6%~0.8%,pH3.5~3.8,大肠杆菌、腐败菌等死亡,酵母、霉菌等受抑制,是泡菜完熟阶段,时间 5~9 d。

③后期　正型乳酸发酵继续进行,乳酸积累可达 1.0%以上,当乳酸含量达 1.2%以上时,乳酸菌本身也受到抑制,此时的产品酸味浓,也叫酸菜。

泡菜的成熟期随原料种类、气温及食盐浓度等而异。泡菜在发酵中期食用风味最佳,如果在发酵初期取食,成品咸而不酸,在发酵末期取食风味过酸。

成熟的泡菜取食后,应及时添加新原料,同时也应按原料的 5%~6%补充食盐,其他调味料也应适当地添加。

（6）成品泡菜

成品泡菜应清洁卫生,保持蔬菜原有色泽,香气浓郁,组织细嫩,质地清脆,咸酸适度,略有甜味与鲜味,尚有蔬菜原有的特殊风味。

（7）腌制中亚硝酸盐的生成与防治

蔬菜生长过程中所摄取的氮肥是以硝酸盐或亚硝酸盐的形式进入体内。在采收时仍有部分亚硝酸盐或亚硝酸尚未转化而残留,此外,土壤中也有硝酸盐的存在,植物体上所附着的硝酸盐还原菌(如大肠杆菌)所分泌出的酶亦会使硝酸盐转化为亚硝酸盐。在加工时所用的水质不良或受细菌侵染,均可促成这种变化。

亚硝胺是由亚硝酸和胺化合而成,胺来源于蛋白质、氨基酸等含氮物的分解,在酸性环境中具备了合成亚硝胺的条件,尤其在腌制条件不当导致腌菜劣变时,还原与合成作用更明显。

亚硝酸盐的控制:选用新鲜蔬菜原料,加工前冲洗干净,减少硝酸盐还原菌的侵染。据试验,采后蔬菜经晾晒有助于降低菜体内亚硝酸盐含量,晾晒1~3 d后可基本消失;腌制时用盐要适当,撒盐要均匀并将原料压紧,使乳酸菌迅速生长、发酵,形成酸性环境抑制分解硝酸盐的细菌活动;如发现腌制品表面产生菌膜,不要打捞或搅动,以免菌膜下沉使菜卤腐败而产生胺类,可加入相同浓度的盐水将菌膜浮出,或立即处理销售;腌制成熟后食用,不吃霉烂变质的腌菜,待腌制菜亚硝酸盐生成的高峰期过后再食用。要严格控制腌制品表面不要"生花",表面的霉点或菌膜一旦被搅破下沉则不宜继续食用。

### 3)咸菜类

咸菜类制品,必须采用各种脱水方法,使原料成半干态(水分含量一般控制60%~70%),并需盐腌、拌料、后熟(发酵),用盐量在10%以上,色、香、味的来源靠蛋白质的分解转化,具有鲜、香、嫩、脆,回味返甜的特点。榨菜、冬菜、梅菜、萝卜干等都属于这类制品,又称为半干菜。

咸菜加工工艺因原料及产品不同其工艺不完全相同,一般选择萝卜、大头菜、茎芥菜等作原料,也有选择大白菜(如北京冬菜)、洞菜(如梅菜)作原料(以四川涪陵榨菜为例)。

(1)原料分选

应选择组织细嫩、紧实、皮薄、粗纤维少、凹沟浅而少、菜体呈圆形或椭圆形、体积不宜太大的青菜头加工榨菜。青菜头含水量应小于93%,可溶性固形物含量大于5%。适宜的青菜头品种有草腰子、三转子、鹅公苍等。

(2)串菜

新鲜榨菜的个体按照大小要求适当切分成菜块进行分类,将分类好的菜块,用篾丝穿成串,以便晾晒。

(3)搭架、晾菜

穿串的青菜头置于菜架上晾晒,脱去部分水分才能腌制,搭架场地应选择风向适宜且平坦宽敞处,顺风向搭成"X"状。穿好的菜串搭在菜架上,要求菜块切面向外,菜串密度均匀,并适当留出间隙,使菜块受风均匀,加速脱水。

(4)下架及整理

在2~3级风的情况下,一般须晾晒7 d。控制水分下降率为早期菜42%,中期菜40%,晚期菜38%。除去根部,剥尽茎部老皮。

(5)腌制

脱水下架后的菜块应及时腌制,防止堆积发烧。菜块的腌制是在菜池中进行。腌菜池在地面以下,其大小规格各地不同。一般腌菜池的长、宽均为3.3~4 m,深为2.3~3.3 m,池底及四壁最好用水泥涂抹。一般每个菜池可容纳菜块25 000 kg。涪陵榨菜的腌制采用三次干腌法。

第一次腌制:将菜块与盐层层相间入池,每层放菜块 750~1 000 kg,每 100 kg 菜块用盐 3 kg,将盐分别均匀地撒在每层的菜块上,共 40~50 层。池底 1~5 层菜块可适当少加盐,预留 10%的底盐作为盖面盐。装满池后,在表层菜块上撒盖面盐,并保持菜块紧密,腌制 72 h,则可起池除去苦水。起池时利用池底菜盐水淘洗菜块,要求边淘洗、边起池、边上囤。菜块上囤的过程中,同时有 2~3 人上囤踩压,以便挤压出菜块附着的水分。起池完毕,将池内菜盐水转入盐水贮存池。上囤的菜块经 24 h 后,即为半熟菜块。

第二次腌制:方法同第一次腌制,但每层称取半熟菜块 600~800 kg,用盐量为半熟菜块重的 7%,池底 1~5 层扣留 10%的盐作为盖面盐,装满踩紧后,加盖面盐,早晚各踩压一次。经过 7 昼夜的腌制,按上法起池上囤,上囤的菜块经 24 h 后,即为毛熟菜块。

(6)修剪挑筋

用剪刀剔净切分块菜的虚边,再用小刀削去老皮,抽去老筋,削净黑斑烂点,但不损伤青皮、菜心。

(7)整形分级

修剪的同时,根据菜块的大小将大块菜、小块菜以及碎块菜分开堆放。

(8)淘洗

将上述修剪的菜块分别用澄清的菜盐水淘洗,淘洗可采用人工法,也可采用机械法。淘洗的目的是除去菜块表面的泥沙与污物。经淘洗后的菜块可用上述的方法上囤,上囤的菜块经 24 h 后,沥干水分,拌料装坛。

(9)拌料装坛(第三次腌制)

将毛熟的菜块修剪、挑筋、整形、分级、淘洗后与食盐与各种不同调味料按一定比例混合均匀。每 100 kg 菜块加食盐 14~16 kg、辣椒粉 1.1 kg、整花椒 0.03 kg、粉状混合调味料 0.12 kg。其中混合调味料的组成为:八角 45%、白芷 3%、山柰 15%、朴桂 8%、干姜 15%、干草 5%、砂头 4%、白胡椒 5%。将菜块与各种调味料拌匀,立即装坛。

菜坛用陶土烧制而成,其内外两面均上釉,外形呈椭圆状,每个坛子可装 70~80 kg 菜。装坛前,应事先对菜坛进行检查和清洗,要求菜坛无沙眼和裂痕。将检查无沙眼与裂痕的菜坛清洗干净,倒置,沥干水后备用。

将拌匀的菜块分 5 次装入坛内,每次装菜量基本一致,分层压紧,使坛内不留空隙,以便排除空气。装满后在坛口撒一层 0.06 kg 的红盐(红盐:100 kg 食盐与 2.5 kg 辣椒粉的混合物),在红盐上面撒一层谷壳,最后用含纤维多的长梗菜的茎和叶填塞坛口,即封口。封口后入库贮存,待其发酵后熟。

(10)后熟

装坛后宜放在阴凉干燥处存放后熟,至少需 2 个月,良好的榨菜需一年多。每隔 1~2 月进行一次敞口清理检查,称为"清口"。清口检查就是要把封坛口的菜茎和菜叶去掉,取出发霉的菜块,再用毛熟、修剪、上囤的菜块塞紧坛茎,最后用长梗菜的茎、叶将坛口扎紧,清口检查 2~3 d 后,用水泥封口,并在中间留一小孔,便于后熟过程中产生的气体排出。

(11)成品运销

待水泥封口干后将菜坛套上竹箩,套装菜坛的竹箩应与菜坛十分吻合。最后在水泥层表面注明编号,即可运销。

（12）榨菜加工

以存放后熟的榨菜为原料,经切分、拌料、装袋、真空封口、杀菌、冷却等工艺过程,即为成品榨菜。杀菌处理可采用常压杀菌与高压杀菌两种方法。拌料时添加适量的防腐剂,则可采用常压杀菌;否则就应采用高压杀菌,反压快速冷却。方便榨菜因其体积小、分量轻,携带方便,开袋即可食用,深受消费者欢迎。

（13）质量标准

感官指标:产品要求干湿适度,淘洗干净,咸淡适口,修剪光滑,色泽鲜明,风味鲜香,质地嫩脆,块头均匀。

理化指标:含水量在 72%~74%,含盐量 12%~14%,含酸量 0.6%~0.7%。

微生物指标:应符合商业无菌要求。

## 项目小结 >>>

本项目主要介绍了园艺产品采收的时期,成熟度的划分标准,果蔬成熟度的确定方法,鲜切花的采收时期,并通过典型案例加以说明。园艺产品的采收方法有人工采收和机械采收两种。采收的处理有整理和挑选、预冷、清洗和涂蜡、分级和包装。具体介绍了整理和挑选的要求;预冷方法、设备和注意事项;清洗应注意的问题,清洗液的选用及使用方法,涂蜡方法及应注意的问题;阐述了园艺产品国外与国内分级标准,从果品、蔬菜和花卉方面介绍了分级方法;包装材料要求和包装标识识别,分果蔬和花卉介绍了包装方法要求及应注意的问题。园艺产品的其他采后处理包括预贮和愈伤、涂膜、催熟和脱涩,具体介绍了其方法及要求。介绍了园艺产品贮藏的原理、分类方法,具体阐述了简易贮藏、通风贮藏、机械冷藏、气调贮藏和减压贮藏 5 种贮藏方法的概念、类型及适用对象。园艺产品加工前的检测与处理包括加工原料检测、加工用水检测以及原料预处理的内容。原料检测包括原料的种类和品种、原料的成熟度和采收期;加工用水的检测包括加工用水的要求及处理;原料预处理包括原料分级、清洗、去皮;原料切分、去心、去核及修整,烫漂,工序间的护色处理等内容,具体介绍了预处理内容的各项操作要求。加工方面,具体介绍了果蔬干制流程,原料的处理,干制过程中的管理,干制品包装、贮藏和复水,具体介绍了干制的技术要求。介绍了腌制品加工的基本概念,蔬菜腌制品分类,糖制品加工技术,果酱制品加工技术,腌渍菜类制品加工技术,泡菜制品加工工艺。

## 复习思考题 >>>

1.如何确定园艺产品采收时期?

2.园艺产品采收的方法有哪些?

3.园艺产品采后处理包括哪些环节?

4.什么是预冷? 园艺产品预冷应注意哪些问题?

5.园艺产品的分级标准和方法如何?

6.园艺产品包装方法、要求及注意问题有哪些?

7.什么是预贮和愈伤?

8.如何进行园艺产品的催熟与脱涩?

9.园艺产品贮藏的方法有哪些?

10.园艺产品加工前检测和处理的内容有哪些?

11.果蔬干制程序有哪些?如何进行操作?

12.腌制品分类方法有哪些?

13.腌制品制作方法有哪些?如何实施?

# 项目11 园艺产业现代化

**项目描述**

　　本项目主要介绍园艺产业现代化,高新技术在园艺产业中的应用,园艺产品及生产过程的标准化和园艺生产经营的产业化,可持续发展的理念和技术方法在园艺产业中的应用,以及有助于拓展园艺产业功能实现城乡一体化的都市园艺与观光园艺,使园艺产业走向家庭的园艺文化。

 **学习目标**

- 了解高新技术在园艺产业中的应用。
- 园艺产品及生产过程的标准化,园艺生产经营的产业化。
- 可持续发展的理念和技术在园艺产业中的应用,都市农业的特点及功能。
- 拓展园艺产业功能,实现城乡一体化的都市园艺与观光园艺。

 **能力目标**

- 掌握生物技术及信息技术在园艺生产中的应用。
- 了解园艺产品生产过程的标准化及生产经营的产业化要求。
- 了解园艺产业可持续发展的要求。
- 掌握发展都市农业的技术要求。

**任务 11.1　高新技术在园艺产业中的应用**

随着我国园艺产业的不断发展,园艺植物育种也逐步走向高新技术领域,高新技术包括空间技术、新能源、新材料、信息技术、生物技术等,每一种技术都有在园艺产业中应用的空间,都具有推动园艺产业发展的巨大潜力。在园艺产业中应用最广泛,最成功的是生物技术和信息技术。生物技术在园艺作物种苗繁育、性状标志、种质创新和品种培育中发挥着重要作用;信息技术则是园艺作物在生长环境调控、生长发育模拟模型建立以及生长发育管理方面建立专家系统的基础技术。

## 11.1.1　生物技术在园艺产业中的应用

生物技术是指以生命科学为基础,利用生物体系和工程原理创造新品种和生产生物制品的综合性科学技术,主要包括植物组织培养、人工种子、细胞工程、性状的分子标记和分子育种以及基因遗传转化(基因工程)等。

（1）植物组织培养

植物组织培养或称植物细胞工程,是在园艺产业中应用最早、最广泛、成效最显著的高新技术。植物组织培养在园艺产业中的主要应用是种苗快速繁殖、脱毒育苗、种质资源保存、创新、新品种选育等。

无性繁殖的园艺植物,如草莓、葡萄、香蕉、马铃薯、大蒜、非洲菊、一品红等,长期栽培和繁殖会感染并积累病毒。当病毒积累较多时,就会导致生长变弱、产量降低、品质变差、效益降低等负面影响,但到目前为止,还没有一种有效的药剂防治方法。以植物组织培养技术为基础的微茎尖培养,能够有效脱除病毒,再利用获得的脱毒苗进行扩繁,进行脱毒种苗的繁育。利用组织培养技术脱毒是目前最有效的植物脱毒技术,已在葡萄、草莓、苹果、柑橘、香蕉、大蒜、马铃薯等多种园艺作物上取得巨大成功,并可实现脱毒种苗的产业化生产。如我国马铃薯脱毒快速繁育技术在国际上处于领先地位。

（2）分子标记技术

20 世纪 80 年代发展起来的分子标记辅助育种是生物技术的另一个重要应用领域。分子标记技术是通过遗传物质 DNA 序列的差异来进行标记,它基于 DNA 水平多态性的遗传标记,是通过检验基因组的一批识别位点来估测基因组的变异性或多样性。分子标记作为一种基本的遗传分析方法,是继形态标记、细胞学标记和生化标记之后发展起来的一种新的遗传标记形式。分子标记技术在植物分类和遗传多样性、种质资源保护和利用、遗传图谱建立、基因定位、指纹图谱用于作物品种鉴定等多方面已得到广泛应用。利用分子标记技术,可以对果树、蔬菜、花卉等多种园艺作物的重要经济性状进行标记,为这些重要性状的应用提供方便快捷的途径。如通过分子标记和遗传作用,已建立了番茄、黄瓜等多种园艺作物分子图谱。而将分子标记用于亲本之间遗传差异和亲缘关系的确立,有助于杂种优势群的划分,提高杂种优势潜力。

（3）植物基因工程

植物基因工程又称植物遗传工程，是指以类似工程设计的方法，按照人们的意愿，将不同生物体的 DNA 在体外经酶切和连接，构成重组 DNA 分子，然后借助一定的方法转入受体植物细胞，使外源目的基因在受体中进行复制和表达，从而定向改变植物性状的技术方法。自从 1983 年世界上首次成功获得第一株转基因植物以来，植物基因工程技术在作物品种改良、抗虫剂、抗除草剂、杂种优势的利用等方面得到了广泛应用。美国、加拿大等国家已有众多转基因作物品种得到应用，其中以大豆、玉米、水稻等粮食作物为主。虽然目前园艺作物转基因育种与大田作物相比还有一定差距，但一些基础研究和技术手段已基本成熟。也有部分品种通过转基因技术获得了新的性状，成为具有某种特定性状和功能的转基因品种，如番茄、马铃薯、白菜、香蕉、木瓜、香木瓜、康乃馨等。1977 年，我国第一例转基因耐贮藏番茄获准进行商业化生产，2002 年又有抗病毒番茄、抗病毒甜椒、改变花色的牵牛花等园艺作物品种进入商业化生产。

## 11.1.2　信息技术在园艺产业中的应用

### 1) 信息技术

信息技术是当今世界发展最快的高新技术，它正推动着全球经济朝着以计算机及信息网络为基础的信息化方向发展。在这一背景下，我国农业已开始从传统农业向现代农业转变。信息技术目前被广泛应用在农业各个领域，农业信息化已成为现代农业的重要标志。

### 2) 农业信息技术

农业信息技术是信息技术与农业科学技术的有机结合，是在信息科学与农业科学不断发展的推动下建立起来的。农业信息技术着重研究农业系统中生物、土壤、气候、经济和社会等信息的综合管理和利用，通过建立智能化信息系统或决策支持系统，为不同层次的用户提供单机决策或网络系统服务。农业信息技术使农业生产系统从定性理解到定量分析，从概念模式到模拟模型，从专家经验到优化决策，实现定时、定量、定位的智能化农业管理。农业信息技术是一门新兴的边缘性应用科学，是农业科学与信息技术相互交叉渗透而产生的，其研究和开发已涉及农业的各个领域，成为引导农业生产、科研、教育、管理进一步发展的强大动力。农业信息技术主要包括农业信息网络、农业数据库、管理信息系统、决策支持系统、专家系统、3S 技术（RS、GPS、GIS 的简称）、信息化自动控制技术、农业多媒体、精准农业、生物信息学、数字图书馆等内容，其中以 3S 技术和精准农业在农作管理应用方面最为广泛和成功，而信息化自动控制技术在设施园艺和工厂化农业中应用广泛，农业信息网络和农业数据库更是延伸到农业各个部门和领域，走向千家万户。

农业信息化在发达国家已被广泛应用，包括农业硬件、设施的操作、农业生产技术和知识的推广普及以及产品市场经营等。在美国的农业生产中，82%的土壤采样使用地理信息系统，74%的农田利用地理信息系统制图，38%的收割机带有测产器，61%的作物采用产量分析系统，90%的耕地采用精确农业技术。法国农业部植保总局建立了全国范围的病虫测报计算机网络系统，可适时提供病虫害实况、农药残毒预报和农药评价信息。日本农林水产省建立了水稻、大豆、大麦等多种作物品种、品系的数据库系统。新西兰农牧研究院利用信息技术向农场提供土地肥力测定、动物接种免疫、草场建设、饲料质量分析等信息服务。

我国引进农业信息化的概念是在 20 世纪 80 年代。经过 20 多年的发展，我国农业科

研部门已在系统开发、数据库、信息管理系统、遥感技术应用、专家系统、决策支持系统、地理信息系统等高层研究领域取得了一定成果,某些领域已达到国际先进水平。

### 11.1.3  植物工厂

#### 1)植物工厂

植物工厂是在设施园艺的基础上发展起来的高度自动化的植物生产系统,是现代生物技术、工程技术和信息技术的综合应用和高度体现。

植物工厂是指通过对栽培设施内的环境进行高精度的控制,实现农作物,主要是蔬菜等园艺作物的周年连续高效生产的系统。也就是利用计算机对植物生长发育的温度、光照、湿度、二氧化碳浓度以及营养液供应等环境条件进行自动控制,使设施内环境条件不受或少受自然环境条件制约,完全按植物生长发育要求进行设置,植物在完全适宜的环境条件下进行生长发育,实现集约型、高效率、省力化生产。植物工厂的生产对象包括蔬菜、花卉、果品、药材和食用菌园艺作物等。

植物工厂的建立和生产管理以建筑工程、环境工程、材料科学、生物技术、信息技术(包括网络通信、人工智能、模拟与控制)等学科技术为基础,是知识与技术密集的集约型农业生产方式,集中体现了高新技术在园艺产业中的综合应用。

#### 2)植物工厂的特点

①产品生产计划性强,可实现周年均衡生产。生产者可以完全按照市场需求制订周年生产计划,可有效避免市场风险,实现企业利润最大化。

②由于植物在最适宜的生长发育条件下,植物生长速度快、生长周期短、生产效率高。叶菜类蔬菜可缩短生产周期、增加茬数,果类蔬菜可提早采收、延迟收获,从而使总产量提高,不仅提高了效益,也提高了生产的时间和空间利用率。

③环境自动调控,生产管理机械化和自动化程度高,甚至有机器人参与生产和管理,因而省工省力,劳动强度低,用工少,工作环境舒适。3 000 m² 植物工厂的栽培面积只需 4~5 个操作人员即可,劳动效率大大提高。

④由于生产环境控制的周年一致性,植物在封闭或半封闭的环境中生产,同时还有防虫网和卫生管理体系,可有效地防止有害昆虫和病原菌侵入;又由于不必施用农药,可实施无公害生产。不仅食品安全性高,对环境也没有污染,从而实现清洁生产。同时,由于产品的新鲜度和外观商品性好,深受消费者青睐。

⑤植物工厂可采用多层立体方式栽培,节省土地和资源。与平面栽培相比,多层主体栽培可提高土地利用率 3~5 倍,同时可节省能源 20% 以上。由于植物工厂土地利用率高和生产效率高,特别适宜在经济发达地区的都市农业中应用。

⑥不受或很少受地理、气候、环境等自然条件限制,完全摆脱了灾害性气候的影响。对场地条件没有要求,可以在沙漠、极地、宇宙进行生产,也可以在高层建筑、地下室、岛礁等场地生产。

植物工厂的应用还存在一些问题。主要问题是投资大、建设成本高,限制了其在经济欠发达地区的应用和发展。此外,在环境控制技术方面还有待于完善和提高,这样才能更加符合植物生长发育的需求。

### 11.1.4　航天育种

#### 1)航天育种的含义

航天育种也称太空育种、空间诱变育种,是一种有着广泛应用前景的诱变育种技术,在国内已有20多年的历史,主要通过卫星或宇宙飞船等搭载植物材料,利用高能空间辐射、微重力、超真空、超净环境等空间环境的影响,使植物发生体细胞突变,诱导植物出现遗传性状变异,利用有益的变异选育出作物新品种的育种新技术,它是航天技术、生物技术和农业遗传育种技术相结合的产物。航天育种变异频率高、变异幅度大,同时对植物的生理伤害轻,并且引起的变异大多数为可遗传的变异,受到国内外遗传育种界的广泛重视。

#### 2)航天育种主要采用的方法

目前航天育种主要采用两种方法:一种是利用返回式卫星或飞船作为运输工具,将种子带到200～300 km 的空间,经过8～15 d 的太空旅行,使作物基因产生一定的变异;另一种是让作物种子依赖高空气球运行到30～40 km 的高度,停留10 h 左右,也能导致作物基因变异。

#### 3)航天育种的原理

航天育种的原理在于,利用返回式卫星或热气球所达到的空间环境,如具有空间宇宙射线、微重力、高真空、交变磁场等因素的环境,这些因素对农作物种子或微生物产生诱变作用,使其发生变异,再经地面常规选育,可培育出新种质、新品系、新品种。由于航天环境有许多地面难以获得的诱变因素和多因子综合作用的条件,某些作物品种可能出现一些在地面难以出现的特异性状,这为遗传育种提供了新的种质资源,从而创造出更优良的作物新品种。

#### 4)航天育种的特点

(1)诱发作物种子产生遗传变异

太空特殊的环境(空间宇宙射线、微重力、高真空)能诱发作物种子产生遗传变异,而且变异幅度大。多数变异性状稳定较快,有利于加速育种过程。还能产生不育系,为进一步进行地面杂交培育新品种提供新的种质资源。

(2)提高农作物产量

据试验,水稻可比原品种增产20%左右,小麦可比原品种增产9%左右,番茄、黄瓜可提高产量20%以上。

(3)改良农作物的品质

种植试验表明,航天甜椒果实大、品质优,平均单果重350 g,果实中的维生素 C 含量可提高10%～25%。变异谱宽、变异率高、有益变异多、抗病抗逆性提高。

#### 5)中国的航天育种

在我国1986 年制订的"863 计划"中,将空间植物学研究列入了空间生命研究计划,并确定我国实施航天育种工程的策略为:加强航天育种,追踪国际发展趋势,提高我国作物育种水平。1987 年,我国开始将农作物种子搭载卫星上天。中科院植物所、微生物所、遗传所以及上海植物生理所、昆明植物所和解放军兽医大学等单位,调来20 多种微生物材料和植物种子,总重量不足5 kg。将上述种子等材料密封在玻璃管中,送入太空遨游了7 d,从

此揭开了中国航天育种的序幕。

在此后的 10 多次航天搭载育种中,共搭载了包括粮食作物、经济作物、蔬菜、花卉、微生物菌株等 800 多个品种,经全国 23 个省市 109 个科研和生产单位的农业专家和技术人员的试验选育,取得了可喜成果,培育出了一批高产、优质的粮食、蔬菜新品系及有特殊性状的种质资源。目前已有水稻、小麦、油菜、甜椒、黄瓜、番茄、大葱、西瓜等作物在试种、示范和推广。

1999 年 12 月 9 日,苏州市蔬菜研究所与北京天星航天育种技术开发中心联手成立"苏州航天育种中心南方片",主要开展蔬菜、瓜果等航天育种技术研究,推广航天育种成果。用不结球白菜、豇豆、西瓜、甜瓜、番茄、萝卜、辣椒等品种共 500 g 到太空遨游 21 h,回到地面后科研人员从中选取优良种子,培育出航天蔬菜新品种。2000 年 11 月 16 日,杨凌航天育种基地建成。选育适宜西部生态环境的农作物、蔬菜、果树、林业、草业新品种,在杨凌桃花源航天育种基地进行育植,为西部农业发展和生态环境建设提供优良品种。

园艺作物航天育种的重要成果表现在"航天蔬菜品种"的成功培育。甜椒通过航天搭载,变得果大色艳,又嫩又香,子少肉厚,除了产量提高 20% 左右外,平均单果重达 350 g,最大单果重达 500 g 以上,保护地单产 9 万~10.5 万 kg/hm$^2$。果实维生素 C 和可溶性固态物以及铜、铁等微量元素含量比原来高出 7%~20%。太空樱桃、番茄含糖量高达 13%,与柑橘的含糖量相当,口感鲜甜,可当水果食用。中国科学院遗传研究所将卫星搭载的黄瓜种子后代经 5 年选育,已经获得产量高、口味好、果型大的新品系,单产达 9 万 kg/hm$^2$。太空黄瓜不仅口感好、耐贮存,而且产量提高 20% 以上,一条黄瓜最重可达 1 500 g。这些品种还具有很强的地面环境适应性和抵御病虫害的能力。

除蔬菜外,中国科学院遗传研究所还在 1996 年搭载了 20 种花卉种子,后代出现了一些有益性状突变。一串红获得了花朵大、花期长、分枝多、矮化性状明显等变化;三色堇的花色变为浅红色,花期更长;原本为纯红色的矮牵牛出现了花色相间,一株上长出不同颜色的花朵。

一般认为,航天技术育成的新品种不存在基因安全性的问题,不存在放射性的问题,不存在辐射剂量过高的问题,也不存在有毒、有害物质的问题。因此,人们食用航天育成的农作物新产品是安全的,不会发生遗传性的影响和为害。

## 任务 11.2　园艺产业标准化与产业化

### 11.2.1　园艺产业的标准化意义

农业标准化是指种植业、林业、畜牧业、渔业、农用微生物的标准化,即以农业科学技术和实践经验为基础,运用简化、统一、协调、优选的原理,把科研成果和先进技术转化成标准并实施,以取得最佳经济、社会和生态效益的可持续过程。

**1)标准化是对现代园艺进行全面科学管理的基本要求**

农业标准化有力地推动农业生产力水平的不断提高,先进的农业生产、采后、加工、流通技术有效地应用到园艺产业,必须以标准化为手段和途径,园艺产品质量的控制、评判也必须以标准为依据。因此,园艺产业的现代化和国际化,现代园艺优质、高产、高效、安全和可持续发展,依赖于现代园艺标准的制定和实施。

**2)标准化是现代农业科技成果转化的桥梁和纽带**

农业标准化既源于农业科技创新,又是农业科技成果转化成现实生产力的重要载体。先进的园艺生产技术和产品质量标准的制订,可以通过不同渠道和不同环节,被广大生产者、管理者和消费者所接受和应用,迅速得到大规模推广。因此,加强农业标准化工作,建立健全统一权威的农业质量标准体系、检验检测体系、认证认可体系、组织保障体系和监管检测体系,对加快应用和推广先进实用的园艺技术,提高园艺产品质量、产量和安全性有着重要意义。

**3)标准化是园艺产业可持续农业的重要途径**

标准化工作是在简化、统一、协调、优化原理的指导下,把复杂的技术和纷繁的质量要求变成可操作性强、易于理解和掌握的标准,把园艺产业的产前、产中和产后各环节有机联系起来,确立共同的准则,使农业生产协调有序地进行。通过颁布和实施各类园艺产业的相关标准,把先进的技术、成熟的经验、产品质量要求、环境保护等技术和要求规范化、程序化、工艺化和法规化,从而实现园艺产业的优质、高产、高效、安全和可持续发展。

**4)标准化有利于合理利用资源、保持生态平衡、保障人类身体健康**

通过农业标准化的实施,可以规范生产与消费行为,合理利用与高效配置自然资源,保护生态环境和生物多样性,依靠科技减少有害农业产品,减少和杜绝农业废弃物污染,推动无公害、绿色和有机园艺产品的实施,实现少投入、高产出、生态化园艺生产。

**5)标准化有利于提高园艺产品竞争力,有利于园艺产品国际贸易**

我国加入 WTO 后,贸易壁垒被打破,蔬菜等园艺产品出口具有更强的国际竞争力。但我国蔬菜等农产品出口仍受到严重影响,原因是贸易壁垒取消后,以保护本国国家安全、人类健康、生态环境及动植物安全健康为主要内容的技术壁垒对农产品国际贸易起到更大的影响。正是我国缺乏对这些标准和规则的了解,特别是对进口国农产品质量标准的信息掌握不足,才造成蔬菜等农产品出口屡屡受阻。在技术性贸易壁垒中最有影响的协议即"技术性贸易壁垒协定(TBT)"和"实施卫生与植物卫生措施协定(SPS)"。

农业标准是无偏见的约束,是农产品国际贸易的"技术外交"手段,是农产品国际贸易的共同语言。农业标准水平的高低在一定程度上反映了一个国家的农业科学技术水平。因此,高水平的农业标准必将为一个国家农产品进入国际市场参与全球竞争提供"通行证"。

## 11.2.2　园艺业的产业化

园艺产业化是农业产业化的组成部分,也是农业产业化实施较广泛、成果比较显著的领域。所谓农业产业化,是指以市场为导向,以龙头企业为依托,以经济效益为中心,以系列化服务为手段,通过实施种养加、产供销、农工商一体化经营,将农业生产过程中的产前、产中、产后诸环节联系起来,形成一个完整产业系统,即产业链的经营方向。农业产业化是我国继农村实施联产承包获得成功后,发展农村经济、提高农民收入的又一重大举措。

农业产业化的基本形式是："市场牵龙头，龙头牵基地，基地带农户"，即"公司+基地+农业"。在这一基本形式的基础上又形成一些类型，如"公司+基地+农业工厂""公司+基地+农民组织""市场+基地+农户""农民合作组织（专业协会、专业合作化、股份制合作化）+基地+农户""经纪人组织+基地+农户"等。

农业产业化的基本特征可以概括为农业的市场化过程、农业的工业化过程和农业资源的优化配置过程，从而实现农业产业的高效运行和可持续发展。

通过农业产业化经营，把分散的农户集中起来，以解决小生产与大市场、大流通的矛盾，而将农业产业中的种养环节纳入加工和流通的产业链中，则更利于农业产业的市场化。因此，农业产业化经营不仅能解决我国农业生产中的深层次矛盾，更有利于我国农业现代化和国际化。

园艺产业是农业中最具活力的产业，由于其效益较高，成为各地农业产业结构调整中优先发展的产业，也是农产品国际贸易中具有竞争优势的产业。因此，农业产业化在园艺产业中的发展更为迅速，效果更为明显。

在园艺产业中，既有以蔬菜出口加工企业为龙头的产业化模式，也有以大型果品、蔬菜、花卉批发市场为龙头带动的产业化模式，还有以园艺产业协会股份制合作组织、农产品经济人组织为带动的模式，如各地以蔬菜加工出口为主的大型企业、产地或销地的大型产业或综合批发市场以及各地区农业主导产业的协会（如果品、蔬菜和花卉产业协会）。

## 任务 11.3　园艺产业的可持续发展

随着工业化的发展，化学合成物质在农业中的应用越来越广泛，最显著的标志是以大量消耗能源为标志的"石油农业"取代了传统农业。农药的使用有效地控制了有害农业生物，包括害虫、病原微生物和杂草，而化学物质的大量使用使农作物产量成倍增长。在人们享受化学物质给农业生产带来益处之时，也正在受到它们的危害。农药残留和土壤盐渍化使人类生存环境不断恶化，农产品化学污染成为食品安全的主要隐患。环境的污染，给社会和经济的发展带来了极其严重的挑战，这一切限制了农业产业的可持续发展。

园艺业的可持续发展问题，不只是应对污染的策略，还包括水土保持、有效肥源，节水和旱作、高效、节能等问题。当前最迫切的是节水、增肥和高效的问题。旱作农业不是简单的不浇水，它是通过节源开流、土壤节水、植物节水、工程节水等一系列的措施后可以不灌溉或最少灌溉的管理体系，是个系统工程。肥料短缺在整个农业上是普遍的，园艺业也很严重，仍然靠圈肥和化肥是不现实的；实行绿肥制、生草制或绿肥与农作物轮作制，是未来园艺业乃至整个农业解决肥源问题的根本途径。高效，是园艺业面临的迫切问题，近年来，随着外出打工人员的数量急剧增加，农业生产第一线的劳力越来越少，任何生产操作不能靠劳力密集来解决，在未来的园艺生产中机械化和简约化是提高劳动效率的必然趋势。

园艺生产属于高投入、高产出、高效益的产业，因此有"一亩园，十亩田"的说法。由于园艺生产的性质，导致农药、化肥的使用远远超过大田作物。设施园艺环境的特殊性，使农药残留和土壤盐渍化比露地园产品栽培还要严重。农药化肥的不合理使用，使农产品农药残留超标,硝酸盐和亚硝酸盐含量过高;又由于工业和生活废弃物污染,导致土壤中重金属超标和有害生物污染。所有这些,在使生态环境受到破坏的同时,还对消费者健康构成了威胁。园艺产品安全性直接影响国际贸易,降低了我国农产品在国际市场的竞争力。为了人类的健康,我们应进行无公害食品、绿色食品和有机食品的生产。

所谓无公害园艺产品,是指在产地环境、生产过程、产品质量均符合国家、企业或其他无公害农产品标准,经过质量监督检查部门检查合格,使用无公害农产品标志出售的园艺产品,无公害已成为我国农产品生产的基本要求。

绿色园艺产品是遵循可持续发展原则,按照特定生产方式,经专门机构认定,允许使用绿色食品标志销售的无污染的安全、优质、营养的产品。

绿色园艺产品有三个显著特征:一是强调产品出自最佳生态环境;二是对产品实行全程质量监控;三是产品依法实行标志管理。

绿色食品标志是由中国绿色食品发展中心在国家工商行政管理局正式注册的质量证明商标,所有权为中国绿色食品发展中心,受《中华人民共和国商标法》保护。为了规范绿色食品生产,我国分别在 2000 年和 2001 年出台了绿色食品的行业标准(农业行业标准)。我国绿色食品生产逐步进入标准化、法制化阶段,而且范围也在不断扩大。

有机园艺产品是来自有机农业生产体系,根据国际有机农业生产要求和相应标准生产加工,并通过独立的有机食品认证机构的农产品。

我国传统农业也具备有机农业的思想,但比真正意义上的现代有机农业和有机食品的开发晚,始于 20 世纪 80 年代后期。我国最早获得有机食品认证并作为有机产品出口的是茶叶。

1994 年,中国成立"国家环保总局有机食品发展中心"(OFDC),2003 年改为"南京国环有机产品认证中心",并成为中国第一个获得 IFOAM 认可的有机认证机构。1999 年,OFDC 制定了中国第一个《有机产品认证标准》,并于 2001 年由国家环保总局颁布成为行业标准。1999 年,中国农科院茶叶研究所成立了有机茶研究与发展中心(OTRDC),专门从事有机茶园、有机茶叶加工以及有机茶专用肥的检查和认证,2003 年该中心更名为"杭州中农质量认证中心"。2002 年,中国绿色食品发展中心根据农业部"无公害食品行动计划"关于绿色食品、有机食品、无公害食品"三位一体,整体推进"的战略部署,组建了"中绿华夏有机食品认证中心(COFCC)"。还有多家认证中心开展有机产品认证工作,到目前有近 30 家。2005 年 5 月,中国国家质量监督检疫检验总局颁布了《有机产品质量认证》国家标准。

经过 10 多年的发展,我国有机农业已有长足进步,经国内不同机构认证的有机农场和加工厂已近千家,已有 2 000 多种产品获得有机食品认证,其中大部分为蔬菜、果树、茶叶等园艺产品。

有机园艺生产禁止使用任何化学农药、化学肥料和其他化学试剂,尽量减少作物生产对外部物质的依赖,建立种养结合的相对封闭的作物营养循环系统。

有机园艺的重点和核心是培养建立健康肥沃的土壤,实现健康土壤—健康植物—健康作物—健康人类的循环过程。

有机园艺的特点是:①建立种养结合、循环再生的农业生产体系。②把系统内土壤、植物、动物和人类看作是相互联系的有机整体,应得到人类的同等尊重。③采用土地可以承受的方法进行耕作。④经济、社会和生态效益并重,实现农业可持续发展。

有机农业的目标不仅仅是生产安全、优质、健康的有机食品,更重要的是建立和保持健康的农业生态系统,实现农业的可持续发展。

## 任务 11.4 都市农业

### 11.4.1 都市农业的兴起

都市农业的提法出现于第二次世界大战以后,是伴随着世界上国际化、现代化大都市的发展而出现并发展起来的,首先在美国、日本、荷兰、新加坡等发达国家出现,逐渐在全球范围内兴起的新型农业。我国都市农业的提出与实践较晚。都市农业不仅成为现代农业的代表和体现,更成为现代大都市的有机组成部分。

都市农业是在工业化和城市化高度发展过程中提出来的。从发达国家和地区看,工业的发展和城市的扩张,使大量农田变为非农业用地,城市污水污染农田,加之农民也期望耕地转为非农业用地以迅速致富,因此在相当长的一段时间内,农业在大城市中被吞没。结果导致建筑过密,空间和绿地面积过少,环境质量日趋恶化,直接危害到人类的生存和发展。人们开始认识到,要改善城市人居环境就必须扩大城市绿地面积,绿地不仅包括市内的公园绿地,还包括城市范围内的农田、山林以及城市周边的绿化。因此就提出了建设"有农的"城市,大力发展城市农业。

在人们的基本生活需要得到满足之后,随着收入的增加,闲暇时间的增多,物质条件和交通的改善,人们对生活质量和生存环境质量提出了更高的要求,要求城郊农业提供新鲜安全的食品、优良美好的环境,丰富多彩的田园生活,为城市人们离开大城市,回归大自然,欣赏田园风光,享受乡村情趣,体验农业文明创造条件。

### 11.4.2 都市园艺与观光园艺

都市园艺属于都市农业的重要组成部分,园艺业是都市农业的核心和重点。近年来,伴随全球农业的产业化发展,现代农业不仅具有生产功能,还具有改善生态环境,为人们提供观光、休闲、度假的功能。农业与旅游业边缘交叉的新型产业——观光园艺应运而生。观光园艺是把生产与观光有机结合的新经营方式,是集生产、旅游观光、休闲度假、科普教育于一体的新兴观光农业。

1)都市园艺的特点

都市园艺除具有都市农业的共同特点外,还具有以下特点:

(1)园艺是园区的主体

生产方式、人文、社会及景观,都是围绕园艺展开的:在生产方式上以设施园艺、无土栽培、植物工厂、名特优新园艺品种展示为主,在景观上以各类花卉和园林树木及观赏果园、观赏菜园为主。

（2）高度集约化的生产

都市园艺对生产条件和管理水平等生产诸要素的投入远远高于传统农业，对技术和人才的要求也远远高于传统农业。因此，都市园艺是高投入、高产出、高效益的集约化生产。

（3）实行高水平的产业化经营

由于都市园艺依托大中城市，又属于集约化农业，因而受现代产业经营管理影响，要有物质、技术和人才资源支持，要实行高水平的产业化经营。多数都市园艺产业都成为园艺产业化组织中的龙头企业或合作组织中的核心企业。

（4）功能的转变与拓展

都市园艺除了生产园艺产品以外，更主要的是为城市居民提供接触自然、体验农业、观光、休闲的场所，为城市生活创造良好的环境，充分发挥园艺的人文内涵和生态景观功能，满足城市居民精神消费和城市美化与生态净化需求。

**2）都市园艺发展的有利条件**

①都市园艺的特殊功能为其发展开辟了广阔的市场空间。

②新的产业发展和创业观念的形成为都市园艺的发展提供了人力资源保证。

③大中城市的生产力优势和经济发展活力为都市园艺的发展创造了必要的技术条件和经济支持。

④国家构建和谐社会、重视"三农"以及实施以人为本的全面、协调、可持续发展的社会经济发展目标为都市园艺建设提供了政策保障。

### 11.4.3　园艺文化

文化是人类创造的物质财富和精神财富的总和。中国有几千年的农业文明史，而中国文化以农耕文化为基础。园艺业作为农业的组成部分，在农业文化中占有重要地位。

文化是没有国界的，中国的园艺文化亦是如此。中国原产的果树、蔬菜、花卉和观赏树木，连同它们的文化，早已在世界各国落地生根、开花结果。蜚声世界的英国爱丁堡皇家植物园，现有中国园林植物达1 527种及变种。20世纪初颇负盛名的植物学家亨利·威尔逊，曾于1899年至1918年先后5次来华，收集各种野生观赏植物1 000多种。1929年，他在美国出版的专著《中国，园林之母》中写道："中国的确是园林的母亲，因为所有其他国家的花园都深深受惠于她。从早春开花的连翘和玉兰，到夏季的牡丹、芍药、蔷薇与月季直到秋季的菊花，都是中国贡献给这些花园的花卉珍宝，假若将中国原产的花卉全部撤离的话，我们的花园必将为之黯然失色。"亨利·威尔逊出自肺腑的话语，道出中国园林植物对世界的重大贡献。

为了让中国的园艺文化进一步走向世界，我国先后于1999年在昆明、2006年在沈阳、2011年在西安，举办了三届世界园艺博览会，充分展示了中国和世界园艺生产与科研的最新成就，凸显了各国园艺文化的丰富内涵。

一年一度的海峡两岸农博会、花博会和林博会，是一次园艺产业的大检阅，也是精彩纷呈的园艺文化的大展示。园艺文化是一种力量，它在世界的每个地方，显示勃勃的生机和活力；园艺文化是一种关怀，它在每一个人的心扉，留下了温暖；园艺文化是一个历史，在如歌的岁月里，镌刻着永恒；园艺文化已渗透到人类社会的各个方面，在社会进步和经济发展

中还将发挥越来越大的作用。

### 项目小结 )))

本项目主要介绍了高新技术在园艺业中的应用包括生物技术、信息技术、植物工厂以及航天育种在园艺产业中的应用;介绍园艺产业的标准化与产业化;园艺产业的可持续发展;都市农业、都市园艺与观光园艺。

### 复习思考题 )))

1.简述高新技术在园艺产业中的应用。

2.在园艺产业的发展中,生物技术、信息技术以及航天育种各有哪些作用?

3.目前我国园艺业的农业标准化存在差距和面临的问题主要表现在哪些方面?

4.在园艺产业的发展中为什么要强调标准化的重要性?

5.在园艺产业的生产中我们如何做到园艺产业的可持续发展?

6.什么是都市农业?都市农业有什么功能?我们如何发展都市农业?

7.我国发展都市园艺的有利条件有哪些?

# 参考文献

［1］包满珠.园林植物育种学［M］.北京：中国农业出版社,2004.

［2］季孔庶.园艺植物遗传育种［M］.北京：高等教育出版社,2005.

［3］季孔庶.园林植物高新育种技术研究综述和展望［J］.分子植物育种,2004.

［4］张秀省,戴明勋,张复君.无公害农产品标准化生产［M］.北京：中国农业科学技术出版社,2002.

［5］徐柏园,李江华.绿色农副产品生产、流通、消费指南［M］.北京：化学工业出版社,2005.

［6］马凯,侯喜林.园艺通论［M］.2版.北京：高等教育出版社,2006.

［7］张洪程.农业标准化概论［M］.北京：中国农业出版社,2004.

［8］宋立志,冯连荣,林晓峰.浅谈高新技术在园林植物育种中的应用［J］.防护林科技,2010.

［9］张放.都市农业与可持续发展［M］.北京：化学工业出版社,2005.

［10］王鸣.园艺学——科学与技术的结晶［J］.中国西瓜甜瓜,2004.

［11］王兴娜,马凯.信息技术在果树生产中的应用［J］.现代化农业,2002(3):35-37.

［12］贾科利,常庆瑞,张俊华,等.信心农业现状与发展趋势［J］.西北农林科技大学学报(社会科学版),2003.

［13］韦明兵,韦瑞霞.航天育种及其在园艺植物上的应用［J］.广西园艺,2008.

［14］成善汉,周开兵.观光园艺［M］.北京：中国科学技术大学出版社,2007.

［15］程智慧.园艺学概论［M］.北京：中国农业出版社,2003.

［16］程智慧.园艺学概论［M］.北京：科学出版社,2009.

［17］叶创兴,朱念德,廖文波,等.植物学［M］.北京：高等教育出版社,2007.

［18］肖家欣,张晓平,黄文江.园艺概论［M］.安徽：安徽人民出版社,2008.

［19］李光晨.园艺学概论［M］.北京：中央广播电视大学出版社,2007.

［20］李光晨.园艺学概论［M］.北京：中央广播电视大学出版社,2002.

［21］王忠.植物生理学［M］.北京：中国农业出版社,2000.

［22］王宝山.植物生理学［M］.北京：科学出版社,2007.

［23］毛龙生.观赏树木栽培大全［M］.北京：中国农业出版社,2002.

［24］韦三立.观赏植物花期控制［M］.北京：中国农业出版社,1999.

［25］贾敬贤.梨树的矮化密植栽培［M］.北京：金盾出版社,1995.

［26］黑龙江省佳木斯农业学校,江苏省苏州农业学校.果树栽培学总论［M］.北京：中国农业出版社,1989.

［27］闫峻.林业生物灾害管理［M］.上海：上海科学技术出版社,2009.

[28] 霍治国.农业和生物气象灾害[M].北京:气象出版社,2009.

[29] 陈颙,史培军.自然灾害[J].北京师大,2007.

[30] 孙培博.农作物灾害防治指南[M]. 北京:化学工业出版社,2013.

[31] 郭书普.苹果病虫害防治图解[M]. 北京:化学工业出版社,2013.

[32] 郭书普.梨树病虫害防治图解[M]. 北京:化学工业出版社,2013.

[33] 周增强.葡萄病虫防治原色图谱[M].开封:河南科学技术出版社,2012.

[34] 吕文彦,翟凤艳.园林植物病虫害防治[M].北京:中国农业科学技术出版社,2012.

[35] 纪明山. 生物农药手册[M].北京:化学工业出版社,2012.

[36] 王国平. 梨主要病虫害识别手册[M].武汉:湖北科学技术出版社.2012.

[37] 陈汉杰,周增强. 桃病虫防治原色图谱(最新版)[M].开封:河南科学技术出版社,2012.

[38] 李本鑫.园林植物病虫害防治[M].北京:机械工业出版社,2012.

[39] 吴郁魂. 作物病虫害防治[M].北京:化学工业出版社,2011.

[40] 黄增敏,刘绍凡. 果树栽培与病害防治新技术[M].北京:中国农业科学技术出版社,2011.

[41] 霍治国,王石立. 农业和生物气象灾害[M].北京:气象出版社,2009.

[42] 李文华,闵庆文,张强.生态气象灾害[M].北京:气象出版社,2009.

[43] 张明菊.园林植物遗传育种[M].2 版.北京:中国农业出版社,2008.

[44] 沈德绪.果树育种学[M].北京:农业出版社,1992.

[45] 秦文.园艺产品贮藏加工学[M].北京:科学出版社,2012.

[46] 罗云波,等.园艺产品贮藏加工学(贮藏篇)[M].北京:中国农业大学出版社,2001.

[47] 罗云波,等.园艺产品贮藏加工学(加工篇)[M].北京:中国农业大学出版社,2001.

[48] 张玉星.果树栽培学各论[M].3 版.北京:中国农业出版社,2003.